Paris
1873

Hœfer, Ferdinand

Histoire de la zoologie depuis les temps les plus reculés jusqu'à nos jours

HISTOIRE
UNIVERSELLE

PUBLIÉE

par une société de professeurs et de savants

SOUS LA DIRECTION

DE V. DURUY

———

HISTOIRE

DE LA

ZOOLOGIE

OUVRAGES DE M. HOEFER

PUBLIÉS PAR LA MÊME LIBRAIRIE

Histoire de la physique et de la chimie, depuis les temps les plus reculés jusqu'à nos jours. 1 vol. in-12, broché, 4 fr.

Histoire de la botanique, de la minéralogie et de la géologie, depuis les temps les plus reculés jusqu'à nos jours. 1 vol. in-12, broché. . . . . 4 fr.

Histoire de l'astronomie. 1 vol. in-12.

Histoire des sciences mathématiques. 1 vol. in-12.

La chimie, enseignée par la biographie de ses fondateurs : L. Boyle, Lavoisier, Priestley, Scheele, Davy, etc. 1 vol. in-12, broché . . . . 1 fr. 25 c.

Typographie Lahure, rue de Fleurus, 9, à Paris.

HISTOIRE DE LA ZOOLOGIE

DEPUIS LES TEMPS LES PLUS RECULÉS

JUSQU'A NOS JOURS

PAR

FERDINAND HOEFER

PARIS

LIBRAIRIE HACHETTE ET Cⁱᵉ

79, BOULEVARD SAINT-GERMAIN, 79

1873

Tous droits réservés

HISTOIRE

DE LA

ZOOLOGIE

LIVRE PREMIER.

LA ZOOLOGIE DANS L'ANTIQUITÉ.

CHAPITRE I.

CONNAISSANCE DES ANIMAUX DOMESTIQUES.

Un grand fait qui a dû en tout temps frapper tout esprit observateur, c'est que, pendant que les plantes restent fixées à la place qui les a vues naître, les animaux ont le pouvoir de se déplacer à leur gré, de se mouvoir librement. Ainsi rapprochés de l'homme, ils ont passé, dès leur origine, pour des êtres d'une organisation supérieure à celle des végétaux, qui, considérés en masse, forment les traits les plus caractéristiques de la physionomie de la Nature.

Mais l'homme, qui rapporte tout à lui-même, ne vit

d'abord dans les animaux que des instruments plus ou moins propres à l'entretien de sa vie. C'est, en effet, du règne animal qu'il a tiré d'abord sa principale nourriture. La chasse et la pêche, voilà les premières occupations des peuples préhistoriques ; ce sont encore aujourd'hui celles des peuples sauvages, qui, eux aussi, n'ont pas d'histoire. Les pierres aiguës ou tranchantes étaient alors les seules armes connues, soit pour se procurer du gibier, soit pour se défendre contre les attaques des bêtes féroces. Les hommes faisaient la guerre aux animaux, quand ils ne se la faisaient pas entre eux-mêmes.

L'usage des animaux domestiques indique déjà un certain degré d'industrie. Les peuples pasteurs et laboureurs marquent la première étape dans la marche de la civilisation.

Suivant la Genèse, le plus ancien de nos livres, les *êtres animés qui peuplent les eaux* apparurent avant les oiseaux et les animaux terrestres[1]. « Que l'homme, fait à notre image, domine, dit Dieu, sur les poissons de la mer, sur les oiseaux du ciel, sur les grands animaux et sur les reptiles. »

En parlant ainsi de la création, Moïse établit la première classification zoologique : il divisa les animaux en *aquatiques*, *aériens* et *terrestres*. C'est la division qui se présente tout naturellement à l'esprit. Moïse y revient lorsqu'il parle des animaux qui entrèrent dans l'arche de Noé[2].

Le bœuf, l'âne, le cheval, le mulet, et, pour certains peuples de l'Orient, le chameau ou le dromadaire, le mouton ou la chèvre, composant l'outillage nécessaire des peuples pasteurs et laboureurs, sont mentionnés dès les premiers temps historiques. Ce sont les *animaux domestiques* par excellence, auxquels sont venus se joindre le

1. Genèse, i, 20 et suiv.
2. Genèse, vi, 20.

chien, le chat, le cochon, le lapin et les oiseaux de basse-cour. Esquisser rapidement l'histoire de ces animaux, c'est tracer les premiers linéaments de la civilisation en même temps que de la science dont l'histoire nous occupe.

Bœuf. — Le mot *báquâr* (בָּקָר), par lequel les Hébreux, peuple essentiellement pasteur et laboureur, désignaient le bœuf, signifiait en même temps *taureau* et *vache*, exactement comme le mot grec βοῦς, qui est à la fois masculin et féminin. Cet accord est d'autant plus curieux que l'hébreu et le grec n'appartiennent pas à la même filiation de langues.

Le bœuf fut le premier aide de l'homme, labourant la terre, pendant que le lait de la vache servit à la fois de boisson et d'aliment. Qu'y a-t-il d'étonnant à ce que les Égyptiens aient décerné un culte divin à des animaux aussi utiles? Le bœuf Apis, symbole de la puissance et de la fécondité, avait à Memphis un temple magnifique, où il rendait des oracles, c'est-à-dire qu'on y prédisait l'avenir suivant la manière dont l'animal mangeait ou refusait l'aliment qu'on lui offrait. Après sa mort, qui était un deuil public, les prêtres allaient à la recherche d'un veau noir, portant au front une tache blanche, au dos une image d'aigle, sous la langue une figure de scarabée, et ayant les poils de la queue de deux couleurs différentes : c'étaient là les signes traditionnels du bœuf ou taureau sacré[1].

Les épithètes que les auteurs classiques donnent au bœuf se rapportent presque toutes aux travaux des champs. Personne n'ignore l'usage que les Grecs et les Romains faisaient du précieux ruminant dans leurs sacrifices. Le seul mot d'*hécatombe* (sacrifice de cent bœufs) en témoigne.

Aristote, dans son *Histoire des animaux*, donne pour

---

1. Voyez, pour plus de détails, Hérodote, ii, 38 ; iii, 27. — Diodore, i, 85. — Pline, viii, 71. — Élien, xi, 10-12.

caractère du bœuf domestique « d'être doux, lent et docile. » Il signale l'absence des dents de devant (incisives), ajoutant que tous les animaux qui ont des cornes sont dans le même cas. Il distingue très-bien les cornes du bœuf de celles du cerf, en observant « que les premières sont creuses, qu'elles ne se renouvellent point et qu'elles sont plutôt adhérentes au cuir qu'à l'os. » Enfin Aristote range le bœuf avec la chèvre, la brebis, etc., parmi les *animaux ruminants* (τὰ μηρυκάζοντα τῶν ζῴων), qui manquent d'incisives (τὰ μὴ ἀμφόδοντα)[1]. Cet indice de classification ne fut repris et développé que vingt siècles après Aristote.

Le bœuf domestique descend-il du bœuf sauvage, ou n'en est-il qu'une transformation ? Cette question, comme en général tout ce qui concerne les origines, est restée entourée de ténèbres. Elle est d'autant plus difficile à résoudre qu'elle touche à la question, encore si controversée, de l'immutabilité des espèces.

Hérodote (VII, 126) parle de *bœufs sauvages* ayant des cornes gigantesques et que des marchands emmenaient en Grèce. Suivant Aristote, le bœuf sauvage diffère du bœuf domestique comme le sanglier du porc. « Les bœufs sauvages, dit le philosophe naturaliste, sont noirs ; leur extérieur annonce plus de force, leur museau est plus relevé et leurs cornes sont plus contournées. » Il les place dans l'Arachosie. Varron[2] cite la Dardanie, la Médie et la Thrace, comme nourrissant beaucoup de bœufs sauvages. Pline fait un tableau effrayant de la férocité des taureaux sauvages de l'Éthiopie[3]. Mais aucun de ces auteurs ne s'est prononcé sur l'origine du bœuf domestique.

Le bœuf sauvage de l'Arachosie, dont a parlé Aristote, était, d'après Cuvier et Flourens, le buffle (*bos buba-*

---

1. Aristote, *Historia animalium*, IX, 50.
2. Varron, *De re rustica*, II, 1, 5.
3. Pline, *Historia naturalis*, VIII, 21.

lus, L.), bien qu'il fût généralement admis depuis Buffon que le buffle (*buffalus* d'Aldrovande), originaire de l'Inde, n'avait été introduit en Egypte, en Grèce et en Italie que pendant le moyen âge (au vii° siècle). Buffon affirme que le bœuf (vache) et le buffle, quoique domestiqués sous le même toit et nourris dans les mêmes pâturages, ont toujours refusé de s'unir. « Leur nature est, ajoute-t-il, plus éloignée que celle de l'âne ne l'est de celle du cheval ; elle paraît même antipathique, car on assure que les vaches ne veulent pas nourrir les petits buffles, et que les mères buffles refusent de se laisser teter par des veaux. » En présence de ce fait, il a fallu abandonner l'idée que le bœuf domestique descend du buffle ou du bœuf sauvage de l'Arachosie.

On a beaucoup discuté pour savoir à quelle espèce de bœuf il fallait rapporter le *bonasus*, l'*urus* et le *bison* des anciens. D'après Aristote, le *bonasus* (ὁ βόνασος) habite la Péonie et la Médique, provinces macédoniennes, limitrophes de la Thrace ; il se distingue du taureau, auquel il ressemble beaucoup, par une crinière qui lui descend jusque sur les épaules et les yeux ; sa couleur tient le milieu entre le cendré et le roux. Jules César, traitant des productions de la Germanie, a parlé le premier de l'*urus*, nom qui se retrouve dans l'allemand *aurochs*, qui signifie bœuf de montagne. « Les *uri* ont, dit-il, presque la grandeur des éléphants ; leur forme et leur couleur sont celles du taureau. Doués d'une force et d'une vitesse également grandes, ils courent sur l'homme aussi bien que sur la bête qu'ils aperçoivent[1]. » Les bisons, que Pline, qui en a parlé le premier, appelle *bisontes jubati*[2], étaient caractérisés par une bosse entre les épaules, et par des poils très-longs sur le cou, les épaules et le dessous de la gorge.

---

1. Jules César, *De bello. gallico*, vi, 28.
2. Pline, *Hist. nat.*, viii, 15.

Regardant la bosse et la longueur des poils comme des variétés accidentelles, Buffon rapproche le bison (bœuf bossu) de l'aurochs (bœuf sans bosse). « Les deux races se sont, dit-il, soutenues soit dans l'état libre et sauvage, soit dans celui de domesticité, et se sont répandues ou plutôt ont été transportées par les hommes dans tous les climats de la terre ; tous les bœufs domestiques sans bosse viennent originairement de l'aurochs, et tous les bœufs à bosse sont issus du bison. »

Telle n'est pas l'opinion de Cuvier. Après avoir établi que le *bonasus*, l'*urus* et le *bison des anciens* ne sont tous trois que le même animal, l'*aurochs*, l'éminent zoologiste s'attache à démontrer que l'aurochs (*bos urus*) et le bœuf domestique (*bos taurus*) sont deux espèces différentes. « L'aurochs se distingue, dit-il, de notre bœuf domestique par son front bombé, plus large que haut, par l'attache de ses cornes au-dessous de la ligne saillante qui sépare le front de l'occiput, par la hauteur de ses jambes, par une paire de côtes de plus, par une sorte de laine crépue qui couvre la tête et le cou du mâle, et lui forme une barbe courte sous la gorge, par sa voix grognante, etc. C'est un animal farouche, réfugié aujourd'hui dans les grandes forêts de la Lithuanie, des Carpathes et du Caucase, mais qui vivait autrefois dans toute l'Europe tempérée. C'est le plus grand des quadrupèdes propres de l'Europe[1]. » Cuvier montre ensuite que le bison des anciens, appelé aussi *zubi*, n'est que l'aurochs devenu vieux. Il n'admet, pour l'Europe, que deux espèces primitives de bœufs, l'*aurochs* et le *thur*[2]. C'est cette dernière espèce, aujourd'hui perdue, qu'il regarde comme la souche de notre bœuf domestique. « Je ne doute pas, dit-il, que les restes *à demi fossiles* du *thur* n'aient appartenu à une espèce sauvage, bien différente de l'aurochs,

---

1. Cuvier, *Règne animal*, t. I, p. 279.
2. *Thur* ou *thour* est le nom arabe du bœuf.

et qui a été la véritable souche de nos bœufs domestiques, espèce qui aura été anéantie par la civilisation.... L'aurochs lui-même est aujourd'hui menacé d'une destruction prochaine[1]. »

Le *bubale* des Grecs et des Romains n'est ni le buffle, ni le petit bœuf (*zébu*) que Belon avait vu en Égypte. Le bubale, décrit plus tard sous le nom de *vache de Barbarie*, était, ainsi que cela résulte déjà des observations d'Aristote, de Strabon et de Pline, une antilope (*antilope bubalis*). Quant au *zébu*, figuré et décrit par Belon et Prosper Alpin, c'était une simple variété de bœuf, bossu et petit de taille, commune dans les contrées septentrionales de l'Afrique, d'où elle a été transportée dans le Nouveau-Monde. Cette race se montrait aussi en Égypte à une époque assez reculée; car, en examinant la momie d'un prêtre, on trouva aux pieds du mort l'image du bœuf Apis, et ce bœuf était un zébu.

Ane. — L'âne, cher à tous les fabulistes et qu'on a toujours représenté, je ne sais trop pourquoi, comme l'emblème de la bêtise, était dès la plus haute antiquité employé, chez les peuples de l'Orient, aux travaux des champs, à porter des fardeaux et à faire tourner la meule. Columelle l'a fort bien caractérisé en ces termes: « L'âne se contente de peu de nourriture; des feuilles, des chardons, des brins de paille lui suffisent; il exige peu de soins, supporte la faim et les mauvais traitements; il est dur à la fatigue et rarement malade. » — « Pourquoi donc, s'écrie ici Buffon, tant de mépris pour cet animal si bon, si patient, si sobre, si utile? Les hommes mépriseraient-ils jusque dans les animaux ceux qui les servent trop bien et à trop peu de frais? »

Sorti des contrées méridionales (Arabie et Égypte) de l'Ancien-Monde, l'âne s'est successivement répandu de là dans les régions septentrionales. Il y a un peu plus de

1. Cuvier, *Recherches sur les ossements fossiles*, t. IV, p. 150.

deux mille ans, du temps d'Aristote, il était encore inconnu en France, en Allemagne, dans le centre et dans le nord de l'Europe; il est pour ainsi dire nouveau pour les îles Scandinaves et la Russie.

Les Égyptiens, qui faisaient de leurs animaux des Dieux, avaient, s'il faut en croire Élien[1], l'âne en horreur. Ils avaient rejeté de leurs instruments de musique la trompette, parce qu'elle rappelait le braiement de l'âne. Ochus, roi de Perse, blessa les Égyptiens dans leurs croyances en tuant le bœuf Apis pour y substituer un âne. Un fait curieux, c'est qu'il y avait en Égypte une fête de l'âne, comme dans l'Europe chrétienne au moyen âge. Dans cette fête égyptienne, un homme placé en tête de la procession, tressait une corde de jonc que ceux qui venaient après lui déliaient[2].

Le lait d'ânesse était employé par les dames romaines pour blanchir leur peau. Poppéa, femme de Néron, entretenait constamment cinq cents ânesses, dont le lait lui servait de bain[3]. Depuis Galien ce lait passe pour un remède précieux contre certains maux, particulièrement contre la phthisie pulmonaire. La chair de l'âne est inférieure à celle du cheval; Galien la range parmi les aliments nuisibles, propres à engendrer des maladies. On attribuait aussi autrefois des vertus médicales au sang, à l'urine, au cœur, au foie, à la moelle de l'âne. Une chose plus certaine, c'est l'utilité de sa peau. Elle sert depuis longtemps à faire des tambours et du gros parchemin. C'est avec le cuir de l'âne que les Orientaux font le maroquin ou peau de chagrin.

Les Anciens connaissaient très-bien l'âne sauvage ou onagre (de ὄνος, âne, et ἄγριος, sauvage). Pendant l'expédition de Cyrus le jeune, Xénophon rencontra, dans les plai-

1. Élien, *De natura animalium*, x, 28.
2. Diodore, I, 97.
3. Pline, *Hist. nat.*, XI, 41.

nes situées à l'ouest de l'Euphrate, des troupeaux entiers d'ânes sauvages. « Ils couraient, dit-il, plus vite que les chevaux, et on ne pouvait en faire la chasse que par des piquets de cavalerie, placés de distance en distance. La chair de ces animaux a le goût de celle du cerf; elle est seulement plus tendre[1]. » Les Perses en faisaient un très-grand cas. — Au rapport de Varron, l'onagre se rencontre également par troupes dans la Phrygie et la Lycaonie; il passait pour facile à domestiquer[2].

Plusieurs voyageurs et naturalistes ont confondu l'onagre avec le zèbre. Mais l'âne sauvage n'est pas rayé comme le zèbre; il n'est pas non plus, à beaucoup près, d'une forme aussi élégante, et par son aspect il se rapproche davantage du cheval. Le zèbre d'ailleurs ne paraît pas, comme l'âne, avoir dépassé les contrées méridionales de l'Afrique. Sa véritable patrie est le cap de Bonne-Espérance, inconnu aux anciens.

L'âne (*equus asinus*, L.), est du même genre que le cheval (*equus caballus*). Mais n'est-il qu'un cheval dégénéré, transformé? Cette question, souvent soulevée, a été résolue négativement par l'immense majorité des zoologistes, se fondant sur la production des mulets. On sait que l'âne peut s'accoupler avec la jument, comme le cheval avec l'ânesse; que dans le premier cas le produit est le grand mulet, et dans le second le petit mulet. Mais, dans tous les cas, les mulets sont impropres à se reproduire, ils sont à tout jamais frappés de stérilité; c'est cette impossibilité de reproduction qui, comme l'a établi Buffon, constitue le caractère fondamental de l'espèce. Et c'est à cette occasion que le grand zoologiste répond d'avance à une théorie renouvelée de nos jours. « Quoiqu'on ne puisse pas, dit-il, démontrer que la production d'une espèce par la dégénération soit une chose impossible à la

---

1. Xénophon. *Anabasis*, I, 5.
2. *De re rustica*, II, 6.

nature, le nombre des probabilités contraires est si énorme que philosophiquement même on n'en peut guère douter ; car, si quelque espèce a été produite par la dégénération d'une autre, si l'espèce de l'âne vient de l'espèce du cheval, cela n'a pu se faire que successivement et par nuances ; il y aurait en outre entre le cheval et l'âne un grand nombre d'animaux intermédiaires, dont les premiers se seraient peu à peu éloignés de la nature du cheval, et les derniers se seraient approchés peu à peu de celle de l'âne. Et pourquoi ne verrions-nous pas aujourd'hui les représentants, les descendants de ces espèces intermédiaires ? pourquoi n'en est-il demeuré que les deux extrêmes ?... L'âne est donc un âne, et n'est point un cheval dégénéré. »

Un fait historique digne de remarque, c'est qu'il n'y a aucun passage de la Bible antérieur au règne de David qui parle de mulets. On a voulu contester ce fait en traduisant par *mulets* le mot hébreu *yémim* (ﬦ﬩﬩) de la Genèse (XXXVI, 24). Mais, suivant les interprètes les plus autorisés, la véritable signification de ce mot est *eaux thermales*. Quoi qu'il en soit, la connaissance, relativement moderne, des mulets chez les anciens peuples de l'Orient, notamment chez ceux de la Palestine et de l'Égypte, prouve que le cheval a été introduit dans ces contrées postérieurement à l'âne.

Cheval. — Ce noble animal doit être considéré comme un des principaux moyens de civilisation, à cause de la rapidité des communications que les hommes ont pu par là établir entre eux. Les services qu'il rend le firent, dès la plus haute antiquité, tenir en grand honneur. Les Massagètes (Mongols) adoraient le cheval et lui offraient, comme au soleil, des sacrifices. Les Perses et les Germains lui avaient voué le même culte, et ils l'interrogeaient comme un oracle. On sait que Darius fut proclamé successeur du roi Cambyse parce que son cheval avait le premier henni au lever du soleil. C. Flaminius étant tombé par-dessus la tête de son cheval, les augures lui prédirent, avant la bataille livrée aux bords du lac de Trasimène, qu'il perdrait cette bataille en même temps que la vie, ce qui se réalisa.

Les anciens déjà vantaient avec raison l'adresse et l'intelligence du cheval, et ils citaient à cet égard des exemples remarquables. Diodore, Quinte-Curce, Plutarque, racontent que le Bucéphale, cheval favori d'Alexandre le Grand, quand il n'était pas sellé, ne se laissait monter que par l'écuyer; mais dès qu'il portait le harnais royal, il ne se laissait plus monter que par Alexandre, auquel il livrait le dos en pliant les genoux. Le même fait a été raconté du cheval de Jules César, qui était figuré avec des pieds d'homme sur la statue placée devant le temple de Vénus, à Rome. Plusieurs empereurs romains étaient fous de leurs chevaux. Caligula faisait manger le sien, nommé Incitatus, dans des vases d'or. Il jurait par son cheval, et il allait le nommer consul lorsque la mort vint l'en empêcher. L'empereur Commode portait toujours sur lui l'image d'or de son cheval Volucer, qu'il nourrissait avec des amandes, comme Héliogabale nourrissait le sien avec des raisins secs du Levant. Au rapport de Pline, le cheval du roi Nicomède se laissa mourir de faim lorsqu'il vit son maître tué. Si le fait est vrai, on ne pourra plus dire que les animaux seuls ne se suicident point. Les chevaux des Sybarites et des Crotoniates dansaient au son de la musique et exécutaient des tours d'adresse, analogues à ceux des chevaux de nos cirques.

Les chevaux des anciens Égyptiens étaient, à en juger par les monuments où ils se voient figurés, de fort belle race, semblable à celle qui vient aujourd'hui du Dongola. Le roi Salomon s'approvisionnait de chevaux dans les riches haras de l'Egypte. Ce ne fut que sous le règne de David que les Israélites commencèrent à avoir une véritable cavalerie. Ne se servant ni de selles, ni d'étriers, ils se tenaient simplement assis sur une couverture jetée sur le dos de l'animal. Ils estimaient particulièrement les chevaux qui avaient la corne du pied dure, parce qu'ils n'avaient pas la coutume de les ferrer.

On a lieu d'être surpris que de tout temps on se soit si peu accordé sur la durée de la vie d'un animal qui est un des plus constants compagnons de l'homme. Buffon fixe cette durée à 25 ou 30 ans, et il affirme que les juments les plus vigoureuses ne produisent guère au delà de 18 ans, tandis que le cheval peut engendrer jusqu'à 20 ans. Suivant Aristote, au contraire, le terme ordinaire de la vie du cheval est de 35 ans, et celui de la jument de 40, et le cheval peut couvrir sa femelle jusqu'à 33 ans, tandis que celle-ci peut recevoir le mâle jusqu'à 40 ans. Aristote ne dit pas si ces accouplements tardifs sont féconds. Ces deux éminents zoologistes, à deux mille ans d'intervalle, ne s'accordent pas même sur la manière de boire du cheval. Aristote dit que le cheval boit en aspirant l'eau, comme le font tous les animaux à dents égales (τὰ συνόδοντα σπᾷ)[1]. Buffon assure que le cheval « avale l'eau par le simple mouvement de la déglutition. » Buffon oublie ici que l'eau, avant de pouvoir être avalée, a dû d'abord être aspirée, comme le remarque Aristote, par un mouvement de succion.

Les anciens connaissaient aussi la manière d'estimer l'âge d'un cheval par l'inspection de ses dents. Mais leurs données étaient moins précises que celles des modernes. La singulière croyance que les juments peuvent être fécondées par le seul effet du vent remonte jusqu'à Homère. Le poëte, personnifiant Borée, lui fait prendre la figure d'un cheval, sous laquelle il donne des preuves sensibles de son amour aux cavales d'Erichthonius[2].

Aristote raconte que les Crétois, sachant que les juments en chaleur peuvent être fécondées par le vent, ont

1. *Hist. animal.*, VIII, 6.
2. *Iliade*, XX, 223.

soin de ne pas séparer d'elles les étalons. « Quand les juments, ajoute-t-il, sont dans cet état, que quelques-uns appellent τὸ καπρίζειν, elles se mettent à courir uniquement vers le nord ou le midi, sans jamais se diriger vers le levant ou le couchant. Elles ne souffrent l'approche de personne, et courent jusqu'à ce qu'elles soient excédées de fatigue ou arrivées au bord de la mer. Elles laissent alors échapper un produit qu'on nomme *hippomane* (ἱππομανές), comme celui que le poulain apporte en naissant[1]. » Ce récit d'Aristote, reproduit et commenté par tous les naturalistes du moyen âge, n'a aucun fondement : les cavales ne sont pas fécondées par le vent, et l'hippomane, auquel on attribuait des vertus médicinales, n'était probablement que le délivre ou placenta qui suit l'expulsion du fétus et que mangent les animaux.

Aristote parle des chevaux sauvages, que de son temps on trouvait en Syrie. Suivant Hérodote, il y avait sur les bords de l'Hypanis en Scythie, des chevaux sauvages qui étaient blancs, et dans le nord de la Thrace, au delà du Danube, il y en avait d'autres qui avaient les poils longs de cinq doigts par tout le corps. Varron cite l'ouest de l'Espagne, Strabon les Alpes, Pline les pays du Nord, comme des lieux où l'on rencontrait des chevaux sauvages. Léon l'Africain et Marmol assurent en avoir vu dans les solitudes de l'Afrique et de l'Arabie, et, suivant les *Lettres édifiantes*, il y en avait de fort petits en Chine.

Ces indications montrent que le cheval s'accommode de tous les climats, puisqu'on le rencontre dans le nord comme dans le midi de l'Ancien Continent, et, nous pouvons ajouter, du Nouveau. Le cheval, comme l'âne, manquait, il est vrai, au Nouveau-Monde : la frayeur des Mexicains et des Péruviens à l'aspect des chevaux montés par les Européens témoignait que ces animaux leur étaient absolument inconnus. Mais les Espagnols en transportèrent un

_____
1. *Hist. animal*, VI, 18.

si grand nombre dans les royaumes conquis par eux, que ces chevaux, abandonnés à eux-mêmes et redevenus sauvages, parcourent aujourd'hui les vastes déserts du midi et du nord de l'Amérique. Le cheval sauvage s'habitue si facilement à l'homme qu'il disparaît là où l'on cherche à le domestiquer. Cela est tellement vrai qu'on ne trouve plus de chevaux sauvages dans aucune des contrées de l'Europe où il y en avait anciennement.

Il n'existe aucune raison plausible pour présenter l'Arabie comme la patrie du cheval. La seule chose certaine, c'est que les Arabes tiennent des listes généalogiques pour s'assurer de l'authenticité de leurs races chevalines[1]. Mais ces listes ne remontent pas assez haut pour trancher la question d'origine.

Chameau et dromadaire. — L'animal domestique dont il est souvent parlé dans la Bible sous le nom hébreu de *ghimel*, c'est le chameau à deux bosses, le chameau proprement dit (*camelus bactrianus*, L.). Par ce même nom de *ghimel* les Hébreux désignent la troisième lettre de leur alphabet, dont le caractère, ג, semble être le signe hiéroglyphique du chameau à deux bosses. Le chameau à une bosse, ou dromadaire (*camelus dromadarius*, L.), était moins en usage chez les Israélites. Un fait digne de remarque, c'est qu'on ne trouve sur aucun monument de l'Egypte la figure ni la mention du chameau ou du dromadaire, ce qui tendrait à prouver, ou que les anciens Egyptiens ne le connaissaient point, ou qu'ils n'en faisaient aucun cas.

Plus sobre encore que l'âne, le chameau a, en outre, la précieuse faculté de pouvoir passer plusieurs jours sans boire; c'est là sans doute ce qui lui a valu, dans les poésies orientales, le surnom de *navire du désert*. Il n'y a pas d'animal dont la vie soit aussi intimement liée à celle de

---

1. Voy. Niebuhr, *Description de l'Arabie* (en allemand), p. 161 et suiv. (Copenhague, 1772, in-4).

l'homme dans son développement primitif, patriarcal, et
dont le souvenir soit aussi historiquement ancien, que le
chameau dans les conditions où il se trouve chez les Bédouins ou Arabes du désert. Il était entièrement inconnu
aux Carthaginois ; ce n'est que chez les Maurusiens, dans
l'ouest de la Libye, qu'on le voit, du temps des empereurs
romains, employé à la guerre, et cela probablement à la
suite des relations commerciales avec les Ptolémées dans
la vallée du Nil. C'est par les invasions des Bédouins et
par les missions de l'islamisme que cet animal si utile se
répandit dans la zone africaine, comprise, d'une part, entre
le Niger et la Méditerranée, et, de l'autre, entre le Nil et
l'océan Atlantique.

Mais le chameau — et j'entends par là l'espèce tout
entière, dont le dromadaire et le chameau proprement dit
ne paraissent être que des variétés — le chameau n'est pas
seulement propre à la race araméenne ou sémitique, il
appartient aussi à la race aryenne. Cyrus, roi des Perses,
eut des chameaux dans son armée. Au rapport d'Hérodote,
il s'en servit pour mettre en fuite les chevaux de Crésus,
épouvantés de la nouveauté de l'aspect[1]. Il y en eut aussi
dans l'armée de Xerxès, qui, dit le même historien, ne le
cédaient pas en vitesse aux chevaux[2]. Les conquérants, au
quatrième siècle de notre ère, les Goths amenèrent des
chameaux sur les bords du Danube inférieur, de même
que plus tard les musulmans en transplantèrent sur les
bords du Gange.

Le chameau fuit la zone torride, où se plaît l'éléphant.
« Il vaut, dit Buffon, non-seulement mieux que l'éléphant,
mais peut-être vaut-il autant que le cheval, l'âne et le
bœuf, tous réunis ensemble ; il porte seul autant que deux
mulets ; il mange aussi peu que l'âne, et se nourrit d'herbes aussi grossières ; la femelle fournit du lait pendant

1. Hérodote, I, 80.
2. Ibid., VII, 87 et 125.

plus de temps que la vache; la chair des jeunes chameaux est bonne et saine, comme celle du veau, etc. » — Lampridius rapporte que l'empereur Héliogabale aimait beaucoup la viande de chameau, et que, autant par une excentricité de gourmandise que pour se garantir de l'épilepsie, il se faisait servir un plat composé de tendons de chameaux, de crêtes de coqs vivants, de langues de paons et de rossignols.

Existe-t-il des chameaux sauvages? Hadji-Khalfa, dans sa Géographie publiée en turc au dix-septième siècle, parle de chameaux sauvages comme étant très-connus dans l'intérieur de l'Asie, sur les plateaux de Kaschgar et de Khotan. Les Hiongnoux, dans l'Asie orientale, sont au nombre des peuples qui passaient pour dresser des chameaux sauvages, abondants dans le Turkestan (Bactriane) et à l'est de cette contrée. D'après les témoignages d'Artémidore et d'Agatharchides, le chameau arabe sauvage avait pour patrie le golfe Élanitique des Nabathéens. Cuvier doute de l'existence actuelle des chameaux sauvages dans l'Asie centrale; il pense que ces animaux y sont redevenus sauvages.

Brebis. — Si les animaux domestiques ont vécu primitivement à l'état sauvage, la brebis est de tous les animaux domestiques le plus ancien; car dans aucune des solitudes ni de l'Ancien ni du Nouveau-Monde on ne rencontre de brebis sauvages. Cependant Varron rapporte que de son temps — il y a de cela dix-neuf siècles — il y avait des troupeaux de brebis sauvages en Phrygie.

N'oublions pas que le grec μῆλον, surtout au pluriel (μῆλα), signifie à la fois *mouton* et *chèvre*, exactement comme le mot hébreu *tsôn*, qu'on traduit en général par *menu bétail*. Ce sont les troupeaux de moutons et de chèvres, qui, exigeant de vastes territoires pour se nourrir, forment le nerf de la vie nomade, pastorale.

La richesse des patriarches consistait principalement en troupeaux de brebis et de chèvres. Ils avaient même poussé l'art d'élever les bestiaux assez loin pour chercher à en varier les races. C'est ainsi que Jacob se fit, au moyen d'objets bicolores (branches d'arbres en partie dépouillées de leur écorce verte), déposés dans les abreuvoirs, un choix d'agneaux tachetés (de blanc et de noir), aux dépens des troupeaux de son beau-père Laban. Voici la traduction littérale du verset de la Genèse qui se rapporte à cet artifice remarquable : « Jacob prit des branches vertes de peuplier, d'amandier, de platane, et en ôta l'écorce de manière à former des raies blanches, et plaça les branches qu'il avait ainsi pelées, dans les canaux et dans les abreuvoirs, sous les yeux des troupeaux qui venaient boire, et dans le temps où les brebis entraient en chaleur.... Les brebis eurent ainsi des petits tout rayés ou marquetés de petites et de grandes taches[1]. »

L'agneau, symbole de la douceur, jouait un grand rôle dans les cérémonies religieuses des peuples de race sémitique. L'agneau pascal des Israélites devait, suivant l'ordre de Dieu communiqué à Moïse, être sans tache, de sexe masculin et n'avoir qu'un an. Ils devaient en manger « la tête avec les pieds et les intestins, non point cuits dans l'eau, mais rôtis au feu[2]. » Les Égyptiens, avec lesquels les Israélites eurent un long commerce, avaient pour le bélier à peu près le même culte qu'ils avaient consacré au taureau. Le Jupiter aux cornes de bélier, Jupiter Ammon, qui avait, au couchant de Thèbes, un temple célèbre par ses oracles, était une divinité essentiellement égyptienne.

Avant de livrer aux Romains sa première bataille, Hannibal fit le vœu de récompenser magnifiquement son armée s'il remportait la victoire. A l'appui de ce vœu, il saisit de la main gauche un agneau, et avec une pierre qu'il tenait de la main droite, il lui brisa la tête, en s'é-

---

1. Genèse, xxx, 37-40.
2. Exode, xii, 5 et 9.

criant que, s'il venait à manquer de parole, les dieux le traitassent comme il traitait cet agneau[1].

Hérodote décrit, comme particulière à l'Arabie, une race de brebis à queues si longues et si épaisses que, pour n'être point endommagées en roulant par terre, elles étaient posées sur de petits chariots. Cette race se trouve encore aujourd'hui en Afrique, notamment aux environs du Cap.

Les Grecs, comme presque tous les peuples anciens, n'avaient pas de nom spécial pour désigner le *mouton* ou bélier châtré[2], à moins qu'on ne veuille donner ce sens au mot πρόβατον, qui correspond au mot *pecus* des Romains. Aristote a consacré ici un chapitre important (liv. IX, chap. L, de son *Histoire des animaux*) à la castration en général, dont nous allons donner ici une analyse succincte. Ce procédé mutilateur, qui consiste dans l'ablation des testicules du mâle, remonte à la plus haute antiquité, témoin le bœuf, ὁ βοῦς, qui est le taureau châtré. Aristote fait ici une division fort remarquable en opposant les ovipares (volants et rampants) aux vivipares, les oiseaux et reptiles aux mammifères. « Les animaux ovipares ont, dit-il, leurs testicules situés à l'intérieur du corps, près des reins; les vivipares, qui marchent à la surface de la terre, les ont la plupart en dehors. » Cette différence d'organisation devait faire varier la pratique de la castration. « On châtre les oiseaux (les coqs), près de l'anus, en brûlant cet endroit avec deux ou trois fers chauds.... On châtre les veaux en les renversant sur le dos pour ouvrir les bourses et en détruire les testicules, etc. » Les anciens n'ignoraient pas la facilité avec laquelle s'engraissent les chapons, les bœufs, les moutons, etc., ainsi mutilés. Aristote décrit très-bien

---

1. Tite-Live, XXI, 45.

2. Le mot ὄις (ἡ), d'où le mot latin *oris*, signifie brebis; et le mot κριός (ὁ), veut dire bélier (*aries*).

toutes les modifications qu'entraîne la castration, et dans cette énumération il n'oublie pas l'espèce humaine. La mutilation, qui produit les eunuques, était probablement pratiquée bien avant celle qui prépare les animaux à l'engrais; car la jalousie, passion que l'homme partage avec les animaux, est certainement plus ancienne que la gourmandise.

Les anciens savaient aussi que les moutons ont besoin de sel pour leur réussite, et que ceux qui broutent le gazon dense des collines ont la chair plus délicate que ceux qui paissent dans les vallées [1]. Ils n'employaient le lait de brebis que pour faire des fromages. C'est surtout pour la laine et la chair qu'ils entretenaient des troupeaux. La tonte des brebis était chez les Hébreux une sorte de fête. Les moutons d'Espagne étaient, du temps de Strabon, estimés pour leur laine à l'égal de nos mérinos.

Buffon a le premier présenté le mouflon comme la souche primitive de toutes nos brebis, parce que le mouflon existe dans l'état de nature, qu'il se multiplie sans le secours de l'homme, et qu'il ressemble plus qu'aucun autre animal à toutes nos brebis domestiques. Le mouflon que désigne ici le grand naturaliste, c'est le mouflon de Sardaigne et de Corse (*ovis musimon*, de Pallas), qui se rencontre aussi, dit-on, dans les montagnes de la Grèce et dans les steppes de la Tartarie. Ce mouflon ne forme, d'après Cuvier, qu'une seule espèce avec le mouflon d'Amérique (*ovis montana*, Geoffr.-Saint-Hilaire) et l'argali de Sibérie (*ovis ammon*, L.). Une chose certaine, c'est que le mouflon de Corse, qui ne diffère de l'argali que par sa moindre grandeur, produit, avec la brebis domestique, des individus d'une fécondité continue, ce qui est le cachet de l'identité de l'espèce. Quant au mouflon d'Afrique, c'est une espèce distincte (*ovis tragelaphus*), décrite

1. Aristote, *Hist. animal.* VIII, 12.

par les anciens sous le nom de bouc-cerf ou de *tragélaphe*.
Sa taille est celle du bélier commun, son col est couvert
d'une sorte de crinière hérissée, longue et touffue, surtout au garrot, d'où le nom de mouflon à manchettes
(*ovis ornata*); cette crinière est de couleur plus sombre
que le reste du corps, dont le pelage ressemble au poil
d'hiver du cerf.

Chèvre. — Les chèvres sont aussi répandues que les
brebis : on en rencontre dans la zone froide comme dans
la zone torride. La preuve de cette diffusion se voit déjà
dans le nom de l'animal. Le mot hébreu *ez* ou *az*, chèvre, non-seulement a passé, sous la forme d'*aza*, dans
toutes les langues sémitiques (phénicien, syriaque, arabe),
mais il se retrouve dans toutes les langues indo-européennes : *adja*, en sanscrit, signifie chèvre, comme
gaitsa en gothique, *gat* en anglo-saxon, *geis* en allemand,
αἴξ en grec, etc. Les chèvres ne se séparent point généri-
quement des brebis : le bélier produit avec la chèvre,
comme le bouc avec la brebis. Mais, quoique ces accouplements soient fréquents et quelquefois prolifiques, il
ne s'est point formé d'espèce intermédiaire entre la chèvre
et la brebis ; ce sont donc des espèces distinctes, appartenant au même genre. C'était là l'opinion de Buffon,
corroborée par celle de Cuvier[1].

Si la brebis venait à manquer, la chèvre pourrait la
remplacer. Celle-ci, en effet, fournit du lait comme la
brebis; son poil, quoique plus rude que la laine, sert à
fabriquer de bonnes étoffes; la peau de la chèvre vaut
mieux que celle du mouton; la chair du chevreau approche de celle de l'agneau, etc. Au rapport de Varron[2], on
tondait, en Phrygie, les chèvres renommées pour la longueur de leur poil, qui servait à faire des vêtements nom-

1. Les zoologistes ont donc à tort adopté ici la nomenclature de
Linné, en désignant la chèvre par *capra hircus*; c'est *ovis hircus*
qu'ils devraient l'appeler, en la plaçant à côté de l'*ovis aries*.

2. *De re rustica*, ii, 11.

més *ciliciens*. Le nom de *cilice* tire sans doute de là son origine.

Les renseignements fournis par Columelle montrent combien les anciens s'entendaient en zootechnie : « Le bouc et la chèvre, dit-il, au cou desquels on fait bien d'attacher des clochettes, sont de bonne race lorsque leur poil est long et luisant : il est alors facile à tondre et très-propre à faire des manteaux pour les soldats et les marins. » Columelle donne la préférence aux chèvres et boucs sans cornes, plus rares que ceux qui ont des cornes ; il entre aussi dans beaucoup de détails concernant la fabrication des fromages de chèvre[1]. Les bergers du mont Œta connaissaient le moyen d'avoir du lait dans les époques de l'année où les chèvres n'en donnaient point ; à cet effet, ils leur frottaient les mamelles avec des orties.

Les Grecs, non-seulement distinguaient le mâle de la femelle par les dénominations de ὁ τράγος (le bouc) et ἡ αἴξ (la chèvre), mais ils avaient des appellations différentes selon l'âge des petits ; ainsi, par ἔριφος ils désignaient le bouc qui n'a que trois ou quatre mois, et par χίμαιρα la jeune chèvre qui n'a encore passé qu'un hiver. Ils avaient même une onomatopée pour indiquer le cri de la chèvre. Dans Homère, le mot αἶγες (chèvres) est presque toujours accompagné de l'épithète de μηκάδες, bêlantes, que rend très-bien le mot allemand *mækernde*.

Aristote affirme que le bouc a plus de dents que la chèvre ; il signale en même temps la bifidité du pied, et il a soin de classer la chèvre et le bouc parmi les ruminants, à côté du bœuf, de la brebis, etc.

Le naturel inconstant de la chèvre est passé en proverbe : elle saute, bondit, s'approche, s'éloigne ; l'aliment qui lui plaisait la veille, elle le dédaignera le lendemain, sans aucune cause, en apparence, déterminante ; le mot

---

1. Columelle, *De re rustica*, ii, 6 et 8.

caprice a été certainement emprunté au naturel de la chèvre (en latin, *capra*).

Les moutons font beaucoup de mal aux jeunes plantations, et ils ont une prédilection marquée pour les bourgeons de la vigne. C'est pourquoi les anciens offraient des boucs en sacrifice à Bacchus, le dieu protecteur de la vigne; les victimes devaient, par une sorte d'expiation, payer en quelque sorte les méfaits des autres.

La chèvre ne manque pas d'intelligence. Mutianus, cité par Pline, raconte à cet égard un exemple frappant, dont il avait été lui-même témoin oculaire. Deux chèvres se rencontrèrent au milieu d'un pont très-étroit, suspendu au-dessus d'un gouffre où se jetait un torrent. Allant en sens contraire l'une de l'autre, elles seraient tombées toutes deux dans le gouffre, si elles s'étaient heurtées. Pour prévenir cet accident, l'une se coucha et servit ainsi de pont naturel à l'autre [1].

Le bouc aime, à l'exemple du bélier et du taureau, à marcher en tête du troupeau. Lorsqu'on vient à mêler des chèvres avec des moutons, les premières ont le pas et conduisent volontiers les moutons [2].

Aristote a dit le premier que la durée de la gestation de la chèvre est de cinq mois comme celle de la brebis, et que la durée de sa vie est d'environ huit ans, tandis que celle de la brebis est de dix ans. Il s'est aussi rendu l'organe de certains contes, fort accrédités de son temps. Ainsi il raconte, sur l'autorité d'Alcméon, sans y croire cependant, que les chèvres respirent par les oreilles. Cette assertion imaginaire, qui repose peut-être sur un fait mal observé [3], est attribuée par Varron et Pline à

---

1. Pline, *Hist. nat.*, VIII, 50.
2. Élien, *De natura animal.*, VII, 26.
3. Il existe une communication naturelle de l'arrière-bouche avec l'oreille moyenne à l'aide d'un conduit qui fut découvert et décrit par

Archélaüs, pythagoricien comme Alcméon. Est-il vrai que les chèvres sauvages de l'île de Crète recourent à une herbe appelée dictame (voisine de l'origan) pour se guérir de leurs blessures? Aristote n'ose pas l'affirmer. Le même auteur rapporte que si l'on prend une chèvre par les longs poils qu'elle a sous le menton, tout le troupeau s'arrête à l'instant. Plutarque reproduit le même conte; seulement, au lieu de prendre la chèvre par sa barbe, il faut lui mettre dans la bouche une certaine herbe; le troupeau, ajoute-t-il, demeure immobile jusqu'à ce que le berger soit venu la lui ôter. On a supposé que dans l'un et l'autre cas il s'agissait d'une plante dont le nom grec d'ἠρύγγιον signifie *barbe de chèvre*. Ce nom d'*eryngium* a été donné depuis à un genre de plantes ombellifères qui ressemblent à des chardons.

Les anciens connaissaient plusieurs variétés de chèvres, notamment les chèvres d'Angora ou de Syrie, à oreilles pendantes, à poil long et soyeux. Ils n'admettaient aucune distinction tranchée entre l'*égagre* (chèvre sauvage) et la chèvre domestique.

L'égagre des anciens est, d'après la plupart de nos zoologistes, le bouquetin (*capra ibex*, L.), qui s'élève jusqu'au sommet des plus hautes montagnes de la Grèce, et particulièrement de l'île de Crète. C'est là que l'observa Belon. « Les boucs-estains[1] sont, dit-il, d'un poil fauve..., deviennent gris en vieillissant et portent une ligne noire dessus l'échine. Nous en avons aussi en nos montagnes (de France), et principalement ès lieux précipiteux et de difficile accès.... Le bouc-estain saute d'un rocher sur l'autre de plus de six pas d'intervalle, chose quasi in-

Eustachi, anatomiste italien, mort en 1574. C'est le conduit d'Eustachi qui permet à certaines personnes (qui ont le tympan percé) de faire sortir la fumée de tabac par les oreilles.

1. Cette orthographe indique l'origine du mot: *bouc-estain* dérivé de l'allemand *bouc-stein* (steinbock), qui signifie bouc des rochers.

croyable à qui ne l'aurait vu[1]. » Le chamois (*antilope rupicapra*, L.) s'élève moins haut que le bouquetin. Mais l'un et l'autre fuient les plaines; tous deux se frayent des chemins dans les neiges, franchissent les précipices en bondissant de rocher en rocher, tous deux sont couverts d'une peau fauve, et vêtus en hiver d'une double fourrure, d'un poil extérieur rude et d'un poil intérieur plus fin et plus doux; tous deux ont une raie sur le dos, etc. Suivant Buffon, le bouquetin serait la tige mâle et le chamois la tige femelle de l'espèce des chèvres. Cette opinion a été combattue par Cuvier, faisant remarquer que le chamois tient plus de l'antilope que de la chèvre. « C'est, dit-il, le seul ruminant de l'occident de l'Europe que l'on puisse comparer aux antilopes. Il a cependant des caractères particuliers : ses cornes droites ont leurs pointes brusquement courbées en arrière comme un hameçon; derrière chaque oreille, sous la peau, est un sac qui ne s'accuse au dehors que par un petit orifice, etc.[2]. »

Quant aux bouquetins, on en a vu se mêler avec les chèvres; mais leurs produits ne paraissent pas être d'une fécondité continue. Le mulet qui résulte de cet accouplement a ordinairement les couleurs du père et les cornes de la mère.

Dans une locution proverbiale, usitée chez les Romains, « laine de chèvre » signifie, on ne saurait dire pourquoi, « chose futile »; *lana caprina* a le même sens que ὄνου σκιά, ombre d'âne; *de lana caprina rixari* veut dire *disputer sur des futilités*, comme περὶ ὄνου σκιᾶς.

Chien. — En voyant pour la première fois un renard ou un loup, chacun a pu se demander si ce n'est pas de là que descendent nos chiens. Cette opinion paraît, en effet, être fort ancienne, témoin Xénophon, qui dit en propres termes que les *chiens-renards* (ἀλωπεκίδες) tirent

1. Belon, *Observations et singularités*, etc.
2. Cuvier, *Règne animal*, t. I, p. 274.

leur origine des chiens et des renards. Ce même écrivain, qui vivait 400 ans avant notre ère, a le premier parlé d'une classification des variétés de chiens : à côté des chiens-renards il plaçait les chiens-castors et les chiens-loups. Les chiens-castors étaient des chiens de chasse, et les chiens-loups des chiens de garde[1].

Aristote partagea tout à fait la manière de voir de Xénophon relativement à l'origine du chien-renard, qu'il appelle *chien laconien.* Mais comment concilier l'opinion des anciens avec les observations expérimentales des modernes ? Buffon obtint un résultat négatif en enfermant un renard avec des chiennes. Il en fut de même en tenant une louve enfermée avec un gros chien dans une même cour, pendant trois ans : ils se montrèrent tellement antipathiques l'un et l'autre, que le chien finit par tuer la louve. De ces expériences, Buffon conclut « que le renard et le loup ne sont pas tout à fait de la même nature que le chien ; que ces espèces non-seulement sont différentes, mais séparées et assez éloignées l'une de l'autre pour ne pouvoir se rapprocher, du moins dans nos climats ; que par conséquent le chien ne tire pas son origine du renard ou du loup, et que les nomenclateurs qui ne regardent ces animaux que comme des chiens sauvages, ou qui ne prennent le chien que pour un loup ou un renard devenu domestique et qui leur donnent à tous trois le nom commun de chien (*canis*), se trompent pour n'avoir pas assez consulté la nature. » Cette dernière remarque était à l'adresse de Linné, qui dans sa nomenclature rattache le chien, le renard et le loup à un seul et même genre, en appelant le premier *canis domesticus,* le second *canis vulpes* et le troisième *canis lupus.*

Les expériences de Buffon furent reprises par d'autres observateurs : ils reconnurent que le grand naturaliste s'était trompé en ce qui concernait le chien et la louve.

1. Xénophon, *De renatione,* III, 1.

Quant à ce qui touche le renard et la chienne, il paraît y avoir, en effet, incompatibilité de sexe. De quelque façon qu'on ait varié l'expérience en mettant ensemble une renarde avec un chien ou une chienne avec un renard, on n'a jamais observé de rapprochement. Il résulte de là que Xénophon et Aristote étaient dans l'erreur en faisant descendre le chien du renard, à moins d'admettre que les Grecs appliquaient le nom d'*alopex* (renard) également au chacal; car on a observé un accouplement fécond de la femelle du chacal avec un chien-loup. Mais on ignore si ce genre de métis est frappé de stérilité comme le mulet. Quant aux métis provenant du chien et de la louve, ils ne sont pas absolument stériles; mais on ignore de même si, après un certain nombre de générations, ils ne cesseraient pas de se reproduire.

Le chien est, de tous les animaux, celui qui offre le plus grand nombre de variétés pour la figure, pour la taille, pour les habitudes, etc. Mais, quelles que soient les différences, ces variétés ou races ne laissent pas de produire des individus capables de se perpétuer de génération en génération. Elles ne relèvent donc toutes que d'une seule et même espèce. Or quelle est la race primitive, la race mère de toutes les autres? Buffon croyait l'avoir trouvée dans le chien de berger. « Le chien de berger est, dit-il, le vrai chien de la nature, celui qu'on doit regarder comme la souche et le modèle de l'espèce entière. » En cherchant à établir que l'espèce-type n'est pas le résultat d'une transformation, il combattait une opinion fort ancienne, qui a été reprise de nos jours. Xénophon, qui regardait l'*alopekis* (chien-renard) comme l'espèce-type, dit, en propres termes, que ce produit primitif de la chienne et du renard a demandé *un long espace de temps pour achever sa transformation naturelle* (ἐν πολλῷ χρόνῳ συγκέκραται αὐτῶν ἡ φύσις). D'après la doctrine de Darwin, renouvelée des Grecs, cet espace de temps ne serait pas de moins de dix mille ans.

Ce qu'il y a de certain, c'est que le nombre des variétés a augmenté avec le temps, si bien qu'aujourd'hui nous avons bien plus de races canines que n'en avaient les anciens. Voilà ce qui est facile à démontrer, l'histoire en main. Sur les antiques monuments de l'Égypte on voit souvent figuré un animal tout à fait semblable à un chien de moyenne taille, ayant les oreilles dressées et la queue légèrement touffue : c'est le chien-chacal (*canis lupaster*). Cette figure faisant partie des symboles hiéroglyphiques les plus anciens (l'emploi de ces hiéroglyphes remonte, selon Lepsius, à plus de six mille ans), on peut admettre que le chien, dont la peinture est facile à confondre avec celle du chacal, est la race historiquement la plus ancienne. La même race se voit figurée sur les peintures du tombeau de Roti à Beni-Hassan. Mais un témoignage plus précieux encore, ce sont les chiens embaumés qu'on a retirés, en assez grand nombre, des nécropoles de l'Egypte. Ces chiens, dont on a voulu faire une espèce particulière sous le nom de *canis sacer*, appartiennent décidément à la race du chien-chacal. Ils sont encore aujourd'hui très-communs en Egypte, notamment au Caire. Abandonnés à eux-mêmes, ils mènent une vie nomade ; comme le chacal et le renard, dont ils partagent en grande partie les mœurs, ils poussent leurs pérégrinations jusqu'aux limites du désert.

Sur d'autres peintures de tombeaux égyptiens, on remarque une race de lévriers, caractérisée par de longues oreilles droites, par le corps efflanqué. grêle, garni de poils lisses, et par la queue coupée. La mutilation caudale remonte à la plus haute antiquité, car quelques-uns de ces tombeaux datent de la sixième ou septième dynastie (plus de 4000 avant J. C.). Dans d'autres spécimens, ce sont les oreilles qui ont été mutilées. — Le lévrier antique (*canis leporarius ægyptius*), tel que le représentent les monuments, s'est propagé jusqu'à nos jours : on le rencontre assez fréquemment dans la Haute-Égypte, en

Nubie, au Sennaar, et dans d'autres contrées de l'Afrique centrale et orientale. Les habitants de ces régions ont conservé la coutume de lui couper la queue et les oreilles. — Le chien-chacal s'est-il croisé avec le lévrier antique? Les monuments semblent répondre affirmativement. On y voit, en effet, figurée une race à longues oreilles, facile à distinguer des autres lévriers par une queue garnie de poils plus longs. C'est cette race qui existe aujourd'hui dans les mêmes pays sous le nom de lévrier bédouin (*canis leporarius arabicus*).

Sur des monuments plus récents on voit figurée une race canine qui, à juger par les hiéroglyphes qui l'entourent, ne comprend que des chiens de chasse : c'est le *canis sagax africanus*, qui se rencontre au Sennaar et dans le Soudan, et qui est aujourd'hui, comme il l'était autrefois, employé comme chien de chasse. Les chiens de cette race, qu'on voit représentés sur le tombeau de Thotmès, qui remonte au dix-septième siècle avant J. C., accompagnent des hommes portant sur leurs épaules du gibier et d'autres productions.

En résumé, sur les monuments les plus anciens on trouve représentées quatre races canines parfaitement déterminées, le *chien-chacal*, le *lévrier égyptien*, le *lévrier arabe* et le *chien de chasse africain*.

Si des monuments peints ou sculptés nous passons aux monuments écrits, nous trouverons les renseignements que voici. Aristote connaissait sept races canines : 1° le *chien épirote*, remarquable par sa taille et sa force; les habitants de l'Épire l'avaient dressé à garder les troupeaux; 2° le *chien de Laconie*, moins fort que le précédent, mais qui était plus particulièrement préposé à la garde de la maison; 3° le *chien de Molosse*, plus petit que l'épirote et élevé pour la chasse; 4° le *chien de Cyrène*, qui passait pour devoir son origine au mélange d'un chien avec une louve; 5° le *chien égyptien*, plus petit que le chien grec; 6° le *chien indien*, qui passait pour le produit d'une hienne avec le tigre ; 7° le *chien mélitéen*, remarquable par la petitesse de sa taille proportionnée à ses membres Avec cette énumération s'accorde sensiblement celle que donne Varron dans son traité *De re rustica*.

Virgile ne mentionne dans ses Géorgiques, liv. III, que le *canis molossus*, le *canis epiroticus* et le *Spartæ catulus*, le même que le *canis laconicus*. Quant au chien d'Amyclée (*canis amyclæus*), il était sans doute identique avec le chien laconien ; car les chiens de cette race étaient élevés à Amyclée, antique résidence des rois de Laconie. Columelle a le premier employé la dénomination de *canis domesticus*, pour désigner le chien de Laconie.

Ovide parle de *canes lycisci* comme d'une descendance du chien et du loup. Oppien, dans son poëme *De venatione*, composé sous le règne de Caracalla (vers l'an 215 après J. C.), donne une liste des chiens de chasse portant les noms des pays d'où ils provenaient. Ces chiens étaient Péoniens, Ausoniens, Thraces, Cariens, Ibères, etc., enfin ils appartenaient tous, moins un (le chien de Carie), à l'Europe. — Claudien, qui vivait sous le règne de Théodose le Grand (vers 380), parle de la race cresénienne, au poil rude, et vante même la légèreté de la race laconienne et la force de la race bretonne, propre à terrasser des taureaux :

Magnaque taurorum fracturæ colla Britannæ.

Au moyen âge le nombre des races canines s'est accru, et depuis cette époque il est loin d'être allé en diminuant. Cette augmentation, contrairement à ce qui a lieu pour les races humaines, dont plusieurs ont déjà disparu, est donc un fait historiquement établi. Notons que ce qui est ici vrai pour le chien, l'est pour tous nos animaux domestiques : leurs races se multiplient à mesure que la civilisation tend à se concentrer dans une seule race humaine.

Les Espagnols introduisirent dans le Nouveau-Monde un grand nombre de chiens, qui furent abandonnés à eux-mêmes. Ces chiens d'Europe, après plusieurs générations, sont devenus complétement sauvages dans les vastes solitudes de l'Amérique. On les rencontre par troupes dans les pampas de Buenos-Ayres. « Ils vivent en société dans des antres souterrains, et attaquent souvent avec une rage sanguinaire l'homme, pour la défense duquel combattaient leurs ancêtres[1].

Voilà donc cet *ami de l'homme*, dont Buffon a fait un si beau portrait, redevenu aussi féroce et aussi lâche que le loup. Que conclure de ce fait ? C'est que l'instinct de sociabilité qui, dans le chien domestique, s'était changé en attachement pour l'homme, est devenu le lien d'association d'individus de même espèce, tout à fait semblable à celle que nous présentent les renards, les loups et surtout les chacals, pour mieux chasser ou mieux se défendre. Les chiens devenus sauvages forment une véritable race. C'est là, selon nous, qu'il faudrait chercher la race primordiale que d'autres prétendent avoir trouvée dans le chien de berger, dans le basset, dans le boule-dogue, dans le lévrier, dans le chien nu ou indien, etc. La valeur du chien est dans la transformation de son instinct de sociabilité, comme la valeur de l'homme dépend du développement de la solidarité ou de la conscience sociale. En perdant cette conscience, les hommes redeviennent barbares, et reprennent leurs instincts primitifs comme les chiens redevenus sauvages.

La mémoire et l'intelligence du chien sont attestés par des faits nombreux dont le récit ne saurait ici trouver place. Mais ces qualités qu'on recherche tant, n'existent pas également dans toutes les races : elles sont très-inégalement réparties ; peut-être même que leur développement n'a été que lentement progressif. Du temps d'Homère,

1. Humboldt, *Tableaux de la Nature*, t. I, p. 21 de notre traduction.

il y a près de trois mille ans, on paraissait être moins frappé des qualités que des défauts du chien, à en juger par les épithètes de κύνεος, κυνῶπις, κύντερος, κύντατος, etc., qu'emploie si souvent le grand poëte de l'antiquité. Les noms de κύων (chien) et de *canis* résumaient dans l'esprit des Grecs et des Romains un ensemble de vices qui excluaient toute idée d'un animal ami de l'homme.

Chat. — Entre le chien et le chat il existe une sorte d'antithèse morale qui a dû de bonne heure frapper tout observateur : autant le premier est franc, dévoué et fidèle, autant le second est sournois, capricieux et perfide ; le chien s'attache à son maître, le chat ne s'attache qu'à la maison qu'il connaît.

Les Égyptiens avaient, comme on sait, un culte particulier pour les chats. Ils les nourrissaient, comme les ichneumons, avec du pain trempé dans du lait. Quiconque tuait un de ces animaux, était immédiatement mis à mort par le peuple ameuté. Diodore raconte un fait dont il fut lui-même témoin oculaire pendant son voyage en Égypte, sous le règne de Ptolémée Aulète (60 ans avant J. C.). Un Romain qui avait tué un chat fut assailli dans sa maison par la populace, et ne put être soustrait à la peine capitale, bien que son action eût été involontaire et que le roi, redoutant la vengeance de Rome, eût envoyé des magistrats pour le sauver. Le même historien voyageur rapporte que, lorsqu'un de ces animaux, dont les gardiens sont salués avec le plus grand respect par les passants, vient à mourir, on l'enveloppe dans un linceul et on le porte chez les embaumeurs, se frappant la poitrine et poussant des gémissements[1]. Aussi les momies de chats ne sont-elles pas rares. Hérodote, qui voyagea en Égypte environ quatre siècles avant Diodore, désigne la ville de Bubaste comme métropole des chats. Les chiens, qui étaient révérés sous la forme d'Anubis (divinité à tête de

____

1. Diodore, I, 83.

chien-chacal), étaient embaumés et conservés là où ils mouraient [1].

Le chat ressemble au tigre, comme le chien au loup. Aussi Linné a-t-il placé le chat (*felis catus*) dans le même genre que le tigre. Pline a tracé en quelques mots la caractéristique du chat : « Pour prendre un oiseau, il s'en approche tout doucement ; la souris, il la guette, pour tomber sur elle soudain. Il entasse ses excréments pour ne pas trahir sa présence [2]. »

Les chats se trouvent dans tous les climats ; mais ils paraissent mieux supporter la chaleur que le froid. Le chat sauvage n'est qu'une variété du chat domestique. Peu d'animaux ont l'instinct attractif ou répulsif pour l'homme aussi développé que le chat, dont on raconte d'ailleurs de nombreux traits d'intelligence [3].

Cochon. — Cet animal est depuis la plus haute antiquité en abomination chez la plupart des peuples de l'Orient. Moïse défendait d'en manger la chair, soit par raison hygiénique, soit par des motifs religieux. Le *hanzir* (porc) était chez les Egyptiens, comme chez les Israélites, un animal réputé immonde. « Lorsqu'un Egyptien a, dit Hérodote, touché en passant un porc, il court sur-le-champ vers le fleuve et s'y plonge. Les porchers sont les seuls indigènes auxquels l'entrée des temples soit interdite, et ils sont obligés de se marier entre eux. A l'exception de la Lune et de Bacchus, les Egyptiens ne sacrifient des porcs à aucune de leurs divinités [4]. Ils expliquent pourquoi ils ont horreur de sacrifier ces animaux dans leurs autres fêtes, mais il ne me paraît pas convenable de répéter la raison qu'ils en donnent, et que je connais. » Elien ne fut pas aussi discret qu'Hérodote.

1. Hérodote, II, 5 et 66.
2. Pline, *Hist. nat.*, X, 73, 74.
3. Voy. M. Champfleury, *Histoire des chats* (Paris, 1868).
4. Hérodote, II, 47.

« Le porc est, dit-il, tellement vorace, qu'il n'épargne pas même ses petits et qu'il dévore des cadavres humains. Voilà pourquoi les Égyptiens l'ont en horreur[1]. » Le même auteur rapporte, sur l'autorité de Manéthon, que l'usage du lait de truie occasionne la lèpre.

Les Grecs, loin de partager avec les Égyptiens et les Juifs l'horreur du porc, paraissaient l'avoir, au contraire, en honneur, à juger par l'épithète de *divin* (δεῖος) qu'Homère donnait au porcher (συβώτης) Eumée. Les sacrifices de porc étaient aussi communs chez les Grecs que chez les Romains. Varron affirme que le mot grec θύειν, sacrifier, vient de ὓς (cochon), appelé primitivement ὓς, et que les porcs furent les premières victimes qu'on offrait aux dieux, au commencement des moissons, à l'occasion d'un vœu et pendant les fêtes nuptiales.

Les *suovotaurilia* étaient des sacrifices solennels, composés, comme le nom l'indique, d'un cochon (*sus*), d'une brebis *ovis*), et d'un taureau (*taurus*). Ils devaient rendre les dieux favorables à la réussite des biens de la terre. Caton (*De re 'rustica*) nous a conservé la formule de la prière que l'on prononçait dans ces occasions solennelles.

L'engraissement des porcs fut de bonne heure chez les Grecs et les Romains une branche importante de l'industrie agricole. « Le porc est, dit Aristote, de tous les animaux celui qui s'accommode le plus facilement de toute espèce d'aliment, et qui s'engraisse en le moins de temps: soixante jours lui suffisent pour devenir complétement gras. Les hommes qui se livrent à cette industrie, ont soin de les faire jeûner d'abord pendant trois jours pour les rendre plus voraces et plus aptes à s'engraisser promptement[2]. » Depuis Aristote, on répète que les cochons attaquent les serpents venimeux et les mangent im-

1. Élien, *De nat. animal.*, **x**, 16.
2. Aristote, *Hist. animal.*, **viii**, 8.

punément; mais des zoologistes modernes, entre autres M. Lenz, contestent ce fait[1].

Les Romains estimaient beaucoup les jambons (*pernas*) des Gaulois. Ils connaissaient d'ailleurs la recette de les préparer, en les salant et fumant[2]. Ils faisaient aussi grand cas de la chair du sanglier (*sus scropha*, L.), qui est la souche du cochon domestique.

Lapin. — Les anciens ne paraissent pas avoir connu le lapin domestique; ils ne parlent que du lapin sauvage ou lapin de garenne (*lepus cuniculus*, L.), qu'ils regardaient comme une simple variété du lièvre : en quoi ils se trompaient; car le lièvre diffère très-notablement du lapin, moins par son aspect extérieur que par ses instincts et ses mœurs. Le lapin creuse des terriers, tandis que le lièvre n'en creuse point; mais ce qui les distingue surtout l'un de l'autre, c'est que leur accouplement est infécond. Pline et Strabon s'accordent à signaler l'Espagne, et particulièrement les îles Baléares, comme infestées de lapins. « Ces animaux y étaient devenus, dit Strabon, si nuisibles en détruisant les plantations et en faisant crouler même les maisons par leurs galeries souterraines, que les habitants envoyèrent à Rome des députés pour obtenir d'autres pays à habiter[3]. » Au rapport de Pline, les habitants des îles Baléares implorèrent de l'empereur Auguste des secours militaires, pour se défaire de ces incommodes rongeurs dont la multiplication extrême était devenue désastreuse[4]. Les mêmes auteurs nous apprennent aussi que l'on chassait le lapin au furet, comme on le fait encore aujourd'hui.

Les Grecs n'avaient pas de nom particulier pour désigner le lapin : le mot κουνίκουλος n'est que la transcrip-

---

1. Lenz, *Zoologie der alten Griechen und Rœmer*, p. 187, en note (Gotha, 1856, in-8°).

2. Caton, *De re rustica*, 162.

3. Strabon, III, 2.

4. Pline, *Hist. nat.*, VIII, 81.

tion du latin *cuniculus*. Le mot λαγίδιον, qui se trouve dans le Traité de chasse de Xénophon, était le *levraut* ou le petit du lièvre.

Le lapin, qui a pour patrie l'Espagne et qui paraît avoir été inconnu aux Égyptiens et aux Hébreux, s'est peu à peu répandu dans presque toutes les régions de l'Ancien-Continent. Il s'est également propagé dans le Nouveau-Monde, où les Européens l'introduisirent dès le seizième siècle.

Au nombre des **oiseaux de basse-cour** dont l'origine est la plus ancienne, nous citerons la *poule*, le *pigeon*, le *canard* et l'*oie*.

Notre **poule domestique** paraît être originaire du midi de l'Asie (l'Indoustan), où Sonnerat et Leschenaud ont rencontré des coqs sauvages qui se rapprochent beaucoup de nos coqs de basse-cour. Le faisan, le coq de bruyère et la gelinotte s'en éloignent trop pour être la souche de nos gallinacés domestiques.

L'incubation des œufs par la chaleur artificielle d'un four était devenue, entre les mains des Égyptiens, une branche d'industrie qui s'est propagée jusqu'à nos jours. Cette nation, qui avait divinisé presque tous les animaux, ne paraissait pas rendre à la *poule* ni au *coq* un culte divin. Cela est d'autant plus étonnant que ces oiseaux jouent un grand rôle dans la religion des Grecs et des Romains, qui passent pour avoir presque tout emprunté aux Égyptiens. On sait que chez les Romains un collége spécial de prêtres était préposé à l'entretien des poules sacrées et aux oracles qu'on en tirait. Ces poules devaient être uniformément blanches ou noires ; celles qui avaient le bec et les pattes jaunes étaient réputées impures. Lorsque les poules sacrées refusaient de prendre la nourriture que le prêtre leur offrait, c'était d'un mauvais présage ; il fallait renoncer à une entreprise projetée[1]. La plupart des gé-

1. Cicéron, *De divinatione*, I, 15, 35 ; II, 24.

néraux romains, parmi lesquels on cite surtout le dictateur Papirius Cursor, ne manquaient jamais de consulter ce genre d'oracle, avant de risquer une bataille. Cependant il y eut aussi des esprits forts, qui se moquaient de ce genre de religion, témoin Publius Claudius, commandant les vaisseaux de Rome dans la première guerre punique. Les poules sacrées ne voulant pas sortir de leur cage pour manger, il les fit jeter à la mer, en s'écriant : « Eh bien ! qu'elles boivent. » Valère Maxime, qui raconte ce fait, a soin d'ajouter que le général perdit la bataille, et fut livré au jugement du peuple. Les récits de Tite Live contiennent beaucoup de faits du même genre.

Varron, Caton et Columelle ont donné sur la manière d'élever les poules, sur le choix des meilleures pondeuses, de leurs variétés, etc., une foule de préceptes, dont l'excellence a été depuis longtemps reconnue. Ce qu'Aristote dit de certaines poules qui changent de mœurs au point de paraître transformées en coqs, a été constaté par des observateurs modernes.

On trouve chez le même auteur une croyance qui s'est, non sans quelque raison, conservée jusqu'à nos jours, à savoir que les coups de tonnerre d'un orage gâtent les œufs d'une couveuse et tuent les petits qui sont sur le point d'éclore.

Les combats de coqs figuraient déjà chez les Athéniens, du temps de Thémistocle (vers 480 avant J. C.), parmi les jeux publics[1].

Le **faisan** (*phasianus colchicus*, L.) fut, suivant la légende, apporté en Grèce par les Argonautes, qui l'auraient trouvé dans la Colchide, aux bords du Phase. Ce qu'il y a de certain, c'est que l'on rencontre encore aujourd'hui en Mingrélie (l'ancienne Colchide) les plus beaux faisans que l'on connaisse. Introduits en Grèce, à une époque fort reculée, ils se sont répandus de là dans les

1. Élien, *Hist. var.*, II, 28.

principales contrées de l'Europe et de l'Afrique. De l'Ancien-Continent ils *ont* passé dans le Nouveau-Monde. Le phénix dont parlent Hérodote, Pline, Appien, et qui était regardé comme un oiseau fabuleux, pourrait très-bien avoir été le faisan doré de l'Inde. Ce que Pline dit des *tetraos*, qu'il compare aux aigles pour la taille et la couleur, peut également s'appliquer au coq de bruyère (*tetrao tetrix*, L.), et à la gelinotte (*tetrao bonasia*, L.) [1].

Les **méléagrides** des Grecs et des Romains sont les pintades, originaires de l'Afrique (*numida meleagris*, L.), à juger par les descriptions qu'en ont données Aristote, Varron, Pline, Athénée, etc. Leur plumage bigarré a exercé l'imagination des poëtes anciens. Dans les taches blanches, sur un fond gris d'ardoise, ils voyaient les larmes des sœurs de Méléagre pleurant sur le tombeau de leur frère [2]. Le Périple de Scylax nous apprend qu'il y avait, non loin du golfe de Carthage, un lac couvert de pintades (méléagrides) sauvages, souche de nos pintades domestiques. Dans le temple d'Isis, près de Tithorée en Phocide, on célébrait deux fois par an des fêtes solennelles; les riches offraient à la divinité des bœufs et des cerfs, les pauvres des oies et des pintades [3]. Les Grecs désignaient par le mot καγχάζειν, *cachinnari*, le cri particulier de ces oiseaux.

On a répété avec Buffon et Cuvier que le **paon** (*pavo cristatus*, L.), originaire du nord de l'Inde, a été apporté en Europe par Alexandre le Grand. C'est là une erreur. Ce superbe oiseau se voyait en Grèce, comme une curiosité, déjà du temps de Périclès, plus de cinquante ans avant la naissance d'Alexandre. Aristophane en parle dans plusieurs de ses comédies (les *Acharniens* et les *Oi-*

1. Pline, *Hist. nat.*, x, 29.
2. Ovide, *Metamorph.*, viii, 534.
3. Pausanias, x, 31.

seaux). Suivant le rhéteur Antiphon (mort en 419 avant
J. C.), cité par Élien, un couple de paons se vendait
alors mille drachmes (environ 600 fr.). Alexandre admira
plus tard ces oiseaux dans l'Inde, et défendit, sous des
peines sévères, d'en tuer. Son précepteur, Aristote, en
avait déjà étudié les mœurs : il attribuait au paon d'aimer
à paraître beau et d'être jaloux[1]. Si les *toukkiym* de la
Bible (I Reg., x, 22) sont des paons, on aura la preuve
que, dès l'époque de Salomon, les Israélites entretenaient
des relations avec l'Inde par la mer Rouge. Les monnaies
de l'île de Samos, où Junon avait un temple célèbre,
avaient le paon pour effigie.

Les pigeons domestiques se divisent en variétés nombreuses, dont la plupart étaient connues des anciens. Les
petites races paraissent avoir pour souche le biset ou pigeon de roche (*columba livia*, Briss.), tandis que le
ramier (*columba palumbus*, L.) serait la tige primitive des
grandes races. Les observations d'Aristote, de Caton, de
Columelle, de Pline, d'Appien sur les pigeons, sur les
ramiers, sur les bisets et les tourterelles, ont été confirmées par les observateurs qui leur ont succédé.

Les Assyriens rendaient un culte particulier au pigeon ;
ils en portaient la figure sur leurs étendards. C'est ce qui
explique ces mots de la Bible : *colère du pigeon* et *glaive
du pigeon*, pour la *fureur* et l'*épée des Assyriens*. Aux yeux
des Israélites, la colombe était le symbole de l'amour et
de la chasteté. Chez les Grecs et les Romains, le même
oiseau était consacré à Vénus : la déesse de l'amour était
traînée sur un char attelé de colombes.

La domestication du **canard** (*anas boschas*, L.) et de
l'**oie** (*anas anser*, L.) est, comme le fait remarquer Buffon, une double conquête : l'homme s'est par là assujetti
des animaux habitant à la fois l'air et l'eau.

Aristote compte le canard parmi les plus pesants des

---

1. Aristote, *Hist. animal.*, I, 1.

oiseaux aquatiques, *stéganopodes*, στεγανόποδες, c'est-à-dire qui ont des *membranes entre les doigts*[1]. La membrane inter-digitale, que signale ici Aristote, forme le caractère fonda-mental de toute une famille d'oiseaux aquatiques, la famille des *palmipèdes*. D'après une autre observation de ce phi-losophe naturaliste (II, 17), le canard a l'œsophage très-large et des appendices aux intestins, vers l'extrémité de leur conduit. Varron et Columelle donnent des préceptes détaillés sur la manière d'élever les canards, et Élien en décrit très-bien les mœurs. Dès le temps de Martial, on ne mangeait du canard que la poitrine et le cou; ces parties étaient préférées au reste du corps[2].

Pline parle d'un genre de palmipèdes, qu'il nomme *oiseaux de Dioméde*, comme particuliers à une île de la mer Adriatique. « Juba, dit-il, les appelait *catarractes* (à cause de leur vol précipité) ; ils ont des dents, leurs yeux sont couleur de feu ; ils se mettent deux pour conduire une troupe, l'un en tête, l'autre en queue. Avec leurs becs ils creusent dans le sol des trous qu'ils recouvrent de branchages, et où ils couvent leurs œufs. Ces cavités ont deux ouvertures, l'une à l'est, d'où ils sortent, et l'autre à l'ouest, où ils rentrent. On ne voit ces oiseaux qu'en face de l'Apulie, dans une île célèbre par le tombeau et le temple de Dioméde[3]. »

L'opinion des zoologistes eux-mêmes a été partagée sur les oiseaux de Dioméde: les uns ont voulu y voir des hérons, les autres des cigognes, d'autres des albatros, des râles, des boubies ou fous, etc. Ce qu'il y a de certain, c'est que la description qu'en donne Pline, sur l'autorité de Juba, se rapproche en même temps de celle du harle et de celle du tadorne. D'abord, il n'existe pas d'oiseau

---

1. *Hist. animal.*, VIII, 3.
2. Martial, *Epigr.*, XIII, 52 :

    Tota quidem ponatur anas; sed pectore tantum
        Et cervice sapit : cætera redde coquo.

3. Pline, *Hist. nat.*, X, 61.

qui ait des dents proprement dites. Mais le harle, le tadorne et quelques autres espèces ont les bords intérieurs du bec armés de dentelures assez tranchantes pour saisir et retenir leur proie comme avec des dents. Le harle ou oie-plongeon (*mergus merganser*, L.) a le vol rapide, le plumage blanc et les yeux rouges, caractères qui s'accordent assez bien avec ceux de l'oiseau de Diomède. Mais il ne creuse pas de terriers pour y nicher : ce caractère appartient au tadorne (*anas tadorna*, L.), commun sur les rives de la mer du nord et de la Baltique, où il niche dans les dunes, souvent dans les trous abandonnés par les lapins. Mais ce palmipède, qui a l'habitude naturelle de gîter comme le renard, est-il identique avec le χηναλώπηξ ou le *vulpanser* (littéralement *oie-renard*) d'Hérodote, d'Élien, etc. ? Belon et Buffon l'ont cru. Mais, suivant Geoffroy-Saint-Hilaire et Cuvier, le *chénalopex* est l'oie d'Égypte (*anas ægyptiaca*, Geoff.), espèce de bernache, révérée des anciens Égyptiens, à cause de son attachement pour ses petits. « En parlant du chénalopex, dit Geoffroy-Saint-Hilaire, Élien nous apprend qu'il était ainsi nommé à cause de sa parfaite ressemblance avec l'*oie*, et de son naturel rusé et méchant comme celui du *renard*. Ce n'est donc pas d'un canard, encore moins d'un oiseau qui niche sous terre qu'il est ici question.... Les temples de l'Égypte supérieure, dont tous les murs se trouvent ornés de tableaux et recouverts d'inscriptions hiéroglyphiques, sont de véritables manuscrits que j'ai cru devoir consulter à l'occasion du *chénalopex*.... En lisant dans Hérodote que les anciens avaient mis cet oiseau au nombre des animaux sacrés, et, dans Horus-Apollon, qu'ils le figuraient dans les hiéroglyphes, pour signifier la tendresse reconnaissante des enfants, il était tout naturel de s'attendre à en voir la figure souvent répétée dans les diverses scènes qui décorent les monuments égyptiens ; mon attente ne fut pas trompée : je remarquai un oiseau palmipède entouré de tous les attributs de la divinité, et le plus souvent dans les mêmes tableaux que l'ibis. Nul doute alors que j'avais sous les yeux le véritable *chénalopex*; j'en reconnus l'espèce avec d'autant plus de facilité qu'il était, principalement dans un petit temple de Thèbes, sculpté et en même temps colorié : c'était l'*oie d'Égypte*[1].

En résumé, l'*oiseau de Diomède* était, comme le sphinx, une de ces créations hybrides, tenant de plusieurs espèces animales à la fois, où se complaisait l'imagination des anciens.

Les Romains faisaient un cas particulier de l'**oie domestique** (*anas anser*, L.), non-seulement à cause de la bonne qualité de sa chair et de sa graisse[2], mais parce qu'ils lui avaient voué en quelque sorte un culte religieux. C'était pour eux le symbole de la vigilance. Au rapport de Diodore et de Tite Live, les oies sacrées de Junon élevèrent de grands cris à la vue des Celtes ou Gaulois qui, assiégeant Rome, cherchaient pendant la nuit à s'emparer du Capitole. Dans ce moment critique, les chiens de garde étaient restés muets. Aussi, en punition de leur coupable silence, furent-ils, tous les ans, à un jour désigné par le censeur, fouettés sur la place publique. Pline raconte que de son temps on amenait du fond des Gaules des troupes d'oies à Rome, et que, dans cette longue marche, les plus fatiguées se mettaient au premier rang, comme pour être poussées par celles qui formaient l'arrière-garde.

De tous les oiseaux de basse-cour, l'oie est seule capable de s'attacher, comme le chien, aux personnes qui les soignent ou qui leur témoignent de l'amitié. On cite à cet égard des traits nombreux et touchants. Le proverbe *bête comme une oie* ne peut donc venir que des grands cris

---

1. Geoffroy Saint-Hilaire, **Ménagerie du Muséum**, à l'article *Oie d'Égypte.*

2. Le foie d'une oie engraissée avec des figues était un mets très-recherché des gourmets à Rome (Horace, *Sat.* ii, 8, v. 88).

d'avertissement ou de réclame qu'elle répète à tout moment. Cette loquacité, qu'on reproche aux indiscrets parleurs et aux bas délateurs, lui avait déjà fait donner des anciens l'épithète d'*improbus* :

Gratitat improbus anser.

Nos oies domestiques ont incontestablement pour souche les oies sauvages, qui font leurs couvées dans les régions du Nord, et qui, en automne, quittent ces régions pour passer l'hiver dans la zone tempérée. On ne voit, en effet, entre l'oie domestique et l'oie sauvage, d'autres différences que celles qui résultent, d'une part, de l'esclavage sous l'homme, et, de l'autre, de la liberté de nature.

L'usage des plumes d'oie comme instrument d'écriture remonte au septième siècle de notre ère; Isidore de Séville (*Origines*, VI, 14) et Paul d'Egine en parlent. Du temps de Pline, on se servait du roseau (*calamus*), et plus anciennement on employait à cet effet une tige de fer (*stylus*), pointue à une extrémité et aplatie à l'autre. Avec l'extrémité pointue on traçait les caractères, tandis qu'avec l'extrémité aplatie on corrigeait ou effaçait ce qui était écrit ; d'où la locution : *sæpe stylum vertere*, pour dire : *bien corriger*. A l'encre était substituée une couche de cire, fixée sur des tablettes.

C'est sur les animaux domestiques, dont nous venons de tracer rapidement l'histoire, qu'ont dû porter les premières observations des zoologistes. En ce qui concerne les *mammifères*, auxquels s'appliquait plus spécialement le nom de *quadrupèdes*, on trouve déjà dans les livres de Moïse un essai de classification, fondé sur la conformation des pieds. Les animaux qui ont des espèces de doigts, comme le chien et le chat, y sont soigneusement séparés de ceux qui ont le pied tout d'une pièce, tels que le cheval et l'âne, et de ceux qui l'ont fendu, tels que le bœuf, la chèvre et la brebis. Aristote précisa cette caractéristique en la complétant. Il fit ressortir le développement des dents canines chez les carnassiers *digitigrades*, et donna quelques indications sur différents groupes, connus plus tard sous les noms de *solipèdes*, de *fissipèdes*, de *ruminants*, de *pachydermes*, etc.

CHAPITRE II.

Les Egyptiens avaient depuis longtemps la coutume d'élever des animaux dans leurs temples, de les peindre ou de les sculpter sur leurs monuments. Mais nous ne voyons nulle part qu'ils aient réuni leurs observations pour en faire un corps de doctrine ou une science, dans le sens propre de ce mot.

Un point digne de remarque, c'est que ces représentations hiéroglyphiques d'animaux sont, pour la plupart, d'une fidélité parfaite. « Il m'a toujours été très-facile, dit Cuvier, de reconnaître à quelles espèces elles appartenaient, même lorsque les figures étaient de petite proportion, et consistaient seulement dans la ligne extérieure qui limite l'animal. Ainsi j'ai parfaitement distingué la grande antilope, la girafe, le grand lièvre d'Egypte, l'épervier, le vautour, l'oie d'Egypte, le vanneau, la caille, l'ibis, etc.[1]. »

La mythologie des Grecs, les poëmes d'Homère et d'Hésiode ne renferment que de faibles données zoologiques.

[1]. Cuvier, *Hist. des sciences naturelles*, t. I, p. 58.

Le pythagoricien *Alcméon*, que nous ne connaissons guère que par Chalcidius, commentateur de Platon, paraît avoir le premier disséqué des animaux. Voyant que dans la première période de la vie fœtale la tête est proportionnellement plus volumineuse que les autres parties du corps, il en conclut que la tête des animaux se forme la première. Il disait que les chèvres respirent par les oreilles[1], et plaçait le siége de l'odorat dans le cerveau. Il prétendait que le fœtus se nourrit par la peau, et comparait l'époque de la puberté chez les animaux à celle de la floraison chez les plantes.

Démocrite et *Hippocrate* suivirent les traces d'Alcméon. Le premier, taxé de folie par ses concitoyens (les Abdéritains, parce qu'il aimait à errer parmi les tombeaux, « probablement, dit Cuvier, pour y chercher quelques pièces ostéologiques, » expliquait la variété des mœurs chez les animaux par la diversité de leur organisation. Hippocrate, qui avait opéré sur quelques crânes, considérait le cerveau comme un organe spongieux, destiné à absorber l'humidité du corps. Malheureusement, le respect religieux que les Grecs avaient pour les cadavres les empêchait de faire des progrès en anatomie. Les Egyptiens, par suite de la pratique de leurs embaumements, étaient sous ce rapport plus avancés que les Grecs.

Aristote et ses disciples.

Celui qui doit être considéré comme le véritable créateur de la *zoologie*, dans l'acception propre du mot, c'est Aristote. Son *Histoire des animaux*[1], en neuf livres, que

1. Voyez ce que nous en avons dit plus haut, p. 22.
2. La première édition de l'*Histoire des animaux* fut imprimée à Venise, 1493, in-fol. La meilleure est celle de Schneider; Leipzig, 1811,

Cuvier avouait ne pouvoir lire sans être ravi d'étonnement, est en quelque sorte un traité d'anatomie et de physiologie générales. Examinant comparativement les organes des animaux, l'auteur arrive à en indiquer les ressemblances et les dissemblances, et il pose exactement les bases des grandes classifications. Il commence par donner, en guise d'introduction, quelques règles aphoristiques, telles que : aucun animal terrestre n'est fixé au sol; aucun animal manquant de pieds n'a d'ailes ; tous les animaux, sans exception, ont une bouche et le sens du tact (caractères constitutifs de l'animalité ; tous les insectes ailés qui ont leur aiguillon à la partie antérieure du corps, n'ont que deux ailes, comme le taon, le cousin; ceux dont l'aiguillon est à la partie postérieure en ont quatre. — « Que d'observations n'a-t-il pas fallu, ajoute ici Cuvier, pour énoncer des propositions générales si exactes! Elles supposent un examen presque universel de toutes les espèces. Aristote, dès son Introduction, expose aussi une classification zoologique qui n'a laissé que bien peu de chose à faire aux siècles qui sont venus après lui. Ses grandes divisions et subdivisions sont étonnantes de précision, et ont presque toutes résisté aux acquisitions postérieures de la science. »

En effet, la division actuelle des animaux en deux grandes classes, celle des animaux à sang rouge et celle des animaux à sang blanc, correspond à la classification d'Aristote, divisant les animaux en *ceux qui ont du sang*, et en *ceux qui n'en ont pas*. Les animaux *privés de sang* animaux à sang blanc) sont divisés en quatre classes : les mollusques, les crustacés, les testacés et les insectes; cette division a été conservée par Linné, qui la modifia légèrement. Les descriptions sont claires et d'une justesse remarquable.

4 vol. in-8°. On estime la traduction latine de J. C. Scaliger. La traduction française de Camus (Paris, 1783, 2 vol. in-4°, avec le texte grec en regard) n'est pas toujours très-fidèle.

Bien des faits avancés par Aristote, et qui furent longtemps contestés, ont été confirmés de nos jours. Ainsi, il rapporte qu'un poisson de mer, nommé *phykis* (φυκίς), qui se nourrit d'algues et change de couleur suivant les saisons, fait un nid pour y déposer ses œufs[1]. Ce fait passa longtemps pour un conte. Cependant, au seizième siècle, un naturaliste français, Rondelet, fit connaître un poisson qu'il dit s'appeler *mola* en Languedoc : il le représente comme ressemblant à une tanche par la partie antérieure, et à une sole par la partie postérieure du corps; il affirme lui avoir vu faire son nid dans une algue et y déposer ses œufs. Mais les naturalistes qui vinrent après ajoutèrent aussi peu de foi au fait signalé par Rondelet, qu'on ne l'avait antérieurement fait pour le *phykis* d'Aristote. Ce ne fut qu'à notre époque qu'un naturaliste italien, Olivi, trouva parfaitement exact ce qu'on avait toujours regardé comme imaginaire : il vit le mâle d'une espèce de poisson (*gobius niger* de Linné), au temps des amours, creuser un trou dans la vase, entourer ce trou d'algues, former, en un mot, un vrai nid, et y attendre la femelle; celle-ci y venait déposer ses œufs, près desquels le mâle restait jusqu'à ce qu'ils fussent éclos. Ce qu'il y a de curieux, c'est qu'Olivi, ignorant que le fait de la construction d'un nid par un poisson avait été déjà attesté par Aristote et Rondelet, le publia comme une observation absolument neuve[2].

Suivant une idée générale d'Aristote, le corps de tout animal à sang est supporté par une charpente osseuse dont la pièce principale est l'épine du dos. C'est là ce que les modernes ont nommé la classe des *animaux vertébrés*. Entrant davantage dans les détails, Aristote fait remarquer, entre autres, que les parties qui dans l'homme occupent le devant, sont chez les quadrupèdes tournées

1. *Hist. animal.*, VIII, 20.
2. G. Cuvier, *Hist. des sciences naturelles*, t. I, p. 158.

en dessous, vers la terre; que la poitrine d'un animal est beaucoup plus étroite que celle de l'homme; que les animaux qui, tels que le chien, ont la tête ronde, l'ont en même temps grosse, et que la partie de leur face qui forme le dessous de la tête, est petite, tandis que ceux qui, comme le cheval, portent un toupet de crin, ont la tête petite et les mâchoires allongées. Dans les rapprochements multipliés qu'Aristote fait entre l'organisation de l'homme et celle des animaux, ce grand observateur indique les principaux éléments de *l'anatomie comparée.*

Dans sa division des *quadrupèdes* en *vivipares* et en *ovipares,* les oiseaux, dont les ailes représentent les pattes de devant, appartiennent avec les reptiles, tels que les lézards, les grenouilles, etc., à la classe des quadrupèdes ovipares. Aristote ne confond pas, comme l'ont fait beaucoup de voyageurs modernes, les poissons et les cétacés. Il sait très-bien que les baleines, les dauphins, etc., ne sont pas ovipares, qu'ils mettent au monde des petits vivants, et les nourrissent du lait de leurs mamelles. En ichthyologie, ses connaissances étaient relativement plus étendues que les nôtres. Bien qu'il eût voulu se borner à l'exposé des résultats généraux, il nous fait cependant connaître cent dix-sept espèces de poissons. Les autres naturalistes de l'antiquité et du moyen âge n'y ont pas ajouté une seule espèce nouvelle. Enfin beaucoup de découvertes qui ont passé pour modernes, avaient été déjà faites ou préparées par Aristote.

Le célèbre Stagirite a dû, bien qu'il n'en parle pas, recevoir de son royal élève un riche et curieux envoi d'objets d'histoire naturelle; car la marche triomphale d'Alexandre le Grand en Asie et en Afrique fut en même temps une véritable expédition scientifique. C'est ce qui lui permit de donner sur certains animaux des renseignements plus exacts, et de décrire le premier l'hippélaphe, l'hippardium et le buffle, animaux propres de l'Inde. « *L'ihppélaphe* ou *cerf-cheval,* cerf à crinière, a été, dit Cuvier,

retrouvé ne nos jours par Diard et Duvaucel ; l'*hippardium*
ou tigre-chasseur ne nous est connu que depuis le commencement de notre siècle ; car Buffon ne l'a pas vu à la
ménagerie royale. Enfin on sait que le buffle n'a été introduit en Europe qu'au temps des Croisades[1]. »

L'*Histoire de animaux* d'Aristote a eu de nombreux commentateurs, parmi lesquels nous ne citerons
que Scaliger et Conrad Gesner. Cet important ouvrage
mériterait une interprétation nouvelle, avec des notes
qui mettraient la zoologie ancienne en parallèle avec la
zoologie moderne.

Comme son maître Aristote, *Théophraste* avait touché
à presque toutes les connaissances humaines. Dans un
petit traité *Sur les animaux qui changent de couleur*,
il parle des différentes colorations qu'éprouve la peau du
caméléon et il attribue au renne les mêmes changements
de couleur, qui ne sont dus qu'à l'influence des saisons.
Il parle aussi d'un poisson de l'Inde comme étant capable de sortir de l'eau. Son récit parut longtemps fabuleux.
Mais ce poisson, fort singulier, à tête de serpent, ce qui
lui a valu le nom d'*ophicéphale*, a été observé, il y a une
cinquantaine d'années, par Hamilton Buchanan dans les
eaux du Gange : il s'éloigne du fleuve en rampant sur
l'herbe, et se rencontre quelquefois à une si grande distance de tout cours d'eau que le peuple le regarde comme
tombé du ciel[2].

Nous devons dire ici un mot de la prétendue lettre
d'Alexandre le Grand à Aristote et à Olympias sur les
merveilles de l'Inde. Il y est parlé d'*hippocentaures*, d'a-
nimaux à six pieds et à trois yeux, d'hommes velus et
sans tête, d'oiseaux parlant grec, et d'autres êtres fantastiques, que le grand conquérant aurait rencontrés dans

1. G. Cuvier, *Hist. des sciences naturelles*, I, p. 154.
2. *Ibid.*, t. I, p. 185.

l'Inde. Il n'est guère possible de fixer l'origine de cette lettre, qui se trouve dans les écrits du Pseudo-Callisthène, dans Vincent de Beauvais et dans plusieurs manuscrits inédits du roman d'Alexandre, en ancien français. Elle ne paraît pas être identique avec la lettre d'Alexandre dont parlent Plutarque, Pollux et Tertullien, et qui devait rappeler le zèle du roi macédonien pour l'histoire naturelle[1].

Un événement heureux pour les progrès de la zoologie fut la création d'une ménagerie, la première qui ait existé, par Ptolémée Philadelphe (vers 260 avant J. C.), fils du lieutenant d'Alexandre à qui échut en partage le royaume d'Egypte, et qui, plus heureux que ses compagnons d'armes, fonda le dynastie des Lagides. Cette ménagerie était un établissement auxiliaire de cette fameuse Académie des sciences que Ptolémée Soter, fils de Lagus, avait créée sous le nom de *Musée*, à Alexandrie. Les détails conservés d'une fête que Ptolémée Philadelphe avait organisée en honneur de son père, peuvent donner une idée des richesses de la ménagerie d'Alexandrie. Dans cette fête, où se célébrait le triomphe de Bacchus dans l'Inde, on voyait figurer des éléphants, des bubales, des cerfs blancs, des autruches, des oryx, des chameaux chargés d'aromates, des brebis d'Ethiopie, des panthères, des léopards, des onces, des rhinocéros, des lions et des ours blancs. Comment des *ours blancs*, habitant les mers glaciales, pouvaient-ils figurer dans la fête de Ptolémée? Voilà ce qu'on s'était depuis longtemps demandé, lorsque le voyageur Ruppel vint éclaircir la question par la découverte d'ours blancs dans le Liban: c'est sans doute de ces montagnes que le roi d'Egypte faisait venir les siens.

Nous ne savons à peu près rien des zoologistes d'A-

1. Voy. Berger de Xivrey, *Traditions tératologiques*, Prolégom. p. xxxvii et suiv. La prétendue lettre d'Alexandre (texte grec, accompagné d'une trad. française) s'y trouve p. 334-371.

lexandrie durant le règne des Ptolémées. Des travaux du péripatéticien Agatharchide, qui vécut presque toujours en Égypte, il ne nous reste que des fragments, conservés par Photius et par Diodore. Ces fragments, où se trouvent décrits, avec assez d'exactitude, le rhinocéros, le camélo-pardalis (giraf), le crocottas (espèce d'hyène), différentes espèces de singes, sont très-précieux pour l'histoire naturelle de l'Afrique, sur laquelle nous n'avons que les rares renseignements contenus dans le *Périple d'Hannon*. L'auteur de ce Périple, qui vivait probablement vers 570 avant J. C., raconte qu'il vit sur les côtes occidentales de l'Afrique des hommes et des femmes entièrement velus, et les matelots ayant pris quelques-unes de ces femmes pour les emmener à Carthage, les trouvèrent intraitables : elles les égratignaient, les mordaient, et se laissèrent mourir de faim; leurs peaux seules furent emportées à Carthage et suspendues dans le temple de Junon. Ces prétendus hommes et femmes velus étaient, selon toute apparence, de grands singes, le gorille ou le chimpanzé, comme on en voit encore aujourd'hui sur les côtes du Sénégal.

CHAPITRE III.

Les Romains n'étudièrent les animaux que par leur côté utile et pratique, témoin les écrits de Caton, de Varron, de Columelle. Ils élevaient dans de vastes enclos, parcs ou garennes (*leporaria*), le cerf, le chevreuil, le sanglier, le lièvre, le lapin, le mouflon, etc. Ces animaux étaient entièrement apprivoisés. Hortensius, donnant un jour à dîner dans un de ses parcs, fit sonner de la trompette ; les convives ne virent pas, sans surprise, accourir à ce signal les cerfs, les chevreuils, les sangliers, et se ranger autour du pavillon où était servi le dîner.

Les loirs gris, petits mammifères qui vivent dans les bois et se retirent dans les trous de chênes, passaient pour un mets très-délicat. Les riches Romains les engraissaient, dans leurs parcs, avec des châtaignes et des glands, et leur donnaient pour lieux de retraite des tonneaux d'une forme particulière, construits en terre cuite.

Les volières furent inventées par un Romain, Lemnius Strabo, de Brindes, pour loger des oiseaux que n'auraient pu retenir les murs d'une basse-cour. Des paons engraissés remplaçaient, du temps de Cicéron, nos dindes truffées. Hirtius Pansa, qui commit un jour la faute de donner un banquet où ne figurait pas ce mets obligé, perdit toute considération parmi ses contemporains gastronomes.

Licinius reçut le surnom de *Murena* pour avoir le premier élevé des murènes dans des viviers d'eau de son invention. Les murènes devinrent bientôt l'objet d'une sorte d'émulation folle : c'était à qui en posséderait le plus et les soignerait le mieux. Hortensius traitait les siennes mieux que ses esclaves ; jamais il n'en faisait prendre pour sa table, et on dit qu'il pleurait la mort d'un de ses poissons. On raconte qu'Antonia avait une murène qu'elle se plaisait à orner de pendants d'oreille ; et on ne s'étonnait pas de voir Vedius Pollion régaler quelquefois ses murènes d'esclaves vivants.

A côté des viviers d'eau douce, on en avait d'eau salée, où l'on nourrissait des soles, des esturgeons et diverses espèces de mollusques. Pour introduire l'eau de la mer dans un bassin de ses parcs, Lucullus fit percer une montagne, extravagance qui lui valut de la part de Pompée le surnom de *Xerxes togatus*. Les poissons étaient devenus si bien un objet de luxe culinaire, que, pour les avoir frais, on les faisait venir vivants jusque dans la salle à manger, à l'aide de courants d'eau qui partaient du vivier. On prenait ainsi les poissons sous les yeux des convives et au moment de les apprêter pour la table. Cet usage est, entre autres, attesté par Sénèque qui en a fait un sujet de déclamation contre le luxe des Romains.

Fulvius Hirpinus inventa les parcs pour les escargots, qu'il engraissait avec une pâte, faite avec de la farine et du vin bouillis. Sergius *Aurata*, dont le surnom est tiré du nom de la dorade, enseigna le premier le moyen de parquer les huîtres. Les réservoirs du lac Lucrin fournissaient les huîtres les plus estimées ; on leur préféra plus tard celles de Brindes.

Malheureusement les soins avec lesquels les Romains approvisionnaient leurs tables, ne firent guère faire de progrès à la zoologie. Nous en dirons autant de leurs fêtes et jeux publics. Curius Dentatus exhiba le premier à Rome, en 275 avant J. C., quatre éléphants après la défaite de Pyrrhus à Bénévent. « Jamais triomphe plus éclatant n'excita, dit Florus, l'admiration des Romains. Jusque-là on n'avait vu derrière le char du triomphateur que les troupeaux des Volsques ou des Sabins, les chariots des Gaulois, les armes brisées des Samnites ; mais cette fois on voyait, parmi les prisonniers, des Molosses, des Thessaliens, des Macédoniens.... Mais ce que les Romains regardaient avec le plus de plaisir, c'étaient ces éléphants chargés de tours, qu'ils avaient tant redoutés. Ces monstrueux animaux marchaient tête baissée derrière les coursiers vainqueurs, comme s'ils avaient le sentiment de leur captivité [1]. » Ces éléphants furent tués aux jeux publics.

Le peuple prit depuis lors goût à ces spectacles sanglants. Vingt-quatre ans après, Métellus fit tuer, à coups de flèches, dans le cirque de Rome, cent quarante-deux éléphants d'Afrique, qu'il avait pris dans une bataille remportée sur les Carthaginois en Sicile. Soixante ans environ après le triomphe de Métellus, Marcus Fulvius, pour s'acquitter d'un vœu qu'il avait fait pendant la guerre d'Étolie, fit paraître dans le cirque des panthères et des lions. Publius Lentulus y montra des ours. Quintus Scævola donna pour la première fois le spectacle de quarante lions combattant contre des hommes. Un spectacle plus célèbre encore était celui que donna Emilius Scaurus pendant son édilité (58 avant J. C.). Dans un théâtre splendide, élevé à ses frais et qui pouvait contenir plus de quatre-vingt mille spectateurs, parurent, outre cent cinquante panthères, cinq crocodiles et un hippopotame, genres d'animaux qu'on n'avait pas encore vus à Rome. Mais ce qu'on y admira surtout, c'étaient les os gigantesques de l'animal auquel, disait on, Andro-

1. Florus, I, 18.

mêle avait été exposée. Un de ces os qu'on avait rapporté de Joppé (Jaffa), avait trente-six pieds de longueur. C'était probablement un ossement fossile.

Pour l'inauguration de son théâtre, Pompée fit voir
(en 55 avant J. C.) un céphus d'Éthiopie (espèce de guenon), un lynx, un rhinocéros, animal jusqu'alors inconnu,
vingt éléphants combattant contre des hommes, quatre
cent six panthères, et six cents lions dont trois cent
quinze étaient à crinière (lions mâles). Assurément, fait
observer ici avec justesse Cuvier, tous les rois réunis de
l'Europe ne pourraient pas aujourd'hui parvenir à rassembler un nombre égal de ces animaux. Neuf ans plus
tard (en 46 avant J. C.), César donna des fêtes qui devaient surpasser en splendeur celles de son malheureux
rival. Dans un amphithéâtre couvert de voiles de pourpre,
il fit voir quatre cents lions à crinière, vingt éléphants
qui furent attaqués par cinq cents fantassins, vingt autres
qui le furent par cinq cents cavaliers, et, pour la première
fois, des taureaux sauvages combattant contre des hommes. La nuit, César se fit reconduire chez lui par des
éléphants portant des flambeaux.

La quantité d'animaux tués dans les fêtes des Romains
atteignit des proportions incroyables. D'après une inscription trouvée à Ancyre, l'empereur Auguste avait fait,
à lui seul, périr devant le peuple trois mille cinq cents
bêtes fauves. Caligula fit mettre à mort, dans une seule
fête, quatre cents ours et quatre cents panthères. Titus,
à l'occasion de la dédicace des Thermes, fit paraître neuf
mille animaux dans le cirque.

L'art d'apprivoiser les animaux était alors poussé aussi
loin que celui de les prendre. Antoine montra le premier
des lions attelés à un char. Mais longtemps avant lui, le
Carthaginois Hannon passait pour avoir le premier complè-
tement asservi un lion : l'animal suivait son maître comme
un chien. Les Carthaginois exilèrent leur compatriote,
dans la crainte qu'un homme, aussi habile, ne finît par

les asservir un jour eux-mêmes. Au triomphe de Germanicus sur les Germains, on vit des éléphants qui avaient été dressés à danser sur la corde. Galba fit voir un éléphant qui, chargé d'un chevalier romain, monta sur une corde tendue jusqu'au sommet du théâtre. Ces éléphants étaient nés dans Rome et avaient été ainsi dressés dès leur naissance. Domitien donna le spectacle d'une chasse aux flambeaux ; on y vit une femme terrasser un lion ; un éléphant ployer les genoux devant l'empereur après avoir combattu et tué un bœuf ; un tigre royal vaincre un lion ; des aurochs traînant des chars ; enfin un rhinocéros bicorne. On avait nié longtemps l'existence du rhinocéros bicorne, bien qu'il soit gravé sur les médailles de Domitien, et que Sparrman, dans son Voyage au Cap, l'ait fait connaître d'une manière certaine.

Dans les jeux donnés par Antonin le Pieux, on voit apparaître une grande variété d'animaux, tels que hippopotames, crocodiles, *strepsikéros* (bouquetins?), éléphants, lions, crocottes (hyènes). Commode, fils de Marc Aurèle, qui détestait les combats du cirque, s'amusait à couper, avec des lames recourbées, la tête à des autruches qui couraient vers un appât préparé à cet effet ; les autruches continuaient à courir pendant quelque temps après avoir été décapitées. En rapportant ce fait d'après Hérodien, Cuvier assure avoir lui-même répété l'expérience sur des oies et avoir obtenu un résultat analogue.

Ce qui doit nous intéresser bien plus que tous les spectacles offerts par Septime-Sévère, Héliogabale, Aurélien, Probus, etc., c'est la fameuse mosaïque construite par ordre d'Adrien (vers l'an 125 avant J. C.). Ce monument, découvert à Palestrine (l'ancienne Préneste), représente les animaux de l'Égypte et de l'Éthiopie, accompagnés de leurs noms, écrits sous chacun d'eux. Dans la partie inférieure, figurant l'inondation du Nil, on remarque le crocodile, l'ibis, l'hippopotame, très-exactement dessinés. La partie supérieure de la mosaïque représente, au milieu des montagnes de l'Éthiopie, la girafe, sous le nom de *nabis*, des singes, des reptiles ; en totalité, une trentaine d'animaux parfaitement reconnaissables, et dont la nomenclature est ainsi nettement acquise.

Les animaux d'une même espèce étaient-ils anciennement plus nombreux qu'ils ne le sont aujourd'hui? C'est ce qui paraît résulter des quantités prodigieuses de lions, de panthères, d'éléphants, d'hippopotames, d'ours, etc., qui furent, pendant les premiers siècles de notre ère, amenés à Rome pour l'amusement du peuple-roi. Ces exhibitions sanglantes se continuèrent jusqu'à la destruction de l'empire d'Occident : et, malgré la défense de Constantin, on en vit encore sous les empereurs chrétiens : Théodose (mort en 395) et Justinien (mort en 565) donnèrent des spectacles d'animaux.

Cependant depuis Aristote bien peu d'écrivains s'occupèrent, si l'on excepte Pline, Élien et Oppien, de l'étude des animaux. Virgile, Ovide, Sénèque, Martial, Juvénal, Galien, Philostrate, Arrien, Appien, Athénée, etc., n'en ont parlé qu'incidemment, dans les limites des sujets qu'ils traitaient.

Pline le naturaliste.

Pline l'ancien, dont la mort (en 79 de notre ère) marque la date de l'ensevelissement d'Herculanum et de Pompéi par les cendres du Vésuve, a consacré à la zoologie proprement dite les livres VIII, IX, X et XI de l'ouvrage encyclopédique, qui porte le titre modeste de *Historia naturalis*[1]. L'éléphant ouvre la série des animaux, dont la principale classification est empruntée aux milieux (terre, eau, air),

---

1. La meilleure édition de l'*Histoire naturelle* de Pline est celle de la collection Lemaire (Paris, 1827). La partie zoologique (t. III et IV) a été soignée par G. Cuvier et Ajasson de Grandsagne.

où ils sont appelés à vivre. Compilateur plutôt qu'observateur, Pline n'est pas toujours heureux dans le choix des auteurs qu'il abrége ; à côté d'êtres réels, il en place de fantastiques, tels que la *martichore*, animal à tête d'homme et à corps de taureau, le *catoblépas*, dont le regard est mortel, le *monocéros* (unicorne), le cheval ailé, etc. En copiant Ctésias, il est loin de soupçonner un sens symbolique aux animaux que ce médecin historien avait vus dans les hiéroglyphes de Persépolis. Les descriptions qu'il donne sont, en général, insuffisantes pour faire reconnaître les espèces auxquelles elles pourraient s'appliquer.

Après avoir traité, dans le huitième livre, des animaux terrestres, l'auteur parle, dans le neuvième, des animaux aquatiques. On voit que de son temps les baleines venaient jusque dans le golfe de Gascogne et que les Basques paraissent s'être les premiers livrés à la pêche de ces grands cétacés. Peu à peu les baleines fuyaient devant les attaques réitérées de l'homme, si bien qu'à l'époque de Juvénal (vers la fin du premier siècle) on n'en trouvait plus que sur les côtes de l'Angleterre. — Dans le dixième livre, qui est consacré aux oiseaux, Pline confond le phénix, animal fabuleux qui, emblème hiéroglyphique du soleil, renaît de ses cendres, avec le phénix, faisan doré qui fut apporté de la Colchide à Rome et montré à l'assemblée du peuple pendant la censure de l'empereur Claude (vers l'an 45). Cependant l'oiseau qu'il décrit sous le nom de *tragopan*, « plus grand que l'aigle, ayant sur les tempes deux cornes recourbées, » et qui a été longtemps regardé comme fabuleux, a été reconnu pour le *faisan cornu* de Buffon (*penelope satyra* de Gmelin), qui vit dans les montagnes du nord de l'Inde. — Le onzième livre commence par une description des travaux et du gouvernement des abeilles. Avec toute l'antiquité, Pline nomme *roi* ce qu'on appelle aujourd'hui *reine*. Plein de foi dans la génération spontanée, il croit que si l'espèce des abeilles était complétement détruite, on pourrait la régénérer avec le ventre d'un bœuf fraîchement tué et enterré dans des matières en décomposition. Quel besoin d'imaginer ce qu'aucune expérience ne sanctionne!

Dans le même livre on trouve les premiers détails que l'on ait sur la soie. Pline nous apprend qu'elle fut de fort loin (probablement de la Chine) apportée à Rome; qu'elle est produite par un insecte qui vit sur le mûrier, ainsi que par des insectes autres que celui qui vit sur le mûrier; enfin que l'on ne commença que sous le règne d'Héliogabale à porter des vêtements de soie. Le livre se termine par une zoologie générale ou sorte d'anatomie comparée, en tous points inférieure à celle d'Aristote.

Dans l'éloge que Buffon a fait de Pline, il n'y a de vrai que ce qui concerne le style et une certaine élévation de pensée. Cuvier, tout en reconnaissant dans l'*Histoire naturelle* de Pline un des monuments les plus précieux que nous ait laissés l'antiquité, fait une plus juste part d'éloge et de blâme. « Ce n'est pas, dit-il, un observateur tel qu'Aristote, encore moins un homme de génie. Son mérite est dans son talent d'écrivain.... Pline n'est rien moins que savant; il peut amuser : il n'instruit pas. »

Élien.

Élien, surnommé le sophiste, mort vers 260 de J. C., a laissé une Histoire des animaux, en dix-sept livres, divisés en chapitres très-courts. Aucune pensée scientifique n'a présidé à l'arrangement des particularités anecdotiques qui composent le fonds de cet ouvrage. L'auteur semblait cependant animé d'une ardeur sincère pour les recherches d'histoire naturelle. « Je préfère, dit-il, l'avantage de cultiver mon esprit et de multiplier mes connaissances aux honneurs et aux richesses que j'aurais pu obtenir à la cour des princes.... J'aime mieux étudier les caractères des animaux et en écrire l'histoire, que travailler pour mon élévation et ma fortune. »

Malheureusement ces nobles sentiments n'ont inspiré à Élien qu'une médiocre compilation[1]. Son livre n'a de l'intérêt que parce qu'il contient beaucoup d'extraits d'auteurs perdus. Parmi les quadrupèdes (mammifères) indiqués, au nombre de soixante-dix espèces, on remarque le *rat épineux*. Cet animal, qu'Aristote plaçait en Égypte[2] et Élien dans la Cyrénaïque[3], était resté inconnu aux modernes jusqu'à l'époque de l'expédition française en Égypte. Le *rat du Caire*, que nous a fait connaître E. Geoffroy Saint-Hilaire, membre de cette expédition, appartient au même genre de rats épineux, trouvés aussi à Cayenne par Martin, et au Paraguay par d'Azzara. C'est un fait à l'appui de l'opinion que dans les pays chauds le poil des rongeurs a une certaine tendance à prendre la forme épineuse.

Le *sanglier à cornes*, dont parle Élien, n'a été reconnu qu'au dix-septième siècle. C'est le babiroussa (*sus babirussa*), espèce de sanglier, remarquable par le développement de ses canines recourbées, et qui se rencontre dans quelques îles de la Sonde. Ce qu'Élien avait pris pour des cornes, sont de vraies dents, comme les défenses de l'éléphant sont de vraies dents incisives.

Quant à l'animal qu'Élien nomme *onocentaure* et qui devait être une combinaison de la forme de l'homme avec

---

1. Les éditions les plus estimées du Περὶ ζώων ἰδιότητος, *De animalium natura*, d'Élien sont celles de Gronovius, Lond., 1744, 2 vol. in-4; de G. Schneider, Leipzig, 1784, 2 vol. in-8, et de Fr. Jacobs, Iéna, 1832, 2 vol. in-8.

2. « Les rats d'Égypte ont, dit Aristote, *le poil presque aussi dur que nos hérissons*» (σκληρὰν ἔχουσι τὴν τρίχα σχεδὸν ὥσπερ οἱ χερσαῖοι ἐχῖνοι). *Hist. anim*, VI, 37. Avant Aristote, Hérodote avait déjà dit qu'on trouvait en Libye des rats, appelés *hérissons* (ἐχινέες, lib. IV, 192.

3. Élien s'accorde ici avec Pline, qui place dans la même région les rats dont « les poils piquent comme ceux des hérissons » (*herinaceorum pungentes pili*). *Hist. nat.*, VIII, 82.

celle de l'âne, il était relégué parmi les fables jusqu'à ce que Georges Cuvier fit voir que l'onocentaure est une monstruosité moins rare qu'Élien ne le paraissait croire. « On l'observe, dit le grand naturaliste, dans la classe des quadrupèdes toutes les fois que la mâchoire inférieure donne à la figure de l'animal une ressemblance plus ou moins frappante avec celle de l'homme. J'ai vu moi-même un veau qui présentait cette ressemblance. Il paraît que du temps de Claude on en apporta un à Rome, et qu'il fut conservé dans du miel. Ces anomalies ont fait supposer au moyen âge des unions contre nature, et motivé des condamnations cruelles que la science, qui les explique, ne permettrait plus aujourd'hui[1]. »

Les oiseaux énumérés par Élien forment cent neuf espèces, dont soixante-treize seulement nous sont connues depuis longtemps ; les autres sont encore douteuses, ou n'ont été reconnues qu'à notre époque. Parmi ces dernières nous signalerons les oiseaux appelés *memnonides*, parce qu'ils venaient, selon la légende, se battre, à des périodes fixes, sur le tombeau de Memnon, près de Ptolémaïs. Il existe, en effet, des oiseaux, voisins des bécasses, qui non-seulement se livrent entre eux des combats singuliers, des assauts corps à corps, mais qui combattent aussi en troupes réglées et marchant l'une contre l'autre. C'est ce qui leur a valu le nom de combattants *(tringa pugnax*, L.). Leurs phalanges ne sont composées que de mâles ; les femelles, simples spectatrices, forment le prix ou l'enjeu de ces combats. Les plumes chatoyantes du cou, que les mâles hérissent d'une manière menaçante, leur ont fait aussi donner le nom de *paons de mer*[2].

Parmi les cinquante espèces de reptiles décrites par Élien, on remarque surtout le crocodile portant *une corne sur le museau*. On avait longtemps douté de l'existence

---

1. Cuvier, *Hist. des sciences naturelles*, t. I, p. 296.
2. Voy. Buffon, t. VIII, p. 146 (édit. de Flourens).

de cette espèce de crocodile, qu'Élien disait vivre dans le Gange. Ce n'est que depuis soixante ans à peine que Diard et Duvaucel y ont découvert un crocodile à long museau, garni d'une proéminence charnue et cornée.

Élien donne sur les poissons, dont il indique environ cent trente espèces, beaucoup de détails de mœurs très-intéressants, et il a décrit le premier les espèces suivantes : le *diodond* ou archer, qu'à cause de sa forme et de ses longues épines on a depuis nommé *orbe épineux*; le *citharœdus*, qui a la forme d'une lyre ; l'anchois, petit poisson remarquable par sa bouche fendue au delà des yeux. Mais Élien n'est pas, comme on l'avait cru, le premier qui ait parlé des perles de Bretagne. Pline en avait parlé avant lui. Aujourd'hui on trouve encore, selon Cuvier, dans les mers d'Écosse, des perles du genre de celles mentionnées par Élien. On trouve aussi des perles dans une espèce de moule qui habite la mer du Nord. Linné a proposé de piquer ce mollusque pour le forcer à produire des perles ; et en effet ces objets sont le résultat d'une blessure faite aux coquillages qui sont susceptibles de leur donner naissance.

Oppien et Athénée.

Nous avons sous le nom d'Oppien, qui, natif d'Anazarbe en Cilicie, vivait au second siècle de notre ère, deux poëmes, l'un *Sur la pêche* (*Halieutica*), l'autre *Sur la chasse* (*Cynegetica*). D'un troisième poëme, aujourd'hui perdu, il ne nous reste Sur la chasse aux oiseaux (*Ixeutica*) qu'une paraphrase en prose[1] : Les Halieutiques ou

1. L'édition d'Oppien la plus estimée est celle que Schneider fit paraître à Strasbourg, 1776, in-8 (texte grec et latin), avec des notes et la paraphrase grecque des *Ixeutica*, qui avait été publiée pour la première fois par E. Winding, Copenhague, 1702, in-8.

poésies sur la pêche se composent de 3506 vers, divisés
en cinq chants. L'auteur commence par une dédicace à
Antonin (Caracalla), fils et successeur de Sévère. L'empereur lui donna, dit-on, un statère d'or (près de vingt
francs) par vers. Les deux premiers chants ont pour objet
l'histoire naturelle des poissons et les trois autres l'art
de la pêche. On remarque d'abord la description pittoresque de l'*echeneis remora*, qui passait pour arrêter un navire lancé à pleines voiles; puis celle du *petit crabe*
(καρκινάς) qui, naturellement dénué de test, s'empare
de la première coquille qu'il rencontre; enfin la description exacte du nautile (ναυτίλος), etc. L'auteur raconte sérieusement que la murène ou lamproie s'accouple avec
les serpents de terre qui se dépouilleraient momentané-
ment de leur venin. Parmi les espèces qui vivent sur les
rochers couverts de plantes, il cite le *scare* comme le seul
poisson qui ait une voix; il signale l'action engourdis-
sante de la *torpille* (νάρκη), et remarque très-bien que
cette action peut atteindre le pêcheur par l'intermédiaire
de sa ligne, qui est, en effet, un bon conducteur de l'électricité; il fait exactement connaître la ruse de la baudroie,
qu'il nomme *grenouille pêcheresse*. Pour prendre des poissons, la baudroie fait sortir de sa bouche de petits filaments mobiles, qui ressemblent à des vers; trompés par
l'apparence, les poissons suivent ces filaments qu'elle
retire peu à peu vers sa bouche, et ne s'arrête qu'au moment où elle peut les saisir.

Dans un morceau poétique, Oppien explique comment
certaines crevettes se vengent du bard qui cherche à les
dévorer. Étant saisies par cet animal vorace, elles dres-
sent une espèce de scie qu'elles ont sur la tête et déchirent
ainsi le palais de leur ennemi. Emporté par sa voracité,
le bard continue de manger, mais il finit par succomber
aux déchirures que lui font les scies des crevettes.

Sous le nom de *bœuf marin*, Oppien décrit très-bien les
mœurs d'une grande espèce de raie. Ce poisson, que Risso

a fait depuis connaître, se rend fort redoutable aux pêcheurs plongeurs, en les aveuglant : il se précipite sur le visage du plongeur de manière à lui dérober la lumière. Le poëte décrit encore exactement l'aiguillon venimeux qu'un poisson, nommé *pastinaque*, porte sur la queue, et qui servait aux anciens à armer la pointe de leurs flèches. Il fait l'éloge du muge, en le représentant comme l'emblème de la vertu et de l'innocence, parce qu'il n'attaque jamais les autres poissons, et qu'il ne vit que d'algues et de limon. « Cette innocence et cette vertu viennent, ajoute Cuvier, de ce que le muge n'a pas de dents. »

Le poëte semble particulièrement aimer le dauphin ; il revient souvent sur la beauté et la vitesse de cet amphibie. C'est, selon lui, le roi des poissons, comme l'aigle l'est des animaux et le serpent des reptiles. A ce sujet, il raconte une anecdote, semblable à celle rapportée par Pline[1], et que toute l'Élide, dit-il, se rappelle encore : Un dauphin s'était pris d'affection pour un enfant ; il lui obéissait en tout, comme un chien à son maître, et il mourut de douleur à la mort de l'enfant.

La pêche fut pour les anciens un excellent moyen d'observer les mœurs des poissons ; et à cet égard ils paraissent avoir été plus instruits que les modernes. Ainsi, Oppien nous apprend que le muge saute par-dessus les filets ordinaires, ce qui oblige le pêcheur de les modifier en conséquence ; que le loup marin (espèce de bard) passe par-dessous le filet en creusant le sable ; que la sèche, pour faciliter sa fuite, répand autour d'elle un liquide noir ; que d'autres poissons coupent la ligne du pêcheur ; que, pour pêcher l'*anthias* (espèce de poisson encore indéterminé de la Méditerranée), il fallait commencer par l'apprivoiser en lui jetant à manger pendant plusieurs jours, et que ce n'était qu'après l'avoir ainsi habitué à venir à lui que le pêcheur pouvait utilement tendre ses fi-

1. *Hist. nat.*, IX, 8.

lets; que pour pêcher l'espadon ou *xiphias*, on construi-
sait, avec des parties de ce poisson, tels que l'épée ou le
museau de l'animal, de petites barques ayant l'apparence
du xiphias. Celui-ci, croyant se mêler à des animaux de
son espèce, se laissait approcher, et les pêcheurs le frap-
paient alors à coups de trident. Les Siciliens se servent
encore aujourd'hui du trident pour la pêche de ce poisson, mais ils l'attirent avec des flambeaux.

La pêche du thon, que l'on croyait venir de l'Océan dans
la Méditerranée par le détroit de Gibraltar[1], était chez les
anciens l'objet d'une véritable industrie. Les hommes
préposés à cette pêche, nommés *thynnoscopes*, avaient
pour fonction de monter sur les rochers les plus élevés ou
les plus propres à découvrir les troupes de thons, et d'a-
vertir de leur arrivée, afin qu'à un signal convenu on ten-
dît les filets. La pêche du scare était fondée sur une sorte
d'amitié que les individus de cette espèce paraissent avoir
entre eux. Quand l'un est pris à la ligne, les autres,
d'après Oppien, tournent autour et cherchent à le dégager en rongeant la ligne; s'il est pris dans un filet,
ils le saisissent par la queue pour l'en faire sortir.

Le poëte-naturaliste nous raconte aussi comment, de
son temps, les enfants pêchaient l'anguille : ils jetaient
dans l'eau un long intestin et attendaient qu'une anguille
en eût avalé une grande partie; ils gonflaient alors l'intestin en y soufflant par le bout qu'ils tenaient, et ti-
raient à eux l'animal, ainsi empêché de se dégager.

Oppien nous apprend qu'on prenait aussi les poissons
en les engourdissant au moyen de certaines substances.
On se servait pour cela le plus souvent d'argile imprégnée
du suc de la racine de cyclame. On n'a pas encore vérifié
si, comme le prétend Oppien, le poulpe quitte la mer et
vient jusque sur le rivage lorsqu'on y dépose des branches d'olivier.

---

1. On sait que le thon se retire en hiver au fond des eaux et repa-
raît au printemps.

L'auteur termine ses *Halieutiques* par la pêche des coquillages au fond de la mer, pêche qui exposait les plongeurs au danger d'être dévorés par de gros poissons. A
cette occasion, il dit que l'on peut plonger sans crainte
dans tous les lieux où vivent les poissons *sacrés*, qui auraient la vertu de faire fuire les poissons dangereux.
« Cette remarque d'Oppien, ajoute ici Cuvier, est exacte ;
son application seule est fausse. Si l'on peut pénétrer
avec sécurité dans les eaux où vivent les poissons prétendus sacrés, ce n'est pas parce qu'ils ont réellement la
vertu de chasser ceux qui sont nuisibles ; c'est tout simplement parce que ces poissons sacrés étant très-faibles,
comme les plies et les soles, ils ne pourraient subsister
dans des lieux qui seraient habités par des animaux mé-
chants et robustes, dont l'homme doit éviter la rencontre[1]. »

Les *Cynégétiques*, dont l'auteur est, suivant quelques
critiques, différent de celui des *Halieutiques*, comprenaient vingt-deux mille quarante-deux vers, distribués en
quatre chants, dont le dernier ne nous est pas parvenu
entier. Voici les particularités zoologiques de ce poëme.
Les défenses de l'éléphant seraient, non pas des dents,
mais des cornes ; ce qui est inexact, car ce sont de véritables incisives. En prétendant que les éléphants sont capables de parler, l'auteur n'a voulu sans doute faire allusion qu'à l'intelligence de ces animaux. Beaucoup d'autres
assertions sont purement fictives, à savoir, par exemple,
que tous les rhinocéros sont du sexe masculin, et qu'il
n'y a pas de rhinocéros femelles ; que la lionne pleine met
au jour la première fois cinq lionceaux, quatre la seconde
fois, trois la troisième, puis deux, et enfin un seul lion-
ceau ; que l'ourse met au monde des petits tout à fait in-
formes, et qu'elle leur donne une forme en les léchant ;
que l'inimitié qui existe entre le loup et l'agneau est telle-

1. Cuvier, *Hist. des sciences naturelles*, t. I, p. 309.

ment grande, que, si, après leur mort, on fait des tambours avec leurs peaux, la peau du loup fait taire la peau de l'agneau ; que les hyènes changent de sexe tous les ans ; que les dents du sanglier contiennent du feu, etc. Cependant l'auteur réfute l'opinion de ceux qui prétendent qu'il n'y a pas de tigre mâle ; il fait une description exacte de la girafe, et donne des détails précis sur les principales races de chevaux connues de son temps. Pour l'élégance de la forme et pour la vitesse, il place au premier rang les chevaux de l'Ibérie ou de l'Espagne. Nous devons mentionner ici les *orynges*, variété de chevaux qui ressemblaient au zèbre par les raies de couleurs opposées dont leur corps était couvert. Ils s'obtenaient, rapporte l'auteur, en plaçant un cheval blanc sous les yeux d'une jument au moment où on lui procurait un étalon noir ; l'imagination de la mère devait ainsi produire le mélange des couleurs noire et blanche. Ce procédé rappelle celui qu'employaient les patriarches pour avoir des moutons de couleurs variées [1].

Les *Ixeutiques*, dans la paraphase en prose grecque d'Eutecnius, se composent de trois chants. Le premier traite des oiseaux apprivoisés et des oiseaux de proie ; le second, des volatiles aquatiques ; le troisième, des différentes manières de chasser les oiseaux.

Athénée, natif de Naucratis, en Égypte, écrivit, vers le commencement du troisième siècle de notre ère, sous le titre de Δειπνοσοφισταὶ (*Banquet des savants*), une sorte de recueil qui renferme beaucoup de détails zoologiques [2]. Élien lui a emprunté presque tout son livre d'*Histoires diverses*. Athénée mentionne quatre-vingt-dix espèces de poissons. Les oiseaux dont il parle sont beaucoup moins nombreux. Une citation qu'il fait d'Aristophane a suffi, entre autres, pour faire reconnaître une espèce d'oiseau

---

1. Voy. plus haut, p. 7.

2. L'édition la plus recherchée est celle de Schweighæuser ; Strasb., 1801-1807, 14 vol. in-8.

(l'attagane) sur laquelle Buffon avait conservé des doutes.
Un maître dit à son esclave : « Prends garde ! je te
frapperai, je te rendrai le dos semblable à celui d'un attagane. » L'oiseau ainsi désigné est, d'après Cuvier, le
ganga, parce qu'il est le seul oiseau, de la famille des
gallinacés, qui ait le dos couvert de raies alternativement
jaunes et bleues , c'est-à-dire à peu près semblable à celui d'un homme cinglé de coups violents [1].

Les convives du Banquet d'Athénée admirent la beauté
de certains coquillages de l'océan Indien, particulièrement de celui de l'argonaute. Ils passent en revue (l. III)
les tortues, les huîtres, les moules, les homards, les crabes, les oursins, les langoustes, etc.

1. Cuvier, *Hist. des sciences naturelles*, t. 1, p. 292.

CHAPITRE IV.

CONNAISSANCE DES ANIMAUX SAUVAGES.

Nous allons ici passer succinctement en revue les animaux sauvages, ou non domestiques, que les anciens nous ont les premiers fait connaître.

Éléphant. — Homère ne connaissait pas encore les éléphants, bien qu'il parle de l'ivoire. Ces animaux ne parurent en Grèce que pendant l'expédition d'Alexandre en Asie (vers l'an 325 av. J. C.). C'était l'éléphant de l'Inde qu'on y vit ; il était, jusqu'à nos jours, regardé comme identique avec l'éléphant africain[1]. Aristote le décrivit le premier, et sa description est, au jugement de Cuvier, plus exacte que celle de Buffon. Ce qui le frappa d'abord, c'est ce nez allongé qu'on appelle la *trompe*. « Le nez de l'éléphant est, dit-il, fait de manière et tellement allongé qu'il lui sert de main ; il porte ainsi à la bouche son boire et son manger ; en le relevant, il le tend à son conducteur comme une main ; il s'en sert pour arracher des arbres, et lorsqu'il traverse un fleuve, il le tient élevé au-dessus des eaux pour respirer ; étant cartilagineux, ce nez

---

1. Cuvier montra le premier que l'*elephas indicus* et l'*elephas africanus* sont deux espèces distinctes.

se courbe facilement par son extrémité[1]. » C'est ce qui faisait dire à Buffon que « l'éléphant a le nez dans la main, et qu'il est le maître de joindre la puissance de ses poumons à l'action de ses doigts. » Aristote a manqué de faire mention d'une sorte de doigt qui termine la trompe et qui permet à l'animal de toucher et de saisir les plus petits objets. C'est avec raison qu'il donne le nom de *dents*, et non celui de *cornes*, aux deux défenses qui sortent de chaque côté de la trompe et qui sont de véritables incisives. Hérodote a dit le premier que l'ivoire est la matière fournie par ces dents. Aristote est encore dans le vrai quand il dit que l'éléphant a cinq doigts à chaque pied, que leur division est peu sensible et qu'on n'y remarque pas d'ongles. Son aspect rugueux lui fit dire que l'éléphant est le moins velu des quadrupèdes (mammifères).

Buffon admettait, sur le rapport des historiens et des voyageurs, que « les éléphants ne produisent jamais dans l'état de domesticité. » Cette assertion est absolument contredite par l'expérience, déjà connue des anciens ; car Élien et Columelle parlent d'éléphants qui étaient nés à Rome. Ce que Buffon dit de la pudeur des éléphants qui « en se livrant à l'amour craignent surtout les regards de leurs semblables , » est une pure fiction poétique. Aristote avait déjà fait remarquer que l'incertitude qui règne sur certains détails vient de ce que ces animaux s'accouplent dans des lieux solitaires. Contrairement à l'opinion d'Aristote, Buffon et ses collègues de l'Académie ont affirmé que l'éléphant nouveau-né tette avec la trompe et non avec la bouche. Cependant Aristote avait raison : des observations postérieures à celles de Buffon et de ses collègues ont démontré que l'éléphant nouveauné tette avec la bouche et non avec la trompe.

Les anciens ont raconté des faits nombreux de l'intel-

---

1. Aristote, *Hist. animal.*, II, 1.

ligence des éléphants, et en cela ils n'ont pas été contredits par les modernes, qui ont repris la question de plus haut. Ils ont montré que, si l'on compare le cerveau à la masse du corps, l'éléphant est de tous les mammifères celui qui a le cerveau le plus petit, et que la souris est celui qui l'a le plus grand. Certainement si l'on compare cerveau à cerveau, on trouve que l'éléphant est le mammifère qui a le cerveau le plus grand (le cerveau de l'éléphant est à peu près le double de celui de l'homme). « Mais, dit Flourens, ce n'est ni l'un ni l'autre de ces deux modes de comparaison qui donne le rapport de l'intelligence aux autres facultés. Pour avoir ce rapport, il faut comparer le cerveau proprement dit, organe exclusif de l'intelligence, aux autres parties de l'encéphale[1]. »

On avait traité de fable ce que Pline avait dit de la crainte que l'éléphant aurait des rats. « Le fait, affirme Cuvier, est très-exact ; nos éléphants de la ménagerie tremblent à la vue d'une souris. » N'est-il pas curieux que le plus grand de nos mammifères ait peur du plus petit ?

Nous ne sommes aujourd'hui guère plus avancés que les anciens sur la durée de la vie de l'éléphant. Mais, comme il existe un certain rapport entre la durée de la gestation et la longueur de la vie, on peut conclure du fait, connu déjà d'Aristote, que la femelle porte son unique petit vingt mois, que l'éléphant peut vivre au moins deux siècles.

On a lieu de s'étonner que Buffon n'ait pas su mieux que les anciens distinguer l'*éléphant de l'Inde*, qui a le front concave, les molaires à rubans transverses et les oreilles relativement petites, de l'*éléphant d'Afrique*, qui a le front convexe, les molaires à couronne en losanges et les oreilles très-grandes. Le dernier habite les bords de la Gambie, la Guinée, le Congo, les côtes de Zanguebar et de Mozambique, tandis que le premier se rencontre au Bengale,

1. Buffon, t. III, p. 200, note 1 (édit. de Flourens).

au Siam, en Cochinchine et dans plusieurs îles de l'Asie méridionale.

On voit que tous les éléphants appartiennent exclusivement aux régions les plus chaudes, aux tropiques de l'Ancien-Monde.

Hippopotame. — Les Hébreux désignaient sous le nom de *behemoth* (בהמות)[1] le grand quadrupède que leurs ancêtres avaient pu voir dans le Nil, pendant leur séjour en Égypte. Ce nom biblique, probablement emprunté à l'égyptien, signifie étymologiquement *bœuf d'eau*. Les Grecs, trouvant à l'animal en question plus de ressemblance avec un cheval qu'avec un bœuf, lui donnèrent le nom de cheval du fleuve, d'*hippopotame* (ἱπποπόταμος), qui lui est resté (*hippopotamus amphibius*, L.). Leur comparaison n'était pas exacte : l'hippopotame rappelle par la forme de sa tête le bœuf, plutôt que le cheval.

Hérodote le fit le premier connaître aux Grecs en ces termes : « L'hippopotame est un quadrupède qui a la corne des pieds fendue, les ongles du bœuf, le museau obtus, les dents saillantes au dehors ; il a la crinière, la queue et le hennissement du cheval ; sa grandeur ordinaire est celle d'un bœuf de forte taille ; sa peau est tellement épaisse que, lorsqu'elle est sèche, on peut en fabriquer des javelots lisses[2]. » Cette description, en partie copiée par Aristote et Pline, est, sur plusieurs points, complétement inexacte, ce qui est d'autant plus étonnant qu'Hérodote avait voyagé en Égypte. Ainsi, il est facile à constater, sur les deux hippopotames actuellement vivants à la ménagerie du Muséum de Paris, que « le cheval du Nil » n'a pas les pieds divisés en deux ongles, mais en quatre, qu'il n'a pas les dents saillantes au dehors, enfin qu'il n'a ni la crinière, ni la queue, ni le hennissement du cheval.

1. Job, xl, 10.
2. Hérodote, ii, 71.

Diodore de Sicile a donné quelques détails sur la chasse
à l'hippopotame, qu'on tuait à coups de harpon. Marcus
Scaurus montra le premier un de ces animaux aux Romains. Auguste, Héliogabale, Gordien en firent depuis
voir à Rome, où on les nourrissait dans des bassins
creusés à cet effet.

Pendant la longue période du moyen âge, l'hippopotame était aussi inconnu que si son espèce eût disparu
par une révolution du globe. Ce n'est que vers le milieu
du seizième siècle qu'on le voit reparaître dans les *Observations et plusieurs singularités*, etc., de Belon. Mais c'est
le chirurgien italien Zerenghi qui en a donné la première
description exacte dans un mémoire intitulé : *La vera des-
crizione del hippopotamo*; Naples, 1603, in-4. A son retour
d'Egypte, en 1601, Zerenghi montra à Venise et à Rome
les peaux de deux animaux que ses gens avaient tués dans
le Nil. Le célèbre Aldrovande reconnut dans ces dé-
pouilles l'hippopotame et en donna une figure médiocre,
reproduite par Fabius Colonna et Prosper Alpin. C'est
d'après Zerenghi et le récit de quelques voyageurs que
Buffon décrivit l'hippopotame, qu'il ne vit jamais vivant.
Aussi tombe-t-il dans plus d'une erreur. Ainsi, quand il
dit que cet animal « chasse le poisson et en fait sa
proie, » il ignorait que l'hippopotame, ayant l'estomac divisé en plusieurs poches comme l'est celui des herbivores,
ne se nourrit que de racines et de substances végétales.

L'hippopotame, nom que les Arabes ont littéralement
traduit par *faras-el-bahr* (cheval du fleuve), était déjà
du temps d'Ammien Marcellin devenu presque introuvable
dans la Basse-Egypte, où du reste il ne paraît jamais avoir
été fréquent. Sa voracité est si grande, que des naturalistes ont attribué la diminution de son espèce au manque
de nourriture. On n'a du reste qu'à voir ce corps massif,
chargé de graisse, cette gueule bordée de lèvres épaisses,
et qui, en s'ouvrant largement, montre d'énormes dents
cylindriques, pour se convaincre que ce puissant animal,

dont l'aspect général rappelle celui des monstres antédilu-
viens, devait être singulièrement nuisible à l'agriculture
égyptienne. Un voyageur suédois, Hasselquist, qui visita
l'Égypte il y a près d'un siècle et demi, dit à ce sujet :
« Lorsque l'hippopotame vient sur le rivage, il détruit
en peu de temps le champ de blé ou de luzerne qui est
à sa portée, et n'y laisse pas subsister la moindre ver-
dure ; car il est très-vorace, et il lui faut une copieuse
chère pour remplir son prodigieux ventre. »

On raconte comme un fait exceptionnel l'apparition
de ces animaux dans le Delta du Nil. En 1836, on en
signala deux aux environs de Damiette ; après avoir commis de grands dégâts dans la campagne, l'un fut tué et
l'autre disparut. On s'explique ainsi la rareté de ces pachydermes, aux excursions desquels la mer oppose d'ailleurs une limite infranchissable ; car ils ont impérieuse-
ment besoin d'eau douce.

L'hippopotame était regardé comme un animal sacré
dans les provinces de l'Égypte où le crocodile passait pour
un animal impur. On ne voit jamais son image sur les
monuments anciens ; mais on le trouve souvent figuré sur
les médailles des nomes ou anciennes provinces. Chassé
du pays des Pharaons, il s'est réfugié dans les rivières
de l'Afrique centrale et australe, telles que la Gambie, le
Niger, le Zambèze, etc. S'il existe, ce qui est encore douteux, un hippopotame de l'Inde, ce sera sans doute une
espèce distincte de l'hippopotame d'Afrique, comme l'é-
léphant et le rhinocéros de l'Inde sont des espèces distinctes de l'éléphant et du rhinocéros d'Afrique.

Rhinocéros. — Ce quadrupède dont le nom grec signifie littéralement *nez-corne*, était inconnu à Aristote. Ce
fait est d'autant plus remarquable qu'il prouve qu'Alexandre n'avait pas pénétré dans cette partie de l'Inde (Bengale)
et de l'Asie méridionale (Siam, Cochinchine) qui passe pour
la patrie du rhinocéros. Diodore est le premier auteur
grec qui en ait parlé, environ cinquante ans avant J. C.

Voici ce qu'il en dit en donnant l'histoire des animaux de l'Éthiopie : « Il existe un animal qu'on appelle *rhinocéros* (ῥινόκερως), nom tiré de sa forme. Il est presque aussi courageux et aussi robuste que l'éléphant, mais il est d'une taille plus petite. Il a la peau fort dure et couleur de buis. Il porte à l'extrémité des narines une corne un peu aplatie, et presque aussi dure que du fer. Toujours en guerre avec l'éléphant, auquel il dispute les pâturages, il aiguise cette corne sur de grandes pierres. Dans le combat il se jette sous le ventre de l'éléphant et lui déchire les chairs avec sa corne comme avec une épée. Il fait perdre ainsi à ces animaux tout leur sang et en tue un grand nombre. Mais lorsque l'éléphant prévient cette attaque du rhinocéros, et qu'il l'a saisi avec sa trompe, il s'en défait aisément en le frappant avec ses défenses et l'accablant de sa force [1]. »

Cette sorte d'antipathie qui existe entre le rhinocéros et l'éléphant, et que Pline a mentionnée d'après Diodore, n'a pas été remarquée par les observateurs modernes. Mais le récit de Diodore nous intéresse à un autre point de vue. Le rhinocéros unicorne, dont parle cet auteur, nous est présenté comme habitant l'Éthiopie ou l'Afrique. Or, d'après tous nos zoologistes, le rhinocéros d'Afrique a deux cornes, il est *bicorne*, tandis que le rhinocéros de l'Asie (Indostan, Java, Sumatra) est *unicorne*. La description de Diodore ne peut donc s'appliquer qu'au rhinocéros asiatique. Du reste, plus de dix-sept siècles et demi après Diodore, Buffon ne distinguait pas encore l'espèce indienne (*rhinoceros unicornis*, L., *rhinoceros indicus*, Cuv.) de l'espèce africaine (*rhinoceros bicornis*, L., *rhinoceros africanus*, C.), et il mêle l'histoire de l'un avec celle de l'autre.

Cependant cette distinction avait été déjà faite par Pline et par Pausanias, auteur grec, de cent ans postérieur à

____
1. Diodore, III, 35.

Pline. Le naturaliste romain nous apprend que Pompée le Grand fit le premier paraître, dans les jeux publics, un rhinocéros unicorne (indien)[1], et Pausanias appelle *bœufs éthiopiques* ou *africains* les rhinocéros qui portent deux cornes, dont l'une, plus grande, est située en avant du nez, et l'autre, plus petite, est située un peu plus en arrière[2].

Au rapport de Dion, Octave donna, après la défaite de Cléopatre, des jeux magnifiques où parurent, entre autres animaux rares, un rhinocéros et un hippopotame. Suivant Lampridius, Héliogabale nourrissait, dans son parc à Rome, un rhinocéros.

Malgré les descriptions et les dessins des voyageurs, tels que Bontius, Chardin et Kolbe, les rhinocéros étaient très-imparfaitement connus en Europe avant ceux qui furent envoyés vivants du Portugal à Londres en 1739 et 1741, et dont Parsons publia, en 1743, l'histoire. C'est d'après ce travail que Buffon a donné sa description du rhinocéros. Elle a été depuis complétée ou rectifiée par des observations faites sur des sujets de diverses provenances, entretenus à la ménagerie du Muséum de Paris. Ainsi, on a constaté que la lourdeur apparente du rhinocéros, protégé par une peau impénétrable, fait un singulier contraste avec son agilité. « Quoiqu'il soit très-bas de jambes, il court, observe Cuvier, si rapidement, que le galop d'un cheval ne peut suffire pour lui échapper. » Le même observateur a montré que la corne que cet animal porte sur le nez, n'est pas creuse comme celle des bœufs et des moutons, mais qu'elle est pleine comme celle des cerfs et composée de fibres d'une nature analogue à celle des poils : la corne de rhinocéros serait une agglutination de poils. Moins intelligent que l'éléphant, dont il partage les yeux de co-

1. Pline, VIII, 29.
2. Pausanias, *Descript. græc.*, IX, 21.

chon, le rhinocéros n'est pas aussi stupidement féroce qu'on l'a dépeint. On parvient à le dresser ; il se montre soumis à son gardien et obéit à ses commandements ; il est très-sensible à ses caresses, et le plus léger attouchement d'une cravache sur sa peau, en apparence si rude, le fait tressaillir.

Buffon avait dit que « dans l'acte de copulation, le mâle ne couvre pas la femelle, mais qu'ils s'accouplent croupe à croupe. » C'était une erreur. Les rhinocéros s'accouplent à la manière des autres quadrupèdes.

Un examen plus attentif des dents a permis de mieux distinguer le rhinocéros indien du rhinocéros africain. L'un et l'autre ont vingt-huit mâchelières, sept de chaque côté à chaque mâchoire. Mais, tandis que le rhinocéros unicorne a huit incisives qui persistent, le rhinocéros bicorne n'en a que six, deux à la mâchoire supérieure et quatre à l'inférieure, qui tombent toutes de très-bonne heure. Les rhinocéros bicornes habitent presque tous l'Afrique australe, principalement la colonie du Cap, où les voyageurs Kolbe et Sparrman les ont les premiers signalés.

Lion. — Ce roi des carnassiers, qui tient moins du chien que du chat (*felis leo*, L.), était connu de tout temps dans les contrées de l'Orient, antique siége de notre civilisation. Il a toujours été l'emblème de la force et de la noblesse. Homère le compare à ses plus grands héros, à Ajax et à Achille. Ainsi, devant l'impétuosité de l'attaque d'Hector, Ajax recule avec prudence, et regardant autour de lui ; le poëte ajoute :

Tel est le *lion* (λέων) puissant, que de l'étable
Écartent les chiens et les hommes des champs :
Pour l'empêcher de s'emparer des bœufs gras,
Ils se tiennent toute la nuit sur pied. Avide de chair,
Il ne fait qu'un bond (ἴθυσε) ; mais rien n'y fait :
           des javelots serrés
Sont lancés à l'encontre par des mains téméraires ;

Surexcité, il ne recule avec horreur que devant
                                        des torches allumées.
Au lever de l'aurore, il s'éloigne avec une âme attristée[1].

Plus loin, Homère représente Ajax comme un lion redoutable, qu'une troupe de chasseurs s'apprête à tuer :

Le lion d'abord s'avance avec un fier dédain ;
Mais lorsqu'il se sent frappé par le javelot d'un jeune audacieux,
Il se dispose à bondir, montre les dents
En écumant, pousse un profond rugissement,
Se fouette avec la queue les deux flancs,
Et s'excite ainsi lui-même au combat[2].

Ces passages montrent combien le poëte avait étudié les mœurs du lion, qui était anciennement beaucoup plus répandu qu'il ne l'est aujourd'hui. Du temps d'Homère et longtemps après sa mort, il y avait encore des lions en Europe. Hérodote raconte que, pendant le passage de l'armée de Xerxès en Macédoine, des lions attaquèrent les chameaux qui portaient les bagages. « Durant la nuit, ils sortaient, dit-il, fréquemment de leurs repaires habituels, mais ne couraient ni sur les hommes, ni sur les chevaux de trait ; ils ne se jetaient que sur les chameaux.... Ces contrées abondent en lions,... Les limites des lieux habités par ces animaux sont le Nestus, fleuve qui traverse la ville d'Abdère, et l'Achéloüs, qui arrose l'Acarnanie ; car il est certain qu'à l'orient du Nestus personne n'a jamais vu de lions en Europe, ni dans le reste du continent au couchant de l'Achéloüs. Mais il s'en trouve dans l'espace compris entre ces deux fleuves[3]. »

Aristote confirme le témoignage d'Hérodote[4]. Les lions disparurent bientôt de la Macédoine ; il n'y en avait plus

1. Iliade, xi, 547 et suiv.
2. Iliade, xx, 167 et suiv.
3. Hérodote, vii, 125 et 126.
4. Le pays compris entre l'Achéloüs qui traverse l'Épire, et le Nestus, qui a son embouchure près d'Abdère, contenait, du temps

à l'époque où écrivait Dion Chrysostome, c'est-à-dire vers la fin du premier siècle de notre ère. Aujourd'hui les lions à l'état de liberté sont non-seulement inconnus en Europe, mais ils ont abandonné certaines régions de l'Afrique et de l'Asie, telles que l'Egypte, la Palestine et la Syrie, où ils abondaient autrefois. La principale cause de cette disparition vient de l'homme : de même que la civilisation extermine les races humaines qui lui font obstacle, elle finit par détruire ou par refouler devant elle les grandes espèces animales qu'elle a à combattre, ou qu'elle ne peut point asservir. Le peuple-roi, qui ne cessait de demander à ses chefs du pain et des jeux publics, *panem et circenses*, fit, pour son amusement, une terrible consommation de bêtes féroces. Sylla, Pompée, César immolèrent, pour le plaisir du peuple romain, plus de quatre cents lions, en moins de cinquante ans. Et si l'on pouvait compter tous ceux qui ont été tués dans les amphithéâtres de Rome, on arriverait à un chiffre incroyable. Heureusement ces grandes causes de destruction sont rares, et ne s'appliquent pas à toutes les espèces; autrement il n'existerait bientôt plus du règne animal que les ossements.

De tous les carnassiers *digitigrades*, c'est-à-dire qui marchent sur des pattes divisées en doigts, le lion est, après le chien et le chat, celui qui s'attache le plus facilement à l'homme. En tout temps on a raconté des exemples de cet attachement. Le plus touchant est celui que rapporte Aulu-Gelle, d'après le témoignage oculaire d'Appien, auteur perdu du premier siècle de notre ère. Voici ce récit : « Un jour on donnait au peuple romain, dans le Grand Cirque, un spectacle d'animaux féroces. On y admirait particulièrement une troupe de lions énor-

d'Hérodote, d'autres animaux féroces, tels que le taureau sauvage (l'*aurochs*), aux cornes d'une grandeur démesurée. Cette espèce y a disparu avec le lion.

mes, parmi lesquels un entre tous frappait d'étonnement
les spectateurs par sa force, par sa taille, par ses bonds et
ses rugissements. Au nombre des malheureux condamnés à disputer leur vie contre ces animaux, se trouvait
l'esclave d'un personnage consulaire. Cet esclave se nom-
mait Androclus. A peine le lion l'a-t-il aperçu de loin,
qu'il s'arrête comme saisi de surprise ; puis il s'avance à
pas lents et doucement vers l'homme comme pour mieux
le reconnaître ; arrivé près de lui, il agite la queue d'un
air soumis et caressant ; à la manière des chiens qui flat-
tent leur maître, il se frotte le corps contre celui de l'esclave, et lèche doucement les jambes et les mains de
celui qui était à demi mort de frayeur. Au milieu de ces
caresses, Androclus reprend peu à peu ses sens, et il ose
jeter ses yeux sur le lion. Alors on vit l'homme et l'animal, comme s'ils se fussent mutuellement reconnus, se
donner les marques de la joie et de la tendresse la plus
vive. A ce spectacle étrange, tout le peuple éclate en ap-
plaudissements. César (Caligula) fait approcher Androclus et lui demande pourquoi il avait été seul épargné
par ce terrible lion. Ce fut alors qu'Androclus raconta son
histoire vraiment merveilleuse. J'étais, dit-il, attaché au
service du proconsul qui gouvernait la province d'Afrique ; les mauvais traitements et les coups dont j'étais
journellement accablé, me déterminèrent à prendre la
fuite, et, pour échapper plus sûrement aux poursuites
d'un maître tout-puissant dans le pays, je cherchais une
retraite dans les déserts de sable, résolu à me donner la
mort, si je venais à manquer de nourriture. Marchant au
milieu des chaleurs d'un soleil ardent, je rencontre un
antre isolé ; j'y pénètre et m'y cache. Peu de temps après
je vis arriver dans le même antre ce lion, boitant et ayant
une patte toute sanglante ; il poussait des gémissements
affreux, causés par la douleur de sa blessure. La vue du
lion se tournant de mon côté me glaça d'abord de terreur.
Mais dès qu'il m'eut aperçu au fond de l'antre, qui sans

doute lui servait de repaire, il s'avança d'un air doux et soumis, et, levant la patte, il me la présenta comme pour me demander du secours. Alors je lui arrache une grosse épine de la plante du pied, je presse la plaie pour en faire sortir la sérosité ; de plus en plus rassuré, je lave et panse la plaie. Ainsi soulagé, le lion se coucha et s'endormit la patte posée dans mes mains. A partir de ce jour je partageai avec lui, pendant trois ans, son antre et sa nourriture. Le lion m'apportait les meilleurs morceaux des bêtes qu'il prenait à la chasse, et comme je manquais de feu, je les faisais cuire aux rayons du soleil. Cependant je commençais à m'ennuyer de cette vie sauvage ; profitant du moment où le lion était à la chasse, je quittai la retraite, et après trois jours de marche, je fus arrêté par des soldats et envoyé à Rome. Là mon maître me condamna à être livré aux bêtes féroces. Je pense que ce lion a été pris peu après notre séparation ; il témoigne maintenant sa reconnaissance des soins que je lui ai prodigués. Dès que cette aventure fut connue des spectateurs, César, sur la demande du peuple, fit grâce à l'esclave. On vit celui-ci longtemps se promener dans les rues de Rome avec son lion ; on donnait de l'argent à l'homme et on jetait des fleurs à l'animal [1].

Aristote et Pline, qui ont donné de si nombreuses particularités sur l'animal en question, paraissaient avoir ignoré que le lion à crinière (*leo jubatus*) est non pas une race spéciale, mais tout simplement le mâle de l'espèce léonine.

Tigre. — Le léopard et la panthère ont été souvent confondus sous le nom général de *tigres*. Le vrai tigre, le tigre royal (*felis tigris*, L.), était encore inconnu du temps d'Aristote ; car il ne se trouve point compris

---

1. Aulu-Gelle, *Noctes atticæ*, v, 14. M. Lenz, dans son *Histoire naturelle populaire* (t. I, p. 294 et suiv.), a réuni un certain nombre de faits semblables pour montrer combien le lion est capable de garder le souvenir des bienfaits.

parmi les animaux féroces qu'Alexandre rencontra dans l'Inde, patrie du tigre royal, que Buffon dépeint comme « bassement féroce et cruel sans justice ». Mégasthène, cité par Strabon, parle le premier du tigre comme habitant une province de l'Inde (Bengale), traversée par le Gange[1]. Pompée montra aux Romains les premiers tigres qu'ils eussent vus. Pline signale l'Hyrcanie et l'Inde comme le séjour naturel du tigre, qu'il appelle un animal d'une effroyable vélocité, *tremendæ velocitatis animal*, et il donne à entendre que de son temps il était bien plus rare que la panthère[2].

Le vrai tigre, le tigre rayé, appartient exclusivement à l'Asie. C'est par erreur qu'il a été signalé comme habitant aussi l'Afrique. Ses lieux d'élection sont la côte de Malabar, le Bengale, l'île de Java, le royaume de Siam ; de là il a pénétré jusque vers le nord de la Chine[3].

Panthère, once et léopard. — Il règne une grande incertitude relativement à la détermination exacte des noms de πάρδαλις (*pardalis*), πάρδος (*pardus*), πάνθηρ (*panthera*), λεόπαρδος (*leopardus*), qu'on rencontre chez les auteurs grecs et latins. Du reste, encore aujourd'hui rien n'est moins établi que les limites spécifiques de ces trois grands chats au pelage tacheté, à savoir : la panthère (*felis pardus*, L.), l'once *felis uncia*, Gmel.), le léopard (*felis leopardus*, L.). Buffon s'est trompé en confondant le jaguar ou tigre du Nouveau-Monde avec la panthère de l'Ancien Continent, et il n'a pas bien distingué la panthère du léopard.

La *pardalis* dont parle Aristote dans différents endroits de son *Histoire des animaux* (i, 1 ; ii, 1 ; viii, 28), paraît être la panthère que Cuvier a ainsi caractérisée: « Fauve dessus, blanche dessous, avec six ou sept ran-

---

1. Strabon, xv, 1.
2. Pline, viii, 17.
3. Voy. Zimmermann, *Specimen zoologiæ geographicæ*, p. 474.

gées de taches noires, en forme de roses, c'est-à-dire formées de l'assemblage de cinq ou six petites taches simples, sur chaque flanc. » Aristote avait comparé les taches de la panthère à des *yeux semés sur un fond blanc;* et, dans son *Traité de la physionomie,* il dit qu'entre les animaux forts et courageux c'est la panthère qui réunit les caractères du sexe féminin, tandis que le lion réunit les attributs du sexe masculin. La panthère, qui a la taille et la tournure d'un dogue de forte race, mais moins haute de jambes, appartient à l'Afrique et à l'Asie; elle est étrangère à l'Europe et à l'Amérique.

Le *pardus,* que Pline dit être le mâle de la panthère[1], paraît être l'once, espèce plus petite que la panthère. C'était probablement la *petite panthère,* ὁ πάνθηρ, des Grecs. L'once s'apprivoise facilement et peut être dressée à la chasse. Cet animal, qui était souvent confondu avec la panthère proprement dite, paraît avoir jadis abondé dans certaines parties de l'Asie Mineure, telles que la Cilicie et la Carie. Cicéron en parle dans une de ses lettres à Cælius : « J'ai fait prendre, dit-il, pour vos amusements de chasse, dans une province de Cilicie un grand nombre de panthères; mais il y en a davantage dans la Carie[2]. » Élien a donné des détails intéressants sur la manière de prendre les *pardes* (onces) au piége[3]. La petite panthère, l'once chasseresse, se trouve aujourd'hui très-communément en Arabie et dans l'Afrique septentrionale.

Le léopard est la panthère du Sénégal et de la Guinée. Il a la taille d'un gros chien de boucher, et n'est pas susceptible d'être apprivoisé. Sa caractéristique laisse encore beaucoup à désirer. « Dans toutes les peaux de léopard, les taches sont chacune à peu près de la même grandeur, de la même figure, et c'est plutôt par la force

---

1. Pline, VIII, 23.
2. Cicéron, *Epist. ad familiares,* II, 11.
3. Élien, XIII, 10.

de la teinte qu'elles diffèrent. La couleur du fond du poil ne diffère qu'en ce qu'elle est d'un fauve plus ou moins foncé ; mais comme ces peaux sont toutes à très-peu près de la même grandeur, tant pour le corps que pour la queue, il est très-vraisemblable qu'elles appartiennent toutes à la même espèce d'animal et non pas à des animaux d'espèce différente. » (Buffon.) La même incertitude règne encore aujourd'hui parmi les zoologistes relativement à la caractéristique exacte de ces carnassiers.

Au rapport de Vopiscus, l'empereur Probus avait fait venir à Rome, pour les jeux du cirque, cent léopards de Syrie et cent léopards de Libye.

Lynx et caracal. — Gaza, dans sa traduction latine de l'*Histoire des animaux* d'Aristote, a le premier employé le mot de loup-cervier, *lupus cervarius*, pour rendre le mot grec θώς. Depuis lors on l'a aussi appliqué au *lynx*, λύγξ, animal qu'Élien a le premier caractérisé par l'indication d'un long pinceau de poils noirs au bout des oreilles. Or ce pinceau de poils caractéristique se retrouve dans toutes les espèces sauvages du genre chat, telles que *felis lynx*, *felis caracal*, *felis chaus* ou lynx des marais, *felis castigata* ou lynx botté, *felis rufa* ou chat cervier, etc. Laquelle de ces espèces Aristote a-t-il désignée ? Évidemment celle que lui fournissaient les pays qui lui étaient connus, tels que l'Asie Mineure, l'Arabie, l'Afrique septentrionale. Or le loup-cervier de ces pays, c'est le caracal, le lynx *sans tache* et *de couleur uniforme*. Quant au lynx tacheté, le lynx ordinaire qui habite l'Europe centrale, il ne pouvait guère être connu des Grecs contemporains d'Alexandre. Ce lynx, *felis lynx*, fut amené des Gaules, et montré pour la première fois aux Romains par Pompée[1]. Il est devenu depuis aussi rare en Europe que le caracal en Asie et en Afrique. C'est ce dernier qu'a voulu désigner Ovide, quand il dit, dans ses *Métamor*-

____

1. Pline, VIII, 22.

phoses, que l'Inde avait fourni des lynx au triomphe de
Bacchus, ceint de la vigne :

Victa racemifero lyncas dedit India Baccho.

Hyène. — Les anciens connaissaient les deux espèces
principales de l'hyène : l'hyène rayée (*canis hyæna*, L.),
qui habite la zone torride de l'Ancien-Monde depuis l'Inde
jusqu'en Abyssinie et au Sénégal, et l'hyène tachetée,
le loup tigre (*canis crocuta*, L.), qui appartient à l'Afrique, particulièrement au **Cap**.

Aristote a décrit l'hyène rayée sous le nom de ὕαινα ou
de γλάνος. « C'est, dit-il, un animal qui a la couleur et la
taille du loup ; mais il a le poil plus épais, et une sorte
de crinière qui occupe toute la longueur du dos....
L'hyène se met en embuscade pour saisir les hommes. Elle
fouille les tombeaux, tant elle aime la chair humaine....
Il est faux qu'elle réunisse les deux sexes[1]. » Le même
auteur fait remarquer ici que l'erreur vient de ce que la
femelle a sous la queue une fente ou poche sans ouverture
interne. Cette particularité avait fait croire à Belon que
l'hyène d'Aristote était la civette, qui sécrète le musc.
Mais la civette est beaucoup plus petite que l'hyène et
elle n'en a pas la férocité. Oppien a très-bien signalé le
dos en pente et les mœurs nocturnes de l'hyène. Pline et
Élien répètent les contes qu'Aristote avait déjà en partie
réfutés, à savoir que l'hyène non-seulement réunit les
deux sexes, mais qu'elle en change alternativement,
qu'elle est mâle une année et femelle une autre année ;
qu'elle imite le langage des hommes pour attirer les bergers et les dévorer ; et que, en habile magicienne, elle
charme les chiens et les rend muets[2]. Palladius (*De re
rustica*, 1, 35) attribue à la peau de l'hyène la vertu de

---

1. Aristote, *Hist. animal.*, VI, 32 et VIII, 5.
2. Pline, VIII, 30 ; Élien, VI, 14.

dissiper les nuages de grêle. L'empereur Gordien fit paraître des hyènes dans le cirque à Rome.

L'hyène tachetée a été décrite par Diodore sous le nom
de *crocottas*. « Il y a, dit-il, un animal que les Éthiopiens
appellent *crocottas*; il tient de la nature du loup et du
chien; mais il est plus à craindre que tous les deux par
sa férocité. Rien ne résiste à la force de ses dents, car il
broie aisément les os les plus gros, et il les digère à merveille. Mais nous n'ajoutons point foi aux récits fabuleux
de ceux qui prétendent que cet animal imite le langage
de l'homme[1]. » — Ces récits ne sont pas tout à fait dénués
de fondement. Si l'hyène n'imite pas le langage articulé
de l'homme, elle fait entendre, surtout quand elle a faim,
un cri singulier qu'on pourrait comparer au ricanement
lugubre d'un homme.

Ours. — Ce type des *plantigrades*, c'est-à-dire des
animaux qui marchent, non plus sur les doigts (digitigrades), comme le chat et le chien, mais sur la plante
des pieds, est connu de toute antiquité. Il y avait des ours
figurés sur le baudrier d'Hercule[2]; et Jérémie (iii, 10)
fait allusion à l'astuce de cet animal. Aristote a fourni le
premier tous les éléments d'une histoire complète de
l'*ours*, ἄρκτος, qui est notre ours brun d'Europe (*ursus arc-
tos*, L.). Voici ce qu'il dit: L'ours est *omnivore*, mangeant
des fruits, de la chair, etc.[3]; il boit, en mordant, pour
ainsi dire, l'eau[4]; les pieds de devant ressemblent à des
mains[5]; il a le poil long sur tout le corps, ce qui lui
donne un aspect velu. Aristote avait dit que la durée de
la gestation de l'ourse est de trente jours; et pendant deux
mille ans cette assertion ne fut contredite par personne.
Buffon se mit le premier à en douter. «A ne raisonner,

1. Diodore, iii, 35.
2. Homère, *Odyssée*, xi, 610.
3. Aristote, *Hist. animal.*, viii, 5.
4. *Ibid.*, viii, 6.
5. *Ibid.*, ii, 1.

dit-il, que sur des analogies qui me paraissent assez
fondées, je croirais que le temps de la gestation est
au moins de quelques mois. » Nous savons aujourd'hui
que cette durée est de sept mois. La femelle fait depuis un jusqu'à trois petits, ce qu'avait déjà dit Aristote. Mais les anciens s'étaient trompés en affirmant que
les oursons naissent difformes, et ne prennent la figure de
leur espèce qu'à force d'être léchés par leur mère ; leur
poil court et lustré les fait, au contraire, paraître beaucoup plus jolis que les adultes. Suivant Élien, l'ourse,
pour soustraire ses petits au danger qui les menace,
prend l'un dans sa gueule, met l'autre sur le dos, et
monte ainsi sur un arbre. Aristote et Plutarque racontent que, pour se guérir d'une sorte de dégénérescence
graisseuse, les ours mangent la racine âcre de l'*arum*
(espèce de pied de veau).

Les ours étaient autrefois plus communs en Europe
qu'ils ne le sont aujourd'hui. On n'en trouve plus guère
que dans quelques montagnes de l'Espagne, dans les Py-
rénées, dans les Alpes, dans les Carpathes, en Pologne
et en Russie. L'espèce européenne, l'ours au pelage brun
et au front convexe, se plaît dans les régions froides,
inaccessibles, de notre continent. L'ours noir, au front
plat ou au pelage laineux, n'en est qu'une simple variété.

Aristote a parlé, dans son *Traité de la génération*
(v, 6), d'un *ours blanc*. Mais il a soin d'ajouter qu'il ne
regarde cette variété que comme accidentelle. Ce n'était,
en effet, qu'un simple albinos. Le véritable ours blanc
(*ursus maritimus*, L.) n'est connu que depuis le seizième
siècle de notre ère.

L'ours, dont l'Amérique du Nord possède plusieurs espèces particulières et qui manque entièrement en Australie, tend de plus en plus à disparaître des contrées
civilisées de l'Europe. Il s'est réfugié dans la Russie
asiatique ; les voyageurs le signalent comme très-commun

en Sibérie et au Kamtschatka. En Afrique, les ours sont beaucoup plus rares qu'en Asie. Pline affirmait déjà, comme un fait admis de son temps, que l'Afrique ne produit point d'ours, *in Africa ursos non gigni constat*[1]. — Les anciens n'ignoraient pas que l'ours passe la longue saison d'hiver à dormir dans des cavités de rochers inaccessibles, sans avoir besoin de nourriture.

Hérisson. — D'après une locution proverbiale, fort usitée chez les Grecs et due à Archiloque, « le renard sait beaucoup de choses, mais le hérisson n'en sait qu'une grande, » πολλ' οἶδ' ἀλώπηξ, ἀλλ' ἐχῖνος ἓν μέγα : c'est qu'il sait se défendre sans combattre, et blesser sans attaquer. Les piquants dont le corps du hérisson est couvert et qui lui servent d'armes défensives, sont, comme l'avait déjà observé Aristote, des poils dégénérés en épines[2]. Il distinguait le hérisson du porc-épic, dont les piquants sont beaucoup plus forts. D'ailleurs le porc-épic habite les contrées méridionales de l'Europe et de l'Asie, tandis que le hérisson a pour patrie les régions centrales de notre continent (*erinaceus europæus*). Aristote et Buffon ont répété la même erreur en prétendant que les hérissons, à cause des piquants dont le mâle et la femelle sont garnis, « ne peuvent s'unir qu'en se mettant face à face, debout ou couchés. » C'est un fait d'observation qu'ils s'accouplent à la manière des autres quadrupèdes. Aristote a dit aussi que « les hérissons sentent les changements des vents du nord et du midi, et que ceux qui habitent sous terre changent alors les ouvertures de leurs terriers, pendant que ceux qu'on nourrit dans les maisons passent d'un mur à l'autre[3]. » — C'est là un fait qui reste encore à vérifier. Aristote n'a pas parlé de leur sommeil d'hiver; mais Buffon, qui en parle, a commis une erreur en disant

---

1. Pline, VIII, 36.
2. Aristote, *Hist. animal.*, III, 2 ; et *De generat.*, V, 3.
3. Aristote, *Hist. animal.*, IX, 6.

« qu'ils ont le sang froid, à peu près comme les autres
animaux qui dorment en hiver. » Les hérissons ont le
sang aussi chaud que les autres quadrupèdes; seulement
leur température s'abaisse un peu pendant le sommeil
d'hiver.

En parlant des mœurs de ces animaux, Pline dit que
non-seulement ils se mettent en boule dès qu'on les touche,
mais que, pour se défendre, ils lâchent en même temps
leur urine. C'est probablement à cette habitude qu'est
due l'énorme quantité de puces dont ils sont couverts.
Pline rapporte aussi que les hérissons se servent de leurs
épines pour embrocher des pommes et d'autres fruits répandus par terre et les porter dans des creux d'arbres,
leurs retraites[1]. Buffon doute de l'exactitude de cette observation, sans avoir été à même de la contrôler. Au
reste, le hérisson est un carnassier insectivore, qui aime
beaucoup moins les fruits que la chair.

Chauve-souris. — Les anciens sont entrés dans très-
peu de détails concernant les chauves-souris. Sont-ce des
quadrupèdes (mammifères) ou des oiseaux ? Aristote se
contente de dire que ce sont des *animaux nocturnes bipèdes* (νυχτερίδες δίποδες), des êtres ambigus qui ont pour
ailes des membranes (δερμόπτερα)[2]. Pline a donné une caractéristique beaucoup plus précise. « La chauve-souris
(*vespertilio*) est, dit-il, de tous les volatiles le seul vivipare et le seul qui ait les ailes membraneuses. Seule aussi
elle a des mamelles et donne à teter à ses petits. En
volant, elle emporte avec elle ses deux petits. » — Tout
cela est exact, à l'exception du dernier fait, qui paraît douteux. — « La chauve-souris, termine Pline, se nourrit de
moucherons, et elle paraît n'avoir qu'un seul os de la
hanche[3]. » — La dernière assertion est inexacte : la chau-

1. Pline, VIII, 55.
2. Aristote, *Hist. animal.*, I, 1 et 5.
3. Pline, x, 81.

ve-souris commune (*vespertilio murinus*, L.), ainsi que les autres espèces, telles que l'oreillard (*vespertilio auritus*, L.), la noctule (*v. noctula*, L.), la sérotine (*v. scrotinus*), etc., que les anciens ont confondues sous le nom générique de *vespertilio* ou de νυκτέρις, ont la hanche composée de deux os (os iliaques).

Malgré ces données, la plupart des zoologistes ont continué jusqu'au dix-septième siècle à ranger les chauves-souris parmi les oiseaux.

Les Romains confondaient, sous le nom de MUSTELA, la *belette*, le *putois*, le *furet* et la *fouine*. Les Grecs avaient trois noms pour désigner ces mêmes animaux : αἴλουρος, γαλῆ et ἰκτίς. Le premier de ces noms, αἴλουρος, qui signifie aussi *chat*, paraît avoir été appliqué à la genette (*viverra genetta*, L.), plus grande que la fouine et ayant le corps marqué de taches noires, qui se réunissent si près sur la partie du dos, qu'elles paraissent former des bandes noires continues. La genette, connue dans le midi de l'Europe, en Asie Mineure, en Syrie, en Afrique, est facile à apprivoiser, guette les souris et a tellement les habitudes du chat, qu'on la nomme *chat d'Espagne*, *chat genette*. Voilà pourquoi le nom de αἴλουρος pourrait signifier à la fois *genette* et *chat*.

Le nom de γαλῆ, qui signifie également *chat*, a été rendu inexactement par *belette*. Celle-ci est beaucoup trop petite pour être comparable à un chat; puis elle est à peu près inapprivoisable, tandis que la fouine (*mustela foina*, L.) est non-seulement facile à apprivoiser, mais, par son instinct à prendre les souris, elle peut très-bien remplacer le chat. On comprend donc que γαλῆ ait pu signifier à la fois *fouine* et *chat*. Quant à l'ἰκτίς, c'est, selon toute apparence, notre belette (*mustela vulgaris*).

Strabon applique le même nom au furet (*mustela furo*, L.), quand il dit que dans la Turditaine (Espagne)

on se sert d'*icktis sauvages*, apportés d'Afrique, pour faire
la chasse aux lapins, qu'ils font sortir de leurs terriers[1].
Le furet, qu'on ne connaît aujourd'hui qu'à l'état de domesticité comme un animal utile aux chasseurs, n'est
qu'une variété du putois (*mustela putorius*, L.), qui est
un peu plus petit que la fouine.

Quant à l'hermine (*mustela erminea*, L.) et à la marte
(*mustela martes*, L.), qui se rapprochent, la première de
la belette, la seconde de la fouine, elles habitent les
contrées les plus septentrionales de l'Ancien et même du
Nouveau Continent, et devaient, par cette raison, être inconnues aux Grecs et aux Romains. Il est à remarquer que
les anciens, qui ont débité beaucoup de contes sur les
mustela, ne mentionnent point une particularité caractéristique de ces carnassiers digitigrades, à savoir la matière
odorante qu'ils sécrètent, matière qui a chez la fouine
l'odeur du musc, et qui est d'une fétidité extrême chez le
putois.

Castor *et quelques autres mammifères qui tendent
à disparaître.* — Jadis répandu dans toutes les contrées tempérées de l'Ancien et du Nouveau-Monde, le
castor (*castor fiber*, L.) ne se rencontre plus aujourd'hui
que dans un petit nombre de localités de ces deux continents. Cette diminution graduelle, qui aboutira, dans un
avenir prochain, à l'extinction complète de l'espèce, a
pour causes simultanées l'abaissement du niveau général
des eaux, tant courantes que stagnantes, et l'instinct des-
tructeur de l'homme, entretenu par la maudite soif de
l'or, *auri sacra fames.*

Aristote ne parle du castor que pour le mettre au
nombre des quadrupèdes sauvages qui prennent leur
nourriture auprès des lacs et des rivières[2]. Pline donne
des renseignements plus précis sur les castors (*fibri*),

---

1. Strabon, iii, 3.
2. Aristote, *Hist. animal.*, viii, 5.

auxquels il assigne pour patrie le littoral de la mer Noire, et que pour cela on appelait *chiens du Pont.* « Lorsque cet animal est, dit-il, poursuivi, il abandonne ce que les médecins nomment le *castoreum*[1], sachant que c'est pour cela qu'on lui fait la chasse. Avec ses dents, qui ont la dureté du fer, il coupe les arbres qui bordent les fleuves.... Sa queue est écailleuse comme celle d'un poisson, et il a la forme d'une loutre. Comme celle-ci, il peut vivre dans l'eau ; mais son poil est plus doux[2]. »

Pourquoi Aristote et Pline sont-ils si avares de détails sur un sujet aussi intéressant ? C'est que ces détails leur manquaient : le castor appartient à la zone tempérée froide ; et les régions de cette zone n'étaient habitées que par des barbares, qui étaient pour les Grecs et les Romains ce que sont aujourd'hui pour nous les sauvages de l'intérieur de l'Afrique.

Au treizième siècle, du temps d'Albert le Grand, on trouvait beaucoup de castors dans des contrées à peu près inconnues aux Anciens. « Ces animaux, dit Albert le Grand, abondent extraordinairement dans certaines parties de l'Allemagne, dans les pays des Esclavons, en Pologne, en Prusse et en Russie[3]. » Plus tard, au commencement du dix-septième siècle, du temps de Ruysch et de Conrad Gesner, on rencontrait encore des castors en Bavière et en Autriche, sur les bords du Danube, en France sur les rives du Rhône et même de la Marne, et en Suisse sur les bords de l'Aar, de la Reuss, de la Limmat, de la Birse, ainsi qu'autour de presque tous les lacs[4].

Dans le *Liber benedictionum* d'Édouard IV, abbé de Saint-Gall, vers l'an 1000, il est parlé de la chair de castor

---

1. Matière odorante, sécrétée par les glandes du prépuce. Le castoreum est encore aujourd'hui employé en médecine comme antispasmodique.
2. Pline, VIII, 47 ; XXX, 8.
3. Albert le Grand, *De animal. tract.* I, lib. VII, c. 6.
4. Ruysch, *Theat. animal*, t. II, p. 104.

comme d'un mets maigre, fort estimé des moines gourmets de ce fameux monastère.

La véritable patrie des castors, c'est le Canada, particulièrement l'espace qui entoure la baie d'Hudson, depuis le 45° degré de latitude boréale jusqu'au cercle arctique. C'est là qu'on trouve encore quelques-uns de ces hameaux de castors, bâtis sur pilotis, dont ailleurs les débris, mêlés à des objets d'industrie, ont récemment donné naissance, dans l'imagination de quelques archéologues, à ces cités lacustres d'une prétendue race humaine aquatique.

Les castors paraissent avoir rayonné de ce foyer dans tout l'hémisphère boréal, en ne dépassant point l'équateur et en s'arrêtant, dans l'Ancien comme dans le Nouveau-Monde, vers le 43° ou 45° degré de latitude. Les contrées de l'Europe et de l'Asie situées à peu près sous la même latitude que le Canada semblaient devoir être les dernières à voir disparaître ces remarquables rongeurs. On en rencontre encore aujourd'hui, çà et là, en Norvége, en Laponie et particulièrement en Sibérie, sur les rives de l'Obi et du Jaïk. On n'en a jamais rencontré au Spitzberg, ni au Groenland, pas plus que dans l'hémisphère austral.

Les castors terriers, solitaires, à robe sale, ne construisant ni magasin, ni habitation, sont-ils de la même espèce que les castors au poil luisant, qui vivent en société et dont les constructions sur pilotis ressemblent de loin à des cités? Oui; il n'y a qu'une seule espèce castorine. Le castor sociable du Canada, transporté dans nos climats, devient solitaire. Voici un curieux fait à l'appui. Frédéric II, roi de Prusse, avait fait venir de l'Amérique septentrionale tout un troupeau de castors, pour les acclimater aux environs de Berlin. Il espérait en retirer de beaux bénéfices; mais, à son grand désappointement, ces rongeurs exotiques changèrent de mœurs avec le climat, donnant un démenti formel à ce vieil adage : *cœlum mutat, non mores, qui trans mare currit.* Cela n'est vrai que pour l'homme. Les pauvres castors du roi de Prusse devinrent moroses, mélancoliques ; au lieu de s'associer pour travailler en commun, ils ne recherchaient chacun que la solitude ; leur pelage brillant, si estimé, se hérissait, devenait terne ; et, pour comble de malheur, en se creusant des terriers, ils se pelaient le dos, au point de ne plus ressembler qu'à des chiens galeux. Bien qu'on leur eût donné la clef des champs, ils ne se propagèrent point, ils s'éloignèrent peu à peu du pays, et bientôt on n'en vit plus un seul sur tout le territoire de Brandebourg[1].

Le commerce des pelleteries, qui avant deux siècles aura amené l'extinction de l'espèce castorine, continue son cours de destruction pour tous les autres animaux à fourrures. Les lions, les tigres, les panthères et les léopards, recherchés pour leurs peaux, deviennent de plus en plus rares. L'assertion de Buffon que « les hermines sont très-communes dans tout le nord, surtout en Russie, en Norvège et en Laponie, » n'est déjà plus vraie aujourd'hui : ces belettes blanches, à queue noire, sont maintenant très-rares dans ces mêmes contrées. Mais l'industrie y supplée par des peaux de lapins albinos, « plus blanches que la blanche hermine. » La marte, également recherchée pour son poil, commence à ne plus être aussi commune dans le nord de l'Europe, de l'Amérique et de l'Asie. La zibeline, dont l'impitoyable chasse a fait découvrir les contrées orientales de la Sibérie, s'est réfugiée dans des régions presque inaccessibles, d'où elle finira par disparaître. Plus estimée que la marte, elle s'en distingue surtout en ce qu'elle a du poil jusque sous les doigts. Le putois lui-même, depuis que l'on connaît le moyen de neutraliser les mauvaises odeurs, devient victime de la beauté de son pelage noir. Le blaireau et le renard, dont les peaux ont toujours leur prix, étaient, il y a moins de cent ans, beaucoup plus communs qu'aujour-

1. Zimmermann, *Specimen zoolog. geographicæ*, etc., p. 297 (Leyta, 1777, in-4).

d'hui. Que les vieux chasseurs interrogent leurs souvenirs. Que dirons-nous de la loutre ? Ce carnassier, qui par sa faculté natatoire rappelle le castor, était du temps d'Aristote, de Pline et d'Élien, très-commun aux bords des lacs et des rivières. La peau de loutre donne une excellente fourrure ; quoiqu'elle ne mue guère, elle se vend plus cher l'hiver que l'été.

Les animaux qu'Aristote présentait comme intermédiaires entre les animaux qui vivent sur la terre et ceux qui vivent dans l'eau, — d'où le nom d'*amphibies*, — fournissent aussi un ample contingent aux envahissements destructeurs. Le phoque[1] a quitté la Méditerranée pour se réfugier dans les mers du nord. Les Romains attribuaient à la peau de ces animaux le pouvoir de garantir de la foudre. L'empereur Auguste, qui avait peur du tonnerre, avait soin de se couvrir d'une peau de phoque à l'approche d'un orage[2].

Les phoques tendent à disparaître devant les Esquimaux qui peuplent les solitudes de la zone glaciale. Poussés par l'âpre gain, les pêcheurs norvégiens et russes leur font la chasse pour s'emparer de leur peau et extraire l'huile de leur graisse. Cependant aucun animal ne mérite moins que le phoque une guerre aussi acharnée : ses grands yeux expressifs, d'une douceur langoureuse, semblent implorer la pitié de l'homme. Le phoque est le modèle sur lequel l'imagination des poëtes et des mythographes a, en partie, enfanté les sirènes, les tritons, ces divinités marines à tête humaine, à corps de quadrupèdes, d'une apparence de manchot, à queue de

---

1. Le phoque commun (*phoca vitulina*) a reçu les noms de *veau de mer*, *chien de mer*, *loup de mer*, *renard marin*, etc. De cette espèce il faut distinguer le petit phoque noir (*phoca pusilla*), à oreilles externes (*otaries*), autrefois très-commun dans la Méditerranée, le phoque à trompe (*phoca leonina*, L.), le lion marin ou phoque à **crinière** (*phoca jubata*), l'ours marin (*phoca ursina*).

2. Suétone, *Vita Octaviani*, 90.

poisson. Il règne, remarque très-bien Buffon, dans cet empire muet, par sa voix, par sa figure, par son intelligence, par les facultés, en un mot, qui lui sont communes avec les habitants de la terre, si supérieures à celles des poissons, qu'ils semblent être, non-seulement d'un autre ordre, mais d'un monde différent.

Les morses ou vaches marines, de la même famille que les phoques, sont également devenus rares dans les contrées où ils abondaient jadis. Les dents de ces amphibies, leur graisse, leur peau, ont stimulé l'esprit de lucre.

Le morse (*trichechus rosmarus*, L.), appelé aussi *cheval marin*, paraît être l'*orca* de Pline, qui vint, à l'époque de ce naturaliste, échouer dans le port d'Ostie, où l'empereur Claude vint le combattre avec sa garde prétorienne. Remarquable par le développement de ses canines, semblables aux défenses de l'éléphant, le morse a l'estomac simple comme le phoque : c'est un carnassier, vivant de poisson. Les morses, aujourd'hui introuvables dans la Méditerranée, sont devenus très-rares dans les mers septentrionales des deux mondes, où les navigateurs en rencontraient souvent, il y a moins de deux siècles. C'est à terre, où, comme les phoques, ils peuvent à peine se traîner, que l'homme les assomme à coups de harpon. — Notons, en passant, que tous les zoologistes, depuis l'antiquité jusqu'à Cuvier, ont confondu ces carnassiers (*piscivores*) amphibies avec les cétacés herbivores, ayant l'estomac divisé en plusieurs poches.

Le dauphin, ce prétendu ami de l'homme, sur lequel Pline, Aulu-Gelle, Plutarque, Athénée, Élien, ont raconté tant de fables, le narval-licorne, le rorqual, la baleine elle-même ne tarderont pas à disparaître du domaine des espèces vivantes. Nos descendants n'en verront plus que les ossements dans les musées paléontologiques.

Pendant des milliers d'années, depuis l'origine de notre espèce, les *cétacés* (du nom de χῆτος, baleine, avaient été confondus avec les poissons. Aristote fut le premier à les en distinguer par des différences anatomico-physiologiques. Il remarqua que, contrairement aux poissons, les cétacés ont le sang chaud, qu'ils rejettent par des ouvertures particulières l'eau aspirée, qu'ils respirent par des poumons, et qu'ils mettent au monde des petits que nourrissent leurs mères[1]. A l'objection, qu'on a reproduite jusque dans ces derniers temps, à savoir qu'il serait impossible aux jeunes cétacés de teter, Aristote avait déjà opposé une raison anatomique : « Dans le dauphin il existe, dit-il, de chaque côté des organes génitaux un orifice par lequel s'écoule le lait ; les petits sucent ce lait en nageant à la suite de leur mère ; c'est là un fait d'observation[2]. »

Il n'est guère possible de reconnaître, par les descriptions trop succinctes qu'en donnent Aristote, Pline, Élien, etc., les différentes espèces de cétacés. Qu'était-ce, par exemple, que le *mysticetus*, μυστικήτος? Aristote se borne à dire que cet animal n'a pas de dents, mais qu'il a dans la bouche des soies semblables à celles du cochon[3]. Partant de là, quelques zoologistes ont supposé que le mysticetus d'Aristote était un poisson, une espèce de *chætodon*. Pline aussi mentionne, sous le nom de *musculus*, un animal marin qui, au lieu de dents, a la bouche garnie de soies ; mais comme il le range, avec la baleine, parmi les *belluæ marinæ*, on pourra admettre, avec Gaza, que le *mysticetus* d'Aristote était identique avec le *musculus* de Pline.

Le dauphin, dont parle Aristote, était sans doute l'espèce (*delphinus delphis*, L.) autrefois très-commune dans la Méditerranée. Son *phocène*, φώκαινα, habitant de la mer du Pont, paraît avoir été une espèce de dauphin (*delphinus phocæna*, L.) plus petite que l'espèce commune.

Ne tenant aucun compte des observations d'Aristote,

1. Aristote, *De partibus animalium*, IV, 20.
2. Aristote, *Hist. animal.*, II, 13.
3. *Ibid.*, III, 12.

les écrivains qui sont venus après lui, tels que Varron, Pline, Galien, Oppien, Paul d'Égine, etc., ont compris parmi les cétacés tous les grands animaux marins, sans en excepter les requins, les thons, etc. Pline parle de dauphins à nageoires dorsales épineuses, tandis qu'il est constant que les dauphins en sont dépourvus. Et il raconte sérieusement qu'il y avait à Puteoli (Pouzzoles) un dauphin si bien apprivoisé qu'il se laissait monter par un enfant, qu'on avait soin de garantir par des étuis contre les épines de ses nageoires. Il prétend aussi que les dauphins remontent le Nil et qu'ils y tuent les crocodiles en leur ouvrant le ventre au moyen de leurs nageoires épineuses et tranchantes. Cuvier pense que les anciens donnaient le nom de *dauphin* tout à la fois au véritable dauphin et à une espèce de requin (*squalus spinax* de Linné). Dans le *platanista* de Pline, il croit reconnaître le dauphin du Gange (*susu platanista* de Lesson [1]).

Parmi les autres animaux qui tendent à disparaître et qui méritent une mention plus spéciale, nous citerons les singes de l'Ancien-Monde, la girafe, le crocodile et l'ichneumon d'Égypte.

Singes de l'Ancien-Monde. — Aristote connaissait quatre espèces de singes : le *pithèque* (πίθηκος, qu'on traduit généralement par *simia* ou *singe*), le *cynocéphale* (κυνοκέφαλος), le *kèbe* (κῆβος) et le *cochon-singe* (χοιροπίθηκος).

Le pithèque est le magot (*simia sylvanus*, L.)[2]. C'est à lui particulièrement que s'appliquent les caractères généraux qu'Aristote a tracés des singes. En signalant leur ressemblance avec l'homme, il ajoute : « Le singe a des bras comme l'homme, mais velus ; il les fléchit ainsi que les jambes, de la même façon que l'homme. Il a de plus

1. Voy. G. Rapp, *Die Cetaceen*, p. 5 et suiv. (Tubingue, 1837).
2. Ce que Buffon a décrit sous le nom de *pithèque* n'était qu'un jeune magot ; et son *magot* était le même animal à l'état adulte. L'animal jeune a la face aplatie, et les canines pas plus longues que celles de l'homme ; l'adulte a le museau gros et avancé, les canines longues.

des mains, des doigts et des ongles qui ressemblent à ceux de l'homme, si ce n'est que toutes ces parties tiennent davantage de l'animalité (θηριωδέστερον). Les pieds ont une forme particulière; ce sont comme de grandes mains : les doigts des pieds ressemblent aux doigts de la main, celui du milieu étant plus long que les autres. Le dessous du pied est en tout semblable au dedans de la main. Les pieds lui servent également de pieds et de mains, et il les plie comme les mains[1]. »

On voit que c'est dans Aristote que se trouvent tous les éléments de l'ordre des *quadrumanes*, établi par Buffon, qui a si admirablement distingué l'homme du singe dans ces mots dignes d'être reproduits : « Si l'on ne devait juger que par la forme, l'espèce du singe pourrait être prise pour une variété de l'espèce humaine : le Créateur n'a pas voulu faire pour le corps de l'homme un modèle absolument différent de celui de l'animal; il a compris sa forme, comme celle de tous les animaux, dans un plan général : mais en même temps qu'il lui a départi cette forme matérielle, semblable à celle du singe, il a pénétré ce corps animal de son souffle divin; s'il eût fait la même faveur, je ne dis pas au singe, mais à l'espèce la plus vile, à l'animal qui nous paraît le plus mal organisé, cette espèce serait bientôt devenue la rivale de l'homme : vivifiée par l'esprit, elle eût primé sur les autres; elle eût pensé, elle eût parlé. Quelque ressemblance qu'il y ait donc entre le Hottentot et le singe, l'intervalle qui les sépare est immense, puisqu'à l'intérieur il est rempli par la pensée, et au dehors par la parole[2]. »

Du temps des Grecs et des Romains, le magot paraît avoir été assez commun en Arabie, en Mauritanie, dans toute l'Afrique septentrionale, où il est devenu très-rare.

Le *cynocéphale* des anciens est une simple variété du

1. Aristote, *Hist. animal.*, ii, 8.
2. Buffon, t. IV, p. 17 (édit. de Flourens).

magot, d'après la caractéristique qu'en a donnée Aristote.
« Les cynocéphales, dit le célèbre Stagirite, ressemblent
aux pithèques ; ils sont seulement plus grands et plus
forts, et leur face approche davantage de celle du chien (τὰ
πρόσωπα κυνοειδέστερα) ; ils sont aussi plus farouches et
leurs dents ont plus de rapport avec celles du chien[1]. »

Diodore présente aussi les cynocéphales comme fort
sauvages et ayant un air très-austère, dû à leurs sourcils.
« Leurs femelles, ajoute-t-il, ont cela de particulier qu'elles
portent pendant leur vie leur matrice hors du corps[2]. »

L'auteur a sans doute voulu parler ici des callosités
anales qu'on remarque chez ces singes.

Elien rapporte plusieurs faits qui montrent que les
cynocéphales sont, contrairement à l'opinion de Diodore,
capables de s'apprivoiser. Les Egyptiens, sous le règne
des Ptolémées, leur apprenaient à lire les lettres de leur
alphabet, à jouer de la flûte et à pincer de la cithare. Ils
les ont figurés sur beaucoup de leurs monuments.

Le *kèbe* ou *kébos* d'Aristote était un singe à queue et à
callosité anale. C'était la mone (*simia mona*, L.), la plus commune des guenons ou singes à longue queue ; c'est, avec le
magot, l'espèce qui s'accommode le mieux de nos climats.
Le nom de *kébos*, κῆβος, leur est, dit-on, venu de ses couleurs variées comme celles d'un *jardin* (κῆπος). La mone
ou guenon commune a, en effet, la face brune, avec une
espèce de barbe mêlée de blanc, de jaune et de noir ; le
poil du dessus de la tête et du cou est mêlé de jaune et
de noir ; celui du dos, mêlé de roux et de noir ; le ventre
blanchâtre, etc.

Il ne faut pas confondre le *kébos* d'Aristote avec le *képos*
de Diodore. Ce dernier était probablement le dauw, espèce
de cheval sauvage d'Afrique. Il avait, suivant Diodore,
la taille d'une gazelle, était semblable, pour son pelage, à

<hr>

1. Aristote, *Hist. animal.*, II, 8.
2. Diodore, III, 35.

la panthère, et avait reçu le nom de *képos* (jardin) à cause
de la beauté et des belles proportions de son corps.

Le *chœropithèque* ou *cochon-singe*. « C'était là, dit
Buffon, une très-bonne expression pour désigner le babouin (*simia sphinx*, L.) ; car on trouve dans des voyageurs qui probablement n'avaient jamais lu Aristote, la
même comparaison du museau du babouin à celui du
cochon. » Aristote a signalé quelque ressemblance entre
le museau du chœropithèque et celui du caméléon. Mais
cette ressemblance n'existe pas sur le chœropithèque figuré avec son nom sur la mosaïque de Palestrina[1].

Les anciens ont-ils connu les deux plus grands singes
de l'Afrique, le *chimpanzé* et le *gorille?* C'est douteux. Il
importe cependant de citer ici un passage de Diodore
ayant trait à cette question. Agathocle, ayant débarqué en
Afrique, envoya un de ses généraux, Archagathus, dans
l'intérieur du continent africain. Après avoir traversé une
chaîne de montagnes (l'Atlas), le général « entra, dit Diodore, dans un pays peuplé de singes, et où se trouvent
trois villes qui portent, d'après ces animaux, le nom de
Pithécusses, en traduisant en grec la dénomination par
laquelle les indigènes désignent le singe. Les habitants ont
des mœurs bien différentes des nôtres. Les singes habitent
les mêmes maisons que les hommes. Ces animaux y sont
regardés comme des dieux.... Ils ont libre accès dans les
magasins de vivres, dont ils disposent à leur gré. Les
parents donnent le plus souvent à leurs enfants des noms
de singes, comme on leur donne chez nous des noms de
divinités. Ceux qui tuent un de ces animaux sont condamnés au dernier supplice, comme coupables du plus
grand sacrilége[2]. » — Le chimpanzé et le gorille, qui
habitent les régions tropicales de l'Afrique, venaient-ils

1. Voy. l'abbé Barthélemy, *Explication de la mosaïque de Palestrina*, Paris, 1760.

2. Diodore, xx, 58 (t. IV, p. 242 de notre trad., 2ᵉ édit.).

autrefois jusqu'au pied de l'Atlas? Nous l'ignorons. Mais ce qu'il y a de certain, c'est que les nègres regardent ces grands singes comme des hommes d'une race particulière, comme une espèce de démons.

L'orang-outang, ce grand singe de l'Asie australe, était-il connu des anciens? On l'a nié. Mais Alexandre le Grand pouvait très-bien l'avoir rencontré aux limites de son expédition dans l'Inde. Et, en effet, Diodore raconte que dans les montagnes de l'Inde, où Alexandre soumit le roi Porus, il y a de grands singes, qui ont eux-mêmes suggéré l'art d'en faire la chasse. « Ces singes se laissent, dit-il, difficilement prendre de force, tant à cause de leur vigueur corporelle que de leur intelligence. Voici comment s'y prennent les chasseurs : les uns se frottent les yeux avec du miel, les autres se chaussent à la vue de ces animaux ; quelques autres attachent autour de leurs têtes des miroirs (en métal poli) ; puis ils se retirent en laissant des chaussures entourées de lacets, de la glu à la place du miel, et des nœuds coulants fixés aux miroirs. Aussi, lorsque ces animaux veulent imiter les choses qu'ils ont vu faire, ils se trouvent dans l'impossibilité de s'enfuir : les uns ont leurs paupières collées, les autres leurs pieds liés ; d'autres enfin ont leur corps pris dans des filets[1]. »

Girafe. — Cet animal, qui appartient au même ordre que le cerf, le chevreuil, etc:, était inconnu à Aristote. Strabon et Pline en ont les premiers parlé. « On trouve, dit Strabon, en Arabie le *camélopardalis* (καμηλοπάρδαλις) ; c'est un animal tacheté, ayant l'arrière du corps étrangement plus bas que le devant ; son cou est très-long et droit, il dépasse par sa tête de beaucoup la hauteur du chameau ; il n'est pas carnassier, et broute des herbes[2]. » Voici ce qu'en dit Pline : « Le camélopardalis,

---

1. Diodore, xvii, 90 (t. III, p. 292 de notre trad., 2ᵉ édit.).
2. Strabon, xvi, 4.

que les nègres nomment *nabus*, a le cou du cheval, les jambes du bœuf, la tête du chameau et des taches blanches sur un fond roux, d'où son nom de *chameau-léopard*. On vit pour la première fois de ces animaux à Rome aux jeux du cirque donnés par César le dictateur[1]. » Oppien s'accorde avec ces deux auteurs, en les complétant. « Le camélopardalis est, dit-il, un singulier animal ; il ressemble au chameau, il est tacheté comme la panthère, il a un air très-doux, le cou très-long, les oreilles courtes, les jambes de devant beaucoup plus longues que celles de derrière, deux éminences cornues au sommet de la tête ; ses yeux ont beaucoup d'éclat, et la queue se termine par une touffe de poils[2]. »

A ces descriptions, auxquelles on pourrait joindre encore celles d'Héliodore (*Ethiopica*, 10), de Dion et de Solin, il est impossible de ne pas reconnaître l'animal que nous appelons la *girafe*, nom tiré de l'arabe *zurnapa*.

Après un intervalle de plus de mille ans, pendant lequel on n'a fait que copier les anciens, la première description originale qu'on trouve de la girafe, est celle de Belon au milieu du seizième siècle.

La girafe n'habite point l'Inde, comme on l'a prétendu ; elle appartient aux contrées méridionales de l'Afrique, qui ne commençaient à être connues des Romains que depuis les guerres puniques.

Antilopes. — Les rares notions que les anciens avaient de ces intéressants ruminants étaient encore défigurées par des récits fabuleux. Qu'était-ce que la *licorne*, l'*oryx*, le *kataoblépas*, le *strepsikéros*, le *kémas*, etc.?

On a nié l'existence de la *licorne*. Cependant Aristote avait dit que l'âne indien a une corne sur la tête et le pied non fendu. Pline parle de bœufs indiens n'ayant qu'une corne ; puis il ajoute : « La bête la plus terrible,

---

1. Pline, viii, 27.
2. Oppien, *De venatione*, iii, 461.

c'est la *licorne* (*monoceros*); elle a le corps d'un cheval, la tête d'un cerf, des pieds d'éléphant, une queue de sanglier, et, au milieu du front, une corne noire ayant deux aunes de longueur; elle mugit fortement, et il est impossible de la prendre vivante[1]. » Élien, Solin, etc., ont renchéri sur ces descriptions, que les écrivains du moyen âge ont reproduites en les entourant de fictions. La licorne était chez les Perses le symbole du pouvoir monarchique, figuré sur les monuments de Persépolis.

Au rapport de Garcias ab Horto[2], les premiers navigateurs portugais virent, entre le cap de Bonne-Espérance et le cap Corrientes, un animal qui avait la tête et la crinière d'un cheval, avec une corne mobile au front. Il est bon de noter que c'est précisément dans cette région que, deux siècles plus tard, Sparrman et Barrow ont remarqué sur certains monuments un grand nombre de dessins d'un animal unicorne. Mais les anciens, à commencer par Ctésias, ont tous parlé de la licorne comme d'un animal de l'Asie. Comment concilier des données si opposées? Charles Ritter a réuni quelques documents propres à éclaircir la question. En voici le résumé. La licorne des anciens est connue, chez les Thibétains, sous le nom de *seru*, chez les Mongols sous le nom de *kere*, et chez les Chinois sous celui de *kio-tuan*. On raconte que le fameux Gingis-Khan aperçut un *seru* (licorne) sur le mont Djada-Haring, au moment où il projetait d'envahir l'Indostan, et que l'apparition de ce singulier animal fut pour lui un avertissement d'abandonner son projet. La licorne se trouve indiquée sur la liste des animaux des montagnes du Thibet, rédigée en thibétain. Dans ces mêmes documents thibétains, consultés par le major Latter, la licorne est décrite comme un animal sauvage, indomptable, de la grandeur du cheval, fissi-

1. Pline, vIII, 31.
2. *Historia aromatum*, I, 14.

pède, vivant en troupeaux sur la lisière du désert, à un mois de marche de Lassa[1]. D'autres documents concordent avec ceux-là, si bien qu'on peut aujourd'hui admettre que la licorne est une espèce d'antilope (*antilope monoceros*), dans laquelle l'une des cornes avorte de manière à la faire paraître unicorne.

L'*oryx* d'Aristote, de Diodore, de Pline, d'Oppien, était aussi une espèce d'antilope, peut-être l'*antilope leucoryx* de Pallas, caractérisée par de longues cornes, droites. Suivant Belon, c'était la gazelle (*antilope gazella*, P.).

Le *katoblépas*, nom qui signifie *animal qui regarde en bas*, est ainsi décrit par Pline : « Cet animal sauvage habite les sources du Niger; il est petit, a les jambes grêles et la tête si démesurément grosse qu'elle penche toujours vers le sol. C'est fort heureux, car quiconque regarde cet animal en face est aussitôt frappé de mort. » D'après M. Lenz, cet animal, auquel on attribuait un pouvoir fabuleux, est probablement le gnou (*antilope gnu* de Gmelin), de l'Afrique australe.

Le *strepsikéros*, nom qui indique un animal aux *cornes droites, contournées* comme par les pas d'une vis, était encore une antilope. Deux espèces ont des cornes semblables : l'*antilope addax*, que Lichtenstein a rencontrée dans l'Afrique australe, et l'*antilope strepsiceros* de Pallas. Le *dorkas* libyque, dont Élien parle pour la vitesse de la course, était la gazelle proprement dite (*antilope dorcas*, Pallas). Quant au *kémas*, que le même auteur représente « rapide comme la tempête et se précipitant, les cornes en avant, sur le chasseur, » on ignore à quelle espèce d'antilope il faut le rapporter.

Classe des oiseaux. — Aristote a le premier nettement indiqué les caractères généraux qui distinguent les oiseaux de toutes les autres classes d'animaux. Ces caractères sont : d'avoir le corps couvert de plumes, d'avoir un bec et de voler[1]. Mais ces caractères n'appartiennent pas aux oiseaux seuls : il y a des animaux, voisins des mollusques, qui ont un bec; la chauve-souris, qui est un mammifère, vole, tandis que l'autruche, qui est un oiseau, ne vole point. Il n'échappa pas à Aristote que les ailes des oiseaux sont les analogues des bras ou des pattes antérieures des quadrupèdes : leur attache est là où nous avons les épaules. Il signale, comme un caractère assez constant, la division du pied en quatre doigts, dont trois en avant et un en arrière, servant de talon. Partant de là, il partage les oiseaux en ceux qui ont les ongles fortement recourbés, — ce sont les *carnassiers;* en ceux qui ont les doigts réunis par une membrane, — ce sont les *palmipèdes;* en ceux qui ont les ongles presque plats, et sont armés, comme le coq, d'un ergot ou d'un cinquième doigt, — ce sont les *gallinacés.* Continuant sa caractéristique, Aristote ajoute : « Les oiseaux ont une bouche, mais d'une forme particulière; ils n'ont ni lèvres ni dents, mais un bec: ils n'ont également ni oreilles ni narines, ils ont seulement les orifices de ces fonctions sensitives ; les orifices de l'odorat sont placés sur le bec, ceux de l'ouïe à la tête. Tous ont deux yeux comme les autres animaux, mais sans cils. Ceux qui ont le *vol lourd* (βαρεῖς) ferment l'œil avec la paupière inférieure; tous ceux que l'éclat de la lumière fait cligner, avancent une peau de l'angle de l'œil.... Les oiseaux, comme tous les animaux ovipares, n'ont point d'épiglotte pour couvrir l'entrée de la trachée-artère; mais ils peuvent en resserrer ou en dilater l'ouverture à volonté[2]. »

Toutes ces observations témoignent d'une sagacité peu commune à une époque où la science était encore à créer.

Oiseaux carnassiers. — Aristote a le premier remar-

---

1. *Hist. animal.* 1, 5; *De part. animal.*, iv, 12.
2. *Hist. animal.*, ii, 12.

qué qu'aucun des oiseaux qui ont les ongles recourbés ne vit en troupes, qu'ils sont en général peu féconds, qu'ils boivent très-rarement, qu'ils ont le col court, la langue large, et qu'ils imitent ce qu'ils voient faire. Il a distingué aussi les oiseaux de proie en *diurnes*, tels que les aigles, les vautours, etc., et en *nocturnes*, tels que le hibou, la chouette, etc.

Oiseaux de proie diurnes. — Quelles sont les espèces d'oiseaux de proie que les anciens désignent par le nom général d'*aigles*, ἀετοί, *aquilæ?* Question difficile à résoudre nettement. Aristote admettait six espèces d'aigles. La première est celle du *pygargue*, πύγαργος. « Cet aigle, dit-il, que quelques-uns nomment *tueur de faons* (νεβροφόνος), fréquente les plaines, les bois épais et les environs des cités. Il dirige aussi son vol vers les montagnes et les forêts; c'est un oiseau audacieux. Une autre espèce est celle du *plangus*, πλάγγος; il est le second pour la grandeur et la force; il habite les défilés, les gorges étroites et les lacs; on le surnomme *tueur de canards* (νηττοφόνος) et *morphnos*; c'est de cet aigle que parle Homère lorsqu'il fait sortir Priam pour aller trouver Achille. On voit dans les vers du poëte que l'aigle, « ce chasseur qu'envoya Jupiter comme le plus sûr des augures, » s'appelait aussi *percnos*[1].

Une troisième espèce est l'aigle noir; il est le plus petit et le plus fort de ce genre d'oiseaux; il habite les montagnes et les forêts. L'*aigle noir* (μελαναετός) est un *tueur de lièvres* (λαγωφόνος). C'est le seul qui nourrisse ses petits jusqu'à ce qu'il les conduise hors du nid : il est rapide au vol, d'un bon naturel, sans jalousie, sans crainte, ardent au combat et de bon augure. La quatrième espèce est le *percnoptère*, περκνόπτερος. C'est le plus

---

1. *Iliade*, XXIV, 315 et suiv. :

Αὐτίκα δ' αἰετὸν ἧκε, τελειότατον πετεηνῶν,
Μόρφνον, θηρητῆρ', ὃν καὶ περκνὸν καλέουσιν.

grand des aigles; sa tête est blanche, ses ailes très-courtes, son croupion allongé: il ressemble au vautour; on le nomme *cigogne des montagnes*, ὀριπέλαργὸς, et *vautour-aigle*, gypaète, γυπαίετος; il habite les bois touffus; il se laisse attraper et poursuivre, soit par des corbeaux, soit par d'autres oiseaux; il est lourd, se nourrit mal et se jette sur les cadavres: il est toujours affamé, crie et se plaint. L'*aigle de mer*, ἁλιαίετὸς, forme une cinquième espèce : il a le cou long et gros, les ailes infléchies et le croupion large. Il habite les rivages de la mer. Enfin, il y a une sixième espèce, c'est l'*aigle franc* (γνήσιος); c'est le plus grand de tous les aigles, plus grand que le *phène* (orfraie?); il est rare[1]. »

Quelque simple que soit cette caractéristique d'Aristote, il est difficile de la faire concorder avec celle des modernes. D'abord, ce n'est pas le nom d'*aquila*, mais celui de *falco*, faucon, qui, depuis Linné, a été adopté comme nom de genre dans la nomenclature latine, ce qui n'a pas empêché les zoologistes de conserver, en langue vulgaire, le nom d'*aigle* à côté de celui de *faucon*. Ensuite, à commencer par la première espèce d'Aristote, qu'est-ce que le *pygargue*? A juger par l'étymologie du nom (de πυγή, derrière, et ἀργὸς, blanc), le pygargue est un aigle à *queue blanche*. S'emparant de ce caractère, Buffon a distingué les pygargues des aigles proprement dits, et il a composé l'espèce du pygargue de trois variétés; savoir : le *grand pygargue*, le *petit pygargue* et le *pygargue à tête blanche*. Mais on a depuis reconnu que le grand et le petit pygargue ne sont qu'une seule et même espèce: que le *grand* est la femelle et le *petit* le mâle. Quant au *pygargue à tête blanche*, c'est une espèce particulière, c'est le *falco leucocephalus*, Gmel., ou l'*aigle à tête blanche* de Cuvier. Cet aigle, qui vit autour des lacs de l'Amérique septentrionale, où il poursuit sans cesse le

____

1. Aristote, *Hist. animal.*, ix, 32.

poisson, ne doit pas être confondu avec le pygargue de l'Europe, qui, devenu vieux, a la tête blanchâtre. Ce que Buffon a décrit sous le nom d'*orfraie* (dérivé d'*ossifraga*), n'était qu'un jeune pygargue. « L'orfraie et le pygargue ne forment, dit Cuvier, qu'une espèce qui, dans ses premières années, a le bec noir, la queue noirâtre, tachetée de blanchâtre, et le plumage brunâtre, avec une flamme brun foncé sur le milieu de chaque plume : c'est alors le *falco ossifraga*, Gmel., ou l'*orfraie* de Buffon. Avec l'âge, l'orfraie devient d'un gris-brun uniforme, plus pâle à la tête et au cou, avec une queue toute blanche et un bec jaune pâle ; c'est alors le *falco albicilla*, Gmel., ou le *pygargue* de Buffon. On a vérifié plusieurs fois ces changements à la ménagerie du Muséum. Quant au petit pygargue, *falco albicaudus*, Gm., ce n'est que le mâle du *falco albicilla*. » Voilà comment on a d'une seule espèce d'aigle fait trois espèces, en apparence distinctes, et cette confusion a pu subsister inaperçue depuis l'antiquité jusqu'à nos jours !

La seconde espèce d'Aristote, le πλάγγος ou *plaintif*, était le *petit aigle* de Buffon (*falco nævius* et *falco maculatus* de Gmelin). Les plaintes ou cris lamentables qu'on lui entend pousser continuellement lui ont mérité de tout temps le nom d'aigle plaintif ou criard (*aquila planga, a. clanga*). On l'appelait *morphnos* à cause de son plumage qui, d'un brun obscur, est marqueté sur les jambes et sous les ailes de plusieurs taches blanches. Il s'attaque de préférence aux canards, d'où son surnom d'*anataria* ou de *nettophonos*. Cette espèce, quoique peu nombreuse, est répandue dans tout l'Ancien-Continent ; on ne la trouve pas en Amérique.

L'*aigle noir* d'Aristote est l'*aigle commun* de Buffon, (*falco flavus* et *f. niger* de Gmelin), qui de brun devient noir sur le dos, avec l'âge. Le lièvre est sa proie favorite, comme l'indique très-bien son nom de *lagophonos* (tueur de lièvres), donné par Aristote. L'aigle noir est commun dans les deux continents, et préfère les régions froides aux pays chauds.

L'*aigle de mer* d'Aristote est le *balbuzard* de Buffon (*falco halitæus*, L). Il ne se plaît que dans les régions basses, marécageuses, aux bords des étangs, des rivières, etc. Il diffère des aigles, tels que Buffon les a caractérisés, en ce qu'il a les pieds et le bas des jambes dégarnis de plumes, et que l'ongle de derrière est le plus court des ongles. On le trouve répandu en Europe, du nord au midi, depuis la Suède jusqu'en Grèce.

Le *percnoptère*, formant la cinquième espèce d'Aristote, tient plus du vautour que de l'aigle. Aristote, qui l'a rangé parmi les aigles, avoue lui-même qu'il est plutôt du genre des vautours, et qu'il a tous les vices de l'aigle sans en avoir les bonnes qualités. Belon fait du *percnoptère*, nom qui signifie *aile brune* (de πϵρχνὸς, brun, et πτϵρὸν, aile), la buse ou la bondrée. Brisson l'a décrit sous le nom de *vautour des Alpes*. Suivant Buffon, ce serait le vautour fauve (*vultur flavus*, Gmel.), et il adopte le nom de *percnoptère*. Cuvier y voit plutôt une grande espèce d'aigle à tête blanche, le *falco leucocephalus*[1].

La sixième et dernière espèce d'Aristote, l'*aigle franc*, est l'*aigle doré* (*falco chrysaetos*, L.), que Buffon a décrit sous le nom de *grand aigle*, et Cuvier sous celui d'*aigle royal*. Les Grecs, ne connaissant pas le condor, pouvaient dire que l'*aigle franc*, ἀϵτὸς γνήσιος, est de tous les oiseaux celui qui s'élève le plus haut, que c'est l'*oiseau céleste* ou le messager de Jupiter. L'*aigle royal* ne diffère, d'après Cuvier, de l'*aigle commun* que par sa queue noirâtre, marquée de bandes irrégulières, cendrées. On assure que c'est l'*aigle commun* dans son plumage parfait. Cependant il y a entre ces deux espèces une différence qui, selon nous, mérite d'être notée : l'aigle commun nourrit, comme l'avait ob-

1. Voy. la note de Cuvier, dans le t. IV, p. 214, de l'édition Lemaire, de Pline.

servé Aristote, tous ses petits dans son nid, les élève et
les conduit encore pendant quelque temps, au lieu que
l'aigle royal les chasse hors du nid et les abandonne à
eux-mêmes dès qu'ils sont en état de voler.

Epervier, vautour, milan, etc. — Il règne également
une grande incertitude au sujet de la valeur exacte des mots
de ἱέραξ, γύψ, ἱκτῖνος, τρίορχης, φήνη, employés par Aristote.
L'auteur de l'Histoire des animaux admet jusqu'à dix
espèces d'épervier ou de *hierax* (de ἱερὸς, sacré) ; Pline en
compte seize, et Élien un plus grand nombre. Aristote
indique la *buse* (τρίορχης) comme le plus fort des éperviers.
La buse se distingue des oiseaux du même genre parce
qu'elle ne saisit pas sa proie au vol, et qu'assise sur une
branche d'arbre elle se jette de là sur le petit gibier qui
passe. Les anciens avaient-ils remarqué combien cette
espèce (*falco buteo*, L.), est sujette à varier? On l'ignore.
Mais ce qu'il y a de certain, c'est que « si l'on en compare, comme l'a observé Buffon, seulement cinq ou six ensemble, on en trouve à peine deux bien semblables ; il y
en a de presque entièrement blanches, d'autres qui n'ont
que la tête blanche, d'autres enfin qui sont mélangées
différemment les unes des autres, de brun et de blanc. »
Ces différences, dont on a pu faire autant de variétés, dépendent de l'âge et du sexe.

L'espèce d'épervier qui vient après pour la vigueur,
Aristote l'appelle αἰσάλων. Il le fait vivre en guerre avec
les renards et les corbeaux. Pline le représente comme un
petit oiseau de proie. Partant de là, Daléchamp, Scaliger,
Bochart et d'autres l'ont identifié avec l'émérillon (*falco
æsalon*, L.), remarquable par sa force et son courage, bien
qu'il n'ait que la taille d'une grosse grive. Ses instincts de
chasseur lui firent jadis jouer un grand rôle dans la fauconnerie.

Une autre espèce d'épervier est celle qu'Aristote nomme
kirkos (κίρκος), ajoutant que cet oiseau se nourrit comme
le renard. Ce caractère a suffi aux naturalistes pour l'iden-

tifier avec le buzard (*falco æruginosus*, L.). Moins paresseux et plus vorace que la buse, le buzard fait une cruelle guerre aux lapins. Il construit son nid le long des clapiers, « où il fait, dit Belon, moult grand dommage sur les connins. »

Outre ces trois espèces d'éperviers, Aristote a distingué encore la *sous-buse*, ὑποτρίορχης; l'épervier *tacheté*, πίσκος; l'épervier *qui tue le ramier*, φασσοφόνος; l'épervier *qui attaque le pinson*, σπιζίας; l'épervier *mangeur de rainettes*, φρυνολόγος; l'épervier *lisse*, λεῖος, et le *pernès*, πέρνης. Il n'est guère possible de faire exactement concorder les noms de ces espèces avec la synonymie moderne.

Il est douteux que parmi les dix espèces énumérées par Aristote se trouve compris le fameux épervier des Egyptiens. Cet épervier était tellement révéré, selon Hérodote, que celui qui en tuait un, volontairement ou non, était impitoyablement condamné à mort[1]. Plutarque nous apprend dans son petit traité *Sur Isis et Osiris* que les Egyptiens peignaient Osiris (le soleil) sous la forme d'un épervier, parce que cet oiseau a la vue excellente, qu'il vole bien et digère aisément. « On raconte en outre, dit Plutarque, que l'épervier jette de la terre sur les yeux des morts qu'il voit sans sépulture, et que, quand il descend au Nil pour y boire, il dresse ses plumes, et ne les baisse qu'après avoir bu, pour marquer qu'il a échappé au crocodile. » Suivant Horus-Apollon, l'épervier était le symbole du sang, parce qu'il ne boit que du sang, et point d'eau. On sait que le sang passait, chez les anciens, pour le siége de l'âme.

D'après Strabon, le *hierax*, adoré des Egyptiens, ne ressemblait en rien aux éperviers de l'Egypte, ni à ceux des autres pays; qu'il était beaucoup plus grand et avait le plumage beaucoup plus varié. Qu'était-ce donc alors que leur *hierax?* On a pensé que c'était le sacré (*falco*

---

1. Hérodote, II, 65.

sacer, L.) ou plutôt le *gerfaut*, nom corrompu d'*hierofalco* (faucon sacré). Le gerfaut a, comme le lanier (*falco laniarius*, L.), le bec et les pieds bleuâtres, de même que, comme chez tous les oiseaux élevés pour la fauconnerie, ses ailes sont presque aussi longues que la queue. Mais le gerfaut n'habite que la zone torride de l'Ancien-Continent ; il ne saurait donc être identique avec l'épervier sacré des Égyptiens.

En réduisant l'épervier des alouettes, le petit épervier et l'épervier tacheté à une seule espèce, à l'épervier commun (*falco nisus*, L.), Buffon est loin d'avoir résolu la question dans le sens que les anciens donnaient au mot *hierax* ou *accipiter*. Du reste, cette réduction est très-bien justifiée quand il dit que l'*épervier des alouettes* n'est que la femelle de la cresserelle (*falco tinnunculus*, L.), que le *petit épervier* n'est que le tiercelet ou mâle de l'épervier commun, de même que l'*épervier tacheté* n'en est qu'une variété transitoire.

Aristote ne connaissait que deux espèces de *vautour*, γύψ, « l'un petit et plus blanc, l'autre plus grand et de couleur plus cendrée[1]. » Mais il n'en donne aucun caractère distinctif ; il ne distingua même pas les vautours des aigles, bien qu'il eût pu observer que les vautours, oiseaux lâches, ne se repaissent que de cadavres, tandis que les aigles ne s'attaquent qu'aux animaux vivants. Le *petit vautour blanc* d'Aristote était probablement le percnoptère d'Égypte (*vultur leucocephalus*, Gmel.), facile à reconnaître à ce qu'il a la tête et le dessous du cou dégarnis de plumes, et qu'il est presque entièrement blanc, à l'exception des grandes plumes des ailes, qui sont noires. On le rencontre depuis l'Arabie et l'Égypte jusqu'en Norvège. Le *grand vautour* d'Aristote est le *grand vautour cendré* de Belon, ou le *vautour brun* de Cuvier (*vultur cinereus*, Gmel.) ; il est plus grand que l'aigle commun.

---

1. *Hist. animal.*, VIII, 3.

Ray et Linné ont beaucoup trop multiplié le nombre des espèces de vautours.

Le *phène* (φήνη) des Grecs, l'*ossifraga* des Latins, est, suivant Savigny et Cuvier, le *gypaète* ou *Lœmmergeier*, qu'on rencontre dans les régions alpines de l'Europe. C'est l'aigle barbu, *aquila barbata*, de Pline, caractérisé par une barbe de plumes qui pend sous le menton. Aristote a dit que le phène (*orfraie* de quelques naturalistes) a la vue imparfaite, ayant les yeux couverts d'une taie. Par l'examen anatomique de l'œil de cet oiseau de proie, Aldrovande a montré qu'Aristote faisait ici allusion à la *membrane nictitante* ou *clignotante*, qui se trouve dans tous les oiseaux. « Cette troisième paupière, remarque ici Cuvier, devait avoir une certaine transparence, car les oiseaux regardent quelquefois au travers, et c'est elle qui permet à l'aigle de fixer le soleil. »

Quant à l'*iktinos* (ἰκτῖνος) d'Aristote, il n'est nullement démontré que ce soit le milan commun (*falco milvus*, L.), comme le prétendent les interprètes.

Oiseaux de proie nocturnes. — En employant le qualificatif de νυκτερινὸς, *nocturne*, Aristote dit très-bien qu'il ne s'agit pas ici de toute la nuit, mais seulement du crépuscule et de l'aurore, pendant lesquels certains oiseaux *aux ongles recourbés*, γαμψόνυχες, vont à la recherche de leur nourriture, qui consiste en petits animaux, tels que lézards, souris, mulots[1]. Parmi ces oiseaux il nomme d'abord le *nycticorax* (le corbeau de nuit, νυκτικόραξ), puis le *glaux* (γλαῦξ) et le *byas* (βύας).

Buffon a le premier identifié le *nycticorax* des anciens avec la hulotte ou chouette noire, chouette des bois (*strix uluco* et *strix stridula*, L.). Par sa grandeur, par sa grosse tête arrondie, sans aigrette, par sa face comme encavée dans son plumage, par l'iris de l'œil d'un brun foncé, par le dessus du corps couleur gris de fer, marqué

____

1. *Hist. animal.*, IX, 34.

de taches noires et de taches blanchâtres, par le dessous
du corps blanc, croisé de bandes noires, par ses jambes
couvertes jusqu'à l'origine des doigts de plumes blanches
tachetées de points noirs, la hulotte se distingue de toutes
les autres chouettes. Son cri *hoû, oû oû oû oû*, qui rappelle un peu le hurlement du loup, lui a fait donner par
les Latins le nom d'*ulula* (d'*ululare*, hurler). Cet oiseau
de nuit, cuit dans de l'huile mêlée de saindoux et de
miel, passait pour éminemment propre à cicatriser les
plaies[1].

La *chouette*, que les anciens désignaient par γλαῦξ, à
cause de ses yeux bleuâtres, l'oiseau sacré de Minerve,
de la *déesse aux yeux bleus* (γλαυκῶπις Ἀθήνη), est tout
simplement la femelle de la hulotte. Pendant des siècles
elle a été prise pour une espèce particulière. Brisson,
Buffon et tous les zoologistes du dix-huitième siècle ont
décrit, sous le nom de *chat-huant*, la femelle du *strix
uluco*. C'est Cuvier qui a, l'un des premiers, signalé l'erreur. « Le fond du plumage est, dit-il, grisâtre dans le
mâle (hulotte), roussâtre dans la femelle, ce qui les a fait
longtemps considérer comme deux espèces distinctes. »
Le cri *hó hó, hóhóhó, hóhóhóhó*, de la femelle ressemble,
plus que le cri du mâle, à celui d'un appel fait par une
voix humaine.

Le *byas* était le grand-duc (*strix bubo*, L.). « Par sa
forme il ressemble, dit Aristote, au *glaux*, et en grandeur
il ne le cède pas à l'aigle[2]. » C'est, en effet, le plus grand
des oiseaux de proie nocturnes; et les anciens l'avaient
dédié à Junon, comme l'aigle à Jupiter. Quant à sa ressemblance avec la hulotte ou le chat-huant, elle serait
complète, s'il n'avait de chaque côté de la tête un bou-
quet de plumes qui lui forment des espèces d'oreilles ou
de cornes. Son cri *ouhoubouhou huubou*, qu'il fait retentir

1. Pline, xxx, 39.
2. *Hist. animal.*, viii, 3.

dans le silence de la nuit, est propre à effrayer les passants.

Aux trois espèces d'oiseaux de proie nocturnes que nous venons d'indiquer, Aristote ajoute : l'*otos* (ὠτός), l'*éleos* (ἔλεος), l'*ægolios* (αἰγώλιος) et le *scops* (σκώψ).

Aristote nomme l'*otos* parmi les oiseaux qui accompagnent les cailles à leur départ. « Il ressemble, ajoute-t-il, au chat-huant (femelle de la hulotte), et a des plumes relevées autour des oreilles. Quelques-uns l'appellent *corbeau de nuit*. Il est jaseur et imite ce qu'il voit faire [1]. » Pline complète cette description en disant que l'*otus* est plus petit que le grand-duc (*bubone minor*) et plus grand que les chats-huants (*noctuis major*) [2]. Ces caractères ont suffi pour identifier l'*otus* avec le hibou ou moyen duc (*strix otus*, L.). Belon a le premier fait ressortir cette identité, et Buffon l'a suivi.

L'*éleos*, qu'Aristote dit être plus grand que le coq, a été identifié avec l'orfraie ou chouette des clochers (*strix flammica*, L.), à cause de son cri lamentable. De là vient aussi sans doute son nom grec : Ἔλεος signifie *lamentation*. Cette chouette effraye en effet, dit Buffon, par ses soufflements, *che, chai, chau, chiou*, par ses cris âcres et lugubres, *grei, gra, crei*, et par sa voix entrecoupée, qu'elle fait souvent retentir dans le silence de la nuit.... Les tours, les clochers, les toits des églises et des autres bâtiments élevés lui servent de retraite pendant le jour, et elle en sort à l'heure du crépuscule ; son soufflement, qu'elle réitère sans cesse, ressemble à celui d'un homme qui dort la bouche ouverte ; elle pousse aussi, en volant et en se reposant, différents sons aigres, tous si désagréables, que cela, joint à l'idée du voisinage des cimetières et des églises et encore à l'obscurité de la nuit, inspire de l'horreur et de la crainte aux enfants, aux femmes et même

1. *Hist. animal.*, VIII, 12.
2. Pline, X, 33.

aux hommes soumis aux mêmes préjugés, et qui croient aux revenants, aux sorciers, aux augures. » — C'est à l'effraie, à son cri et à son séjour habituel qu'il faut attribuer l'origine d'une foule de légendes et de contes superstitieux qui, la plupart, remontent à l'antiquité et au moyen âge. Cette espèce de *strix* se reconnaît aisément au dessus du corps, jaune, ondé de gris et de brun; au dessous du corps, blanc, marqué de points noirs, semblables à des gouttelettes (d'où son nom de *noctua* ou *strix guttata*), aux yeux d'un beau jaune entourés d'un cercle de plumes blanches, si fines qu'on les prendrait pour des poils. Elle paraît répandue sur tout le globe. Elle ne va pas, comme la hulotte, pondre dans des nids étrangers; elle dépose ses œufs, sans construction de nid préalable, dans des trous de muraille ou dans des creux d'arbres.

L'*ægolios* a, suivant Aristote, la même grandeur que l'effraie, donne, comme celle-ci, la chasse aux pies, et habite les cavernes et les rochers. Partant de là, on a pensé que cet oiseau était la *chouette des rochers* ou grande chevêche (*strix ulula* et *strix brachyotos*, Gmel.). Il ne diffère guère de l'effraie que par le dessus du corps blanc, marqué de taches plus grandes et longues, semblables à de petites flammes, d'où son nom de *noctua flammea*. Cuvier l'appelle la *chouette* ou le *moyen duc à huppes courtes*. « Les huppes, dit-il, ne se trouvent que dans le mâle; elles sont si petites, et il les relève si rarement qu'elles n'ont presque jamais été remarquées, et qu'on a longtemps laissé cet oiseau parmi les espèces sans huppes. Il est répandu presque sur toute la terre. »

Le *scops* d'Aristote est le petit duc, caractérisé, comme les autres oiseaux appelés *ducs*, par de petites huppes ou cornes en plumes aux oreilles. Il n'est pas plus gros qu'un merle. Jeune, son plumage est tout gris; avec l'âge, il devient varié de gris, de roux, de brun et de noir. Il doit son nom de *scops* probablement au cri qu'il fait entendre dans les belles soirées d'été et d'automne, cri qui rappelle celui du petit crapaud des jardins. C'est pourquoi on l'appelle vulgairement le *crapaud volant*.

Oiseaux aquatiques. — Animé du véritable esprit de classification, Aristote sépare les oiseaux, qui prennent leur nourriture sur terre de ceux qui la prennent dans l'eau, vivant auprès des rivières et des lacs. Les oiseaux aquatiques, il les divise en ceux qui ont les doigts plus ou moins unis par une membrane (*palmipèdes*), tels que l'oie, le canard ; et en ceux qui ont les doigts libres, les jambes et le cou très-longs : « leur cou et leur bec sont comme la ligne et l'hameçon du pêcheur[1]. » Ce sont les *échassiers*. Nous ne citerons que l'ibis, le héron, la cigogne, la grue, le flamant, la bécasse.

Ibis. — Hérodote a le premier parlé de l'*ibis*, ἴϐις, comme d'un oiseau particulièrement révéré des Égyptiens. Il en distingue deux espèces, l'ibis noir et l'ibis blanc. « L'ibis, noir sur tout le corps, est, dit-il, monté sur des jambes absolument semblables à celles de la grue, son bec est très-recourbé, et la grandeur de sa taille est égale à celle du *krex* (χρέξ)[2]. C'est cet ibis qui combat le mieux les serpents.... C'est en reconnaissance de ce service que les Égyptiens l'ont en si grand honneur. » Cette espèce ne se rencontre, suivant Aristote, qu'aux environs de Péluse. La seconde espèce, commune dans toute l'Égypte et qu'Hérodote y rencontrait à chaque pas, est décrite par lui en ces termes : « Les ibis de cette espèce ont la

---

1. Aristote, *De partibus animal.*, IV, 12.
2. Le *krex* est le râle des genêts (*rallus crex*, L.); il doit son nom au cri bref, aigre et sec, *crex crex crex*, qu'on prendrait pour le croassement de la rainette. Son plumage ressemble à celui des cailles, et comme il habite, comme celles-ci, les prairies, et qu'il fait son apparition à la même époque de l'année, on lui a donné le nom de *roi des cailles*, en croyant qu'il conduisait les bandes de ces oiseaux migrateurs. Il a du reste, comme Aristote l'avait déjà remarqué, tous les caractères des oiseaux des marais.

tête et le col tout à fait nus, et les plumes blanches,
à l'exception du sommet des ailes et de l'extrémité du
croupion, qui sont d'un noir parfait ainsi que le col et la
tête. Les jambes et le bec sont comme dans la première
espèce [1].

L'ibis noir était, selon toute apparence, une espèce de
courlis vert (*scolopax falcinellus*, L.). Il a le devant du
corps et les côtés du dos d'un beau marron foncé, le dessus du dos, des ailes et de la queue d'un vert chatoyant.
En dehors de l'Egypte, il habite les côtes de la mer Noire
et de la mer Caspienne.

L'ibis blanc était celui qu'on voit, comme symbole de
l'Egypte, si souvent représenté dans les inscriptions hiéroglyphiques et les ornements des temples; le tuer ou le
blesser, même involontairement, était un des crimes les
plus odieux. Du temps où il recevait les honneurs divins,
on croyait cet oiseau si fortement attaché à sa patrie qu'il
se laissait mourir de faim quand on l'avait transporté
ailleurs, et, selon une autre tradition de la même époque,
il inspirait aux serpents une telle frayeur que la vue seule
de ses plumes suffisait pour les mettre en fuite. Les
prêtres égyptiens l'embaumaient avec un soin tout spécial.

A quelle espèce vivante correspond cet ibis blanc?
Georges Edwards, en 1743, et Th. Shaw, en 1746, essayèrent les premiers de résoudre cette question en donnant les dessins de quelques momies d'ibis. Robert Bruce,
qui entreprit, en 1769, un voyage aux sources du Nil,
rencontra l'ibis blanc dans la Basse-Ethiopie, où les
Arabes le connaissaient sous le nom d'*Abou-Hannes*
(Père-Jean). Blumenbach ouvrit, en 1794, une momie
d'ibis, et en publia la description dans les *Philosophical
Transactions* de la même année. Enfin, Cuvier examina,
dès 1804, plusieurs momies d'ibis qui lui avaient été en-

____

1. Hérodote, ii, 75 et 76.

voyées de Sakkara, et il résulte de cet examen que l'ibis blanc est le même que celui qu'on voit figuré dans les peintures d'Herculanum, sur les gemmes antiques de Shaw, sur la mosaïque de Palestrina et sur les médailles de l'empereur Adrien. C'est à cet oiseau que Cuvier a donné le nom d'*ibis religiosa*. « On a cru longtemps, dit-il, que l'ibis des Égyptiens était le tantale d'Afrique (*tantalus ibis*, Lin.); on sait aujourd'hui que c'est un oiseau du genre des bécasses, grand comme une poule, à plumage blanc, excepté le bout des pennes de l'aile qui est noir; les dernières couvertures ont leurs barbes allongées, effilées, d'un noir à reflets violets, et recouvrent ainsi le bout des ailes et la queue. Le bec et les pieds sont noirs, ainsi que toute la partie nue de la tête et du cou; cette partie est recouverte, dans la jeunesse, au moins à sa face supérieure, de petites plumes noirâtres. L'espèce se trouve dans toute l'Afrique. » — Au rapport des voyageurs les plus récents, l'*ibis religiosa*, qui passait aussi pour avoir donné aux hommes l'idée de s'administrer des clystères[1], ne se rencontre plus en Egypte.

Héron. — Aristote a distingué trois espèces de hérons (ἐρωδιός): le gris plombé (πελλός), le *blanc* (λευκός), et l'étoilé (ἀστέριας).

« Le héron gris plombé est, dit-il, un chasseur rusé et gourmand; il ne travaille que le jour; sa couleur n'est pas belle, et il a le ventre toujours humide. »

Le héron *pellos* d'Aristote et de Pline est notre héron commun ou héron cendré (*ardea cinerea*, L.). C'est un fait d'observation que pendant la plus grande partie du jour il se tient debout, immobile, dans l'eau, que ce repos lui tient lieu de sommeil et qu'il ne pêche et ne se meut que la nuit. Ce fait avait été constaté déjà par les anciens, comme l'indique Eustathe, commentateur d'Homère,

---

1. Cicéron, *De nat. deorum*, II, 126. — Plutarque, *De Iside et Osiride.* — Élien, *De natura animalium*, II, 35.

aux vers 274-276 du x⁰ livre de l'Iliade, où le poëte dit
que Minerve envoya à ses protégés grecs,

> .... A la droite de leur chemin,
> Un héron ; ils ne l'aperçurent point
> A cause de la nuit obscure, mais ils le reconnurent à son cri [1].

De tout cela il résulte que le passage d'Aristote, disant
que le héron *travaille le jour*, ἐργάζεται τὴν ἡμέραν, est
inexact, et qu'il faudrait le corriger en substituant au
mot *jour* (ἡμέραν) celui de *nuit* (νύκτα).

Le héron passait, dans toute l'antiquité, pour un oiseau de bon augure. « Il annonce, dit Oppien, la tempête,
en appliquant la tête contre le cou et l'inclinant de côté
d'où elle doit venir. Aussi jamais navigateur ne tuera-t-il
un héron [2]. » — La chasse du héron était, au moyen âge,
le vol le plus brillant de la fauconnerie. Sa chair, qui a le
goût du caviar, était très-estimée. « Le héron a, dit Belon,
viande royale ; par quoi la noblesse françoise fait grand
cas de la manger. » Ce même naturaliste nous apprend
que François Ier avait construit deux héronnières à Fon-
tainebleau, et que « ce roy avoit rendu plusieurs hérons
si aduits, que, venant du sauvage, entrant céans, comme
par un tuyau de cheminée, se rendoient si enclins à sa volonté, qu'ils y nourrissoient leurs petits [3]. » — Les hérons se distinguent, parmi les échassiers, par leurs longues
plumes pendantes sur le devant du cou ; l'aigrette ou
huppe qu'ils ont sur la tête, ne caractérise que le mâle.

Sous le nom de *héron blanc* (ἐρωδιὸς λευκός), Aristote comprenait probablement les hérons aigrettes, l'*ardea alba* ou
grande aigrette, et l'*ardea garzetta* ou *petite aigrette*. Le
premier est de la grosseur du héron commun ; le second,

---

1. Le mot κλάζειν, *clangere*, qui est ici employé, tend à imiter ce
son unique, sec et aigre, qu'on pourrait comparer au cri de l'oie, s'il
n'était plus bref et un peu plaintif.

2. Oppien, *De aucupio*, ii, 8.

3. Belon, *Nature des oiseaux*, liv. iv, p. 189 et suiv.

plus petit, est remarquable par les longues plumes soyeuses qu'il porte sur le dos. Ces plumes étaient jadis très-recherchées pour orner les casques des guerriers et les turbans du Padischah et du Grand Mogol. Le héron blanc argenté était particulièrement consulté par les augures : il annonçait un événement heureux, quand il volait dans la direction du nord ou du midi.

Le héron *astérias* ou étoilé était aussi appelé *paresseux*. όχνός, par Aristote. La mythologie le faisait venir d'esclaves jadis métamorphosés en oiseaux. Le héron étoilé est, suivant Belon, le butor (*ardea stellaris*, L.), qui se distingue des autres hérons par ses jambes beaucoup moins longues, par son corps un peu plus charnu et par son cou plus fourni de plumes. Solitaire, caché dans les roseaux, il se dérobe également à la proie qu'il guette et au chasseur qu'il craint. Il ne sort de sa retraite qu'après le coucher du soleil, en faisant entendre, au printemps, le cri : *hi-rhôud*, cinq ou six fois répété, espèce de mugissement de taureau, *quasi boatus tauri*, d'où probablement le nom de *butor*. Le nom d'*asterias* ou *stellaris* lui vient, suivant Scaliger, de son vol du soir, par lequel s'élançant vers le ciel, il semble se perdre sous la voûte étoilée. D'autres le font dériver des taches dont est semé son plumage, taches qui sont disposées en pinceaux plutôt qu'en étoiles.

Cigogne. — « Les cigognes ont, dit Aristophane, une vieille loi, d'après laquelle les jeunes, dès qu'ils sont en état de voler, doivent nourrir leur père[1]. » Ce fait, très-accrédité dans l'antiquité, n'a été confirmé par aucun observateur moderne ; on n'a pas non plus observé que, comme le prétend Aristote, les cigognes, blessées dans les combats, se guérissent en appliquant de l'origan sur les plaies.

Le *pelargos* (πελαργός) des Grecs, le *ciconia* des Latins,

---

1. Aristophane, *Aves*, v. 1353.

est, à n'en pas douter, notre cigogne blanche, *ardea ciconia*, L. Elle fait claqueter son bec d'un bruit sec et vi-
vement répété, que les anciens rendaient par les onomatopées de *crepitat*, *glotterat*, et que Pétrone comparait au
bruit des crotales, *crotalistria*.

A l'occasion de la cigogne, Aristote fait une remarque
importante qu'il applique aussi à d'autres oiseaux. « Il ne
faut pas, dit-il, croire, comme quelques-uns le prétendent,
que tous les oiseaux qui disparaissent l'hiver, s'en aillent
dans des climats plus doux. Ceux qui, comme les milans
et les hirondelles, habitent près de leurs demeures habi-
tuelles, s'y retirent ; ceux qui en sont plus éloignés ne
quittent point le pays où ils vivent, mais ils s'y tiennent
cachés. Ainsi, on a trouvé des quantités d'hirondelles dans
des creux, toutes dépouillées de plumes.... La cigogne, le
merle, la tourterelle, l'alouette se cachent de même [1]. »
Cependant la cigogne est généralement regardée comme
un oiseau de passage. Quant aux autres oiseaux désignés,
on avait de tout temps observé des migrations comme
celles des hirondelles et des tourterelles. On se rappelle
ce texte du prophète Jérémie :

La tourterelle, l'hirondelle et la cigogne savent discerner la saison
de leur passage ; mais mon peuple n'a point connu le temps du jugement du Seigneur [2].

« Personne ne sait, dit Pline, d'où viennent les cigognes, ni où elles vont. » Cette ignorance a duré jusqu'au
seizième siècle de notre ère. C'est Belon qui a le premier
observé que les cigognes viennent passer l'hiver en Égypte
et dans le nord de l'Afrique. « Nous avons témoigné,
dit-il, d'en avoir vu les plaines d'Égypte blanchir, tant il
y en avoit dès le mois de septembre et d'octobre, parce
qu'étant là durant et après l'inondation, n'ont faute de
pâture ; mais trouvant là l'été intolérable pour sa vio-

1. Aristote, *Hist. animal.*, VIII, 16.
2. Jérémie, VIII, 7.

lente chaleur, viennent en nos régions, qui lors leur sont
tempérées, et s'en retournent en hiver pour éviter la froi-
dure trop excessive ; en ce contraires aux grues, car les
grues et oies nous viennent voir en hiver lorsque les cigognes en sont absentes [1]. » Cette observation a été confirmée par Shaw et d'autres voyageurs.

Dans l'antiquité comme de nos jours, les cigognes ont
été révérées ou protégées d'une manière spéciale comme
les animaux les plus utiles pour la destruction des serpents, des rats, etc.

Le *gheranos* (γέρανος) des Grecs, le *grus* des Latins, est
incontestablement la grue (*ardea grus*, L.), de tous les
oiseaux migrateurs celui qui exécute les courses les plus
lointaines. En Grèce, on réglait, par le départ de la grue
et par les cris qui l'accompagnent, l'époque de labourer
la terre. Hésiode et Aristophane en témoignent. Chez les
Romains, l'élévation des grues dans les airs était regardée comme un présage de pluie :

> .... Nunquam imprudentibus imber
> Obfuit ; aut illum surgentem vallibus imis
> Aeriæ fugere grues [2]....

Suivant Aristote, les grues passent des plaines de la
Scythie aux marais de la Haute-Égypte, vers les sources
du Nil, allant ainsi d'une extrémité de l'Ancien-Continent
à l'autre. Les anciens parlaient beaucoup des combats
des grues avec les Pygmées dans la Haute-Égypte. Aristote ne dit rien de ces combats, mais il affirme l'existence
des Pygmées. « Ce sont, dit-il, des hommes de petite
taille, dont les chevaux sont petits aussi et qui habitent
dans des cavernes. » Buffon a essayé d'expliquer cette
fable en prétendant que les Pygmées étaient des singes
qui, très-friands des œufs des cigognes, cherchaient à en
surprendre les nichées ; de là lutte.

1. Belon, *Hist. naturelle des oiseaux*, p. 201.
2. Virgile, *Georg.* I, 373.

Les anciens n'ignoraient pas que, dans leurs migrations, ces oiseaux forment un triangle pour mieux fendre l'air, et qu'ils voyagent principalement la nuit. Cicéron, qui rapporte ce fait, en attribue l'observation à Aristote[1]. Mais on n'en trouve aucune indication dans les ouvrages d'Aristote qui nous sont parvenus.

La grue passait pour avoir donné à Palamède, l'un des héros de la guerre de Troie, l'idée de l'invention de l'alphabet grec[2]. C'est ce qui lui valut le nom d'oiseau de Palamède, *Palamedis avis*. Les grues, comme en général tous les échassiers, prennent en effet, soit isolément à l'état de repos, soit en volant par bandes, des positions en quelque sorte tracées par un dessin instinctif. C'est ainsi que Martial indique la figure exacte des bandes de grues (formant les deux côtés d'un triangle) en tronquant une lettre, qui peut être Δ ou γ :

Turbabis versus, nec littera tota volabit,
Unam perdideris si Palamedis avem[3].

Flamant. — Les Grecs peignaient cet échassier d'un seul mot, en l'appelant *phénicoptère*, qui signifie oiseau *à aile rouge*, ou *de flamme* (de φοινιχίος, *flammeus*, et πτέρον, aile). Les ailes couleur de feu, le bec d'une forme singulière, aplati et fortement fléchi en dessus vers son milieu, épais et carré en dessous, comme une large cuiller, les jambes d'une hauteur extraordinaire, le cou long et grêle, etc., ces caractères réunis font du flamant ou flambant (*phœnicopterus ruber*, L.) un oiseau fort curieux, facile à reconnaître. On a lieu de s'étonner qu'Aristote n'ait point mentionné le phénicoptère, bien qu'Aristophane en eût déjà parlé, en le rangeant parmi les oiseaux de marais (λιμναῖοι). La langue de cet oiseau, grasse et charnue, était

1. Cicéron, *De natura deorum.*
2. Pline, vii, 57.
3. Martial, *Epigr.* xiii, 75.

recherchée des gourmets de Rome. L'empereur Vitellius
en faisait toujours servir sur sa table. Une plume rouge,
qui donne son nom à un oiseau, et une langue goûtée des
gourmets, ont inspiré à Martial cette épigramme :

> Dat mihi penna rubens nomen ; sed lingua gulosis
> Nostra sapit ; quid si garrula lingua foret[1]?

Suivant Lampridius, l'empereur Héliogabale faisait servir, dans ses festins, de la cervelle de flamant.

Parmi les autres oiseaux connus des anciens et qui
échappaient aux principales classifications d'Aristote, nous
citerons le pélican, la bécasse, la caille, la perdrix, l'hirondelle, l'autruche.

Pélican. — « Les pélicans, πελεκᾶνες, changent d'habitation, dit Aristote, en volant du Strymon à l'Ister (Danube).... Fréquentant les rivières, ils avalent de grands
coquillages lisses, et après les avoir digérés *dans une poche
qui précède l'estomac* (ἐν τῷ πρὸ τῆς κοιλίας τόπῳ), ils les
rejettent pour y prendre la chair et la manger[2]. » De tout
temps, les pélicans paraissent avoir été très-communs
sur le Strymon, fleuve de la Macédoine, puisqu'un naturaliste du seizième siècle, Belon, en a trouvé les eaux de
ce fleuve en quelque sorte couvertes. Il observa aussi le
sac qu'ils ont sous le bec, pour y mettre leurs aliments
tout simplement en réserve, et non pas pour les y digérer.

L'onocrotalus de Pline est le pélican, πελεκᾶν, d'Aristote. « L'onocrotale ressemble, dit Pline, au cygne ; il ne
s'en distingue que par le sac qu'il a à l'entrée de la
gorge. Ce sac est si spacieux, que l'insatiable animal y
entasse tout ce qu'il prend. Une fois rempli, il en fait
sortir ce qu'il veut avaler, à la façon des ruminants[3]. »

1. Martial, XIII, 71.
2. *Hist. animal.*, VII, 12 et IX, 10.
3. Pline, X, 66.

Le nom d'*onocrotale* vient de son cri, qu'on a compar au braiment d'un âne.

Malgré ces témoignages, quelques auteurs ont douté que le *pélékan* d'Aristote et l'*onocrotale* de Pline fussent notre pélican (*pelecanus onocrotalus*, L.). Ils se sont fondés sur un passage du traité *De natura deorum* (ii, 124), où Cicéron applique à un oiseau, appelé *platalea*, ce qu'Aristote avait dit du pélican. Or le *platalea* de Cicéron (*platea* de Pline) est un oiseau tout différent du pélican; c'est la spatule (*platalea leucorodia*, Gmel.), oiseau ainsi nommé à cause de son bec, aplati dans toute sa longueur et élargi à son extrémité. Renchérissant sur l'erreur de Cicéron et de Pline, qui avaient confondu la spatule et le pélican, Scaliger dit que le *pélékan* d'Aristote est le même que le *dendrocolaptès*, coupeur d'arbres, qui est un pic. C'est ainsi que, transportant la spatule du bord des eaux au fond des bois, il lui fait percer les arbres avec son bec, qui cependant n'est propre qu'à fouiller la vase. Quant à la représentation du pélican comme symbole de la tendresse paternelle, se déchirant le sein pour nourrir sa famille, c'est une fable que les Égyptiens racontaient déjà de leur vautour. Saint Augustin et saint Jérôme paraissent les premiers l'avoir appliquée au pélican.

Bécasse. — Le *scolopax* (σκόλοπαξ) d'Aristote est-il notre bécasse? Aristote dit seulement que cet oiseau ne perche point et qu'il a le vol élevé. La bécasse (*scolopax rusticola*, L.) en effet ne perche point et a le vol élevé comme l'ont tous les oiseaux migrateurs. Son nom grec de *scolopax* (pieu) rappelle son bec qu'elle fiche en terre comme un pieu pour y chercher des vers, non point avec ses yeux, qui sont cependant relativement très-grands, mais plutôt au moyen de l'odorat. C'est ce qu'a très-bien rendu Némésien, poëte latin du troisième siècle de notre ère, dans le fragment de ses *Cynegetica* :

> Non illa oculis, quibus est obtusior, etsi

Sint nimium grandes, sed acutis naribus instat,
Impresso in terram rostri mucrone.

Caille. — Incertains sur la véritable valeur du mot hébreu *scelav*, rendu par *caille*, les interprètes de la Bible sont encore, pour la plupart, à se demander si les Israélites dans le désert ont réellement mangé des cailles ou des sauterelles. L'ὄρτυξ des Grecs, le *coturnix* des Latins, est bien notre caille (*tetrao coturnix*, L.), diminutif de la perdrix. Aristote savait que la caille nous quitte l'hiver, et niche sur le sol et qu'on ne la voit jamais se percher sur un arbre. Il avait observé aussi que la femelle ne chante point, et que le mâle, très-guerrier de sa nature, fait entendre son cri de colère en se battant, contrairement à la perdrix, qui pousse son cri avant de se battre. « Les cailles sont, dit-il, plus grasses à l'entrée de l'hiver, quand elles nous quittent, qu'au printemps quand elles nous arrivent.... Pendant leur migration, elles vont bien tant que l'air est serein et que le vent du nord souffle; mais le vent du midi les incommode, parce qu'il est humide et lourd : les chasseurs choisissent ce temps pour prendre les cailles. La difficulté qu'elles ont à voler vient de la pesanteur de leur corps, et elles expriment par des cris la peine qu'elles éprouvent[1]. » En reproduisant une partie de ces détails, Pline ajoute que les cailles, traversant la mer, s'abattent quelquefois par bandes innombrables sur les voiles des navires pendant la nuit; qu'elles volent sous la conduite de la mère des cailles (*ortygometra*[2]), en compagnie de la *glottis* (espèce d'oiseau incertaine), du hibou et du *cyclerame* (l'ortolan ?), espèces déjà citées par Aristote; enfin que c'est, après l'homme, le seul animal qui souffre du mal caduc.

1. *Hist. animal.*, VIII, 12.
2. C'est le *roi des cailles* dont nous avons parlé plus haut (p. 118). Notons ici que l'empereur Frédéric II, dans son traité *De arte venandi*, a le premier dit que les conducteurs des cailles sont des râles : *Ralli terrestres, qui dicuntur duces coturnicum.*

Varron, dans son traité *De re rustica*, nous apprend que de son temps on faisait un commerce très-lucratif avec des cailles et des ortolans engraissés dans des volières. Les combats de cailles étaient, comme les combats de coqs, un genre d'amusement fort goûté des Grecs, ainsi que nous l'apprennent Aristophane, Platon, Lucien, Athénée.

Perdrix. — Buffon a le premier démontré que la *perdrix*, πέρδιξ, dont parle Aristote était l'espèce rouge, la *bartavelle* (*perdix græca*, Briss.); il soutient qu'il n'y a peut-être jamais eu de perdrix grise (*tetrao perdix*, L.) en Grèce, « puisque, dit-il, Athénée marque de la surprise de ce que toutes les perdrix d'Italie n'avaient pas le bec rouge, comme elles l'avaient en Grèce. Il est certain que la perdrix grise n'est pas également commune dans toutes les parties de l'Europe; et il paraît qu'elles fuient la grande chaleur comme le grand froid. » On n'en trouve, en effet, ni dans la zone torride ni dans la zone froide. Si ces paroles de Pline[1] : *Venere in Italiam Bebriacensibus bellis civilibus trans Padum et novæ aves (ita enim adhuc vocantur) turdorum specie, paulum infra columbas magnitudine, sapore gratæ*, ont de l'autorité, si « les oiseaux un peu moins grands que des pigeons, et, pour la saveur de leur chair, aussi recherchés que les grives, enfin si ces oiseaux, qui s'appelaient *nouveaux* encore du temps de Pline, étaient réellement nos *perdrix grises*, l'époque de leur apparition en Italie est positivement fixée : elle remonte à l'an 69 de notre ère, à l'année où l'empereur romain Othon, battu par les troupes de Vespasien à Bebriacum (entre Crémone et Vérone), mit lui-même fin à sa vie.

La *perdix* des anciens est donc la bartavelle ou perdrix grecque. « Ils ne pouvaient guère connaître, dit très-bien Buffon, que des perdrix rouges, puisque ce sont les seules qui se trouvent dans la Grèce, dans les îles de la

---

1. Pline, x, 69.

Méditerranée, et, selon toute apparence, dans la partie de l'Asie conquise par Alexandre. »

Le **strouthos** des Grecs. — Le mot στρουθός ou στρουθός (ὁ et ἡ) signifie à la fois *moineau* et *autruche*. Cardan a voulu expliquer cette singularité en prétendant que le moineau est du même genre que l'autruche, ce qui est absolument faux, comme l'avait déjà montré Scaliger. Élien distingue ces deux oiseaux l'un de l'autre, en appelant le moineau le *petit strouthos*, στρουθός ὁ μικρός, et l'autruche la *grande strouthos*, στρουθός ἡ μεγάλη. Mais longtemps avant Élien, on avait distingué l'autruche du moineau par des épithètes spéciales : Hérodote l'appelait *strouthos terrestre*; Aristote, *strouthos libyque*; Hérodien, *strouthos mauritanien*; Lucien, *strouthos à vol terrestre*, χαμαιπετής, etc.

Tous représentent l'autruche comme un oiseau particulier à l'Arabie et à l'Afrique. Xénophon raconte que les cavaliers sont obligés de renoncer à la poursuite des autruches, parce qu'elles courent plus vite qu'eux en se servant en même temps de leurs ailes comme de voiles[1]. « L'autruche, dit Aristote, a des plumes comme les oiseaux, des poils et des cils comme les quadrupèdes; elle est également, comme ces derniers, impropre au vol. Comme les oiseaux, elle a deux pieds, mais ses pieds sont bifides ou à deux doigts, comme ceux de beaucoup de quadrupèdes, auxquels elle ressemble encore par sa grandeur[2]. » Diodore, qui paraît avoir le premier employé le mot de *strouthocamelos*, στρουθοκάμηλος, pour désigner l'autruche, a donné de cet oiseau du désert la description suivante : « L'autruche tient à la fois de la nature des oiseaux et des chameaux, comme l'indique son nom de *strouthocamelos*. Elle est à peu près de la grosseur d'un chameau nouveau-né; la tête est couverte de poils légers;

1. Xénophon, *Anabasis*, I, 5.
2. Aristote, *De partibus animalium*, iv.

les yeux sont grands, noirs, et ont l'expression de ceux du chameau ; le cou est long, le bec court et pointu ; les ailes se composent de plumes molles et poilues : le corps, posé sur deux pieds bifides, semble appartenir tout à la fois à un animal terrestre, destiné à marcher et à vivre sur la terre, et à un oiseau. En raison de sa lourdeur, l'autruche ne peut ni s'élever ni s'envoler, mais elle court rapidement à la surface du sol : comme avec une fronde, elle lance avec ses pieds des pierres contre ceux qui la poursuivent à cheval, et cela avec tant d'adresse, qu'elle fait souvent tomber ses agresseurs sous ses coups. Quand elle est sur le point d'être prise, elle cache sa tête dans un buisson ou quelque autre abri, non pas, comme quelques-uns le prétendent, par stupidité, s'imaginant qu'elle n'est pas vue parce qu'elle ne voit personne, mais par l'instinct qui la porte à garantir sa tête, comme étant la partie la moins protégée de son corps. » Cette description, très-exacte, à l'exception du bec, qui est obtus et non pointu, est suivie d'une belle réflexion de philosophie zoologique : « La nature est, dit l'auteur, un excellent maître : elle apprend aux animaux leur propre conservation ainsi que celle de leurs petits, et par cet instinct inné elle assure à jamais la perpétuité des espèces[1]. »

Quant au *petit strouthos* (moineau), type de la famille des passereaux, Aristote le compte avec raison au nombre des oiseaux *pulvérateurs*, c'est-à-dire qui aiment à se baigner dans la poussière ; mais il se trompe en disant que les moineaux se nourrissent de vers : ils sont essentiellement granivores et frugivores.

Pie, geai, corneille, corbeau, etc. — L'air de famille de ces oiseaux, que Linné a tous réunis dans le genre *corvus*, a été déjà signalé par les anciens. La *kitta*, κίττα, des Grecs, est-elle, comme on le prétend, notre pie (*corvus pica*, L.)? « La *kitta* a, dit Aristote,

---

1. Diodore, ıı, 50.

beaucoup de différents sons de voix; elle en change, pour ainsi dire, chaque jour. Le nombre de ses œufs est d'environ neuf. Elle construit son nid sur des arbres, avec des poils et de la laine. Lorsque les glands commencent à manquer, elle les recueille et les cache[1]. » Aristophane, distribuant des noms d'oiseaux à différentes personnes, donne le nom de *kitta* à un homme connu pour un bavard. Mais cela suffit-il pour prétendre que la *kitta* des Grecs soit notre *pie*? Les mots d'Aristote et le rapprochement fait par Aristophane peuvent s'appliquer au geai aussi bien qu'à la corneille, à l'étourneau, etc. Le perroquet était également connu des Grecs, depuis l'expédition d'Alexandre en Asie, par sa loquacité et sa faculté à imiter la voix humaine. Les Romains apprenaient à leurs perroquets à dire en grec : Χαῖρε, Καῖσαρ; *Bonjour, César;* et on se rappelle ce vers de Perse :

> Quis expedivit psittaco suum χαῖρε,
> Picasque docuit verba nostra conari?

Mais le nom de *psittacus* appartient bien au perroquet; c'est bien le même oiseau dont parle Ovide,

> Psittacus Eois imitatrix ales ab Indis,
> Occidit,

et que Pline nomme *sittace* (du grec ψιττάκη), en même temps qu'il indique son origine, la couleur verte de son plumage, son collier rouge, sa faculté de prononcer des mots articulés et son goût pour le vin : *India hanc avem misit.... viridem toto corpore, torque tantum miniato in cervice distinctam; imperatores salutat, et quæ accipit verba, pronunciat: in vino præcipue lasciva*[2].

Pline met ici les pies au moins sur le même rang que

---

1. Aristote, *Hist. animal.*, IX, 13.

2. On voit par ces mots que le perroquet connu des anciens (*psittacus Alexandri*, L.) était la *perruche verte à collier rouge*.

les perroquets; il leur donne même la préférence, en affirmant que les pies ont le langage plus expressif, qu'elles ont du goût pour les paroles qu'on leur apprend à prononcer, etc.[1].

En somme, si la *pica* des Latins est incontestablement notre pie, nous ne pouvons pas en dire autant de la *kitta* des Grecs, qui, par son instinct d'amasser des glands que la pie ne mange pas, serait plutôt la *pica glandaria*, de Gesner (*corvus glandarius*, de L.), c'est-à-dire notre *geai*. Cette version est d'autant plus probable qu'il n'y a dans les ouvrages d'Aristote aucun nom qui s'applique à cet oiseau, et que tout ce qui a été dit de l'instinct imitatif de la pie peut également s'appliquer au geai, très-bien caractérisé par la marque de ses ailes, nuancées de blanc, de bleu et de noir. Commun dans les bois qu'il habite, le geai ne paraît être étranger à aucune contrée de l'Europe, ni même à aucune des régions correspondantes de l'Asie, tandis que la pie aime à se tenir autour de nos habitations, et sa zone est plus restreinte que celle du geai.

On convient généralement que la *corone*, κορώνη, des Grecs, est la corneille noire (*corvus corone*, L.). Plus petite que le corbeau, elle a longtemps passé pour la femelle de celui-ci. Comme le corbeau, dont elle a le plumage, elle est en quelque sorte omnivore. C'est ce que savait aussi Aristote, qui associe la corneille au corbeau. « Ce sont là, dit-il, des oiseaux qui paraissent en toute saison; ils ont l'habitude de vivre aux environs des villes, ne changent pas de lieux et ne se cachent point[2]. »

Mais le nom de *corone*, comme les noms de *cornix*, de

----

1. Pline, **x**, 69: *Minor nobilitas, quia non ex longinquo venit, sed expressior loquacitas, generi picarum est. Adamant verba quæ loquuntur; nec discunt tantum, sed diligunt, meditantes intra semet*, etc.

2. Aristote, *Hist. animal.*, **ix**, 23.

graculus, que l'on rend indistinctement par *corneille*, désignent non-seulement la *corneille noire* ou *corbine*, mais probablement aussi la frayonne (*corvus frugilegus*, L.), caractérisée par la peau nue, blanche, farineuse, qui entoure la base du bec, et la corneille mantelée (*corvus cornix*, L.), dont la tête, la queue et les ailes d'un beau noir contrastent avec une sorte de scapulaire ou de manteau d'un gris blanc, qui s'étend depuis les épaules jusqu'à l'extrémité du corps, etc.

Aristote admettait trois espèces de choucas (κολοιός), le *coracias*, κορακίας, qui a le bec rouge, le petit choucas, et le bouffon (βωμόλοχος). Le choucas à bec rouge paraît être le *choquard* ou choucas des Alpes, le *pyrrhocorax* de Pline (*corvus pyrrhocorax*, L.), qui, tout noir, a d'abord le bec jaune, les pieds bruns, qui deviennent rouges dans l'adulte. Cependant la plupart des zoologistes, adoptant le nom de *coracias* d'Aristote, l'ont appliqué au crave d'Europe (*corvus graculus*, L.), qui, sauf sa grandeur et la forme de son bec, plus long et plus arqué, ressemble en tout point au choquard (*corvus pyrrhocorax*, L.) : ils ont tous deux le bec et l'iris rouges, le même plumage noir avec des reflets irisés; ils se plaisent sur les plus hautes montagnes et descendent rarement dans les plaines.

Le *petit choucas* d'Aristote est probablement notre *petite corneille des clochers* ou choucas proprement dit (*corvus monedula*, L.). Il est de la grosseur d'un pigeon, a l'iris blanchâtre, et son plumage noir est marqueté de blanc sous la gorge.

Quant au *bomolochos* (bouffon) d'Aristote, on ne saurait émettre que des conjectures; c'est peut-être la corneille mantelée, qui a beaucoup de rapports avec la corbine et la frayonne. — En aucun cas, le nom grec de *koloios* (κολοιός) ne saurait s'appliquer au choucas chauve, gymnocéphale (*corvus calvus*, L.), qui est une espèce américaine.

La connaissance des espèces précédentes est nécessaire

pour étudier l'histoire du vrai corbeau, qui est bien le κό-
ραξ des Grecs, le *corvus* des Latins, enfin le maître corbeau (*corvus corax*, L.), l'oiseau des augures et des fabulistes. Aristote l'a le premier regardé comme le type
d'un genre particulier en appelant les espèces des *homéo-
tropes*, ὁμοιότροπα, c'est-à-dire des espèces qui s'y rattachent. En parlant de la position variable que la vésicule du
fiel occupe, il cite le corbeau, le pigeon , la caille, l'hirondelle, etc., comme l'ayant près des intestins, tandis que
d'autres l'ont près de l'estomac ; il dit aussi que le corbeau
n'a pas de jabot proprement dit, mais que l'œsophage est
large[1]. Ces observations ont été confirmées par les modernes. Aristote a encore très-bien remarqué que la femelle
pond de quatre à cinq œufs, que le temps de l'incubation
est de vingt jours, que les corbeaux n'émigrent point, et
qu'il y en a, quoique rarement, de blancs[2]. Il les dit, avec
moins de raison, amis des canards, et ennemis des taureaux et des ânes.

Le corbeau occupait le premier rang parmi les oiseaux
prophétiques. Son vol à droite était d'un bon augure.
On connaît l'histoire de ce corbeau qui, dans un combat
singulier, vint en aide à Marcus Valérius, en aveuglant
le Gaulois, son antagoniste[3]. Ce ne pouvait être qu'un
corbeau dressé jeune : l'audace de cet oiseau apprivoisé
est d'ailleurs surprenante. Il a aussi beaucoup d'aptitude
pour imiter le langage de l'homme ; sous ce rapport, il
ne le cède pas à l'étourneau ou sansonnet, le *sturnus* des
Latins, le ψάρος des Grecs.

Hirondelles. — Les hirondelles, dont les modernes
ont fait la famille des passereaux fissirostres, en distin-
guant les *diurnes* des *nocturnes*, sont connues dès la plus
haute antiquité. La Bible en parle, et leur instinct migra-

1. Aristote, *Hist. animal.*, ii, 15 et 17.
2. Ibid., iii, 12 ; vi, 3 ; ix, 23, 31.
3. Tite-Live, vii, 26.

teur a été souvent un objet de discussion. Ainsi, tandis qu'Aristote affirme que les hirondelles ne passent point l'hiver en Grèce, Hérodote dit qu'on en trouve en Éthiopie toute l'année. D'autres soutiennent, et Aristote est de ce nombre, que toutes les hirondelles n'émigrent pas, et que beaucoup d'entre elles se réfugient à l'entrée de l'hiver dans des creux, notamment aux bords des eaux, pour tomber dans une sorte de léthargie (sommeil hivernant), d'où elles ne se réveillent qu'au printemps. Chose digne de remarque, cette dernière assertion, bien que fort ancienne, n'a pas encore été scientifiquement vérifiée jusqu'à ce jour.

Aristote affirme avec raison que l'hirondelle fait deux pontes ; il dit aussi que si les yeux des petits, dans les premiers jours de leur éclosion, sont crevés par quelque accident, ils se guérissent et recouvrent la vue. Pour l'expliquer, il ajoute que « lorsque les petits éclosent, leurs yeux ne sont pas faits, mais ils se font (ils naissent aveugles), et dans cet état les yeux crevés peuvent se reconstituer[1]. » En reproduisant ce fait, Pline dit que les jeunes hirondelles, ainsi aveuglées, sont guéries par leurs parents au moyen d'une herbe nommée la *chélidoine*, ou *herbe à l'hirondelle* (de χελιδών, hirondelle)[2]. Cardan, Redi, Lahire, se sont assurés, par des expériences faites sur de toutes jeunes hirondelles, que le cristallin même peut se reproduire, mais qu'on n'a pas pour cela besoin de la chélidoine.

On admet qu'Aristote a désigné trois espèces d'hirondelles sous les noms de *chelidôn*, d'*apode* et de *drepanis*. Le *chelidôn* serait notre hirondelle commune, l'hirondelle de cheminée (*hirundo rustica*, L.), dont le gazouillement matinal est très-bien exprimé par ces onomatopées des anciens ; ψιθυρίζειν, *zinzilulare*, *minurisare*, etc. L'a-

1. Aristote, *De generat.*, IV, 6.
2. Pline, XXV, 50.

pode (ἄπους) serait l'hirondelle à cul blanc, le petit martinet (*hirundo cervica*), qui construit son nid avec de la boue, et a les pattes velues : celles-ci paraissent si courtes que l'oiseau, quand il se pose, touche en quelque sorte le sol avec son ventre ; de là sans doute son nom d'*apode*. Le *drepanis* (δρέπανις) serait l'hirondelle du rivage (*hirundo riparia*, L.), qui niche dans les trous des berges et des falaises escarpées ; c'est la plus petite des hirondelles d'Europe. Mais comme Aristote et Pline nous ont laissé à cet égard une caractéristique trop incomplète, il est difficile de se prononcer sur la valeur exacte des noms cités. C'est ainsi que plusieurs naturalistes attribuent à Aristote la connaissance de quatre espèces d'hirondelles en donnant au mot χελιδών la double signification d'hirondelle de cheminée et de petit martinet, et au mot ἄπους celle de martinet noir (*hirundo apus*, L.), à torse très-court. Quant à l'*acanthyllis* (ἀκανθυλλίς), dont Aristote se borne à dire que son nid est artistement construit, et dont Belon a fait le petit martinet, on s'accorde à y voir le *serin*, en l'identifiant avec l'*argatylis* de Pline.

L'engoulevent, ou tette-chèvre (*caprimolgus europœus*, L.), cet oiseau de nuit, insectivore, qui, par la brièveté de ses pattes et par son petit bec, s'ouvrant sur un large gosier, se rapproche des hirondelles, ne paraît pas avoir été décrit des anciens, à moins qu'on ne veuille lui appliquer le nom de *nycticorax* (corbeau de nuit).

Alcyon. — Aristote a donné beaucoup de détails sur cet oiseau, qu'il ne paraît avoir jamais vu. Il distinguait deux espèces d'alcyon (ἀλκυών) : l'alcyon qui chante dans les roseaux, et l'alcyon muet. Suivant quelques auteurs, l'halcyon muet est le martin-pêcheur, et l'alcyon chanteur est la rousserotte. La ponte de l'alcyon en hiver, la construction de son nid sur la mer faisaient appeler, par les anciens, *jours d'Alcyon* la période de calme qui se remarque quelquefois aux environs du solstice d'hiver; c'est ce qui est dit dans ces vers de Simonide, cités par Aristote :

Lorsque dans le mois hivernal
Jupiter illumine quatorze jours,
Ce temps de calme
Les mortels l'appellent
Le divin nourricier de l'alcyon au plumage varié[1].

On a longuement discuté, — il suffit de citer Aldrovande, — pour établir l'identité du fameux alcyon des anciens avec une de nos espèces d'oiseaux. Buffon pense que c'est, sous une forme mythologique, le martin-pêcheur, en se fondant sur ces paroles d'Aristote : « L'alcyon n'est pas beaucoup plus gros qu'un moineau; son plumage est un mélange de bleu, de jaune et de pourpre; ce mélange de couleurs couvre tout le corps, les ailes et le cou; son bec est jaunâtre, long et mince. » Cuvier partage entièrement l'opinion de Buffon : « Il en est, dit-il, de l'*alcyon* comme du *phénix :* son histoire est fabuleuse; mais on l'a appliquée à un oiseau réel, et cet oiseau, d'après la description fort claire d'Aristote, est incontestablement notre *martin-pêcheur.* Pline, dont la description paraît empruntée de celle d'Aristote, a mis cou, *collum,* pour bec, *rostrum,* ce qui rendrait l'espèce méconnaissable, si l'on ne remontait à la source. Tout ce qui est dit ensuite est faux ou à peu près. Ce que l'on donne pour

1. Ces vers, conservés par Aristote (*Hist. animal.*, v, 8) composent un des fragments les plus remarquables du poëte Simonide (né à l'île de Céos en 556 avant J. C., mort à Syracuse en 467), contemporain de Pindare, d'Eschyle, d'Anacréon. Les voici dans la langue même (mélange de dorien et d'attique) du poëte :

Ὃς ὁπόταν χειμέριον κατὰ μῆνα
Πινύσκῃ Ζεὺς ἤματα τεσσαρακαίδεκα,
Λαθάνεμόν τέ μιν ὥραν
Καλέουσι ἐπιχθόνιοι ἱεράν
Παιδοτρόφον ποικίλας ἀλκυόνος.

2. *Hist. animal.*, IX, 14.

le nid du martin-pêcheur est un *zoophyte*, du genre nommé *halcyonium* par Linné, et du démembrement de ce genre que Lamarck a nommé *géodie*. Sa forme creuse est ce qui l'a fait prendre pour un nid ; mais le martin-pêcheur niche simplement dans les trous du rivage, ou plutôt il y dépose ses œufs, sans faire de nid. Il ne pond point en hiver, mais au printemps, et n'a, en un mot, aucun rapport avec le calme des jours alcyoniens. »

Il est certain que si l'alcyon est notre martin-pêcheur, tout ce que les anciens ont dit à cet égard n'est qu'un tissu de fictions. Le chant du rossignol ne serait rien à côté du chant de l'alcyon ; l'art avec lequel il construit son nid, la tendresse avec laquelle s'aiment le mâle et la femelle, l'amour que leur prodiguent les dieux marins, surpasseraient, s'il faut en croire Plutarque, Oppien et Élien, tout ce qu'on saurait imaginer. Cependant son cri de *keyx, keyr*, passait pour un mauvais augure. « Je ne souhaiterais à personne, dit Oppien, d'entendre cette voix de l'alcyon, car elle annonce l'affliction de la mort. Aussi Jupiter a-t-il soin que l'alcyon, pour ne pas effrayer les mortels, n'aille chercher sa nourriture que la nuit et dans les lieux les plus déserts. » Or on sait que le martin-pêcheur ne chante pas, qu'il niche dans des trous creusés par des rats d'eau, et qu'il cherche sa nourriture le jour. Ovide, dans ses *Métamorphoses* (11. 544 et suiv.), nous a conservé la légende antique, d'après laquelle Alcyone avait été, par l'intervention de Junon, avertie en songe que son mari, Ceyx, roi de Trachine, avait péri dans un naufrage. Le lendemain matin, l'épouse désolée aperçut le corps du roi sur les flots de la mer ; elle s'y précipita, et tous deux furent changés en alcyons par les dieux compatissants.

Pies. — Les noms grecs de *kolios* ou *kele s* (κολιός, κελεός), de *pipra* ou *pipo* (πίπρα, πιπώ), de *dryokolaptès* ou *dryokopos* (δρυοκολάπτης, δρυόκοπος), s'appliquaient incontestablement à différentes espèces de pies. « Le *kolios* est, dit Aristote, de la grosseur de la tourterelle ; son plumage

est tout vert-jaunâtre; il est *très-frappeur de bois* (ξυλοκό-
πος σφόδρα), et cherche presque toute sa nourriture sous
l'écorce des arbres; sa voix est retentissante. » Ces caractères conviennent parfaitement au pic vert (*picus viridis*, L.) [1]. Il a, en effet, l'habitude de frapper les arbres à
coups de bec et d'y chercher sa nourriture, et son cri
plaintif et traîné, *plieu plieu plieu*, s'entend de très-loin.
C'est ce cri qui lui a valu, dans certains pays, le nom
d'*oiseau de pluie* ou de *procureur du meunier*, comme annonçant l'eau qui fait tourner le moulin.

Quant au pic, désigné par le nom de *pipra*, Aristote
distinguait le grand et le petit pic. « Ils se ressemblent,
ajoute-t-il, et ont la voix également retentissante, seulement le grand l'a plus forte; ils cherchent l'un et l'autre
leur nourriture aux arbres vers lesquels ils volent [2]. » Il
nous apprend en même temps que les *pipras* sont les mêmes oiseaux que plusieurs personnes appellent *dryoko-
laptes* ou *dryokoptos*, c'est-à-dire *perce-chênes*. « Le *dryo-
kolapte*, continue-t-il, ne se pose point à terre, il frappe
les chênes avec son bec pour en faire sortir des vers et
des chenilles de bois (σκνῖπες), qu'il attrape ensuite avec
sa langue large et longue. Il marche prestement dans
toutes les positions, le long des arbres, même la tête en
bas, comme le lézard. Il a reçu de la nature des ongles
plus forts que ceux du choucas, pour qu'il puisse se tenir
ferme sur les arbres; c'est en s'accrochant ainsi qu'il
grimpe. » Ces caractères peuvent s'appliquer indistinctement à toutes les espèces de pics. Mais ce qui caractérise, suivant Aristote, plus particulièrement les *dryokolap-
tes*, c'est qu'ils ont des *taches rougeâtres* (ὑπέρυθρα μικρά).
que le petit est moins grand que le merle et que le
grand est de la grosseur du merle (κόττυφος). Il s'agit ici,

---

1. Le traducteur d'Aristote, Gaza, s'est trompé en rendant χλωρός
par *jaune*, et appliquant les paroles d'Aristote au loriot.

2. Aristote, *Hist. animal.*, VIII, 3.

selon toute apparence, de nos épeiches, dont on distingue la petite et la grande (*picus minor* et *picus major*). Quant au pic, qui, pour la grosseur, approchait d'un pigeon, on convient généralement que c'était notre pic noir (*picus martius*, L.).

Les pics étaient, suivant Pline, consacrés à Mars et renommés dans les aruspices : *Martio cognomine insignes et in auspicatu magni*. Le même auteur les caractérise pittoresquement en les représentant comme des oiseaux qui creusent les arbres sur lesquels ils montent comme des chats : *Arborum caratores, scandentes in subreptum felium modo*[1]. Ovide raconte que le roi *Picus*, aïeul de Latinus, fut métamorphosé par Circé en l'oiseau qui porte son nom, pour n'avoir pas répondu à l'amour de cette magicienne[2].

Oiseaux chanteurs. — La plupart de ces oiseaux, qui nous charment par leur voix, se tiennent, tels que le rossignol, la fauvette, le merle, le verdier, le rouge-gorge, le pinson, sur la lisière des bois; quelques-uns, tels que la grive, la mésange, le coucou, aiment l'intérieur des forêts; un petit nombre, comme l'alouette, égayent par leur ramage les champs cultivés; enfin il y en a qui, tel que le bouvreuil, se tiennent indifféremment dans les forêts et dans nos parcs. Est-il possible de fixer exactement la synonymie de ces oiseaux? C'est ce que nous allons examiner.

Le chant du rossignol (*motacilla luscinia*, L.) est tellement caractéristique, qu'il n'y a pas lieu de se méprendre sur la valeur des mots *aédôn* (ἀηδών) et *luscinia*. Aristote affirme que le rossignol apprend à chanter à ses petits, que sa voix, très-belle au printemps, s'altère vers l'été, qu'à ce moment son plumage change de couleur, et qu'il se tient caché jusqu'au retour du printemps. D'après

1. Pline, x, 20.
2. Ovide, *Métam.*, xiv, 320 et suiv.

une observation très-exacte de Pline, tous les rossignols n'ont pas le même chant, qu'ils rivalisent en quelque sorte entre eux, et qu'il y en a qui ont l'organe vocal plus exercé que d'autres[1].

Il n'est pas certain que l'hypolaïs (ὑπολαΐς), que l'on traduit par *curruca*, soit une fauvette, et encore moins notre fauvette babillarde (*motacilla curruca*, L.). Aristote se borne à dire que l'hypolaïs couve les œufs du coucou et en élève les petits[2]. Mais ce détail est absolument insuffisant pour établir, comme on l'a fait, l'identité de l'hypolaïs avec la fauvette.

Il règne également beaucoup d'incertitude au sujet de l'*erithacus* (ἐρίθακος), que l'on prétend être notre ROUGE-GORGE (*motacilla rubecula*, L.), en se fondant sur ce qu'Aristote le met au nombre des oiseaux qui se nourrissent de vers. D'autres l'identifient, sans plus de raison, avec le *phœnicurus* (rouge-queue), qui paraît être notre rossignol des murailles (*motacilla phœnicurus*, L.).

Rien de plus arbitraire que la détermination de la valeur des mots de *spiza* (σπίζα) et d'*orospize* (ὀροσπί-ζης), que l'on traduit par *pinson* et *pinson de montagne*. Aristote, qui est ici notre unique autorité, a dit seulement, en parlant de l'*iynx* (ἴυγξ), que cet oiseau est un peu plus grand que la spiza, μικρῷ μεῖζον σπίζης. Or l'*iynx* était incontestablement le torcol (*yunx torquilla*, Gmel.), d'après les caractères indiqués par Aristote, d'avoir deux doigts en avant et deux en arrière, d'avoir la langue protractile et surtout de contourner le cou, comme un serpent, sans que le reste du corps participe à ce mouvement singulier[3]. Mais s'il ne saurait y avoir de doute sur l'identité de l'iynx avec le torcol, il n'en est pas de même de la *spiza* avec le pinson; car il y a beaucoup de passe-

1. Pline, x, 43.
2. Aristote, *Hist. animal.*, vi, 7.
3. *Hist. animal.*, ii, 12.

reaux, autres que le pinson, qui sont un peu plus petits que le torcol. Ailleurs (*Hist. animal.*, VIII, 3), Aristote cite la *spiza* parmi les oiseaux qui se nourrissent de vers; or le pinson est un oiseau essentiellement granivore. Plus loin, le même auteur ajoute : « L'*orospize* ressemble à la spiza ordinaire et en approche pour la grandeur; seulement il a le cou bleu et habite les montagnes. » Or le pinson des montagnes ou des Ardennes (*fringilla monti-fringilla*, L.) a le cou et la tête variés de noir lustré et de gris jaunâtre. C'est le pinson proprement dit qui a ces mêmes parties d'un bleu cendré; mais, encore une fois, il ne se nourrit pas de vers comme la spiza d'Aristote. Les significations de *pinson* et de *pinson de montagne* données à la *spiza* et à l'*orospize* des Grecs sont donc éminemment contestables. Nous en dirons autant de l'*acanthyllis*, qu'on traduit par *serin*, et du *chloris* (χλωρίς), qu'on rend par *verdier*. Le *chloris* est rangé par Aristote parmi les oiseaux insectivores, tandis que le verdier ne vit que de baies et de graines.

Il y a beaucoup moins d'incertitude au sujet du *kottyphos* (κόττυφος), qu'on traduit par *merle*. Tout ce qu'Aristote dit de cet oiseau, à savoir qu'il ne chante que pendant la belle saison, que son plumage est noir, qu'il est quelquefois roux (dans les jeunes individus), et qu'il est même, quoique rarement, blanc (sorte d'albinisme), peut très-bien s'appliquer au merle commun (*turdus merula*, L.)[1].

Les anciens n'ont pas manqué de rapprocher, comme le font les modernes, la *grive* (κίχλη) du merle. Ce n'est, en effet, guère que par le plumage grivelé ou moucheté de noir de la poitrine que la grive diffère du merle, dont le plumage est plus uniforme.

Aristote distingue trois espèces de grive : la première

---

1. Le mont Cyllène, dans le Péloponnèse, passait pour le séjour favori des merles blancs (albinos).

est la grive *mange-gui* (ἰξόϐορος), qui se nourrit principalement des baies du gui, et a la grosseur de la pie; c'est évidemment notre draine (*turdus viscivorus*, L.). La seconde espèce est la grive *trichas* (τρίχας), probablement ainsi nommée à cause des longs poils qui entourent la base du bec. « Elle a, ajoute Aristote, le chant aigu (ὀξὺ φθέγγεται) et la grandeur du merle. » Ce serait, suivant l'opinion commune, notre litorne (*turdus pilaris*, L.). Enfin, la troisième espèce est la grive *ilias*, ἰλιάς; « c'est la plus petite (ἐλαχίστη), et celle qui a le moins de mouchetures (ἧττον ποικίλη). » Buffon n'hésite pas à l'identifier avec la grive des vignes, le mauvis (*turdus iliacus*, L.). — Les Romains élevaient des grives pour les engraisser, parce qu'ils en aimaient beaucoup plus la chair que le chant.

Le *kokkyx* (κόκκυξ) des Grecs, *cuculus* des Latins, est indubitablement notre coucou (*cuculus canorus*, L.), qui de loin ressemble à une grive ou plutôt à un épervier. Son nom est l'onomatopée type. Les anciens savaient que la femelle du coucou dépose ses œufs (un ou deux) dans le nid d'un autre oiseau. Mais Aristote, tout en admettant ce fait, croit qu'il y a une espèce qui niche dans les rochers. Il essaye aussi d'expliquer l'instinct dénaturé du coucou : « C'est tout à la fois, dit-il, par lâcheté et par l'impuissance où il serait de défendre ses petits, qu'il les confie à d'autres[1]. » Ce qu'il dit du petit du coucou qui chasserait du nid les petits de la femelle qui l'a couvé, est une pure fiction, comme celle de la métamorphose de l'épervier en coucou.

La signification d'*ægithalos* (αἰγίθαλος) est plus incertaine. Selon les uns, ce nom désigne le tette-chèvre ou engoulevent, interprétation absolument inadmissible; suivant d'autres, ce serait le *mérops* (μέροψ), nom que les Béotiens donnaient à un oiseau apivore, qui niche dans des trous, et dont le plumage est jaune en dessous,

1. Aristote, *Hist. animal.*, IX, 29.

bleuâtre en dessus, et rouge à l'extrémité des ailes. Les caractères indiqués par Aristote peuvent, en effet, s'appliquer, sauf la couleur rouge de l'extrémité des ailes, à la grande charbonnière (*parus major*, L.) et même à la mésange bleue (*parus cæruleus*, L.). Mais l'histoire du mérops est tellement mêlée de fables (on contait qu'il volait à reculons, qu'il nourrissait ses père et mère dès qu'il était assez grand pour le faire, et qu'alors ses parents demeuraient dans le nid, qu'il a fallu abandonner cette version. Belon a essayé d'ailleurs d'établir que le *mérops*, à part ce qu'il y avait de fictif, est le guêpier *merops apiaster*, L.), commun dans l'île de Crète.

La signification de *mésange* donnée à l'*ægithalos* paraît la plus probable; elle se fonde principalement sur les caractères indiqués par Aristote, d'être l'oiseau qui pond le plus d'œufs, de nicher dans des creux d'arbres et d'avoir la langue sensiblement tronquée au bout. L'auteur de l'*Histoire des Animaux* en distingue trois espèces : la *spizite* (σπιζίτης), ou la plus grande espèce, de la forme de la *spiza* (pinson): ce serait notre grande charbonnière, dont le ramage ordinaire de *pfink*, *pfink*, rappelle tout à fait celui du pinson. La seconde espèce vit dans les montagnes ὀρεινός) et a la queue longue; ce serait la mésange à longue queue (*parus caudatus*, L.). La troisième espèce ressemble aux deux premières : « elle ne diffère d'elles que par la grandeur, car elle est la plus petite[1]; » ce serait la petite charbonnière (*parus ater*, L.). L'épithète de *tête-noire* (μελανοκόρυφος, Arist.; *atracapilla*, Pline) lui convient aussi bien qu'à la fauvette à tête noire et au bouvreuil. Mais le nom de *pyrrhulas* (πυῤῥούλας), faisant allusion à la couleur rouge du dessous du corps (chez les mâles), convient mieux au bouvreuil.

Il n'y a aucune incertitude sur la valeur du mot κορυδός ou κορυδαλός, *alauda*, qui signifie bien et dûment

____
1. Aristote, *Hist. animal.*, VIII, 3.

alouette. Mais il y en a de différentes espèces. Les Grecs en connaissaient deux : l'une qui a une huppe sur la tête et vivait solitaire ; c'est à cette espèce que s'appliquait le mot *korydos* ou *korydalos* (de *korys*, casque) ; l'autre, qui n'a pas de huppe, est plus petite, et va par bandes. Cette dernière parait être notre alouette des champs (*alauda arvensis*). « Elle marche sur terre, remarque Aristote, et se roule dans la poussière pour se débarrasser des insectes qui l'incommodent. » La première espèce est le cochevis ou la grosse alouette huppée (*alauda cristata*, L.). Moins commune que l'alouette des champs, elle est cependant assez répandue en Europe. Rappelons en passant que le mot *alauda* est d'origine celtique ou gauloise, et que ce nom avait été donné à une légion romaine [1].

Reptiles. — La division des animaux en ceux qui marchent, volent et rampent, indiquée dans la Genèse, a été reprise et développée par Aristote. Voici ce qu'il dit de la classe des reptiles : « Les autres animaux mesurent l'espace avec leurs jambes ; *les reptiles* (τὰ ἑρπυστικὰ) le mesurent avec leur corps même.... Comme leur corps est long et étroit, il semblerait, au premier coup d'œil, qu'il s'avance au même moment dans toute sa largeur ; mais, en y regardant de plus près, on voit que ce sont les parties de la droite qui se meuvent les premières, celles de la gauche ne s'avancent qu'après.... Il y a des reptiles chez lesquels le mouvement est ondulatoire, quoique le corps ne cesse point de porter dans toute sa longueur sur la surface de la terre [2]. » Cette citation montre que la classe des reptiles ne comprenait primitivement que les lézards, les crocodiles (reptiles à corps long et étroit), et les serpents (reptiles à mouvement ondulatoire). Les tortues (*chéloniens*) et les grenouilles (*batraciens*) n'y étaient pas encore comprises.

1. Pline, XI, 44.
2. Aristote, *De la marche des animaux*, ch. 4 et 7.

Le *lézard* (σαῦρα, ἡ, ou σαῦρος, ὁ, *lacerta*) était dès la plus haute antiquité l'un des reptiles les plus connus. Aristote forma de ce type des *sauriens* un vaste *genre* (τὸ τῶν σαύρων γένος), divisé en plusieurs *espèces* (εἴδη). Ce qu'il dit des lézards en général, d'avoir les pattes courbées en dehors, de pondre des œufs qui éclosent sous terre, de rester cachés, sans manger, pendant les mois les plus froids de l'hiver, que la queue coupée se reproduit, que l'animal change de peau, etc., tous ces caractères paraissent avoir été empruntés à l'observation du lézard commun *(lacerta muralis)*, répandu dans l'Ancien et dans le Nouveau Continent. Seulement, il se trompe quand il dit que les lézards ne vivent que six mois : ils peuvent vivre plusieurs années. — Élien parle d'un lézard vert *(lacerta viridis)*, plus grand que l'espèce commune, auquel il avait enlevé les yeux, et il observa que ceux-ci se reproduisirent, après avoir renfermé le reptile dans un pot rempli de terre humide. — On ignore quelle espèce de saurien les Grecs ont désignée par *ascalabotés* et par *chalcis* (χαλκὶς). Quelques auteurs admettent que le chalcis est le seps ou *lacerta chalcidica* de Klein, qui ressemble à un serpent à pieds, et que l'ascalabotés est le gecko *(stellio, de Pline)*, petit lézard à corps verruqueux, à queue épineuse et à doigts sans ongles, très-commun en Égypte.

Le *caméléon* (χαμαιλέων), qui signifie littéralement *lion terrestre*, est un des animaux sur lesquels on a répandu le plus de contes fantastiques. La conformation anguleuse de sa tête, qui semble coiffée d'un casque, la saillie en arête dentée de son épine dorsale, la longueur de sa queue préhensile, la disposition de ses doigts maigres et effilés, divisés à chaque patte en deux faisceaux opposables l'un à l'autre, la disposition particulière de ses yeux, qui lui permet de regarder à la fois dans deux directions opposées, l'immobilité parfaite qu'il garde pendant de longues heures, et la faculté, passée en proverbe, d'im-

primer à son corps la coloration de l'objet sur lequel il se
place pour dissimuler sa présence aux animaux dont il
se nourrit, tout cela a contribué à en faire un être singulier, original. Aristote donne le premier l'histoire assez
exacte du caméléon. Il a dit que c'est parmi les quadrupèdes ovipares le seul qui manque de rate. Cette assertion
n'est pas tout à fait vraie; le caméléon a une rate, mais
elle est si petite (inférieure à la grosseur d'une lentille)
qu'elle peut facilement échapper à un examen superficiel.
Au rapport de Pline, Démocrite avait écrit tout un livre sur
le chaméléon, en regardant chacune des parties qu'il passait en revue comme une chose sacrée. « Ce livre, ajoute
Pline, m'a beaucoup amusé à cause des mensonges grecs
dont il est rempli (*cognitis mendaciis græcæ vanitatis*)[1]. »

Le plus grand des sauriens, le *crocodile*, était en
grande vénération chez les anciens habitants d'Ombros,
d'Arsinoé et de Coptos, en Égypte. Au rapport d'Hérodote, les prêtres égyptiens s'emparaient d'un jeune crocodile et l'apprivoisaient, en ayant la précaution de lui attacher les pattes de devant avec une chaîne; ils suspendaient
à ses oreilles des ornements précieux et souvent des pierres précieuses d'une grande valeur; l'animal était nourri
avec la chair des victimes, et après qu'on l'avait traité
pendant sa vie avec toute sorte d'égards, on embaumait
son corps, qui était ensuite déposé dans les catacombes.
Dans d'autres villes, plus rapprochées des rives du Nil, le
crocodile, loin d'être l'objet d'un culte particulier, était
un animal exécré : on se faisait gloire, non de le choyer,
mais de le tuer. Il y avait là une contradiction flagrante,
que les anciens ont déjà fait ressortir pour railler les
Égyptiens et leur religion.

Il y a très-peu de chose à reprendre à la description,
souvent reproduite depuis, qu'Aristote a donnée du crocodile. On lui reprochait depuis longtemps d'avoir com-

1. Pline, XXVIII, 28.

mis une erreur en disant que cet animal n'a pas de langue, lorsqu'on vint à découvrir que sa langue est relativement fort petite et adhérente à la mâchoire inférieure, de manière à passer facilement inaperçue.

Aristote divise les *serpents*, « reptiles sans pieds, » en serpents d'eau et serpents terrestres, et il leur attribue un caractère bas et traître. Il en mentionne quatre espèces : l'*aspic* (ἀσπίς), le *dragon* (δράκων), le *sacré* (ἱερὸς) et la *vipère* ἔχιδνα). A l'exception de la vipère, qu'il dit *vivipare* parce que ses œufs éclosent dans le ventre de la mère, il est difficile d'établir la synonymie moderne des autres espèces. L'aspic était un serpent d'Afrique venimeux, le dragon était un serpent d'eau, et la morsure du sacré devait « faire pourrir aussitôt les chairs d'alentour. »

Les *tortues* étaient divisées, comme elles le sont encore aujourd'hui, en marines, en terrestres et en tortues d'eau douce (ἐμύδες). Comparant leur carapace à une coquille, Aristote la regardait comme un durcissement de la peau. L'opinion de Linné, d'après laquelle le dessus de la carapace est le résultat de la réunion des côtes, tandis que le dessous est celui d'un sternum élargi, a été généralement adoptée. Pausanias, dans sa *Description de la Grèce*, a le premier distingué les pattes de la tortue terrestre de celles de la tortue marine, qu'il dit semblables à celles des phoques. Le conte d'Aristote, d'après lequel « une tortue qui a mangé une vipère, mange aussitôt après de l'origan, » a été reproduit au moyen âge.

Les anciens ne connaissaient pas la métamorphose de la grenouille. L'instinct attribué à la grenouille de mer, « de pêcher dans l'eau trouble, » est passé en proverbe. Les commentateurs d'Aristote et de Pline sont fort divisés pour savoir si le *phrynos* ou *phryné*, que Pline nomme *rubeta*, était une grenouille ou un crapaud, dont le nom commun était *physalos* (qui se gonfle). La *salamandre* (σαλαμάνδρα), reptile assez commun dans les régions subalpines, paraît n'avoir jamais été observée par Aristote, qui raconte « qu'elle marche à travers le feu et l'éteint sur son passage. » Ce conte s'est perpétué.

Poissons. — En disant que les poissons ont, pour la plupart, le corps couvert de lames écailleuses, tandis que d'autres, en petit nombre, ont la peau lisse, Aristote a admis implicitement une classification qui a été adoptée depuis, avec des perfectionnements, par bien des zoologistes ; mais la classification la plus commune chez les anciens était celle qui distinguait les *poissons de mer* des *poissons de rivière*. Les premiers étaient, à leur tour, divisés en ceux qui vivent dans la haute mer et en ceux qui vivent près des côtes, de même que parmi les poissons fluviatiles on distinguait ceux qui se cachent sous des pierres ou dans des rochers de ceux qui se tiennent ouvertement dans l'eau. On ne confondait pas davantage les poissons qui vivent par bandes de ceux qui vivent solitairement. La respiration qui, chez les poissons, se fait ici par les branchies (ouïes), était regardée comme une fonction destinée à rafraîchir simplement le sang. Aristote avait fait plusieurs observations pour montrer que les poissons dorment, bien qu'ils le fassent les yeux ouverts, n'ayant point de paupières pour les fermer ; que, dépourvus des organes de la voix, ils sont absolument muets, et que le bruit qu'ils rendent quelquefois est dû à de simples frottements.

Les anciens connaissaient beaucoup d'espèces de poissons, presque exclusivement destinées à des usages culinaires. Mais, à l'exception d'un petit nombre, il n'est guère facile d'en déterminer la concordance avec les noms modernes. Les Romains préféraient les poissons de mer aux poissons d'eau douce, et ils avaient construit, pour satisfaire leur goût, de vastes réservoirs. Parmi les espèces dont la synonymie paraît incontestable, nous citerons le thon (*scomber thynnus*, L.), l'anguille-murène (*muræna anguilla*, L.), la torpille (*raia torpeda*, L.), la perche (*perca scriba*, L.), le barbeau (*mullus barbatus*, L.), le maquereau (*scomber scombrus*, L.), la carpe, le requin, l'esturgeon, etc.

Mollusques (μαλάκια). — Les mollusques ont été distingués des poissons en ce qu'ils n'ont pas le sang rouge comme ces derniers. Aristote, qui fit le premier cette distinction, a compris ensuite, sous le nom de testacés ou *coquillages* (ὄστρεα), tout à la fois une partie des mollusques et une partie des *crustacés* (μαλακόστρακα). Les connaissances qu'avaient à cet égard les anciens ne s'étendaient guère au delà des huîtres, des moules, des limaces (mollusques terrestres), des langoustes, des homards, des crabes et des écrevisses.

Insectes et vers. — Le nom d'*insectes* vient d'Aristote : « J'appelle, dit-il, *insectes* (ἔντομα) tous les animaux qui ont des *incisions* (ἐντομὰς), soit sur le dos seulement, soit sur le dos et le ventre à la fois[1]. » Cette définition fut adoptée par tous les zoologistes, dont quelques-uns y comprenaient, non-seulement les insectes proprement dits, mais les arachnides, les crustacés et les myriapodes. La fourmi, l'abeille, la guêpe, le frelon, le cousin, quelques mouches, quelques papillons, les parasites de l'homme, quelques scarabées, quelques sauterelles, le criquet, le grillon, la cigale, voilà à quoi se bornait à peu près toute l'entomologie des anciens, qui y comprenaient encore les araignées, les scorpions, les scolopendres et les sangsues (annélides).

Quant aux *vers*, on comprenait sous ce nom tous les animaux que leur caractère général d'être dépourvus de pieds (*apodes*) n'avait pu faire classer parmi les insectes, les mollusques et les crustacés. Une chenille était pour Aristote un *ver* (σκώληξ).

Le ver à soie était-il connu des anciens? On a souvent donné comme un fait acquis à l'histoire que le ver à soie nous vient de la Chine, qu'il a été apporté en Europe au moyen âge, et que la soie était inconnue dans l'antiquité.

---

1. *Hist. animal.*, I, c. 1.

Mais il résulte d'un passage d'Aristote qu'une grosse chenille qui a des espèces de cornes (beaucoup de chenilles du genre *bombyx* sont garnies d'épines semblables à des cornes) fournit, en se métamorphosant, des fils de soie (βομβύκια) que les femmes dévident et dont on fait ensuite des étoffes. Il attribue cette découverte à Pamphyle, fille de Latoüs, dans l'île de Cos[1].

Beaucoup d'auteurs latins, tels qu'Horace, Virgile, Properce, Martial, Pline, Claudien, etc., ont parlé d'étoffes de soie (*sericea*) comme étant en usage de leur temps chez des personnages riches.

Idées des Grecs sur la génération spontanée des animaux.

Anaximandre et Empédocle peuvent être regardés comme les auteurs du système de la transformation et du perfectionnement successifs des espèces animales. Les premières espèces, les espèces types, proviennent, disaient-ils, d'une génération spontanée; elles n'étaient primitivement pas aussi parfaites que celles que nous avons aujourd'hui sous les yeux; mais elles se sont perfectionnées après plusieurs générations successives[2]. Aristote donnait un sens plus restreint au mot de *génération spontanée* (φύσις καθ' ἑαυτὴν αὐτάρκη). Il l'admettait pour tous les êtres qui ne naissent pas vivants ou qui ne proviennent pas d'un œuf. La théorie d'Aristote réunit la majorité des zoologistes dans l'antiquité et au moyen âge. Elle a été reprise, mais sous un tout autre point de vue, de nos jours, par M. Pouchet, combattu par M. Pasteur, partisan de la théorie contraire, d'après laquelle tout être vivant provient d'un œuf ou d'un germe préexistant.

---

1. *Hist. animal.*, v, 19.
2. Plutarque, *De Placitis philosophorum*, v, 19.

LIVRE II.

LA ZOOLOGIE AU MOYEN AGE.

CHAPITRE I.

PRINCIPAUX ZOOLOGISTES.

Dans l'intervalle de temps compris entre la chute de
l'empire d'Occident au cinquième siècle et la chute de
l'empire d'Orient au quinzième siècle, dans ce long intervalle d'environ mille ans, qu'on nomme le moyen âge,
on a ajouté fort peu de chose au fonds commun de la
science, transmis par les Grecs et les Romains. C'est à
peine si l'on rencontre un auteur qui ait pris la zoologie
pour principal objet de ses recherches. La plupart des
écrivains, chroniqueurs, compilateurs et hagiographes, ne
s'en sont occupés que très-incidemment. Isidore de Séville, Abd-Allatif, l'empereur Frédéric II, Albert le
Grand, Vincent de Beauvais, Marco Polo, quelques auteurs de *Bestiaires* méritent seuls une mention spéciale.

Isidore de Séville.

Isidore, mort évêque de Séville en 636, écrivit une sorte d'encyclopédie sous le titre d'*Origines* ou d'*Étymologies*[1] en vingt livres dont le douzième traite des *animaux*; c'est la zoologie adaptée aux croyances du temps. Dénué de tout esprit d'observation, l'auteur ne sut pas même mettre à profit les ouvrages d'Aristote et de Pline. Le *gryphe* y est désigné comme un quadrupède penné, qui vit dans les régions hyperboréennes ; « son corps est celui d'un lion, sa face celle d'un aigle : il est le plus grand ami des chevaux. » L'*ichneumon* porte le nom de *enhydros*. Le basilic, *basiliscus*, « est ainsi appelé, parce que c'est le roi des serpents : dès que ceux-ci le voient, ils s'enfuient, car il les tue avec son haleine ; il tue aussi l'homme par la simple vue. Cependant il est vaincu par les belettes que les hommes lâchent après lui. Il a un demi-pied de longueur et est tacheté de blanc. » --- « Le *crocodile* est ainsi appelé à cause de sa couleur de safran, *e croceo colore.* » Le reste du livre est dans le même genre. Aucune classification n'a présidé à cette informe compilation. On y voit rangés parmi les poissons, non-seulement les baleines et les dauphins, ce qui était pardonnable, mais les hippopotames, les crocodiles, les huîtres et les éponges. Aussi M. Pouchet a-t-il pu dire avec raison, dans son *Histoire des sciences naturelles au moyen âge*, que l'œuvre d'Isidore de Séville « apparaît comme un stérile monument constatant l'ignorance des temps où il fut écrit. »

---

1. Cet ouvrage, souvent cité, fut pour la première fois imprimé à Vienne en 1472, sous le titre de *Etymologiarum libri* XX. L'édition la plus correcte est celle d'Otto ; elle forme le 3ᵉ volume du *Corpus grammaticorum veterum*, de Lindemann ; Leipzig, 1833, in-4.

Abd-Allatif.

Parmi les Arabes, qui depuis le huitième siècle promenèrent leur civilisation d'emprunt des rives de l'Euphrate jusqu'aux rives du Nil et du Guadalquivir, nous ne voyons qu'Abd-Allatif, médecin de Bagdad (né en 1162, mort en 1231), qui mérite ici d'être cité. Dans sa *Relation de l'Égypte*, traduite en français par Silvestre de Sacy, on trouve des détails intéressants sur l'incubation artificielle des œufs, ainsi que sur les principaux animaux du Nil, particulièrement sur l'hippopotame, le crocodile, le gecko, le scinque, la torpille, etc.

L'empereur Frédéric II.

L'empereur Frédéric II (né en 1194, mort en 1250, l'un des princes les plus éclairés du moyen âge, passe pour l'auteur d'un traité de fauconnerie ou de l'art de chasser avec les oiseaux, *De arte venandi cum avibus* (imprimé en 1596 à Augsbourg [1], avec des annotations de Mainfroy, roi de Sicile, fils de Frédéric II. Cet ouvrage est remarquable par l'esprit d'observation qui y règne, chose rare à cette époque. Les descriptions d'oiseaux, surtout celle du pélican, qu'on y trouve, sont en général très-exactes. L'art de la fauconnerie, qui a pris son origine dans les plaines de l'Arabie et de la Syrie, où l'on peut suivre à cheval le vol des oiseaux, commençait alors à être introduit en Europe.

1. J. G. Schneider en a donné une nouvelle édition, avec des fragments d'autres ouvrages attribués au même prince (*Reliqua librorum Frederici II*, etc.; Leipzig, 1788).

Frédéric II fit traduire Aristote en latin, et tira de l'Afrique divers animaux très-rares, tels que la girafe et l'éléphant qu'on n'avait jamais vus encore en Allemagne. Avant lui, Charlemagne avait déjà reçu un éléphant, qui se trouvait parmi les présents envoyés à l'empereur d'Occident par le calife de Badgad, Haroun-al-Raschid.

Albert le Grand.

Albert le Grand, évêque de Ratisbonne (né en 1193, mort en 1280), dont nous avons déjà parlé dans l'*Histoire de la Chimie*, a mérité le titre de Buffon du treizième siècle par son traité *Des animaux*[1]. Il ne s'est pas seulement borné à y mettre à contribution Aristote et Pline ; il y a des observations et des vues qui lui appartiennent en propre. Ainsi, il fait de l'homme un être à part, « seul lien entre Dieu et le monde, parce qu'il a en lui l'intelligence par laquelle il s'élève au-dessus du monde. » L'homme est donc pour Albert quelque chose de plus qu'un bimane ou qu'un descendant du singe.

Après avoir proclamé l'immutabilité des espèces, l'auteur passe de l'homme aux autres formes de la série zoologique en descendant graduellement du mammifère jusqu'à l'éponge, qu'il représente comme le dernier terme de l'animalité. Les espèces qu'il énumère sont disposées, comme dans nos dictionnaires, par ordre alphabétique ; on y remarque surtout celles qui habitent les régions boréales, fort peu connues des anciens.

Sur cette faune hyperboréenne le savant évêque de Ratisbonne pouvait avoir été très-bien renseigné par les baleiniers qui formaient alors une véritable corporaration sous le nom de *societas walmannorum* (de *wal*,

____

1. T. VI de ses *Opera omnia* (Lyon, 1651, in-fol.).

baleine, et de *mann*, homme). En parlant de la pêche des baleines, qui formait une des principales branches de l'industrie du moyen âge, il décrit deux procédés, dont l'un, depuis longtemps en usage, consistait à attaquer ces cétacés avec de petites barques montées par trois hommes, dont deux dirigeaient l'esquif pendant que le troisième lançait un harpon, à l'extrémité duquel était fixée une corde. Le second procédé, imité depuis des Anglais, différait du premier en ce que le harpon était lancé au moyen d'une baliste.

À son histoire de la baleine, cétacé qu'Aristote distinguait déjà du dauphin par la situation de l'évent (qui est au dos dans le dauphin et au front dans la baleine), il faut ajouter celle du narval, du cachalot et du morse. Suivant Albert, le narval, connu aussi sous le nom de licorne de mer, *unicorne marinum*, a les mouvements lents. C'était là une erreur, s'il faut s'en rapporter aux récits des voyageurs modernes, selon lesquels ce curieux cétacé nage, au contraire, avec une incroyable vitesse, ce qui expliquerait comment il arrive à enfoncer ses défenses si profondément dans la coque des navires. Mais Albert ne se trompait pas sur l'origine du blanc de baleine, *sperma ceti*, en parlant de l'huile qui sortait en abondance de la tête de deux cachalots échoués de son temps sur les côtes de la Hollande. Il connaissait aussi l'ambre gris ; mais il ignorait que ce produit n'est qu'une déjection durcie du cachalot[1].

Le *morse* ou cheval marin, qui serait mieux appelé *éléphant de mer* à cause de ses deux défenses (grandes canines), était inconnu aux anciens, parce qu'on ne le rencontre, en compagnie des phoques, que dans les eaux arctiques aux environs du Spitzberg, de la Nouvelle-Zemble, aux embouchures des fleuves de la Sibérie, etc. Au

---

1. Voy. Swediaur, *Recherches sur l'ambre gris*, dans les *Philosophical Transactions*, année 1784.

treizième siècle, on n'avait encore que des notions très-imparfaites sur cet amphibie, quoique les Fennes en fissent alors une chasse très-active, pour en retirer l'huile et les défenses. Ces sauvages, semblables aux Esquimaux, prenaient, à en juger par le Périple d'Other, le morse (*cetus equinus*) pour une baleine velue, munie de pieds. Il ne nous est guère bien connu que depuis environ deux siècles par le récit des voyageurs du Nord.

Les *castors*, que les anciens connaissaient sous le nom de chiens du Pont-Euxin, n'étaient pas rares en Europe du temps d'Albert, qui dit positivement qu'ils construisaient des espèces de bourgades sur les bords des principaux fleuves. On s'est étonné de ce fait, parce que les castors, qui habitent encore aujourd'hui l'Ancien Continent, n'y bâtissent jamais aucun de ces singuliers villages que leur espèce continue de construire dans l'Amérique du Nord. On a voulu conclure de là que les facultés de ces animaux se sont modifiées avec le temps. Mais, au lieu de s'engager dans une série d'hypothèses plus ou moins admissibles[1], il est plus simple de dire que les castors deviennent rares dès qu'on leur fait une guerre acharnée, qu'ils s'isolent et perdent leurs mœurs primitives. Ainsi, au lieu de vivre par petites républiques, et d'élever des cités lacustres, qui ont fait supposer à nos archéologues l'existence fantastique d'une singulière race humaine, aimant mieux bâtir dans l'Océan que sur terre ferme, ils ne creusent plus que des galeries souterraines où ils se réfugient.

En expliquant l'origine du *castoréum*, précieux médicament déjà connu des anciens, Albert rejette la tradition fabuleuse, d'après laquelle le castor, poursuivi par des chasseurs, se mutilerait en abandonnant, comme une sorte de rançon, ses poches secrétoires, remplies de cette

____

1. Voy. Pouchet, *Histoire des sciences naturelles au moyen âge*, p. 285.

substance, tant recherchée autrefois des médecins comme un des meilleurs remèdes antispasmodiques.

L'*ours blanc* paraît avoir été pour la première fois indiqué comme une espèce particulière par Albert le Grand. Cela seul montre qu'il en avait une connaissance plus exacte qu'Aristote et que Buffon même. Ne se fondant pas seulement sur la couleur pour distinguer l'ours blanc des autres ours, il insiste surtout sur les habitudes de cet animal de chasser dans l'eau comme un amphibie et d'y poursuivre sa proie comme la loutre et le castor. Qu'Aristote ait pris l'ours blanc pour une simple variété de l'espèce à pelage foncé, il n'y a là rien d'étonnant : il ne pouvait le connaître que par le récit de quelque voyageur aventureux ; mais que Buffon ait pu conserver encore des doutes sur le caractère spécifique de ce plantigrade, voilà ce qui ne se comprend guère. Linné même ne put se décider que dans la dixième édition de son *Systema naturæ* à décrire l'ours blanc, sous le nom d'*ursus maritimus*, comme une espèce distincte de l'ours brun.

La *zibeline*, espèce de marte, dont la fourrure forme une branche importante du commerce de la Russie, n'est guère connue que depuis le Voyage en Sibérie de Gmelin : ce naturaliste en vit deux vivantes chez le gouverneur de Tobolsk ; la description qu'il en donne a été depuis reproduite par Buffon. Cependant déjà Albert le Grand avait connu la zibeline, et le *sathérion* d'Aristote paraît être identique avec ce carnassier.

Dans son *Histoire des oiseaux*, Albert a spécialement traité des différentes espèces de faucons, de leurs mœurs, de leur éducation et même de leurs maladies. Il les divise en trois catégories : les nobles, les lâches, et les espèces mixtes, augmentées par l'union adultérine des faucons nobles avec les lâches, parmi lesquels il comprend les espèces les plus disparates, les hiboux, les pies-grièches, etc.

La *bernache*, espèce d'oie du Nord, a été l'objet de fables étranges, qui se sont propagées, à travers tout le moyen âge, jusqu'au dix-septième siècle. On a dit qu'elle naît, comme la macreuse, espèce de canard (*anas nigra*, L.), dans certains coquillages, nommés *conques anatifères*, ou sur certains arbres du littoral de l'Europe et des îles Orcades. Selon Fulgence et d'autres, les arbres qui devaient porter ce genre de fruit, ressemblaient à des saules qui produisent, au bout de leurs branches, de petites boules gonflées, contenant des oisillons couverts de duvet. Ne serait-ce pas là une allusion au cotonnier chargé de capsules entr'ouvertes? Malheureusement, quand une fois le champ est ouvert aux hypothèses, on ne s'arrête pas à demi-chemin. Gambden et Turnèbe, renchérissant sur la légende, imaginèrent que c'est dans des débris de vieux navires pourris dans l'eau que se forment les bernaches comme de gros vers et y achèvent leur métamorphose. Bien qu'Albert le Grand eût repoussé ces contes relatifs à la reproduction des bernaches, on les vit encore, aux seizième et dix-septième siècles, accueillis par des savants tels que Lobel, Conrad Gesner et Aldrovande. Sébastien Münster, dans sa *Cosmographie*, va jusqu'à décrire l'arbre aux bernaches, et Aldrovande l'a figuré chargé de fruits, dont une partie s'entr'ouvre en laissant s'échapper des oisillons.

En opposition avec les croyances de ses contemporains, Albert le Grand rejeta aussi la fable de l'incombustibilité de la salamandre. L'origine de cette fable doit sans doute être cherchée dans ce que la salamandre, comme tout objet entouré de mucosité, peut résister quelque temps à l'action du feu. Dans les chauves-souris, qu'il continuait de confondre avec les oiseaux, il a le premier signalé l'existence d'une double conque auditive, formée par l'oreille.

Dans l'*Histoire des poissons*, au nombre desquels il mettait tous les animaux aquatiques, *aquatilia*, il a très-bien décrit l'espadon comme ayant la peau lisse, la queue mince, bilobée, et comme tenant à la fois de la forme du dauphin et de l'esturgeon. En parlant des harengs, dont on faisait une pêche fructueuse sur les côtes de la Hollande, il nous apprend que, de son temps, l'on salait ces poissons, ce qui met à néant l'opinion généralement admise que la salaison est une invention du quatorzième siècle.

En traitant des *petits animaux* (insectes, arachnides, annélides), qu'il croit, avec Aristote, être privés de sang, Albert a distingué le premier les insectes des annélides, auxquels il donne le nom même de *animalia annulosa*, dont la sangsue peut passer pour type.

Vincent de Beauvais.

Vincent de Beauvais (né vers 1190, mort en 1264), dominicain comme Albert le Grand, dont il passe pour l'élève, a consacré, dans son *Speculum naturale*, véritable encyclopédie des sciences au moyen âge, six livres (du 16ᵉ au 22ᵉ) à l'histoire des animaux. C'est une compilation dont Aristote, Pline, Dioscoride, Isidore de Séville, ont fait presque tous les frais. Moins judicieux qu'Albert le Grand, il croit hardiment à l'existence de l'arbre aux bernaches, *anseres arborei*, arbre qu'il dit croître en Écosse. Conformément à la légende, il représente aussi le pélican comme s'ouvrant la gorge pour nourrir ses petits. Son agneau de Russie, *agnus Scythicus*, vivant aux bords du Volga, et tenant à la fois de la nature d'un animal et de celle d'une plante, était une création tout aussi fantastique.

Au milieu de ces contes, on trouve cependant quelques renseignements curieux. Ainsi il nous apprend la pompe avec laquelle se faisait la pêche de la baleine. « Les barques étant rassemblées, on faisait, dit-il, retentir l'air du son des timbales et d'autres instruments : on supposait que la baleine avait l'oreille sensible aux accents de la musique. Au moment où la bête imprudente y prêtait toute son attention, on lui lançait le harpon auquel était attachée une longue corde et on s'éloignait en toute hâte. » Mais cette chasse semblait, comme le fait remarquer M. Pouchet[1], ne se pratiquer que le long des côtes, car l'auteur ajoute qu'après la mort du cétacé « on l'amenait triomphalement à terre au bruit des acclamations ».

Après les écrivains que nous venons de passer en revue, on trouvera très-peu à glaner dans les commentaires du *Physiologus*, dont le véritable auteur est inconnu ; dans le *Hortus deliciarum* de Herrade de Landsberg[2] ; dans le *Trésor* de Brunetto Latini ; dans le *Propriétaire* de Barthélemy l'Anglais ; dans l'*Image du Monde*, célèbre poëme du treizième siècle, destiné à populariser les connaissances du *Trivium* et du *Quadrivium*. A ces compilations, pauvres en faits scientifiques, il faut ajouter le livre des *Propriétez des bestes*, extrait du fameux *Roman d'Alexandre* et publié, d'après le manuscrit n° 138 de l'ancien fonds de Saint-Germain des Prés (Bibliothèque nationale de Paris), par Berger de Xivrey dans ses *Traditions tératologiques* (Paris, 1836, in-8°).

1. *Histoire des sciences naturelles au moyen âge*, p. 480.
2. Le manuscrit, unique, de Herrade, abbesse du monastère de Hohenberg (en 1167), se conservait à la bibliothèque de Strasbourg. Il a malheureusement péri pendant le bombardement de cette ville par les Badois (août 1870).

CHAPITRE II.

LES BESTIAIRES.

Certaines compositions du moyen âge, dont le plus grand nombre existe encore en manuscrits, portaient les noms de *Bestiaires*, de *Volucraires* et de *Lapidaires :* c'étaient des traités sur les *Quadrupèdes*, les *Oiseaux* et les *Pierres*, en harmonie avec les croyances de l'époque. Les *Bestiaires*, latins et français, publiés par MM. Cahier et Martin (*Mélanges archéologiques*) d'après les manuscrits de la Bibliothèque nationale, peuvent donner une idée de ce genre d'ouvrages, où le symbolisme religieux joue le plus grand rôle.

Nous avons nous-même sous les yeux le *Bestiaire divin*, composé sous le règne de Philippe Auguste, après l'année 1208, par Guillaume, clerc de Normandie, et publié par M. Hippeau (Caen, 1852, in-8°).

Pour montrer comment on se plaisait alors à faire servir la zoologie, vraie ou fictive, d'auxiliaire à la théologie, nous allons en reproduire quelques passages.

Lion. — Comme la plupart des Bestiaires, celui de Guillaume s'ouvre par la description du lion. « Le lion, dit l'auteur, habite les hautes montagnes ; quand il se voit poursuivi par le chasseur, il efface avec sa queue la trace de ses pas[1]; quand il dort, il a les yeux ouverts[2]. La lionne met bas des petits qui restent à terre sans vie pendant trois jours; ils sont abandonnés par elle; mais le lion arrive, et soufflant sur eux, il les rappelle à la vie. C'est ainsi que Jésus-Christ cacha si bien sa venue sur terre, que le démon lui-même ne s'en aperçut pas. Trois jours aussi, comme le petit du lion, il fut privé de vie; mais Dieu le Père le fit sortir du tombeau et ressusciter glorieusement. »

Phénix. — « Quand il a vécu cinq cents ans, le phénix vole vers la cité d'Héliopolis, où il va brûler son corps sur un autel chargé de parfums. Un prêtre, qui connaissait d'avance l'instant de sa venue, arrive alors, écarte la cendre et y trouve un petit ver d'une odeur merveilleuse, qui se change en un phénix nouveau. Celui-ci, après avoir salué son chapelain, prend son vol pour revenir au même lieu, après un intervalle de cinq cents années[3]. C'est ainsi qu'est ressuscité Notre-Seigneur Jésus-Christ. Comment les incrédules pourraient-ils nier ce miracle? Ce qu'ils affirment du phénix, un Dieu ne peut-il pas avec bien plus de raison le faire? »

Singe. — « Cet animal est laid et mal bâti. Quel qu'il soit par devant, il est encore bien plus affreux par derrière. Il a une tête, mais il n'a pas de queue.... Il ressemble en tout point au démon; ange déchu, il a conservé ses traits d'autrefois, mais il a perdu sa queue, et plus tard, comme dit l'Écriture, il périra tout entier. »

Belette. — « La belette conçoit par la bouche et en-

---

1. Assertion purement imaginaire.

2. Encore une erreur. Les lions dorment, comme les chats et les chiens, les yeux fermés; c'est le lièvre qui dort les yeux ouverts. Mais il est vrai, comme l'avait déjà dit Plutarque, que le lion naît les yeux ouverts, ce qui le fit primitivement consacrer au soleil.

3. Cette fable, faisant allusion à une période astronomique, ne rappelle les mœurs d'aucun animal connu.

fante par l'oreille. Elle porte ses petits d'un lieu dans un autre ; elle fait aux serpents une guerre impitoyable. » — A la belette, qui change souvent de place, sont assimilés ceux qui, après avoir cru à la parole de Dieu et promis de le servir, le renient et cessent d'obéir à ses commandements.

Cette zoologie symbolique a cependant son utilité. Elle peut servir à expliquer les animaux fantastiques dont les figures font l'ornement de la plupart de nos vieilles cathédrales gothiques.

CHAPITRE III.

ZOOLOGISTES VOYAGEURS.

B. de Tudèle. Rubruquis.

Les croisades firent naître le désir de visiter les régions lointaines de l'Orient. Mais les voyageurs d'alors n'avaient guère l'esprit tourné vers les sciences d'observation. *Benjamin de Tudèle*, juif espagnol, parcourut, vers la fin du douzième siècle, le midi de l'Europe, la Palestine, l'Égypte, l'Éthiopie, etc. ; mais il ne parle le plus souvent, dans son *Itinéraire* (imprimé en latin en 1575 à Anvers), que par ouï-dire, ce qui peut faire douter, en partie, de la réalité de son voyage. Il a parlé l'un des premiers de l'animal qui fournit le musc, comme étant propre au Tibet.

Le moine *Rubruquis*, qui adressa à saint Louis une relation de son voyage en Tartarie, fit connaître le bœuf grognant, aux longues cornes et à la double crinière (l'une au cou et l'autre sous le ventre), ainsi que les chevaux sauvages qui habitent par troupes les steppes de l'Asie.

Marco Polo.

Marco Polo, désireux de voir le « pays du grand Khan », parcourut la Perse, la Tartarie, le Tibet, longea les côtes de la Chine, passa le détroit de Malacca, vit Sumatra et Ceylan, doubla le cap Comorin, côtoya le Malabar, aborda à Ormus dans le golfe Persique, passa par Trébizonde, par Constantinople, et revint à Venise, en 1295, après une absence de vingt-quatre ans. Dans ce long et singulier voyage, plus utile au commerce qu'à la science, celui que Malte-Brun a surnommé le *Humboldt du treizième siècle*, dit avoir rencontré des bœufs dont le dos était surmonté d'une énorme bosse, et des moutons de la taille d'un âne, dont la queue pesait jusqu'à trente livres. Il est évidemment question là, comme le remarque judicieusement M. Pouchet[1], du zébu et de la race des moutons à grosse queue qu'on élève encore aujourd'hui dans l'Asie Mineure. Marco Polo parle aussi des tigres qui suivent à la chasse les princes de l'Asie. Le fait de ces tigres chasseurs, qui n'étaient autres que des guépards (espèce de chats tachetés), a été confirmé par les récits de voyageurs plus récents, tels que Tavernier, Chardin et Bernier. Les antiques monuments de l'Egypte portent aussi, suivant Champollion-Figeac, des preuves irrécusables de la domestication de ces tigres chasseurs.

En visitant la côte orientale de l'Afrique et de l'île de Madagascar, Marco Polo entendit parler du *roc* comme d'un oiseau tellement puissant qu'il pouvait enlever un éléphant dans l'air. Par une coïncidence étrange, c'est dans ces mêmes parages qu'on a découvert, il y a une vingtaine d'années, les ossements et les œufs d'un oiseau

---

1. *Histoire des sciences naturelles au moyen âge*, p. 597.

gigantesque, l'*epiornis maximus*, qui avait environ six fois la grosseur de l'autruche [1].

Quant aux voyages du franciscain Oderic de Portenau en Tartarie, de Jean de Mandeville en Asie et en Afrique, au quatorzième siècle, de Gonzalès Clavigo, envoyé en 1403 par le roi d'Espagne en ambassade auprès de Tamerlan, de Josaphat Barbaro, député par la république de Venise vers le roi de Perse, ils n'offrent presque aucun intérêt pour l'histoire de la zoologie.

1. Isidore Geoffroy Saint-Hilaire, dans les *Comptes rendus* de l'Acad. des sciences, année 1851.

LIVRE III.

LA ZOOLOGIE DANS LES TEMPS MODERNES.

CHAPITRE I.

INFLUENCE DE LA DÉCOUVERTE DU NOUVEAU-MONDE SUR LES PROGRÈS DE LA ZOOLOGIE.

La découverte du Nouveau-Monde, vers la fin du quinzième siècle, marque le commencement d'une ère nouvelle. Ce continent, qui depuis son origine nous était resté aussi inconnu que la face opposée de la lune, est peuplé d'animaux et de végétaux qui lui donnent en quelque sorte une physionomie particulière.

Une chose qui frappa d'étonnement déjà les premiers voyageurs, c'est que l'Amérique ne possédait originairement aucun des animaux domestiques sans lesquels il nous serait difficile de vivre. Ainsi, les Américains autochthones n'avaient ni chevaux ni ânes, ni bœufs, ni vaches, ni brebis, ni chèvres; ils ne connaissaient même ni nos chiens, ni nos chats. On sait l'épouvante que causa aux indigènes la vue des cavaliers espagnols. Depuis lors les chevaux se sont parfaitement acclimatés dans le Nouveau Continent : ils y sont maintenant presque aussi communs que dans l'Ancien-Monde. Les ânes y ont également bien réussi et produisent de nombreux mulets ; à la fin du dernier siècle, on les estimait à environ un million et demi de têtes. Les taureaux s'y sont aussi singulièrement multipliés. « Des troupes innombrables de taureaux, redevenus sauvages, de chevaux et de mulets errent, rapporte Al. de Humboldt, dans les llanos de la Guyane et de l'Orénoque. La multiplication prodigieuse de ces animaux de l'Ancien-Monde est d'autant plus étonnante, que les dangers qu'ils ont à combattre dans ces régions sont plus nombreux[1]. » Le bison, qui existait au Mexique avant l'arrivée des Européens, est une espèce différente de nos bœufs, et sa femelle n'a jamais servi, comme chez nous la vache, à fournir du lait comme aliment.

Les brebis, les chèvres et les cochons, qu'on voit aujourd'hui en si grand nombre en Amérique, viennent tous des espèces qui y ont été transportées d'Europe. Quant à l'introduction de la race canine, elle a soulevé une question assez intéressante pour que nous nous y arrêtions un instant. Un premier fait certain, c'est que les chiens d'Europe sont devenus sauvages dans les pampas (prairies) de l'Amérique méridionale. Vivant en société dans des cavernes, où ils cachent leurs petits, ils attaquent souvent avec une rage sanguinaire l'homme, au service duquel étaient attachés leurs ancêtres. Un autre fait non moins certain, c'est que les Péruviens avaient, avant l'arrivée des Européens, de petits animaux semblables à nos chiens et que Garcilaso nomme *perros gosques*. On a trouvé même, chez les Indiens de la vallée de Houancaya, le culte des chiens à côté du culte du soleil. Les prêtres se ser-

____

1. *Tableau de la nature*, t. 1, p. 31 (de notre traduction).

vaient de crânes de chiens en guise de trompettes ; les fidèles mangeaient même en substance leur divinité canine [1]. Ce culte explique pourquoi on trouve quelquefois des momies de chiens dans les tombeaux péruviens de l'époque primitive. Or il résulte de l'examen de ces momies, fait par M. Tschudi, auteur de la *Fauna Peruviana*, que le chien des anciens Péruviens, *canis Ingæ*, appartient à une espèce différente de celle de l'Europe. Quant au chien trouvé dans les Antilles par Christophe Colomb, au Mexique par Cortez, au Pérou par Pizzaro, il appartient aussi à une espèce différente de la nôtre : c'est le *canis caraïbicus* de Lesson, de couleur grise, n'aboyant pas, et qu'on rencontre encore aujourd'hui dans certaines contrées du Pérou.

Les premiers renseignements, fort incomplets, que nous ayons sur les animaux du Nouveau-Monde, nous ont été transmis par trois écrivains espagnols déjà mentionnés dans notre *Histoire de la Botanique* : Gonsalve d'*Oviédo* (né à Madrid en 1478, mort à Valladolid en 1557), ancien gouverneur de l'île d'Haïti (Hispaniola), auteur d'une *Historia general e natural de las Indias occidentales*, dont il n'a paru que la première partie (Séville, 1535 ; réimprimé à Salamanque en 1547) ; Joseph d'*Acosta*, missionnaire jésuite (né en 1540, mort en 1599), dont l'*Histoire naturelle et morale des Indes* (Séville, 1594) ne contient qu'un très-petit nombre de documents zoologiques ; Francisco *Hernandez*, premier médecin de Philippe II, dont les travaux manuscrits, achetés par Cesi, furent publiés par Recchi sous le titre de *Rerum medicarum novæ Hispaniæ thesaurus, seu Plantarum, animalium, mineralium Mexicanorum Historia*, ouvrage plus précieux pour l'histoire de la botanique que pour celle de la zoologie.

En comparant les animaux du Nouveau-Monde avec ceux de notre Ancien Continent, Buffon a été conduit à

1. Garcilaso de la Vega, *Commentarios reales*, t. I, p. 144.

formuler des lois, qui ont servi de fondements à la géographie zoologique. Ainsi, les plus grands animaux du Nouveau-Monde, tels que le lama, l'alpaca, le tapir, sont loin d'atteindre les proportions des grands mammifères de l'Ancien-Monde, tels que l'éléphant, le chameau, le dromadaire. Ce n'est que dans les zones froides et tempérées de l'un et de l'autre continent que l'on rencontre des espèces qui appartiennent en même temps aux deux hémisphères. Aucune des nombreuses espèces animales des régions intertropicales de l'Amérique ne se retrouve dans les régions intertropicales de l'Ancien-Monde. « Nous ne prétendons pas, ajoute Buffon, assurer affirmativement et généralement que de tous les animaux qui habitent les climats les plus chauds de l'un et de l'autre continent, aucun ne se trouve dans tous les deux à la fois ; il faudrait, pour en être physiquement certain, les avoir tous vus ; nous prétendons seulement en être moralement sûrs, puisque cela est évident pour tous les grands animaux, lesquels seuls ont été remarqués et bien désignés par les voyageurs ; que cela est encore clair pour la plupart des petits, et qu'il en est peu sur lesquels nous ne puissions prononcer. D'ailleurs, quand il se trouverait à cet égard quelques exceptions évidentes (ce que j'ai bien de la peine à imaginer), elles ne porteraient jamais que sur un très-petit nombre d'animaux, et ne détruiraient pas la loi générale que je viens d'établir, et qui me paraît être la seule boussole qui puisse nous guider dans la connaissance des animaux. » Cette loi a été complétement confirmée depuis que l'on connaît à peu près tous les grands animaux du Nouveau-Monde. La réserve avec laquelle elle a été formulée fait le plus grand honneur au génie de Buffon.

Rien de plus intéressant à étudier que la correspondance ou l'analogie des principales espèces animales qui peuplent l'Ancien et le Nouveau-Monde. Ainsi, le Nouveau-Monde a ses singes ; mais ils sont bien différents de ceux de l'Ancien-Monde. Les singes d'Amérique, les sapajous et les sagouins sont tous de petite taille et à longue queue ; les sapajous se servent de leur queue pour saisir ce qu'ils ne peuvent prendre avec la main ; les sagouins ont la queue non prenante. Les singes de l'Ancien Continent, beaucoup plus grands, sont les uns sans queue, comme le magot ou pithèque (singe proprement dit), qui n'a pour queue qu'un petit tubercule ; les autres, tel que le babouin, n'ont qu'une queue très-courte ; enfin ceux qui ont une longue queue, comme les makis de l'île de Madagascar, sont tous beaucoup plus grands que les singes du Nouveau-Monde. Il y a bien d'autres caractères qui distinguent les quadrumanes des deux continents. Ainsi, les singes de l'Asie et de l'Afrique, les babouins et les guenons, les *kéboi* ou singes à queue des Grecs (mone, callitriche, talapoin, etc.), ont les fesses pelées et des callosités inhérentes à ces parties ; ils ont des abajoues, c'est-à-dire des poches au bas des joues pour y *garder leurs aliments*; ils ont la cloison des narines étroites, et celles-ci sont ouvertes au-dessous du nez, commes celles de l'homme. Les singes d'Amérique ont, au contraire, du poil aux fesses, et point de callosités anales ; tous manquent d'abajoues, et leurs narines, séparées par une cloison épaisse, s'ouvrent sur les côtés du nez, et non pas en dessous. Tous les grands singes anthropomorphes appartiennent à l'Ancien-Monde ; tels sont l'orang-outang de l'Asie, le chimpanzé et le gorille de l'Afrique. Enfin aucune espèce de singe, et c'est là une des plus belles découvertes de Buffon, n'est la même dans les deux continents.

L'Amérique a aussi ses lions et ses tigres. Mais le *puma*, que les voyageurs ont appelé *lion d'Amérique*, n'a pas de crinière ; puis il est beaucoup plus petit, plus faible et plus poltron que le vrai lion, le lion de l'Ancien-Monde. Le tigre d'Amérique, c'est le *jaguar*. Il est également d'une taille moins forte que le vrai tigre, le tigre de l'Ancien-Monde ; il s'en distingue encore par les taches arrondies dont sa peau est parsemée : le tigre de l'Ancien-Monde a, sur un fond de poil fauve, non pas des taches arrondies, mais des bandes noires qui s'étendent transversalement sur tout le corps.

Buffon se trompait en présentant le tapir comme « l'animal le plus grand de l'Amérique ». Le lama et le bison sont plus grands. Le tapir d'Amérique (*tapir americanus*, L.), pachyderme qui habite les bords des rivières, et qui a la taille d'un petit âne, est la seule espèce que Buffon ait connue. On a trouvé depuis une seconde espèce, également américaine, le tapir des Cordillères. Il en existe même une troisième espèce, propre à l'Asie, le tapir de l'Inde (*tapir indicus*). Mais comme c'est là le plus grand de tous les tapirs, il ne fait que confirmer la loi de Buffon, d'après laquelle les plus grosses espèces d'un même genre appartiennent toujours à l'Ancien-Monde.

Nous reviendrons plus bas sur les importantes données de Buffon.

Parmi les autres animaux, essentiellement propres à l'Amérique (régions tropicales), nous citerons : l'aï ou paresseux, dont une espèce a trois doigts (*bradypus tridactylus*), et une autre deux doigts (*bradypus didactylus*) aux pieds de devant [1] ; le cabiai, qu'on a appelé *cochon d'eau*, bien que ce soit un rongeur et non un pachyderme ; les fourmiliers, remarquables par la conformation de leur langue, grosse, cylindrique, semblable à celle des pics ; les tatous édentés du Brésil, couverts d'une carapace comme les tortues ou les crustacés, ayant leurs analogues dans les pangolins des Indes orientales ; le sarigue ou l'opossum (*didelphis opossum*, L.), la marmose (*didelphis murina*, L.), le cayopollin (*didelphis cayopollinus*, L.), animaux à bourses (marsupiaux), ayant leurs

---

1. Les pieds de derrière ont trois doigts dans les deux espèces. Buffon ne connaissait que le *bradypus tridactylus*.

analogues génériques dans les kangurous de la Nouvelle-Hollande, dans les phalangers des Moluques, etc.; le pécari ou sanglier d'Amérique, etc.

La fusion des animaux, nettement séparés dans la zone torride, commence à se faire sentir à mesure qu'on s'éloigne des tropiques de l'Ancien et du Nouveau-Monde, si bien qu'elle est un fait établi dans la zone froide des deux continents. L'ours cendré, le terrible ours de l'Amérique septentrionale, n'est point distinct comme espèce de l'ours brun d'Europe. L'élan et le renne, propres à l'extrême nord de l'Europe et de l'Asie, se retrouvent dans le nord de l'Amérique, au Canada, le premier sous le nom d'*orignal*, le second sous telui de *caribou*. « Les naturalistes qui ont, dit Buffon, douté que l'orignal fût l'élan et le caribou le renne, n'avaient pas assez comparé la nature avec les témoignages des voyageurs : ce sont certainement les mêmes animaux qui, comme tous les autres dans le Nouveau-Monde, sont seulement plus petits que dans l'Ancien Continent. » Rien n'est venu depuis contredire cette observation du grand naturaliste.

Le castor du Canada est le même que celui de l'Europe. Si le dernier ne construit plus des cités lacustres, c'est que l'impitoyable chasse qu'on a depuis des siècles faite à ses semblables, a détruit son instinct d'association et l'a réduit à l'état d'un animal solitaire. Du reste, depuis qu'il est devenu également rare en Amérique, on n'y rencontre plus de ses constructions. Avant cent ans peut-être il aura disparu des deux continents; on n'en retrouvera plus alors que les ossements, et, comme par sa taille, par sa queue aplatie et par d'autres caractères encore, il s'éloigne beaucoup de nos rongeurs ordinaires, son espèce éteinte passera aux yeux de la postérité pour un fossile antédiluvien, pour un rat étrange, d'une taille hors de proportion avec celle des rongeurs restants. Cette observation ne pourrait-elle pas rétroactivement s'appliquer à plus d'une espèce éteinte?

Parmi les animaux qui habitent le nord de l'Ancien et
du Nouveau-Monde, citons encore le loup, le renard, la
belette, l'hermine, les phoques. De ce fait général on a
cru devoir conclure que les deux continents étaient primitivement contigus vers le nord, et que les animaux qui
leur sont communs ont passé de l'un à l'autre sur des
terres, encore inconnues ou actuellement submergées vers
le pôle arctique.

La facile conquête du Mexique par Fernand Cortez, fit
bientôt affluer dans ce pays un grand nombre d'Européens. Mais, depuis F. Hernandez jusqu'au voyage d'Alex.
de Humboldt, on n'avait rien appris de nouveau sur les
productions naturelles du Mexique. Les autres parties de
l'Amérique n'ont été explorées que plus tard par des
Français et par des Hollandais ou Allemands.

Au milieu du seizième siècle, l'amiral de Coligny eut
l'idée de fonder une colonie au Brésil avec plusieurs familles protestantes. Leur départ eut lieu, en 1555, sous
la conduite de Villegagnon, chevalier de Malte. Les co-
lons abordèrent dans la partie du Brésil où est maintenant située la ville de Rio de Janeiro ; ils y construisirent
un fort ; mais ayant à la fois à combattre les sauvages et
à se garantir des Portugais, leur établissement n'eut
qu'une très-courte durée. De cette première colonie française dans l'Amérique méridionale il ne reste d'autre souvenir que deux ouvrages qui ont une certaine valeur pour
l'histoire naturelle d'alors. L'un est d'André Thevet qui,
avant d'aller au Brésil, où il resta trois mois, avait déjà
voyagé en Grèce et dans le Levant avec Pierre Gilles
(Gyllius), l'abréviateur d'Elien ; il a pour titre : *Singularités de la France antarctique* (Anvers, 1558, in-8°, avec des
fig. sur bois). On y trouve figurés, pour la première fois, les
animaux les plus remarquables du Brésil, notamment l'aï.
L'autre ouvrage est de Jean de Léry, qui resta pendant
dix-huit mois à la tête de la colonie comme ministre
protestant ; il est dédié au fils de l'amiral de Coligny et a

pour titre : *Voyage en Amérique, avec la description des animaux et plantes de ce pays* (Rouen, 1578, in-8°).

Les Hollandais nous ont fourni des renseignements beaucoup plus nombreux et plus détaillés. Après que Philippe II, devenu roi du Portugal et de l'Espagne, leur eut interdit, pour les punir de leur insurrection, l'entrée du port de Lisbonne d'où le commerce tirait alors toutes les marchandises des deux Indes, ils se décidèrent, à leur tour, à faire des expéditions lointaines. Organisés en compagnies d'armateurs, ils parvinrent, dès le commencement du dix-septième siècle, à chasser les Portugais de leurs établissements aux Indes orientales; plus tard, ils attaquèrent les possessions portugaises des Indes occidentales (Amérique), s'emparèrent, en 1629, d'Olinde, capitale de Fernambouc, et s'établirent dans la partie septentrionale de cette province. Le gouvernement de la nouvelle colonie fut, en 1637, confié à Jean Maurice, comte de Nassau-Seigen, par la compagnie qui avait fait l'expédition, et à la tête de laquelle se trouvait alors Jean de Laet, natif d'Anvers, à la fois géographe, historien et naturaliste (mort en 1649). Celui-ci adjoignit au gouverneur, comme médecin de la colonie, Guillaume Pison, de Leyde, en lui donnant pour collaborateurs deux Allemands, George Marcgraf, de Misnie en Saxe, et Henri Canitz, qui mourut bientôt. Les travaux de cette expédition d'histoire naturelle, la première qui eût été faite avec succès dans le Nouveau-Monde, furent publiés chez les Elzévirs, par les soins de J. de Laet et sous les auspices de Maurice de Nassau; ils ont pour titre *Historia naturalis Brasiliæ*, Amsterd., 1648, in-fol., ornée de figures sur bois, faites d'après deux recueils de peintures dont l'une à l'huile et l'autre à l'eau, conservés à la Bibliothèque de Berlin, ville dont Maurice de Nassau fut gouverneur en 1679. « Cet ouvrage, dit Cuvier, est considéré encore comme un livre classique, que l'on peut consulter avec une entière confiance pour tout ce qu'il renferme. » Jusqu'au commencement de notre siècle, c'était la source où puisaient tous les naturalistes. Buffon le cite souvent.

Dans l'*Histoire naturelle du Brésil*, de Marcgraf, on trouve figurés et décrits pour la première fois, parmi les mammifères, le fourmilier, le tatou, le tapir, le lama, le cabiai, le jaguar, les singes hurleurs; parmi les oiseaux, le hoco, le kanichi, qui a des éperons aux ailes, le cariama, le toucan, qui a un énorme bec, etc. Les reptiles, les poissons, les crustacés, les insectes n'y ont pas été non plus oubliés[1]. L'auteur a très-bien établi, avant Buffon, que les quadrupèdes de l'Amérique méridionale sont différents de ceux qui habitent les régions méridionales de l'Ancien Continent.

Ce fait a été depuis généralisé.

Mais il n'est point applicable aux animaux fossiles, puisqu'on a trouvé des ossements de didelphes et de tapirs dans les carrières de Montmartre. Ce dernier fait, ajouté au premier, est de la plus haute importance. Il montre que la distribution actuelle des animaux sur le globe est postérieure à la séparation des deux continents par l'océan Atlantique.

---

1. Les figures de Marcgraf ont servi en partie à Bloch pour son *Histoire naturelle des poissons exotiques*. Cet emprunt a été cause de plusieurs incorrections, signalées par Cuvier dans son *Histoire des sciences naturelles*, t. II, p. 147.

CHAPITRE II.

Pendant que des voyageurs naturalistes faisaient connaître les productions de l'Amérique, d'autres explorè-
rent, du nord au midi, diverses régions de l'Ancien-
Monde. La Russie, depuis 1224 soumise aux Tartares,
était à peine connue du reste de l'Europe, quand ses princes secouèrent, au commencement du seizième siècle, le
joug des khans. Aussi l'ouvrage de Sigismond de Heber-
stein, envoyé en ambassade par l'empereur Maximilien Ier
auprès du grand-duc Basile IV, fut-il un véritable événement. Cet ouvrage, intitulé : *Rerum moscovitarum com-
mentarii* (Bâle, 1556, in-8°), donne non-seulement des
renseignements précis sur l'histoire, sur les mœurs et la
religion des Russes, mais il contient des détails curieux
sur les productions de leur pays. On y trouve, entre autres, la première figure du bison, bœuf à bosse et à crinière, qui habite les forêts de la Lithuanie ; on y trouve
aussi pour la première fois figuré le bœuf sauvage duquel descend notre bœuf domestique et dont l'espèce a
disparu.

Vers la même époque, Olaüs Magnus, archevêque d'Up-
sal, fit paraître son *Historia de gentibus septentrionalibus*

(Rouen, 1555, in-4°), où se lisent, à côté de beaucoup de fables, quelques bons renseignements sur les productions de la Suède, de la Norvége, de la Laponie, de l'Islande, etc. C'est cet auteur qui a imaginé l'histoire du glouton qui, pour se vider l'estomac et pouvoir recommencer à dévorer, va se comprimer le ventre entre deux arbres. C'est à lui encore que l'on doit l'histoire du serpent de mer de plus d'une lieue de long, et celle du kraken, espèce de poulpe (pieuvre) que des voyageurs auraient prise pour une île où ils auraient même jeté l'ancre.

Les voyageurs qui visitèrent les contrées méridionales de l'Ancien-Monde sont assez nombreux; mais leurs ouvrages ont très-peu contribué aux progrès de la zoologie. Nous ne trouvons guère ici à signaler que Bernard de Breydenbach, Belon et Bontius.

B. de Breydenbach a figuré assez grossièrement, dans son *Opusculum sanctarum peregrinationum* (Mayence, 1486, souvent réimprimé), plusieurs animaux étrangers, tels que la girafe, la licorne, la salamandre. On y remarque surtout la figure d'une guenon, que Linné prit pour la femelle de l'orang-outang en la reproduisant dans sa dissertation *Sur les singes anthropomorphes*.

Belon, dont nous avons déjà parlé dans l'*Histoire de la Botanique*, mérite ici une mention plus détaillée. Après avoir visité l'Italie, la Turquie, la Grèce, l'Egypte, il publia d'abord son *Histoire naturelle des étranges poissons marins*, avec leurs portraits, etc. (Paris, 1551, petit in-4). On y voit assez exactement gravé sur bois l'esturgeon, le thon, le malarmat, etc. On y trouve aussi la première figure de l'hippopotame, copiée sur la plinthe de la statue du Nil qui se conserve aujourd'hui au musée du Louvre. L'auteur insiste sur la description du vrai dauphin, *delphinus* des anciens; ce cétacé, dont la tête, considérablement distendue par un appareil particulier, se termine en bec d'eau, jouait alors un grand rôle dans l'héraldique. Belon publia ensuite son livre *De aquatilibus* (Paris, 1553, in-12, oblong), dont parut, en 1555, une édition française. On y remarque cent dix figures de poissons, dessinées en partie d'après nature, et en partie copiées sur celles que Daniel Barbaro avait fait faire sur les poissons de la mer Adriatique. Quelques espèces, très-rares, n'ont été bien déterminées que de nos jours. Enfin dans la célèbre Relation de ses voyages (*Les observations de plusieurs singul rités..., trouvées en Grèce, Asie, Judée*, etc., 1553, in-8), Belon a représenté la civette, l'ichneumon, le caméléon, le mouflon, un singe appelé *tartarin* (espèce de babouin), plusieurs espèces de quadrupèdes, d'oiseaux, de poissons. L'une de ces figures, qui ne sont pas trop mauvaises, représente un poisson, le scare, *scaurus*, dont parlent les poëtes Romains (Horace et Ovide), et dont les caractères (entre autres celui de ruminer) ne s'appliquent à aucun de nos poissons connus. Deux ans après, en 1555, Belon fit paraître son *Histoire de la nature des oiseaux* (petit in-fol., dédié au roi Henri II). C'est, selon Cuvier, « le premier livre d'ornithologie, un peu positif, qui ait été publié. » Les planches de ce livre lui ont servi pour un autre ouvrage, assez médiocre, *Pourtraits d'oiseaux, animaux, serpents*, etc., avec une carte du mont Athos, du mont Sinaï, etc. (Paris, 1559, in-8).

Jacques Bontius, médecin d'Amsterdam, séjourna à Batavia, dans l'île de Java, où la Compagnie hollandaise des Indes venait, sous la direction de Jean de Laet, de fonder plusieurs établissements de commerce. De retour dans sa patrie, il mourut en 1631, avant d'avoir mis au jour ses observations. Elles ne furent publiées que dans la seconde édition de l'ouvrage de Pison et de Marcgraf[1], qui parut en 1658 sous le nouveau titre de *De Indiæ utriusque re naturali et medica*. Le travail de Bontius, inséré à la suite de cette édition, a pour titre : *Historiæ naturalis et medicæ Indiæ orientalis libri VI*. On y trouve

____

1. Voy. plus haut p. 177.

pour la première fois exactement représentés les grands
animaux des Indes orientales, tels que le rhinocéros de
Java, différent du rhinocéros de l'Hindoustan [1], le tigre
royal à bandes transversales, le babiroussa, espèce de
cochon à cornes tournées en spirale, le crocodile, le chat
volant, espèce de chauve-souris, dont les pieds sont joints
ensemble par une membrane et garnis de griffes comme
un chat. Quant aux oiseaux, on y voit très-bien figuré le
casoar, dont les plumes ressemblent à des poils grossiers,
le calao à grand bec surmonté d'une corne, le dronte des
îles de France et de Bourbon, espèce aujourd'hui perdue [2],
qui avait la taille du casoar et le bec terminé par un crochet. Bontius a aussi donné la première figure de l'orang-
outang de l'île de Bornéo, celui des singes qui ressemble,
après le gorille, le plus à l'homme. En fait de grands
singes, les naturalistes n'avaient connu jusqu'alors que
ceux de l'Afrique.

Les figures de l'ouvrage de Bontius offrent plusieurs
inexactitudes, imputables à l'éditeur qui, pour abréger
la besogne, emprunta un certain nombre de gravures à
l'ouvrage de Marcgraf sur le Brésil. Or, cette identité
d'espèces est inadmissible pour les animaux terrestres du
midi des deux continents, comme l'avait établi Buffon.
Cuvier alla plus loin. « J'ose affirmer, dit-il, que cette
identité n'existe pas non plus pour les animaux marins.
Il paraît que les espèces de la mer des Indes ne peuvent
pas doubler le cap de Bonne-Espérance, parce qu'elles
entreraient dans des mers trop froides. L'Océan est d'ailleurs très-peu traversable pour les poissons : la plupart
d'entre eux ne peuvent vivre que près des côtes. Les do-
rades, les bonites et quelques cétacés effectuent seuls

---

1. Cette différence, quoiqu'elle ait été très-bien indiquée par Bontius, n'a été bien décrite qu'il y a une cinquantaine d'années par
Duvancel et Diard.

2. Il n'en reste plus qu'une tête et une patte, conservées l'une à
Oxford, l'autre au Musée britannique.

facilement ce trajet. A la même latitude, où par conséquent la température ne formerait aucun obstacle, les
poissons des Etats-Unis ne sont pas non plus, en général,
identiques avec les espèces qui côtoient l'Europe. Probablement en est-il de même dans l'océan Pacifique, relativement aux côtes de la Chine et aux côtes du Pérou[1]. »

1. Cuvier, *Hist. des scienc. nat.*, t. II, p. 151.

CHAPITRE III.

Rondelet.

Au nombre des zoologistes qui se sont, pendant le seizième siècle et au commencement du dix-septième, fait moins connaître par leurs voyages que par leurs travaux descriptifs, nous mentionnerons en première ligne Rondelet, Salviani, Conrad Gesner, Aldrovande et Fabius Colonna.

Guillaume Rondelet, né en 1507, à Montpellier, où il professait depuis 1545 la médecine, fut l'ami et le condisciple de Rabelais, qui en parle sous le nom de *Rondibilis*. L'étude des poissons l'occupa une grande partie de sa vie, et son ouvrage *De piscibus marinis libri XVIII, in quibus viva imagines expositæ sunt* (Lyon, 1554, in-fol.), suivi, l'année suivante, d'une seconde partie, est encore aujourd'hui consulté avec fruit par les ichthyologistes. Les figures, au nombre de 190 pour les poissons de mer, et de 145 pour les poissons d'eau douce, quoique gravées sur bois, sont d'une grande finesse : les moindres détails, la forme des écailles, celle des nageoires, les épines, les petites dentelures y sont très-bien représentées. On y trouve aussi les figures d'un certain nombre de reptiles, de cétacés, de coquillages, de mollusques, de vers, tellement exactes qu'on en reconnaît les modèles à la première vue. « Plus on étudie, dit Cuvier, les poissons de la Méditerranée, plus on retrouve de types des dessins de Rondelet, qui étaient inconnus aux ichthyologistes du nord. On ignore le nom de l'artiste qui a produit ces figures d'une exactitude si parfaite ; il méritait bien cependant d'être célèbre, car il a surpassé, non-seulement les dessinateurs qui étaient venus avant lui, mais encore ceux qui l'ont suivi pendant plus d'un siècle. » Le texte descriptif qui accompagne ces figures est aussi plus exact que celui de la plupart des modernes. Le sentiment de la méthode y domine : il se traduit par la formation de groupes auxquels d'autres ichthyologistes n'ont eu qu'à donner le nom de genres.

Salviani.

Hippolyte Salviani (né en 1514, mort en 1572), médecin des papes Jules III et Paul IV, fut, après Rondelet et Belon, le meilleur ichthyologiste de son siècle, ce qui ne l'empêcha pas d'écrire une excellente comédie, souvent réimprimée, *la Ruffiana*, où sont peints les vices du temps. Les 99 planches qui accompagnent son ouvrage, intitulé *Aquatilium animalium historia* (Rome, 1554-1558, in-fol.), devenu assez rare, sont gravées sur acier ; c'était alors une nouveauté. L'absence de certains traits dénote que les dessinateurs ne songeaient pas encore à compter, dans les poissons, les rayons des nageoires, les petites dentelures ou épines qui peuvent garnir les os de leur tête. Salviani avait borné son étude aux poissons de la Méditerranée, à ceux qu'il avait sous les yeux. C'était, comme Rondelet, un naturaliste observateur.

Conrad Gesner.

Conrad Gesner (né à Zurich en 1516, mort en 1565), dont nous avons déjà parlé dans l'*Histoire de la Botanique*, contribua singulièrement au progrès de la zoologie par son Histoire des animaux (*Historia animalium*, Zurich, 1551-1587), en cinq volumes in-folio, dont le premier (imprimé en 1551) est consacré aux vivipares, le deuxième (imprimé en 1554) aux ovipares inférieurs, le troisième (imprimé en 1555) aux oiseaux, le quatrième (imprimé en 1556) aux poissons et autres animaux aquatiques, le cinquième (imprimé en 1587, après la mort de l'auteur) aux serpents. Quelques notes et figures en bois, préparées pour un sixième volume sur les insectes, ont été conservées à la bibliothèque de Zurich. Cet ouvrage capital pour la zoologie est un magasin d'érudition. Aux descriptions tirées des livres de ses prédécesseurs l'auteur a joint ses propres observations, ainsi que celles de ses nombreux correspondants. Tout ce qui est relatif à la durée de la vie d'un animal, à son accroissement, à sa reproduction, à ses maladies, à ses mœurs, à son utilité, aux images qu'il a fournies à la poésie et à l'éloquence, s'y trouve noté avec soin. Les dessins des gravures qui accompagnent cette encyclopédie zoologique, laissent peu à désirer pour leur exactitude ; et comme les gravures sont sur bois, leur multiplication a été facile : aussi sont-elles les mêmes dans toutes les réimpressions ou éditions abrégées. Pour le volume consacré aux poissons, Gesner n'a guère fait usage que des notices fournies par Belon et Rondelet, auxquelles il a peu ajouté. Il n'a pas non plus traité les poissons d'après la méthode qu'il avait appliquée aux **quadrupèdes et aux oiseaux.**

Aldrovande.

Ulysse Aldrovande (né à Bologne en 1522, mort en 1607),
professeur à l'Université de Bologne[1], consacra, après
une vie agitée, le reste de ses jours à l'étude de l'histoire
naturelle. Ses travaux l'appauvrirent au point qu'il finit,
dit-on, par mourir à l'hôpital de sa ville natale. Le plan
qu'il avait conçu était tellement vaste qu'il ne put publier
lui-même que quatre volumes. Mais il laissa un nombre
considérable de cahiers manuscrits (Fantuzzi l'estime à
environ trois cents), qui furent déposés à la bibliothèque
publique de Bologne. Il était, en outre, parvenu à réunir
jusqu'à vingt volumes in-folio de figures d'animaux, toutes
peintes en couleur par les artistes les plus habiles. Ces
volumes de peintures, conservés à l'Institut de Bologne,
avaient été, après la conquête de l'Italie par l'armée
française, transportés à Paris, au Muséum d'histoire naturelle, où ils ont été repris en 1815. Ce sont les originaux
des gravures sur bois de l'ouvrage d'Aldrovande. Des
quatre volumes in-folio, qui parurent du vivant de l'auteur, les trois premiers, imprimés en 1599, 1600 et 1601,
traitent de l'ornithologie ; le quatrième, imprimé en 1602,
est relatif aux insectes.

Tous les autres volumes ont paru après la mort du
grand naturaliste. Sa veuve publia, en 1606, le cinquième
volume qui traite des mollusques, des crustacés et des autres animaux à sang blanc. Corneille Uterveer, natif de
Delft, rédigea, sur les manuscrits d'Aldrovande, auquel il
avait succédé dans sa chaire à l'Université de Bologne, le
sixième volume, publié (de concert avec Thomas Dempster,
gentilhomme écossais, également professeur à Bologne)

1. Voyez, pour plus de détails, l'article *Aldrovande* dans la *Biographie générale.*

en 1613, et qui contient les animaux à pieds fourchus ; il publia aussi dans la même année le septième volume, qui traite des poissons et des cétacés, et, en 1616, avec le concours de Tamburini, le huitième volume traitant des solipèdes. Un autre des successeurs d'Aldrovande, Barthélemi Ambrosini, chef du Jardin botanique de Bologne, fit paraître les quatre derniers volumes, qui traitent des quadrupèdes digités (neuvième volume, imprimé en 1637), des serpents (dixième volume, 1640), des monstres (onzième volume, 1642), et des minéraux (douzième volume, 1648).

Voici le jugement de Buffon sur Aldrovande et ses travaux. Il est remarquable à plus d'un titre. « Ces volumes immenses sur l'histoire naturelle..., on les réduirait à la dixième partie, si l'on en ôtait toutes les inutilités. A cette prolixité près, qui, je l'avoue, est accablante, ses livres doivent être regardés comme ce qu'il y a de mieux sur toute la totalité de l'histoire naturelle. Le plan de son ouvrage est bon, ses distributions sont sensées, ses divisions bien marquées, ses descriptions bien exactes, monotones à la vérité, mais fidèles. L'historique est moins bon : souvent il est mêlé de fabuleux, et l'auteur y laisse voir trop de penchant à la crédulité. J'ai été frappé, en parcourant cet auteur, d'un défaut ou d'un excès qu'on retrouve presque dans tous les livres faits il y a cent ou deux cents ans, et que les savants d'Allemagne ont encore aujourd'hui : c'est cette quantité d'érudition inutile, dont ils grossissent à dessein leurs ouvrages ; en sorte que le sujet qu'ils traitent est noyé dans une quantité de matières étrangères sur lesquelles ils raisonnent avec tant de complaisance et s'étendent avec si peu de ménagement pour le lecteur, qu'ils semblent avoir oublié ce qu'ils avaient à vous dire, pour ne vous raconter que ce qu'ont dit les autres. Je me représente un homme comme Aldrovande, ayant une fois conçu le dessein de faire un cours complet d'histoire naturelle ; je le vois dans sa bibliothè-

que lire successivement les anciens, les modernes, les
philosophes, les théologiens, les jurisconsultes, les historiens, les voyageurs, les poëtes, et lire sans autre but que
de saisir tous les mots, toutes les phrases qui, de près ou
de loin, ont rapport à son objet ; je le vois copier ou
faire copier toutes les remarques, et les ranger par lettres
alphabétiques, et, après avoir rempli plusieurs portefeuilles
de notes de toute espèce, prises souvent sans examen et
sans choix, commencer à travailler un sujet particulier, et
ne vouloir rien perdre de tout ce qu'il a ramassé ; en sorte
qu'à l'occasion de l'histoire naturelle du coq ou du bœuf,
il raconte tout ce qui a jamais été dit des coqs et des
bœufs, tout ce que les anciens en ont pensé, tout ce
qu'on a imaginé de leur vertu, de leur caractère, de leur
courage, toutes les choses auxquelles on a voulu les employer, tous les contes que les bonnes femmes en ont faits,
tous les miracles qu'on leur a fait faire dans certaines
religions, tous les sujets de superstition qu'ils ont fournis,
toutes les comparaisons que les poëtes en ont tirées, tous
les attributs que certains peuples leur ont accordés, toutes les représentations qu'on en fait dans les hiéroglyphes,
dans les armoiries, en un mot toutes les histoires et toutes
les fables dont on s'est jamais avisé au sujet des coqs
et des bœufs. Qu'on juge, après cela, de la portion d'histoire naturelle qu'on doit s'attendre à trouver dans ce
fatras d'écriture ! Et si, en effet, l'auteur ne l'eût pas
mise dans des articles séparés des autres, elle n'aurait
pas été trouvable, ou du moins elle n'aurait pas valu la
peine d'être cherchée. »

Cuvier est moins sévère pour Aldrovande que Buffon.
Mais, en faisant le parallèle de Gesner et d'Aldrovande,
il incline vers la supériorité du premier. « Il y a, dit-il,
beaucoup moins d'observations propres dans Aldrovande
que dans l'ouvrage de Gesner. Ceci est surtout sensible
dans les volumes qui n'ont pas paru de son vivant et pour
lesquels ses éditeurs n'ont guère employé que les notes

qu'il avait laissées. Mais ce qui est précieux, ce sont ses figures ; elles se composent de toutes celles de Gesner, de Rondelet et de Belon, et d'un très-grand nombre de dessins nouveaux. Placé plus favorablement que Rondelet et Gesner pour recevoir les productions du midi de l'Europe, Aldrovande en recueillit plusieurs qui avaient échappé à ces deux grands naturalistes ; il en reçut aussi des Indes, qu'il ne connaissait pas. L'Amérique et l'intérieur de l'Afrique lui fournirent différentes espèces qu'on n'avait pas encore vues en Europe au commencement du seizième siècle. Mais ces figures mises à part, il faut avouer que l'ouvrage d'Aldrovande ne contient rien qui ne soit déjà dans Gesner.... Dans Aldrovande la classification des animaux est entièrement arbitraire, et il est fort difficile de s'y reconnaître. Gesner au moins les avait rangés par ordre alphabétique. Les ouvrages de ces deux hommes ont servi de base aux travaux ultérieurs en histoire naturelle jusque vers la fin du dix-septième siècle. et, même pour les quadrupèdes, le dix-huitième siècle a dû les adopter presque complétement. Au moyen de Gesner et d'Aldrovande, on avait jusqu'à Buffon un corps de doctrine assez riche sur toute l'histoire naturelle des animaux. »

Fabio Colonna.

Fabio Colonna (*Fabius Columna*), médecin de Naples (mort vers 1650), rendit autant de services à la zoologie qu'à la botanique. Il observa, dessina et grava lui-même, à l'exemple de la plupart des membres de l'Académie des *Lyncei*. Aussi son ouvrage *De aquatilibus, conchis, aliisque animalibus libellus* (Naples, 1616, in-4°) renferme-t-il beaucoup d'objets nouveaux. C'est ainsi que l'auteur a le premier très-bien étudié l'espèce de coquillage (l'ianthine) que l'on suppose avoir servi aux Phéniciens pour la préparation de la pourpre ; il en a traité dans un opuscule spécial : *De purpurea, ab animali testaceo fusa,* etc. (1616, in-4°). D'autres coquillages univalves, que Fabio Colonna a fait connaître, fournissent également un liquide pourpré.

Il a aussi très-exactement représenté d'autres petits animaux, tels que la velelle, la thétis, la doris, sur des gravures à l'eau-forte, l'un des premiers essais de ce genre.

Pierre Olina.

Le domaine de l'histoire naturelle est tellement vaste, que l'on comprit de plus en plus la nécessité de le diviser en différentes branches. De même que F. Colonna s'était plus spécialement occupé des coquillages, Pierre Olina choisit les oiseaux pour l'objet de ses études, et publia, en 1622, son *Uccellagione* (Oisellerie), qui traite principament des oiseaux chanteurs; le texte, qui témoigne d'un excellent esprit d'observation, est accompagné de quarante-six figures très-bien gravées sur cuivre. Cet ouvrage a été souvent consulté par Buffon pour son histoire des oiseaux.

Pierre Olina a laissé bien loin derrière lui la compilation de Gilbert Longolius (mort à Cologne en 1543), *Dialogus de aribus et earum nominibus græcis, latinis et germanicis,* et celle de l'Anglais W. Turner, intitulée *Avium præcipuarum, quarum apud Plinium et Aristotelem mentio fit, brevis et succincta historia* (Cologne, 1554). *4.*

Thomas Moufet.

Thomas Moufet, médecin anglais (mort à Chelsea en 1635), choisit le premier les insectes comme un objet d'études spéciales. Mais son *Insectorum Theatrum* ne parut qu'après sa mort par les soins de Théodore Mayerne, médecin français au service de Charles Ier, roi d'Angleterre. Moufet est pour les insectes ce que Rondelet a été pour les poissons, et Gesner pour les quadrupèdes. Sa méthode de classification est fort imparfaite ; dans le premier livre il traite des insectes ailés, en réunissant ensemble les abeilles, les guêpes, les cigales, les scarabées, les papillons, les demoiselles, les éphémères ; le deuxième livre comprend tous les insectes non ailés. Le texte est accompagné de cinq cents figures en bois, dessinées d'après nature et toutes assez exactes. La connaissance de la métamorphose des insectes se bornait alors à ce qu'en savaient les anciens, à savoir, que les chenilles se changent en chrysalides et les chrysalides en papillons. Mais ces faits étaient encore fort mal observés, puisqu'on croyait avec Aristote que les chenilles viennent de feuilles vertes, confondant les œufs avec les feuilles sur lesquelles ils ont été pondus.

A mesure que nous approchons de notre époque, la méthode expérimentale fait de plus en plus sentir son influence. Jonston, Jean Ray, Willugby, Goedart, Swammerdam, Redi, et beaucoup d'autres l'avaient franchement adoptée. Un mot sur leurs travaux.

J. Jonston.

Jean Jonston, d'origine écossaise (né en 1603, à Sambter en Pologne, mort en 1675), étudia la médecine à Leyde, et fit, indépendamment de plusieurs livres de botanique, paraître, de 1649 à 1653, quatre volumes in-fol., qui résument les connaissances jusqu'alors acquises en zoologie. Le premier volume traite des poissons et des cétacés, distribués avec assez d'ordre. Le deuxième volume, imprimé en 1650, comprend les oiseaux, en prenant pour base les ouvrages de Gesner et d'Aldrovande. Le troisième volume, publié en 1652, est relatif aux quadrupèdes, et le quatrième, paru en 1653, concerne les serpents et les dragons. Le texte, assez élégamment écrit en latin, est accompagné de planches, gravées sur cuivre par Mérian ; les figures sont, en partie, empruntées aux ouvrages de Rondelet, de Gesner et d'Aldrovande. Il y en a aussi qui appartiennent à l'auteur et sont en général assez exactes, comme celle du cachalot qui avait échoué sur les côtes de la Hollande. Une des meilleures éditions de Jonston est celle que H. Ruysch, fils du célèbre anatomiste, fit paraître à Amsterdam sous le titre de *Theatrum animalium*; l'éditeur y a ajouté quelques figures de poissons des Indes, copiées dans des recueils qu'avaient dessinés les naturels de ce pays.

J. Ray.

Jean Ray (né en 1628, mort en 1704), dont nous avons exposé la vie en parlant de ses travaux de botanique, fit faire un grand pas à la zoologie par son esprit de méthode. Il avait pour ami et collaborateur un riche gentilhomme, *François Willughby*, de sept ans plus jeune et qui mourut longtemps avant lui, en 1672. Il s'empressa de remplir les dernières volontés de son ami, d'être le tuteur de ses fils et l'éditeur de l'histoire des oiseaux et des poissons, dont Willughby en mourant lui avait laissé les manuscrits. Cet ouvrage parut, par les soins de Ray, sous le titre de *Ornithologiæ libri III, in quibus aves omnes hactenus cognitæ in methodum naturis suis convenientem redactæ*, etc.; Lond., 1676, in fol. et 1678 (édition anglaise, avec des additions considérables). Les oiseaux y sont classés en *ter-*

restres et en *aquatiques*. Les premiers forment plusieurs divisions, suivant qu'ils ont le bec et les ongles courbés ou fortement crochus (oiseaux de proie), ou peu crochus; ceux-ci sont subdivisés en oiseaux qui ont le bec fort, ou moyen ou grêle. Les oiseaux aquatiques sont divisés suivant qu'ils vivent au bord des eaux (échassiers) ou à leur surface (palmipèdes). Linné a très-peu modifié ce premier jet d'une véritable classification ornithologique.

En 1682, Ray publia la seconde partie des manuscrits de Willughby, contenant l'histoire des poissons, sous le titre de *Historiæ piscium libri IV*, etc., Oxford, in-fol. Les deux premiers livres sont l'œuvre de Ray, qui fraya la voie à Linné par son *Synopsis methodica animalium, quadrupedum et serpentini generis*, etc. Lond., 1693, in-8°.

L'ouvrage de Ray et de Willughby sur les poissons servit de base à l'article *Ichthyologie* de l'Encyclopédie méthodique. On y trouve pour la première fois la classification des poissons en *cartilagineux* et en *osseux*. Les cartilagineux (chondroptérygiens) sont subdivisés, suivant qu'ils sont longs, comme les squales, ou larges, comme les raies. Les poissons osseux sont divisés en plats, en ronds et en comprimés. La division de ceux-ci porte sur les nageoires : les poissons à nageoires ventrales sont subdivisés en ceux qui ont les rayons mous (malacoptérygiens) et en ceux qui ont les rayons épineux (acanthoptérygiens). Cette classification a été adoptée, avec de légères modifications, par les naturalistes des siècles suivants.

Les insectes, dont Ray s'était également occupé, témoin son *Historia insectorum*, publiée en 1710 par Derham d'après les papiers remis à l'éditeur par sa veuve, furent particulièrement étudiés par Goedart, Swammerdam et Redi.

J. Goedart.

Jean Goedart (né en 1620, mort en 1668), peintre de Middelbourg en Hollande, publia un livre, intitulé *Metamorphosis et historia naturalis* (Middelb., 1662-1667), traduit en français (*Histoire des insectes*, Amsterdam, 1700, 3 vol. in-12), où l'on trouve pour la première fois de bonnes figures en taille-douce représentant des insectes. Il avait suivi ces animaux dans toutes leurs métamorphoses, et dessiné exactement les larves et les chenilles. Ses descriptions n'embrassent que la forme extérieure des insectes et ne pénètrent pas encore dans la structure et les fonctions de leurs organes. Aussi a-t-il commis de graves erreurs, comme lorsqu'il cherche à établir que les chenilles produisent quelquefois des mouches, au lieu de papillons[1].

Swammerdam.

Jean Swammerdam (né en 1637 à Amsterdam, mort en 1680) consacra presque toute sa vie à l'étude de l'entomologie. Il consigna les résultats de ses observations dans son ouvrage primitivement écrit en hollandais, *Allgemeene Verhandeling van bloedloose dierkens* (Histoire générale des animaux exsangues), Utrecht, 1669, in-4°, qui parut en français sous le titre de *Histoire générale des insectes*; ibid., 1682, in-4°. L'auteur y distingua le premier les insectes qui subissent des métamorphoses de ceux qui n'en éprouvent point. Dans la première classe il divise

1. Cette erreur repose sur un fait d'observation inexact. **Voy. nos** *Saisons*, 1re série, p. 400.

les insectes en ceux dont la métamorphose est complète, consistant en ce que l'animal éprouve une phase d'immobilité (nymphe ou chrysalide), et en ceux qui n'ont qu'une demi-métamorphose ou dont le changement ne consiste qu'à recevoir des ailes, comme il arrive aux cigales, qui ne passent pas par l'état de mort apparente.

Toutes ces métamorphoses ont été parfaitement décrites par Swammerdam : il en fit la base de la classification des insectes dans sa fameuse *Bible de la Nature*, dont la première édition parut en hollandais et en latin, et qui fut traduite en allemand avec une préface de Boerhaave, Leipzig, in-fol. (meilleure édition). La même classification se retrouve, avec quelques développements, dans le livre posthume de Ray sur les insectes. Ainsi, les insectes sans métamorphoses y sont divisés en ceux qui ont des pieds (*pédiculés*) et en ceux qui n'en ont pas (*apodes*). Les insectes apodes sont subdivisés en terrestres et en aquatiques. Les terrestres sont à leur tour subdivisés en ceux qui vivent dans la terre, comme les lombrics, et en ceux qui vivent dans l'intérieur des animaux. On voit par là que les vers terrestres et les vers intestinaux étaient rangés parmi les insectes. La subdivision des apodes aquatiques repose sur la grandeur ou la petitesse de leur corps. Quant aux insectes pédiculés, ils sont classés d'après le nombre de leurs pieds : les uns en ont six (insectes proprement dits) ; les autres huit, comme les araignées ; d'autres dix, comme les scorpions ; d'autres quatorze, comme les cloportes, etc. C'est ainsi que les arachnides, les crustacés, les myriapodes furent compris dans le même cadre que les insectes proprement dits.

Le point de vue qui domine dans l'ouvrage de Swammerdam, c'est la comparaison du développement des animaux avec le développement des plantes. L'auteur montre qu'à partir de l'œuf jusqu'à l'état parfait il se développe, chez les insectes, des organes qui y préexistaient à l'état rudimentaire. Ce fait particulier, à savoir que la métamorphose n'est qu'un développement, que la différence entre les insectes et les animaux plus élevés ne consiste qu'en ce que le développement de ceux-ci part de plus loin, ce fait là est, comme l'avait déjà remarqué Cuvier, une vérité capitale, une vérité de premier ordre.

Redi.

François Redi (né à Arezzo en 1626, mort en 1698), premier médecin du grand-duc de Toscane, choisit, comme presque tous les médecins de cette époque, l'histoire naturelle pour objet de ses études favorites, et il limita son choix aux reptiles et aux insectes. Membre de l'Académie *del Cimento*, il fit de la méthode expérimentale son principal guide. C'est le guide auquel il eut recours pour éclaircir la fameuse question de la génération spontanée. Ne jurant que par Aristote, presque tous les physiologistes d'alors soutenaient que les vers, les insectes en général, tous les petits animaux provenaient de la putréfaction de la matière, parce qu'ils les voyaient se développer dans les cadavres. C'est là une de ces innombrables affirmations, comme on en faisait depuis longtemps, en dehors de tout interrogatoire sérieux de la nature. Redi fut du petit nombre de ceux qui en appelèrent à l'observation ou à la méthode expérimentale pour résoudre la question. Ses Expériences sur la génération des insectes (*Esperienze intorno alla generazione degl' insetti*), faites dès 1668, ont été souvent réimprimées[1]. Elles démontrent cette proposition que « des chairs d'animaux morts ne s'engendrent point des vers, si d'autres animaux vivants n'y en ont pas porté les germes » (*dalle carni degli ani-*

---

1. Nous en possédons la 5ᵉ réimpression, suivie d'une lettre à Charles Dati (Florence, 1688), in-4, avec des gravures sur cuivre.

mali morti non s'ingenerino i vermi, se in quelle da altri animali viventi non ne sieno portate le semenze).

Ses adversaires ne s'estimèrent pas pour battus : ils s'appuyaient sur l'existence des vers intestinaux pour défendre la doctrine de la génération spontanée. Redi leur répondit par ses *Osservazioni intorno agli animali viventi che si trovano negli animali viventi* (Florence, 1684, in-4°, avec fig.). Dans cet ouvrage, qui est le pendant du premier, il établit expérimentalement que les vers intestinaux mêmes ont les deux sexes, qu'il y a des mâles et des femelles, et qu'ils se propagent également par des œufs.

Dans ses Observations sur les vipères (*Osservazioni intorno alle vipere*, Florence, 1664), Redi a le premier décrit la glande qui sécrète le venin et la dent qui introduit ce venin dans la plaie. Faisant ensuite des expériences sur lui-même, il a aussi le premier montré que le venin de vipère peut être avalé sans danger, et qu'il n'empoisonne que s'il est introduit dans le sang par une blessure. Ces résultats ont été complétement confirmés depuis par d'autres expérimentateurs.

CHAPITRE IV.

SOCIÉTÉS SAVANTES. — MICROGRAPHES.

Deux événements, des plus importants pour le progrès de la science, s'accomplirent au dix-septième siècle : la fondation des Académies ou Sociétés savantes, et l'invention du microscope.

Nous avons déjà plus d'une fois parlé des services rendus par ces Sociétés qui avaient pour but de donner, par l'inauguration de la méthode expérimentale, une plus forte impulsion à la marche des connaissances scientifiques. Nous ne ferons que rappeler ici que l'Académie des *Lyncei*, fondée à Rome, vers 1603, par le prince Cesi, a surtout bien mérité de l'avancement des sciences naturelles botanique et zoologie . C'est la plus ancienne de toutes les Sociétés savantes; sa fondation est bien antérieure à l'apparition de la *Nouvelle Atlantide* du chancelier Bacon, que l'on a coutume de citer comme le promoteur des institutions de ce genre. A la suite de cette Académie il convient de citer, comme auxiliaires du progrès scientifique, la Société royale de Londres, fondée par Robert Boyle sous le règne si troublé de Charles Ier; l'Académie *del Cimento*, fondée en 1651 à Florence par les élèves de Galilée; la Société des Curieux de la Nature, fondée en

1652, après la guerre de Trente ans, par Bausch, médecin de Schweinfurt, et l'Académie des sciences de Paris, fondée en 1666, sous le ministère de Colbert. Ces sociétés savantes ont publié des recueils de mémoires et de notices, que l'on consultera toujours avec fruit.

Nous devons une plus longue mention au microscope. L'invention du véritable microscope, du microscope composé, ne remonte guère au delà des premières années du dix-septième siècle; elle coïncide presque avec celle du télescope. Mais il se passa plus de trente ans avant que l'on songeât sérieusement à en tirer parti au profit de la science. François Fontana fit paraître à Naples, en 1646, un ouvrage intitulé : *Novæ cælestium et terrestrium rerum observationes, specillis a se inventis*, où l'auteur prétend avoir inventé, en 1606, le télescope, formé d'une double lentille convexe, et en 1618 le microscope. Mais ses prétentions n'ont aucun fondement solide. Ce qu'il y a de certain, c'est que François Stellati, membre de l'Académie des Lyncei, publia le premier des observations microscopiques d'histoire naturelle : il avait pris pour objet les différentes parties de l'abeille (*Apiarium ex frontispiciis naturalis theatri*, etc.; Rome. 1625). Ce n'est cependant guère que depuis les immortels travaux de Hooke, de Malpighi, de Grew et de Leuwenhoek que le microscope devint l'instrument presque indispensable du naturaliste.

Leuwenhoek.

Antoine van Leuwenhoek (né à Delft en 1632, mort en 1723), instruit sans maître, renonça à la carrière commerciale pour se livrer, suivant ses goûts, à l'étude de l'histoire naturelle. Il fabriqua lui-même les microscopes dont il se servait avec une dextérité extrême. Les observations qu'il adressait à la Société royale de Londres, lui acquirent bientôt une grande renommée, et les savants les plus célèbres de son époque tinrent à honneur de correspondre avec lui. Lorsque Pierre le Grand passa devant Delft, en 1693, il envoya deux de ses gentilshommes pour le prier de se rendre auprès de lui dans un des bateaux de charge qui le suivaient, et d'apporter ses merveilleux microscopes ; il lui fit même dire qu'il serait allé lui-même le voir, s'il n'avait pas été obligé de se dérober à la foule qui l'importunait. Le grand micrographe, pour satisfaire la curiosité du czar, lui montra, entre autres phénomènes, le mouvement du sang dans la queue d'une anguille.

En 1686, Leuwenhoek refusait encore de croire à la circulation du sang ; il n'admettait pas que le sang passât des artères aux veines par le réseau capillaire. Mais dès 1688 il changea d'opinion : grâce au perfectionnement de ses microscopes, il vit distinctement passer les globules du sang, un à un, des dernières ramifications des artères aux premiers rameaux des veines : magnifique spectacle, qui s'offrit d'abord à l'œil exercé des naturalistes dans la queue du têtard, puis dans la membrane interdigitale de la grenouille, enfin dans les nageoires de l'anguille et d'autres poissons[1]. Il mit ainsi le dernier sceau à la découverte de Harvey.

Leuwenhoek décrivit aussi le premier très-exactement les globules du sang, de forme ovale et aplatie ; il remarqua qu'il faut au moins six de ces globules réunis pour que le sang paraisse rouge, et il crut trouver dans les divers obstacles apportés à leur mouvement l'origine de plusieurs maladies. La priorité de la découverte des animalcules spermatiques amena une discussion célèbre entre Hartsoeker, Leuwenhoek et Huygens. Le premier prétendait avoir vu les spermatozoaires dès 1674. Mais cette assertion est contredite par Hartsoeker lui-même, quand il écrivait, en 1678, à l'éditeur du *Journal des Sa-*

1. Voy. nos *Saisons*, 1re série, p. 256.

vants, qu'il était arrivé *depuis peu* à cette découverte à l'aide du microscope de Huygens. Il raconte, il est vrai, la chose autrement dans l'*Extrait critique des lettres de M. Leuwenhoek* (p. 44-45), et soutient que le passage de sa lettre au *Journal des Savants* avait été altéré par Huygens, qui résidait alors à Paris. Quant à Leuwenhoek, il assurait avoir vu ces animalcules également dès 1674, mais qu'il les avait pris d'abord pour des globules de liquide spermatique. Ce ne fut qu'en 1677 qu'un jeune médecin du Dantzig, Louis de Hamman, alors étudian à Leyde, appela sérieusement sur ce sujet l'attention du célèbre observateur. Leuwenhoek a décrit les spermatozoaires comme semblables à des têtards, et leur attribue les deux sexes Cent de ces animalcules n'égalent pas encore, dit-il, l'épaisseur d'un cheveu; cinquante mille pourraient trouver place dans un grain de sable creux; et dans le sperme seulement d'un cloporte il y en aurait plus que d'hommes sur la terre.

Parmi les autres découvertes microscopiques de Leuwenhoek, nous mentionnerons encore celle du *rotifère*. C'est un animalcule très-curieux qui se rencontre surtout dans la mousse des toits. Son ventre est renflé, et sa transparence permet de voir, dans son intérieur, un petit organe qui offre les battements d'un cœur; la partie antérieure de l'animalcule est façonnée en cornet et garnie de deux tronçons, dont le sommet présente une imitation de deux roues, qui se meuvent avec plus ou moins de vitesse; la partie postérieure est armée d'un petit trident. Pour voir le jeu du petit cœur et des deux roues, il faut humecter le rotifère d'un peu d'eau: tout mouvement cesse dès que l'eau est évaporée; l'animalcule se contracte alors, se ride, se déforme et n'a plus que l'apparence d'une imperceptible écaille d'épiderme. Dans cet état on le croirait mort; pourtant il conserve les principes de la vie. Leuwenhoek en avait conservé deux ans entiers dans cet état de mort apparente, et leur avait vu reprendre tous leurs mouvements dès qu'il les avait humectés. Cette curieuse expérience, espèce de résurrection, a été depuis confirmée par Spallanzani et d'autres observateurs plus récents.

Leuwenhoek s'était servi, pour ses belles recherches, de meilleurs microscopes que ceux qu'il légua à la Société royale de Londres : ces derniers ne grossissent pas au delà de cent soixante fois. Du reste, toutes ses lentilles étaient faites avec le verre le plus pur, et donnaient les images des objets avec une netteté extrême. Il se servit aussi le premier de petits miroirs concaves pour éclairer les objets opaques. Quant à la mesure des objets, il employait un moyen bien peu sûr : c'étaient des grains de sable, dont un nombre déterminé représentaitla longueur d'un pouce. Enfin, dans ses observations, il n'était pas toujours à l'abri de son imagination. A part ce défaut, partagé du reste par beaucoup de micrographes, Leuwenhoek était le plus sagace naturaliste de son temps pour tout ce qui concerne les êtres microscopiques.

Les observations de Leuwenhoek parurent d'abord en hollandais, par fascicules, adressés sous forme de lettres à la Société royale de Londres. Elles furent ensuite traduites en latin, et ont été publiées depuis d'une manière incomplète, sous le titre de *Anatomia et Contemplatio nonnullorum naturæ invisibilium secretorum epistolis quibusdam scriptis ad illustre Soc. Reg. Lond. collegium*, Leyde, 1685, in-4°; une nouvelle édition parut sous le titre de *Arcana naturæ*, Delft, 1695, suivi de *Continuatio Arcana naturæ*, ibid., 1697, in-4°, et de *Arcana naturæ ope et beneficio exquisitissimorum microscopiorun detecta*, etc.; Leyde, 1696, in-4°.

Les savants qui passaient, à la fin du dix-septième siècle, pour les plus habiles, après Leuwenhoek, Grew et Malpighi[1], à se servir du microscope, étaient Swammer-

---

1. Pour Grew et Malpighi, voy. notre *Hist. de la Botanique*, p. 183.

dam, dont nous avons déjà parlé, les physiciens Hartsoeker et Huygens, le mécanicien astronome Robert Hooke,
et le naturaliste Bonanni, dont nous allons dire un mot.

Bonanni.

Philippe Bonanni, de l'ordre des jésuites (né à Rome
en 1638, mort en 1725), demeura, malgré les expériences
concluantes de Redi, attaché à la doctrine péripatéticienne
de la génération spontanée. Dans son livre sur les mollusques (*Recreatio mentis et oculi in observatione animalium
testaceorum;* Rome, 1684, in-4°) il avait avancé que « ces
animaux naissent spontanément dans le limon ou dans
une terre sablonneuse. » Cette assertion ayant été relevée
comme fausse par un partisan de la doctrine contraire,
Bonanni y répondit par ses *Observationes circa viventia,
quæ in rebus non viventibus reperiuntur;* Rome, 1691,
in-4°. Dans cet ouvrage, il essaya de montrer que les
animalcules provenant de fleurs, de fruits, de chairs putréfiées, etc., ne doivent leur naissance à aucun germe ni
œuf, préalablement déposé. On y trouve, en appendice,
une intéressante histoire du microscope et des origines
de la micrographie.

Merian.

En terminant le dix-septième siècle, nous ne devons
pas oublier de mentionner une femme, qui s'est particulièrement distinguée à la fois comme peintre et comme
entomologiste, *Marie-Sybille Merian,* née à Francfort
en 1647, morte en 1717 à Amsterdam. Habile à peindre
les fleurs et les insectes, elle poussa si loin l'amour de
la science que, non contente d'avoir examiné les collec-

tions des principaux cabinets d'histoire naturelle de l'Europe, elle alla visiter le Nouveau-Monde. Pendant un séjour de deux ans à Surinam (de 1698 à 1700), elle dessina tout ce qu'elle y vit d'insectes, ainsi que les plantes sur lesquelles ils se tiennent. Ses observations parurent en allemand à Nuremberg (en 1679) et à Francfort (en 1683); elles furent plus tard complétées d'après les papiers laissés par l'intrépide naturaliste, et publiées en français par Buchoz sous le titre de : *Histoire générale des insectes de Surinam et de toute l'Europe;* Paris, 1771; 3 part. gr. in-folio, avec figures.

CHAPITRE V.

Le dix-huitième siècle a été l'un des plus favorables
au progrès de la zoologie. Les voyageurs rivalisèrent de
zèle pour faire connaître les animaux qui habitent les
régions les plus inhospitalières ou les plus lointaines.

Nous devons à Jean Anderson, bourgmestre de Hambourg (mort en 1743, les premiers renseignements zoologiques exacts sur l'Islande, le Groenland, le Spitzberg
et le détroit de Davis. Son ouvrage [1] contient les figures
et les descriptions de plusieurs espèces de cétacés et d'oiseaux communs dans ces parages. Ces renseignements lui
avaient été fournis par des baleiniers avec lesquels il entretenait des relations commerciales. L'analogie de certaines espèces de l'extrême nord avec celles qu'on trouve
dans les zones tempérées et chaudes, au sommet des montagnes couvertes de neige, ne tarda pas à être signalée
comme un fait très-important pour la géographie zoologique, comme il l'avait été pour la géographie botanique.

La Sibérie, qui comprend presque tout le nord de

1. *Nachrichten von Island*, etc. Hambourg, 1746, in-8.

l'Asie, fut pour la première fois scientifiquement explorée, sous le règne de l'impératrice Anne, par une expédition composée du botaniste Jean-Georges Gmelin, de l'astronome De l'Isle de la Croyère et de l'historien Gerh. Fréd. Müller. Ces savants partirent de Saint-Pétersbourg le 19 août 1733, emmenant avec eux sept étudiants, deux peintres, deux chasseurs, deux mineurs, quatre arpenteurs et douze soldats. Vers la fin de la même année, le zoologiste Guillaume Steller vint rejoindre Gmelin et partager ses travaux. Arrivés à Tobolsk le 30 janvier 1734, ces savants remontèrent l'Irtisch jusqu'au pays des Kalmouks, traversèrent le lac Baïkal, visitèrent le pays des Toungouses et pénétrèrent jusqu'à Kiachta, ville limitrophe de la grande muraille de la Chine. A Iakutsk ils perdirent presque tous les fruits de leurs pénibles recherches par l'effet d'un incendie, et furent de retour à Saint-Pétersbourg après une absence de près de dix ans. Les papiers de Steller sont restés, en grande partie, inédits.

Le passage de Vénus, qui devait être visible en Sibérie, détermina le voyage de l'abbé de la Chappe. Ce voyage, fait en 1761 par ordre de Louis XV[1], contient un court chapitre sur les *animaux domestiques et sauvages* de la Sibérie. L'auteur y a gravé et décrit deux nouvelles espèces de palmipèdes, l'une qu'il nomme *plongeon à gorge rouge*, et l'autre *macreuse*. Parmi les poissons inconnus en Europe et qui abondent dans les rivières de la Sibérie, il indique le *sterlet*, espèce d'esturgeon. « Ce poisson est, dit-il, si gras, qu'on n'a pas besoin d'huile pour le faire frire. Sa graisse est jaune; on en fait des provisions pour servir dans la cuisine. On ramasse avec soin ses œufs, ainsi que ceux de l'esturgeon ; on les fait un peu cuire dans l'huile, avec du sel et quelques épices du pays. Ces œufs, ainsi préparés, sont connus sous le

1. La relation de ce voyage fut publiée à Paris en 1768, 2 vol. in-4.

nom de *caviar*[1]. » Parmi les animaux sauvages de la Sibérie, l'auteur signale les ours et les renards, blancs et noirs, l'hermine, la marte zibeline, le glouton, le renne, et le castor habitant les sources de l'Irtisch, de la Iénisséi et de l'Obi.

Blessée de certaines appréciations contenues dans ce *Voyage*, l'impératrice Catherine II fit mieux que de les réfuter dans son *Antidote du voyage de l'abbé Chappe :* elle organisa une expédition scientifique, destinée à faire mieux connaître le grand versant septentrional du continent asiatique. Le principal membre de cette expédition fut *Pallas ;* il avait pour compagnon le neveu du Gmelin de la première expédition. Né en 1741 à Berlin, Pallas s'était déjà révélé comme un *zoologiste* de premier ordre par ses *Miscellanea zoologica* (La Haye, 1766, in-4°), qu'il fit paraître pendant son séjour en Hollande. La ménagerie du prince d'Orange, riche en animaux rares, particulièrement de l'Afrique, lui avait fourni l'occasion d'étudier plusieurs espèces nouvelles ou imparfaitement connues. Parmi ces espèces, on remarque le cabiai du Cap (*cavia capensis*), un écureuil (*sciurus petaurista*), le sanglier d'Éthiopie (*aper æthiopicus*), quelques espèces de myrmécophages, une grue (*grus crepitans*), etc. Ces *Mélanges zoologiques* sont surtout remarquables en ce qu'on y trouve des vues plus ingénieuses sur la classification des animaux inférieurs, y compris les mollusques, que Linné avait encore confondus sous le nom de vers (*vermes*) ; ils contiennent, en germes, les découvertes qui ne furent faites qu'au commencement de notre siècle.

Les explorations ordonnées par Catherine II durèrent depuis 1768 jusqu'en 1774. L'impératrice faisait publier, à mesure qu'elle les recevait, les cahiers de ses voyageurs[2]. De retour à Saint-Pétersbourg, Pallas reprit ses

1. Chappe d'Auteroche, *Voyage en Sibérie*, t. I, p. 200.
2. *Voyages à travers plusieurs provinces de l'empire perse ;* Saint-

travaux zoologiques, et les continua, sous le titre de *Spicilegia zoologica*, jusqu'en 1780, où parut le 14ᵉ et dernier fascicule. Il fit une étude spéciale des petits rongeurs (*glires*) qui n'avaient jusqu'alors guère attiré, à cause de leur petitesse, l'attention des autres voyageurs. Citons dans le nombre une taupe de l'Asie Mineure, la taupe *zemmi*, qu'il décrivit le premier; c'est un grand rat aveugle, car ce n'est qu'en lui enlevant la peau de la tête qu'on lui découvre de petits yeux rudimentaires, impropres à la vision[1]. Pallas mourut, en 1811, laissant inachevée une histoire des animaux de la Russie (*Zoographia rosso-asiatica*).

Le Kamtschatka, alors moins connu encore que la Sibérie, fut pour la première fois scientifiquement exploré par le professeur Kracheninnikow. Son voyage ne parut qu'après sa mort, arrivée en 1755. On y trouve des renseignements très-intéressants, dus au naturaliste Steller, sur la chasse aux zibelines, la chasse aux ours et aux bouquetins, ainsi que sur le chat marin (*ursus marinus* de Steller), sur la loutre de mer, sur la pêche de plusieurs espèces rares de cétacés, sur les poissons propres à la mer et aux rivières du Kamtschatka. La description des oiseaux caractéristiques de ces parages y tient aussi une grande place. Les insectes dont les larves se développent, comme celles des cousins, dans les lieux humides, sont extrêmement communs au Kamtschatka; « car, dit l'auteur, si les pluies et les vents qui y règnent n'empêchaient point les insectes de se multiplier, il n'y aurait point d'endroit où l'on pût s'en garantir en été, puisque ce ne sont partout que lacs, marais et vastes plaines toujours couvertes de mousses. »

Pétersbourg, 1771-1776, 3 vol. in-4 (trad. franç. par Gauthier de la Peyronie, Paris, 1788-1793, 5 vol. in-4, avec atlas).

1. *Nova species quadrupedum e glirium ordine.*

2. *Voyage en Sibérie*, contenant la description du *Kamtschatka* (Paris, 1768).

Passant des régions polaires aux régions tropicales, nous rencontrons sur notre chemin l'infatigable *Adanson*, qui appartient moins à l'histoire de la zoologie qu'à celle de la botanique. Les quatre ans (de 1749 à 1753) pendant lesquels il séjourna au Sénégal ont été très-profitables à la science. Son *Histoire naturelle du Sénégal* (Paris, 1757, in-4°) ne comprend qu'une très-petite partie des matériaux qu'il avait recueillis. On y trouve une nouvelle classification des testacés ou animaux à coquillages. Les enveloppes brillantes avaient seules jusqu'alors fixé l'attention des naturalistes, qui les regardaient plutôt comme une décoration de cabinet que comme un sujet d'études. Adanson fit connaître pour la première fois les animaux qui les formaient, et les classa suivant sa méthode universelle, en se bornant à leurs formes extérieures, les seules qu'il eût étudiées. Il fit en même temps l'essai d'une nouvelle nomenclature, qui consistait à désigner chaque être, regardé comme espèce, par un nom primitif ne tenant à aucune langue et exclusivement affecté à cette désignation.

Pendant sa résidence dans les parages des bouches du Niger et de la Gambie, Adanson eut l'occasion de faire plusieurs observations d'histoire naturelle fort intéressantes. Par exemple, en parlant du poisson *trembleur*, ainsi nommé « à cause de la propriété qu'il a de déterminer non un engourdissement comme la torpille, mais un tremblement très-douloureux dans les membres de ceux qui le touchent, » il compara le premier cet effet « à la commotion électrique de l'expérience de Leyde ». Il constata qu'on obtient la même commotion en touchant le poisson avec une verge de fer. « J'ai fait, ajoute-t-il, plusieurs fois cette expérience, et celle de manger de la chair de ce poisson qui, quoique d'un assez bon goût, n'était pas d'un usage également sain pour tout le monde. »

Ce poisson était le *silurus electricus*, L., qui se trouve dans les eaux du Nil et du Sénégal. — D'autres observations, tout aussi intéressantes, portent sur les termites, sur le *boa constrictor*, sur la phosphorescence de la mer.

La colonie hollandaise de l'Afrique australe, le Cap de Bonne-Espérance, fut pour la première fois explorée, sous le rapport zoologique, par Pierre *Kolbe* (né à Dorflas, près de Wunsiedel, en 1675, mort en 1726). La relation de son séjour au Cap, de 1705 à 1712, parut, en allemand, à Nuremberg (1719 in-fol.) ; la traduction française (*Description du Cap de Bonne-Espérance*, Amsterdam, 3 vol. in-12, 1741, avec fig. et cartes) est fort recherchée. Kolbe a le premier bien fait connaître le rhinocéros bicorne d'Afrique, le zèbre ou âne rayé, un grand nombre d'oiseaux et de poissons du Cap. Les figures qui accompagnent le texte ont été assez médiocrement gravées sur cuivre.

Le Suédois André *Sparrman* (né en 1747, mort en 1820), qui fit partie de la seconde expédition de Cook, donne sur les animaux du Cap, où il résida de 1775 à 1776, des détails plus précis que Kolbe. Il a décrit, entre autres, plusieurs espèces d'antilopes, que Pallas n'avait pu voir dans les ménageries de la Hollande. Il a donné surtout des renseignements nombreux sur les termites, sur leurs mœurs et leurs constructions[1]. Son *Histoire des oiseaux* de l'Afrique australe a été plus tard complétée par Levaillant, qui résida plus de deux ans au Cap (de 1781 à 1783).

Vers la même époque, le voyageur *Sonnerat* faisait mieux connaître quelques animaux rares de l'Inde, de la Chine et des îles Moluques.

Shaw explorait utilement les côtes de l'Afrique septentrionale, et Olivier l'Asie Mineure et la Perse.

Les célèbres voyages de Cook fournirent les premiers renseignements positifs sur la faune si singulière de la Nouvelle-Hollande. Cette partie du monde, à peu près aussi grande que l'Europe, renferme des animaux qui, par l'étrangeté de leurs formes, ont beaucoup embarrassé

---

1. *Voyage au Cap de Bonne-Espérance*, Paris, 1787, 2 vol. in-4 avec cartes et planches en taille-douce.

les zoologistes, tenant à leurs classifications. Tels sont : 1° le kangurou, dont le train de derrière, gros et lourd, est en disproportion avec le train de devant, grêle et léger, et organisé pour le saut (les pattes antérieures étant au moins cinq fois plus courtes que les pattes postérieures), en même temps qu'il peut marcher debout en se servant de sa forte queue comme d'une troisième patte de derrière. Animal intermédiaire entre les carnassiers et les rongeurs, il appartient à la famille des marsupiaux, ainsi nommés à cause d'une poche (*marsupium*), espèce de matrice externe où les petits achèvent leur développement ; 2° l'échidné épineux (*echidna hystrix*, Cuv.), décrit pour la première fois en 1792, par Shaw, dans son *Naturalist's miscellany*, sous le nom de *myrmecophaga aculeata*, tient à la fois du hérisson et du fourmilier, bien que son défaut de mamelles l'ait fait retrancher de la classe des mammifères ; 3° l'ornithorhynque, décrit par Blumenbach sous le nom de *ornithorhynchus paradoxus*, a les poils et la queue d'un mammifère, pond des œufs et les couve comme un oiseau, plonge comme un canard dont il a le bec, et a les dents et la marche rampante d'un reptile ; enfin le mâle est armé d'un ergot comme le coq, sécrétant une espèce de venin qui ne paraît pas avoir une grande action sur l'homme. Il habite les contrées marécageuses de la Nouvelle-Hollande et de la Nouvelle-Galles. — L'ornithorhynque et l'échidné épineux appartiennent au petit groupe d'animaux que Geoffroy Saint-Hilaire a désignés sous le nom de *monotrèmes* (à un seul orifice), parce qu'ils ont un orifice commun pour les organes génitaux, les excréments et les urines.

L'étude de ces espèces par Geoffroy Saint-Hilaire, Cuvier, Everard Home, Meckel, Illiger, Blainville, espèces auxquelles on pourrait ajouter le casoar sans casque (*casuarius Novæ Hollandiæ*), a dû faire rejeter l'idée d'une échelle zoologique continue et faire admettre des centres de création différents.

CHAPITRE VI.

BRANCHES SPÉCIALES DE LA ZOOLOGIE.

Animaux supérieurs.

Dans le langage commun, on divise souvent les animaux en supérieurs et en inférieurs. Nous suivrons cette division en comprenant par animaux *supérieurs* tous les vertébrés, et par animaux *inférieurs* tous les non vertébrés, en mettant à part les zoophytes.

L'étude des MAMMIFÈRES, la *mammologie*, ne fut, au commencement du dix-huitième siècle, l'objet d'aucun travail remarquable. Ce n'est que vers la fin de ce siècle et au commencement du nôtre qu'apparurent, après Linné et Buffon, des zoologistes qui, tels que Pennant, Brisson, Schreber, Illiger, Étienne Geoffroy Saint-Hilaire, firent faire de grands pas à la mammologie.

Les *Cétacés*, définitivement classés parmi les mammifères, avaient été traités d'une manière fort incomplète par Buffon. La destruction d'une erreur enracinée vaut une grande découverte. Cette remarque s'applique surtout à l'histoire de ces cétacés que la fiction représentait sous le nom de *sirènes*[1], comme moitié femme et moitié poisson, et dont parle Horace :

Desinit in piscem mulier formosa superne.

Pendant le dix-septième et le dix-huitième siècle, on cherchait encore, comme Kircher, de Maillet, Lachenaye-des-Bois, à démontrer la réalité des sirènes. Et bien qu'il fût mis hors de doute que les lamentins ou dugongs avaient pu, par leur tête arrondie et leurs grosses mamelles qui se développent sur la poitrine à l'époque de l'allaitement, faire illusion à des hommes prévenus, on se refusa néanmoins encore quelque temps à reconnaître la véritable nature de ces animaux, dont Camper et Daubenton avaient donné d'importants détails anatomiques. Lacépède sentit, l'un des premiers, la nécessité de s'appuyer sur la structure intime dans les classifications zoologiques. Voyant que le morse, le dugong et le lamentin présentent chacun le type d'un genre, il réunit ces genres à celui des phoques dans une sous-division de ses mammifères marins. Mais par cela seul qu'il fondait une division uniquement sur la transformation des membres antérieurs en nageoires, et qu'il rapprochait intimement les phoques des lamentins, il montra une connaissance encore très-imparfaite de l'organisation de ces animaux, et ce n'est en quelque sorte qu'accidentellement que le dugong et le lamentin se trouvent rapprochés des animaux marins à évents, les seuls auxquels il donne le nom de Cétacés. C'est dans la première édition (Paris, 1817) de son *Règne animal* que G. Cuvier a le premier séparé les phoques et le morse du lamentin et du dugong, pour faire des premiers le groupe des *Amphibies*, rangés à la suite des Carnassiers, et des seconds celui des *Cétacés herbivores*.

L'étude des OISEAUX, *l'ornithologie*, fixa davantage

---

1. Le nom de *sirènes* a été proposé par Halan et adopté par quelques zoologistes pour désigner les *Cétacés herbivores*.

l'attention des observateurs, parmi lesquels nous citerons particulièrement Frisch, Albin, Catesby, Edwards, Moehring, Brisson.

Léonard *Frisch*, natif de Sulzbach, dessina et décrivit en 2 vol. in-fol. (Berlin, 1734-1763), les oiseaux de l'Europe centrale, principalement de l'Allemagne. Le nombre des espèces et des variétés décrites est de trois cent sept. Les figures, finement gravées sur 276 planches, sont assez exactes. Elles sont moins médiocres que celles d'Eléazar *Albin*, peintre à Londres, dont l'*Histoire naturelle* parut de 1731 à 1738, en 3 vol. in-4°.

Le naturaliste et peintre *Catesby* (né en 1680, mort en 1750), qui résida longtemps aux États-Unis, a donné, dans le premier volume de son *Histoire naturelle de la Caroline, de la Floride et des îles de Bahama*, paru en 1731, cent et une figures d'oiseaux d'Amérique, dessinés et assez bien peints d'après nature.

Ces figures sont moins parfaites que celles que Georges *Edwards* (mort en 1773 à l'âge de quatre-vingts ans) donna dans un ouvrage d'ornithologie composé de 7 volumes, publiés en 1743 et années suivantes.

Un médecin de Westphalie, *Moehring*, divisa, dans son *Avium genera*, paru en 1752, tous les oiseaux en quatre classes. La première classe comprend les oiseaux dont les pieds sont recouverts d'une membrane mince, comme ceux du moineau, du pinson; ce sont les *hyménopodes*. La deuxième classe est celle des *dermatopodes*, c'est-à-dire celle des oiseaux dont les pieds ont une peau plus épaisse; ils sont subdivisés en oiseaux de proie et en gallinacés. La troisième classe contient les *brachyptères*, ou les oiseaux qui ont les ailes courtes et qui ne volent point, comme l'autruche, l'outarde. Enfin la quatrième classe est celle des *hydrophiles*, oiseaux qui aiment l'eau, comme les palmipèdes, les échassiers.

Jacques *Brisson* (né à Fontenay-le-Comte en 1723, mort en 1806) est l'auteur de l'ouvrage le plus complet qui ait paru avant la publication de l'*Histoire des oiseaux* de Buffon; cet ouvrage a pour titre : *Ornithologie ou Méthode contenant la division des oiseaux en ordres, sections, genres, espèces et leurs variétés*; Paris, 1760, 6 vol. in-4°. Le texte est en latin et en français, sur deux colonnes; il donne la description de 1500 espèces; les planches, au nombre de 220, représentent 500 oiseaux, gravés par Martinet.

L'ouvrage de Latham, *A general synopsis of the birds* (Lond., 1783), n'est guère qu'un résumé des travaux ornithologiques antérieurs.

Parmi les ornithologistes plus récents, nous ne ferons que citer Naumann, Levaillant, Temminck, Schinz, Isidore Geoffroy Saint-Hilaire, Charles Bonaparte, etc.

L'étude des reptiles, l'*Herpétologie*, fut l'objet des travaux de Dufay, Roesel, Laurenti, Lacépède, etc. Nous allons les passer rapidement en revue.

Dufay, nommé en 1732 intendant du Jardin des Plantes, recommanda, sept ans après, sur son lit de mort, Buffon comme son successeur. Son mémoire *Sur les salamandres*[1] est plein de faits curieux, relatifs aux métamorphoses que subissent les salamandres, ainsi qu'à la propriété qu'elles ont de vivre, non pas dans le feu, mais dans la glace, où elles peuvent rester enveloppées sans périr.

Roesel, peintre et naturaliste allemand, représenta, dans son *Histoire naturelle des grenouilles* (Nuremb., 1758), les métamorphoses de chaque espèce, depuis l'œuf et le têtard jusqu'au développement complet de l'animal. Les figures sont coloriées avec soin.

Avant Roesel, Swammerdam avait le premier donné une description complète de la grenouille et de sa métamorphose. Il lui a consacré un long chapitre de sa *Bible de la Nature*, avec les dessins exacts du développement des

1. *Mém. de l'Acad. des sciences*, année 1729.

œufs du type des batraciens. Oliger Jacobæus suivit, dans son traité *De ranis observationes* (Paris, 1676, in-18), les traces de Swammerdam.

On a lieu de s'étonner que les anciens aient négligé d'observer un phénomène aussi curieux que celui du changement du têtard en grenouille. Aristote n'en parle point. Pline ne dit que quelques mots des têtards qu'il nomme *gyrins*, et il se trompe en affirmant que les pieds postérieurs se forment par la bifurcation de la queue.

C'est à Joseph-Nicolas Laurenti que l'herpétologie doit ses premiers progrès. Dans sa thèse pour le doctorat en médecine, il donna, en 1768, un *Tableau* où la classe des reptiles est divisée en trois ordres, sous les noms de sauteurs (*salientia*), de marcheurs (*gradientia*) et de rampants (*serpentia*). Le premier ordre comprend les grenouilles, les crapauds, etc.; le deuxième, les tritons, les salamandres, les crocodiles, etc.; le troisième, les serpents proprement dits. Lacépède, dans sa Suite à Buffon, a substitué à cette classification celle des reptiles : 1° en quadrupèdes ovipares, ayant une queue ; 2° en ceux qui n'ont pas de queue ; 3° en reptiles bipèdes ; 4° en serpents. Cette classification exclut les tortues de la classe des reptiles.

Alexandre Brongniart présenta, en 1799, à l'Académie des sciences une classification, d'après laquelle les reptiles forment quatre ordres, qui sont : 1° les chéloniens ou tortues ; 2° les sauriens, qui ont pour type le lézard ; 3° les ophidiens ou serpents ; 4° les batraciens, dont le type est la grenouille. Cette classification a été adoptée par Duméril et Bibron dans leur *Histoire naturelle complète des reptiles* (Paris 1834).

Il ne sera pas hors de propos de mentionner ici quelques espèces, fort curieuses, dont nous devons la connaissance aux herpétologistes du dix-huitième siècle.

A Surinam et à Cayenne, dans les endroits retirés, sombres, des habitations, on rencontre une espèce de crapaud, le pipa (*rana pipa*, L.), fort remarquable par la manière dont il propage son espèce. Le mâle place les œufs fécondés sur le dos de la femelle ; la peau de celle-ci s'enflamme, se gonfle et forme des alvéoles arrondis, dans lesquels se logent les œufs pour y éclore ; les petits ne quittent pas leur cellule avant la chute de leur queue membraneuse. C'est Mlle de Merian qui a la première décrit le pipa, en 1719. Il a été depuis lors observé par Fermin en 1775, par Bonnet en 1779, et plus récemment par P. Camper et Spallanzani.

La sirène (*sirena lacertina*, L.), reptile noirâtre n'ayant que *deux* pattes, les pattes antérieures, semblable à la salamandre, de plus d'un mètre de long, vivant dans les marais de la Caroline, est un des êtres les plus singuliers par la combinaison simultanée d'un organe de respiration aérienne et d'un organe de respiration aquatique. Pourvue de véritables poumons, la sirène porte en même temps sur le côté du col trois houppes branchiales, semblables à celles qu'ont les larves des salamandres et les têtards des batraciens. C'est en 1765 qu'un médecin de Charleston, Alexandre Garden, fit connaître la sirène, et en envoya une description à Linné et à Ellis. Tous les voyageurs naturalistes ont depuis confirmé les faits annoncés par Garden.

Say, Halan, Green, Mitchill, ont publié des notes intéressantes sur un animal qui embarrassait tant les classificateurs ; plusieurs spécimens de sirène de toutes tailles furent envoyés en Europe, et ces spécimens avaient toujours des branchies sans apparence de pieds de derrière. Cependant, dans ses *Amours des Salamandres*, Ruscori, médecin de Milan, a l'un des premiers élevé des doutes sur la valeur de ces témoignages, dans la conviction que la sirène subit des métamorphoses, parce qu'un voyageur allemand lui avait écrit avoir vu, au Muséum des chirurgiens de Londres, « une sirène avec ses quatre pieds et ne portant pas de branchies. » Mais cette prétendue sirène adulte n'avait point échappé à l'esprit observateur de Garden qui l'avait, dès 1771, envoyée à Linné sous la dénomination de *amphiuma means*. Cette espèce a été décrite par Halan dans les Annales du Lycée d'Histoire naturelle de New-York (numéro de juin, 1825). Elle fut reconnue par Cuvier comme entièrement distincte de la sirène proprement dite.

Un autre reptile analogue, qui, outre des poumons intérieurs, a, comme la sirène, trois branchies de chaque côté de la tête, le *protée*, qu'il ne faut pas confondre avec le protée de Roesel (qui est un infusoire), a été trouvé dans les eaux du lac de Sittich en Carniole, qui sortent de cavernes très-profondes. Le protée qu'on pêche dans ces eaux a la forme d'une salamandre très-allongée. Comme il vit dans les ténèbres, il paraît presque dépourvu des organes de la vision : ses yeux, extrêmement petits, sont cachés par des téguments. Un habitant de Laybach, M. de Zoïs, fit connaître ces animaux à Laurenti, qui en a donné la première description. La lumière du jour les tourmente tellement, qu'ils périraient si l'on n'avait pas la précaution de les conserver dans l'obscurité. A cause des houppes rouges et plumeuses dont ils sont garnis de chaque côté de la tête, ils ont été pris par plusieurs naturalistes, entre autres par Schneider et Hermann, pour des salamandres à l'état de larve. Mais il n'y a dans le pays aucune salamandre qu'on puisse supposer en provenir.

Le nom d'*hydre*, emprunté à la mythologie, fut, vers la même époque, appliqué à deux classes d'animaux bien différentes, à des animaux microscopiques et à d'énormes serpents d'eau. Nous ne parlerons ici que des derniers.

J. G. Schneider [1] créa, sous le nom d'*hydrus*, un genre

1. Jean Gottlob *Schneider* (né en 1750 à Collmen en Saxe, mort en 1822 professeur à Breslau) s'occupa beaucoup, dans sa jeunesse, d'histoire naturelle, particulièrement des reptiles et des poissons. On a de lui : *Histoire des tortues*, Leipzig, 1783, in-8 ; *Ichthyologiæ vete-*

de reptiles ophidiens, qui fut adopté par Daudin et par Cuvier.

Le premier[1] divisa les hydres de Schneider en deux groupes, les *hydrophides* et les *pélamides*. Cuvier y a ajouté le groupe des *chershydres*.

Ces reptiles, dont l'étude est encore fort incomplète, vivent principalement dans les mers de l'Australie et les archipels de l'Asie tropicale. C'est là qu'ils ont été pour la première fois bien observés, au commencement de notre siècle, par F. Péron, attaché comme naturaliste au *Voyage de découvertes aux Terres australes* (Paris, 1807, t. I, p. 105 et suiv.).

Les hydres ou serpents marins se distinguent des serpents terrestres par leur queue aplatie en forme de petite rame, par leur corps comprimé comme celui d'une anguille et presque anguleux inférieurement. Ils ont les mâchoires organisées à peu près comme les couleuvres, mais avec un moindre nombre de dents à la rangée extérieure, c'est-à-dire à l'os maxillaire, où la première de ces dents, plus grande que les autres, est percée d'un orifice destiné à insinuer le venin, qu'on dit être fort dangereux, au fond des blessures faites par ces terribles animaux. Ils revêtent des couleurs très-variées et quelquefois très-brillantes. Les uns ont le corps d'une teinte uniforme, grise, jaune, verte ou bleuâtre ; les autres l'ont annulé de bleu, de blanc, de rouge, de vert, de

---

rum specimina, 1782 ; *Historia amphibiorum naturalis et litteraria*, Iena, 1798-1801. Schneider fut en même temps un helléniste de premier ordre, comme l'attestent son *Dictionnaire grec-allemand*, ses éditions d'Aristote et d'Élien (*Histoire des animaux*), de Théophraste, de Xénophon, d'Oppien, etc.

1. François-Marie *Daudin* (né à Paris en 1774, mort en 1804), privé dès son enfance de l'usage de ses jambes, s'adonna à l'étude de l'histoire naturelle ; aidé de sa femme, il mit au jour un grand nombre d'ouvrages, parmi lesquels nous citerons : *Traité élémentaire d'ornithologie*, Paris. 1799, 2 vol. in-4 ; *Histoire naturelle, générale et particulière des reptiles*, ibid., 1802-1804, 8 vol. in-8.

noir, etc. ; d'autres sont marqués de grandes taches plus ou moins régulières ; d'autres enfin ne présentent que de très-petits points, distribués élégamment sur toute la surface de leur corps. L'une de ces espèces, remarquable par sa tête d'un rouge éclatant, avait été déjà décrite par Dampier, sous le nom de *serpent marin à tête rouge*. « Leur habitation, dit F. Péron, n'est pas bornée aux rivages des mers ; nous en avons observé plusieurs à la distance de trois ou quatre cents milles de toute terre ; et ce qu'il y a de plus étonnant en cela, c'est que nous n'en avons jamais pu voir aucun sur le continent ou sur les îles. En ouvrant l'estomac de plusieurs animaux de ce genre, je l'ai trouvé rempli de petits poissons et de divers crustacés pélagiens. Mais eux-mêmes, à leur tour, deviennent la proie de nombreux squales qui vivent dans ces mers. J'avais d'abord peine à concevoir comment des animaux aussi légers pouvaient devenir la proie de ces requins dont tous les mouvements sont si lourds et si stupides. Mais je ne tardai pas à en découvrir la cause dans l'habitude qu'ont les serpents de mer de s'endormir flottant à la surface des eaux. Leur sommeil est alors si profond, que notre navire, passant quelquefois tout près d'eux, ils n'étaient réveillés ni par le bruit de son sillage, ni par la force des remous, ni par les cris habituels des matelots. C'est dans cet état de léthargie que les lourds requins viennent les saisir.... Ces reptiles marins nagent et plongent avec une égale facilité. Souvent, à l'instant même où nous croyions pouvoir les saisir avec nos filets, ils disparaissaient à nos yeux, et, s'enfonçant à de grandes profondeurs, ils restaient une demi-heure et plus sans remonter à la surface, ou ne reparaissaient qu'à de très-grandes distances du point où nous les avions vus plonger. »

On a beaucoup parlé du *kracken*, nom donné par les Scandinaves à un animal marin monstrueux, que la plupart des naturalistes regardent comme fabuleux. Denys de Montfort, dans son Histoire naturelle des mollusques, faisant suite au Buffon de Sonnini, a rassemblé tous les fait, sur lesquels pourrait s'appuyer l'existence du kracken. Ce serait, suivant lui, un poulpe gigantesque, capable de faire sombrer un vaisseau sans voiles, en l'enlaçant de quelques-uns de ses bras monstrueux. tandis que les autres se fixeraient à un rocher. Il a rapporté au même animal le conte de ces navigateurs qui auraient pris son dos pour une île, sur laquelle ils seraient descendus. Suivant d'autres, le kracken serait un gigantesque serpent de mer, capable de faire chavirer un navire. Mais aucun naturaliste n'a jusqu'ici ajouté foi à ces récits qui rappellent le Léviathan de la Bible.

L'étude des poissons, l'*ichthyologie*, était devenue une branche importante de la zoologie, pendant les seizième et dix-septième siècles, c'est-à-dire depuis les travaux de Rondelet, de Belon, de Salviani, de C. Gesner, de J. Jonston, de J. Ray et de Willughby. Au commencement du dix-huitième siècle, elle fut approfondie par Artedi, mort avant d'avoir pu mettre la dernière main à ses manuscrits[1], qui furent mis en ordre et publiés par Linné sous le titre de *Ichthyologia sive Opera omnia de piscibus*: Leyde, 1738, in-4°. Cet ouvrage, magnifiquement imprimé, écrit dans un style net et concis. est divisé en quatre parties, dont chacune porte un titre spécial : 1° *Bibliotheca ichthyologica*; 2° *Philosophia ichthyologica*; 3° *Genera piscium*; 4° *Synonymia piscium*. La quatrième

1. Pierre *Artedi*, né en 1705 dans l'Ingermanland. province septentrionale de la Suède, renonça à la carrière ecclésiastique pour suivre son penchant pour l'histoire naturelle. Il se lia intimement avec Linné, qui, avant son départ pour la Laponie. l'institua héritier de tous ses manuscrits. Artedi en fit de même pour Linné, au moment de son départ pour l'Angleterre et la Hollande. Mais il ne revit plus le sol natal. En sortant un soir de chez le célèbre pharmacien Seba, il s'égara dans les rues d'Amsterdam, et se noya malheureusement dans un canal. Linné a consacré à son ami le genre *artedia*, de la famille des ombellifères.

partie a été publiée séparément par G. Schneider (*Synonymia piscium græca et latina*, Leipz., 1789, in-4°).

Artedi posa les véritables fondements de l'ichthyologie, et créa la nomenclature qu'on suit encore, en grande partie, de nos jours. Il divisa les poissons en deux classes : 1° en poissons à queue verticale, et 2° en poissons à queue horizontale. Cette dernière classe, comprenant les baleines, les cachalots, les dauphins, etc., fut plus tard complétement rayée du rang des poissons et transportée, sous le nom de *Cétacés*, dans la division des mammifères. Les ordres des *Malacoptérygiens*, des *Acanthoptérygiens*, des *Branchiostéges* et des *Chondroptérygiens*, établis par Artedi dans sa première classe, ont été conservés dans la science.

Linné, partageant les poissons en quarante-six genres, développa le système d'Artedi, en le modifiant. Klein, qui s'était déclaré l'antagoniste de Linné, imagina une classification particulière, dans laquelle les poissons forment deux classes, fondées sur l'apparence des organes respiratoires : 1° poissons à branchies invisibles ; 2° poissons à branchies visibles. Cette classification n'a pas été adoptée.

L. Théodore Gronovius, mort en 1777, petit-fils du célèbre philosophe néerlandais Jacques Gronovius, classa les poissons d'après la présence ou l'absence des nageoires, d'après leur nombre et leur nature, et il établit plusieurs genres nouveaux dans son *Museum ichthyologicum, seu de naturali piscium historia;* Leyde, 1754-1756, 2 vol. in-fol. Son autorité contrebalança quelque temps celle de Linné.

Brünnich et Gouan publièrent, en 1770 et 1772, un système ichthyologique où ils essayèrent de combiner les subdivisions de Linné avec celles d'Artedi.

En 1777, Scopoli, dans son *Introduction à l'histoire naturelle*, voulut suivre une nouvelle route, en choisissant pour point de départ la position de l'anus, qui est, ou voisin de la tête, ou voisin de la queue, ou à égale distance de l'une et de l'autre. Les caractères secondaires, il les tirait, comme Gronovius, du nombre des nageoires dorsales, et les caractères tertiaires, il les tirait, comme Linné, de la position des nageoires centrales relativement aux pectorales.

Bloch (né à Anspach en 1723, mort en 1799) fit faire un grand pas à l'ichthyologie par son magnifique ouvrage sur les poissons étrangers (*Naturgeschichte ausländischer Fische*; Berlin, 1785 et suiv. 12 vol. in-4°, avec planches), qui a été traduit en français par Lavaux. Mais il fut dépassé par Lacépède, l'ami et le continuateur de Buffon.

Lacépède, qui dès 1788 s'était fait connaître par son *Histoire des Reptiles*, publia, de 1798 à 1803, une *Histoire naturelle des Poissons* (6 vol. in-4° ou 11 vol. in-12), souvent réimprimée comme Suite à Buffon. Rédigeant cet ouvrage pendant la guerre, il ne put prendre pour sujet de ses observations que les individus conservés au Cabi-

---

1. Étienne de la Ville de *Lacépède*, né à Agen en 1756, d'une famille noble, se passionna d'abord pour la musique, et prit ensuite Buffon pour maître et modèle. A la Révolution, qu'il accepta sans peine, il devint administrateur du département de la Seine, et, en 1791, président de l'Assemblée législative. Il y montra des opinions modérées. Pendant la Terreur, il resta à la campagne, sur le conseil même de Robespierre. Après la réorganisation du Muséum, il reçut la chaire affectée à l'histoire naturelle des reptiles et des poissons. Il paraît qu'à cette époque l'illustre naturaliste n'était pas encore bien connu, puisqu'un ministre du Directoire, venant de faire sa visite officielle au Muséum, et, interrogé s'il avait vu Lacépède, répondit, dit-on, « qu'on ne lui avait montré que la girafe. » Sous l'Empire, Lacépède fut comblé de faveurs. Grand chancelier de la Légion d'honneur, président du sénat, il eut l'occasion de haranguer Napoléon dans des circonstances solennelles. Ses discours adulateurs exercèrent la verve satirique de Chateaubriand. Après la chute de Napoléon, il servit les Bourbons, entra le 4 juin 1814 à la Chambre des pairs, se rallia, pendant les Cent-Jours, à l'empereur, et fut, en 1819, sous le ministère du duc Decaze, rétabli dans son siège à la Chambre des pairs. Un jour, en se rendant à l'Institut, il rencontra Duméril (professeur à l'École de médecine depuis 1804), qui venait de soigner des malades atteints de la petite vérole. Ils se serrèrent les mains. Le lendemain, Lacépède fut atteint de cette maladie et mourut à Epinay près Saint-Denis, le 6 octobre 1825.

net du Roi et ceux du Cabinet du Stathouder, qui fut apporté à Paris lors de la conquête de la Hollande. Parmi les auteurs qui l'avaient précédé il consulta surtout Bloch, puis Gmelin dans son édition du Système de Linné. Les dessins et les descriptions manuscrites de Commerson et les peintures faites par Aubri sur les dessins de Plumier étaient à peu près les seules sources inédites où il lui fût permis de puiser ; néanmoins, avec ces matériaux, il porta à plus de quinze cents les poissons dont il traça l'histoire. Gmelin n'en avait décrit que huit cents. « Ces nombres paraîtront encore assez faibles, disait déjà Cuvier, à ceux qui sauront qu'aujourd'hui le seul Cabinet du Roi possède plus de quatre mille espèces de poissons ; mais telle a été dans le monde entier depuis la paix maritime l'activité scientifique, que toutes les collections ont doublé et triplé[1]. » Aujourd'hui elles ont au moins quintuplé.

Parmi les voyageurs naturalistes qui ont fait les premiers connaître des espèces de poissons, la plupart fort singulières, nous citerons Hasselquist, Broussonet, Forster, Pallas, F. de Laroche, P. Russel, Forskael, Shaw, Thunberg, Tilesius, etc. [2].

Animaux inférieurs.

L'étude des mollusques, la *malacologie*, paraît avoir attiré fort peu l'attention des anciens. Aristote, Pline et leurs abréviateurs les réunirent sous la dénomination générale d'*exsanguia*, correspondant aux *animaux à sang*

1. G. Cuvier, *Éloge historique du comte de Lacépède*, lu à l'Académie des sciences le 5 Juin 1826.
2. Le *Dictionnaire des sciences naturelles*, publié par Levrault donne (t. XX, p. 486 et suiv.), à la fin de l'article *Ichthyologie*, la liste complète des auteurs qui ont particulièrement traité cette branche de la zoologie.

blanc de Linné, et à la division des *animaux non vertébrés* des zoologistes plus récents. Ils se bornèrent à les
subdiviser en *Mollusques*[1] et en *Testacés* (ὄστρεα), et furent
suivis en cela par Belon. Aldrovande, Jonston, etc.

Les enveloppes calcaires de ces animaux, si variées de
formes, furent de bonne heure recherchées comme objets
de curiosité. On oublia l'animal pour ne s'occuper que de
sa coquille, conformément à la tendance naturelle de l'esprit humain, qui préfère, au principal l'accessoire brillant. La distinction qu'Aristote avait faite des coquilles
en univalves (*monothyra*) et en bivalves (*dithyra*), fut universellement adoptée. Bien que le nombre des amateurs
de collections de coquillages s'accrût considérablement,
ce ne fut que vers la fin du dix-septième siècle que Daniel
Major établit un véritable système conchyliologique[2]. Il y
introduisit la division des *multivalves*, comprenant celles
des bivalves. Plus tard, Grew, Lister, Rumph, Lange,
Breynius, d'Argenville, Da Costa, Bruguières et beaucoup
d'autres s'occupèrent spécialement de conchyliologie. En
vain F. Colonna, Willis, Swammerdam, etc., avaient-ils
donné l'anatomie de plusieurs animaux mollusques, on fut
encore longtemps sans fonder la classification de ces animaux sur leur structure intime. Dans un mémoire présenté,
en 1756, à l'Académie des sciences, Guettard fit le premier
ressortir la nécessité de classer les coquilles d'après les
animaux qu'elles renferment, et il caractérisa très-bien les
genres limace (hélice), buccin (*maillot* de Lamarck), lima-
çon terrestre à opercule (*cyclostome* de Lam.), planorbe,
nérite, patelle, aplysie (*lepus marinus* des anciens), etc.
Adanson appliqua ces principes, plus étendus, aux mollus-

1. Le nom de mollusques, d'animaux *mous*, est la traduction littérale du mot grec μαλάκια (τά), employé par Aristote. Le mot *mollus-
cum* se rencontre dans Pline; il y signifie, non pas mollusque, mais le
tronc lisse d'un arbre (*Hist. nat.*, XVI, 27).

2. D. Major, *Ostracologia in ordinem redacta*, Kiel, 1675, placée à
la suite d'une édition allemande du traité *De la pourpre* de F. Colonna.

ques conchylifères dans le premier et seul volume qu'il ait publié (en 1757) de son Voyage au Sénégal. En 1766, Geoffroi, médecin de Paris, donna, dans son petit Traité des coquilles terrestres et fluviatiles des environs de Paris, la description des animaux qui les portent ; les caractères des genres y sont également tirés de l'animal et de la coquille. Linné, Müller, auteur de la Faune danoise, Bruguières, Pallas, Lamarck suivirent la voie indiquée par Guettard et Adanson.

Au nombre des animaux exsangues, les anciens avaient rangé, depuis Aristote, les vers, *vermes* des Latins, ἕλμινς des Grecs ; et par là ils entendaient, non-seulement les vers terrestres et les vers intestinaux, mais les larves ou chenilles, les scolopendres, les millepattes, les sangsues, enfin tous les animaux non vertébrés, à corps mou, allongé, doué de mouvements tortueux, comme l'indique déjà la racine *scolios*, tortu, d'où vient *scolex*, ver, mot souvent employé par Aristote et Élien. Le nom de vers, *vermes*, prit bientôt tant d'extension, que Linné désignait encore par là tous les animaux, à l'exception des vertébrés, des insectes et des crustacés.

Pallas, dans ses *Miscellanea zoologica* (1766, in-4°), fit une remarque importante, qu'il avait également faite pour les mollusques, à savoir que la présence ou l'absence d'une enveloppe coloriée ou non ne suffisait pas pour placer, dans deux ordres différents, des animaux qui ont la même organisation. Rapprochant ainsi les néréides (scolopendres de mer) et les aphrodites des serpules et des amphitrites, il dit que ces animaux doivent former un ordre

---

1. Pierre-Simon *Pallas* (natif de Berlin, mort en 1811 à 70 ans) publia, après un voyage en Angleterre et en Hollande, ses *Miscellanea zoologica* et son *Elenchus zoophytorum* (La Haye, 1766, in-8), fut appelé à St-Pétersbourg et fit partie de l'expédition scientifique chargée d'observer en Sibérie le passage de Vénus sur le disque du soleil. Il profita de cette occasion pour explorer le cours du Laïk, les bords de la mer Caspienne, l'Altaï, les alentours du lac Baïkal, etc. Voy. plus haut, p. 208.

distinct, qui fasse le passage aux zoophytes et auquel on pourrait, ajoute-t-il, réunir les lombrics, les sangsues, les ascarides, les gordius, les ténias. Cette observation, reprise et développée par la plupart des naturalistes, conduisit Cuvier à l'établissement de la classe des *Annélides*.

L'étude des Crustacés, la *malacostrologie*, est restée stationnaire depuis Aristote jusqu'au milieu du dix-huitième siècle. Les Grecs donnaient le nom de *malacostres*, μαλακόστρακοι, à tous les animaux aquatiques, exsangues, dont l'enveloppe externe, beaucoup moins solide que le têt des mollusques à coquille, l'est bien plus que la peau des mollusques nus, et dont les crabes et les écrevisses réalisent le type. Les Romains traduisaient la dénomination grecque par *crustata* ou *crustacea*, et c'est de là que vient le nom de *Crustacés*, aujourd'hui universellement adopté. Aristote bornant ses descriptions aux langoustes, aux *karis* (homards ?), aux crabes et aux écrevisses, plaçait ces animaux entre les poissons et les mollusques. Pline et ses abréviateurs ne firent que reproduire les observations d'Aristote, et les naturalistes du seizième et du dix-septième siècle, tels que Rondelet, Belon, Gesner, Aldrovande, Jonston, Ray, ont fort peu ajouté à la connaissance exacte de ces animaux.

Linné s'écarta de ces données primitives. Dans la première édition (1735) et dans les éditions subséquentes de son *Système de la Nature*, il rangea tous les Crustacés parmi les Insectes aptères (dépourvus d'ailes), sous les genres monocle (*monoculus*), crabes (*cancer*) et cloporte (*oniscus*). Ce fut là pour ainsi dire le signal d'une véritable débandade parmi les classificateurs. Brisson, dans son *Règne animal*, plaça les Crustacés, avec les millepattes et les araignées, entre les poissons et les insectes. Fabricius[1], dans

1. Jean-Chrétien *Fabricius* (né en 1743 dans le duché de Schleswig, mort en 1807), élève de Linné, s'appliqua spécialement à l'étude des

son *Systema entomologiæ* (1775), divisa ces animaux en deux classes. La première était celle des *Syngnata*, comprenant les monocles et les cloportes, réunis à de véritables insectes, tels que les tenthrèdes, les friganes, les podures. La seconde classe, celle des *Agonata*, renfermait les genres crabe, pagure, scyllare, homard et crevette, auxquels était joint le genre scorpion. Avant Fabricius, Müller, en 1772, appelant les Crustacés des Insectes à têt, *Entomostraca*, les avait partagés en deux classes : 1° les Monocles, comprenant les genres *amymone* et *nauplius* (univalves), *cypris*, *cythere* et *daphnia* (bivalves), *cyclops* et *polyphemus* (crustacés); 2° les Binocles, comprenant les genres *argalus*, *caligus*, *limulus* (univalves) et *lynceus* (bivalve) [1].

Latreille, dans son *Précis des caractères des insectes* 1796, considère les Crustacés comme formant trois ordres d'insectes, les *Entomostracés* de Müller; les Crustacés, comprenant les crabes, les pagures, etc., et les *Myriapodes*, ordre dans lequel les myriapodes proprement dits étaient réunis aux aselles, aux cloportes, etc.

Cuvier, dans son *Tableau élémentaire d'histoire naturelle des animaux* (1797), classa les Crustacés avec les Insectes, les arachnides et les myriapodes, sous la catégorie d'*Insectes pourvus de mâchoires et sans ailes*. Mais bientôt, guidé par les données anatomiques, il fit de ces animaux une

insectes, fut professeur à Kiel, et publia en 1775 son *Systema entomologiæ*, bientôt suivi de sa *Philosophia botanica*. On a aussi de lui un intéressant *Voyage en Norwége* (Hamb., 1779, in-8).

1. Othon-Frédéric *Müller* (né à Copenhague en 1730, mort en 1784), fils d'un pauvre trompette, se livra, par suite d'un riche mariage, à son goût pour l'histoire naturelle. Il se livra surtout à l'étude des animaux inférieurs, particulièrement des insectes, des vers et des infusoires. Parmi ses nombreux ouvrages, on distingue *Zoologia danica*, 1779-1784, 2 vol. in-8; — *Hydrachnæ in aquis Daniæ palustribus detectæ*; — *Animalcula infusoria, fluviatilia et marina*; Copenh., 1785, in-4. Müller a publié aussi les deux derniers volumes de la magnifique *Flora danica*, commencée par Œder.

classe particulière d'Articulés, sous le nom général de *Crustacés*. Lamarck et Bosc furent les premiers à adopter cette classification, tandis que d'autres, comme Duméril et Blainville, imaginèrent des divisions particulières qui n'ont pas été généralement admises.

A partir du milieu du dix-huitième siècle, l'étude des Crustacés devint très-sensiblement progressive. Les trois genres de Linné furent, en 1775, portés à sept par Fabricius. Plus tard, en 1793, ce même naturaliste éleva ce nombre à douze, et, en 1798, profitant des travaux de Daldorf, il le fit monter à trente-deux. Lamarck comptait, en 1801, trente-six genres de Crustacés, que Latreille éleva, en 1806, à soixante-quatre. Enfin, en 1823, Desmarest, mettant à profit les travaux de Leach, donna, dans le *Dictionnaire des sciences naturelles* de Levrault, la liste de trois cent vingt-six genres de Crustacés, ce qui porte le nombre des espèces à près de mille, en ne comptant que trois espèces par genre. Nous voilà bien loin de la demi-douzaine décrite par Aristote.

Les araignées, en tout temps confondues avec les insectes, commencèrent à former une classe distincte depuis Brisson, qui sépara le premier les insectes à six pieds des insectes proprement dits, de ceux qui ont plus de six pieds (*hyperhexapes*). De là à l'établissement définitif de la classe des *Arachnides* par Lamarck il n'y avait qu'un pas.

Les observations si intéressantes et si originales d'Aristote sur les araignées ne furent reprises qu'après un intervalle de plus de deux mille ans par Lyonnet, Degeer, Réaumur, et, plus récemment, par Savigny, Dufour et Walkenaër. Lyonnet et Degeer ont fait connaître des détails curieux sur les mœurs des araignées, sur leur accouplement, où le mâle est obligé de bien se tenir sur ses gardes pour n'être pas dévoré par la femelle, sur les soins que la femelle donne à sa progéniture, sur les précautions qu'elle prend pour la sûreté de ses œufs et le développement des petits qui en éclosent. Réaumur a décrit le premier exac-

tement les glandes qui paraissent être destinées à éla-
borer la soie de l'araignée[1].

L'étude des insectes proprement dits, *l'entomologie*, à
part quelques données fort incomplètes des écrivains de
l'antiquité et du moyen âge, ne date que du dix-septième
siècle. Le traité d'Aldrovande, *De animalibus insectis libri
VII* Bologne, 1602, in-fol., le livre de Thomas Moufet,
fait d'après les papiers de C. Gesner, *Insectorum sive mi-
nimorum animalium theatrum*, et publié par Théodore
de Mayerne (Londres, 1634, petit in-fol.); les gravures
de J. Hoefnagel, *Diversæ insectorum volatilium icones ad
vivum depictæ* (Anvers, 1630 et 1646), attirèrent l'attention des naturalistes. Marcgraf et Pison, dans leur Histoire
naturelle du Brésil, décrivirent et figurèrent les premiers
insectes exotiques. Mais l'impulsion véritablement scientifique donnée à l'entomologie ne commence qu'avec les
travaux de Goedart, de Malpighi, de Redi, et surtout de
Swammerdam, de Lister, de Vallisnieri et de Réaumur.
Un mot sur les travaux entomologiques de ces savants.

Goedart, dont nous avons déjà parlé[2], nous apprend
dans la Préface de son Histoire des insectes, qu'il a passé
vingt-cinq ans à observer ces animaux, et que tout ce
qu'il avance est le résultat de ses propres recherches.
« Afin d'en pouvoir écrire avec exactitude, j'ai enfermé,
dit-il, dans des verres les chenilles et les autres insectes
dont j'ai voulu parler; je les ai nourris avec l'aliment que
je leur ai jugé propre, et avant qu'ils se disposassent à se
transformer, je les ai peints selon leur constitution première et naturelle; j'en ai remarqué avec soin le temps
et la manière du changement, et j'ai représenté leur nouvelle production avec ses couleurs naturelles. » A la fin
du t. Ier de l'ouvrage de Goedart se trouvent les Remar-

1. *Mémoires de l'Académie des sciences*, année 1718.
2. Voy. p. 195.

ques de Mey, fort curieuses, concernant surtout les mœurs des Insectes.

Malpighi, dont nous avons ailleurs exposé la biographie et les travaux phytotomiques [1], aborda le premier l'anatomie des insectes dans sa Dissertation sur la chenille du bombyx du mûrier [2]. Il découvrit le *vaisseau dorsal* et le regarda comme l'organe de la circulation, en lui donnant le nom de *cœur*. Cette importante découverte fut pendant longtemps méconnue, et, au commencement de notre siècle, Latreille la traitait encore d'opinion erronée. Malpighi décrivit aussi et figura les organes respiratoires, le canal intestinal, et la poche copulatrice, à laquelle il n'assigna pas ses véritables fonctions.

En montrant par ses expériences que la viande qui se remplit de vers lorsqu'on la laisse se décomposer à l'air libre, n'en présente aucun quand on la renferme dans un vase hermétiquement fermé, Redi [3] voulut tout à la fois combattre la théorie de la génération spontanée, et démontrer le principe posé par Harvey que tous les animaux, sans exception, naissent de parents semblables à eux [4].

Swammerdam, dont nous avons déjà indiqué les principaux travaux [5], essaya le premier de classer les insectes. Sa classification peut se résumer de la manière suivante :

I. *Insectes sans métamorphoses*. Les animaux changent de peau, mais gardent leur forme première ; tels sont les araignées, les millepieds, les poux.

II. *Insectes à métamorphoses :* a. *Métamorphoses incomplètes*. L'animal est immobile pendant l'état de nymphe, mais il a des membres ; tels sont les scarabées et les papillons.

---

1. Voy. notre *Histoire de la botanique*, p. 186.
2. *Dissertatio epistolica de Bombyce*, Lond., 1669, in-4.
3. Voy. plus haut, p. 197.
4. Harvey, *Exercitationes de generatione animalium*, Amsterd., 1651 (Exerc. ii).
5. Voy. p. 195.

b. *Métamorphoses complètes.* L'animal se meut pendant toute sa vie ; d'abord sans ailes, il en acquiert les rudiments pendant l'état de nymphe ; tels sont les sauterelles, les perce-oreilles, etc.

Dans cette classification, les mouches (diptères) forment une division particulière où l'animal à l'état de nymphe n'a ni mouvement, ni membres distincts.

Lister, dans son édition de Goedart en 1685, suivit la classification de Swammerdam, des insectes en *intransmutabilia* (sans métamorphoses), et en *transmutabilia* (à métamorphoses) ; il la perfectionna dans l'ouvrage de J. Ray (1710). Ses subdivisions sont tirées de la forme des œufs, des larves, de la présence ou de l'absence des pieds, des élytres, des ailes.

Vallisnieri, médecin et naturaliste de Padoue, fit connaître, dans ses *Esperienze e osservazioni intorno all' origine, sviluppi e costumi di varii insetti* (Padoue, 1713, in-4°), le développement de beaucoup d'espèces qui avaient échappé aux observateurs antérieurs à lui. Les insectes qu'il a le mieux décrits, et pour la première fois, sont : le fourmilion, l'ichneumon, le xylocope ou guêpe menuisière, l'œstre hémorrhoïdal, le criocère rouge du lis, la mouche à scie ou l'hylotome du rosier, le kermès, le charançon.

Personne ne contribua autant que Réaumur au progrès de l'entomologie[1]. Son ouvrage, intitulé *Mémoires pour*

---

1. Ferchault de *Réaumur*, né à la Rochelle en 1683, passa ses premières années aux bords de la mer, ce qui lui donna l'occasion d'étudier, entre autres, les coquillages qui fournissent la pourpre. Plus tard, il se livra aux travaux les plus variés, comme le montrent ses écrits sur la géométrie, sur la fabrication du fer et de l'acier, sur l'incubation artificielle, sur la construction des thermomètres, sur la chimie, la physique, la minéralogie, l'histoire naturelle, etc. L'un des membres les plus laborieux de l'Académie des sciences, il mourut en 1757 d'une chute de cheval, à sa terre de Bermondière (Maine). Il avait légué à l'Académie ses collections et ses manuscrits, où Brisson puisa les matériaux de ses ouvrages sur les quadrupèdes et les oiseaux.

servir à l'histoire des insectes (Amsterdam, 1737-1748, 12 tomes in-12. réunis en 6 volumes, dont chacun est divisé en deux parties. avec 267 planches), est devenu classique. Le premier et le second volumes traitent des chenilles, des chrysalides et des papillons. L'auteur y fait surtout ressortir l'action de la chaleur sur le développement des insectes ou de leurs larves, ainsi que le jeu de leurs organes et de leurs fonctions vitales. Le troisième volume contient l'histoire des insectes dits mineurs, logés dans l'épaisseur des feuilles, l'histoire des teignes qui rongent les laines et les pelleteries, celle des pucerons et des insectes qui produisent la galle. Le quatrième volume contient l'histoire des gallinsectes, à laquelle il faut ajouter celle des mouches ou diptères, et celle des cousins. Le cinquième volume traite des tipules, des mouches à quatre ailes (tétraptères), des cigales et des abeilles. Le sixième volume donne l'histoire des abeilles en y joignant celle des bourdons, des guêpes, des frelons et du fourmilion. Cet important ouvrage, plein de détails intéressants sur les organes des insectes, a donné à plus d'un lecteur le goût de l'histoire naturelle. C'est le meilleur éloge qu'on puisse en faire. Il est à regretter que l'auteur n'ait pas abordé l'étude des coléoptères, et qu'il ait dédaigné toute méthode de classification.

Quand parut l'ouvrage de Réaumur, Linné n'avait pas encore publié son *Système de la Nature*, où les insectes ont fini par être classés dans l'ordre qui a été, à l'exception des *Aptères*, définitivement introduit dans la science.

Parmi les entomologistes observateurs, il faudra citer encore : Rœsel, auteur d'un recueil mensuel, commencé en 1746 et fini en 1761, sous le titre de *Insecten-Belustigung* (amusement sur les insectes) ; Pierre Lyonnet (né en 1707, à Maestricht, mort à La Haye en 1789), célèbre par son *Traité anatomique de la chenille du saule* (La Haye, 1760, in-4°), l'un des plus remarquables ouvrages qui aient paru sur l'anatomie des animaux inférieurs ; E. Louis

Geoffroy (né à Paris en 1725, mort en 1810), auteur de l'*Histoire abrégée des insectes des environs de Paris* (2 vol. in-4°, 1764, avec 22 planches), excellente et première faune locale qui ait été publiée. Geoffroy, qui eut le premier l'idée de classer les insectes par le nombre des tarses (articles du pied), fut imité par Ch. Schæfer, qui publia, en 1769, les *Insectes des environs de Ratisbonne* (3 vol. composés de 280 planches); par Schranck, qui fit paraître, en 1781, *Enumeratio insectorum Austriæ indigenarum* (3 vol. in-8°, avec 3 planches); par Laicharting, qui décrivit les *Insectes du Tyrol* (Zurich, 2 vol. in-8°) et par Clairville, qui donna l'*Entomologie helvétique* (2 vol. in-8°, 1798 et 1806). Nous ne devons pas oublier d'ajouter à la liste de ces observateurs Charles Bonnet, dont nous parlerons plus bas avec plus de détails, ainsi que François et Pierre Huber, père et fils, qui se sont rendus célèbres, le premier par ses *Observations sur les abeilles*, le second par ses *Recherches sur les mœurs des fourmis indigènes* (Paris, 1810, in-8°).

Parmi les entomologistes de la fin du dix-huitième siècle et du commencement du dix-neuvième, Degeer, Fabricius, Panzer, Olivier et Latreille méritent une mention spéciale, tout à la fois comme classificateurs et comme descripteurs. Un mot sur chacun de ces naturalistes.

Degeer ou De Geer (né en 1720, mort à Stockholm en 1778) employa son temps et sa fortune au progrès de sa science de prédilection. Ses *Mémoires pour servir à l'histoire des insectes* (Stockholm, 1752-1778, 7 parties en 8 vol. in-4), écrits en français, lui méritent le surnom de *Réaumur suédois*. Le premier volume, paru en 1752, contient seize mémoires sur les chenilles et un dix-septième sur les ennemis des chenilles, et en particulier sur les ichneumons. Le second volume ne parut qu'en 1771, parce que l'auteur, n'ayant pas placé le premier volume comme il l'espérait, ne fit tirer les volumes suivants qu'à un très-petit nombre d'exemplaires, qu'il envoya en présent à ceux qui avaient acheté le premier. On y trouve beaucoup de détails curieux sur la demeure, la nourriture, la génération et la métamorphose des insectes. Le dernier volume parut, après la mort de l'auteur, par les soins de Retzius. Degeer l'emporte sur Réaumur par la concision du style et en ce qu'il était à la fois anatomiste et physiologiste. Sa classification est inférieure à celle de Linné. Il a rapporté les 1446 espèces qu'il connaissait à 100 genres, correspondant à 14 sous-ordres et à 2 sous-classes principales, les insectes *ailés* et les *aptères.*

Fabricius, dont nous avons déjà indiqué les travaux, transporta dans le domaine des insectes l'idée qu'eut Linné, son maître, de classer les mammifères d'après les organes de la manducation. Cette idée présentait d'immenses difficultés dans son exécution, non-seulement parce que les insectes présentent à cet égard plus de variations qu'aucune autre classe d'animaux, mais à cause de la petitesse, souvent microscopique, des parties à observer. Fabricius la poursuivit dans son *Systema entomologiæ* [1], avec un zèle infatigable, et parvint à découvrir dans les organes de la bouche (mâchoires, labres, palpes, etc.) jusqu'aux caractères des genres [2].

Fr. Panzer (né en 1755, mort en 1829), fils du célèbre bibliographe Panzer, popularisa l'entomologie par une collection de petits fascicules in-32, de feuilles détachées, dont chacune représente un insecte gravé et enluminé, avec la description en regard, de manière que chaque figure, avec sa description, peut être rangée suivant une méthode de classification quelconque. Les premiers fascicules de cette collection, qui a pour titre *Fauna insectorum Germaniæ*, parurent en 1793, et ont continué à paraître jus-

1. Cet ouvrage, paru en 1775, fut successivement perfectionné. La dernière édition est de Copenhague, 1792-94, 4 vol. in-8. Il en parut un Supplément en 1798.

2. Sur la valeur de ce système, voy. Lacordaire, *Introduction à l'entomologie*, t. II, p. 650 et suiv. (Nouvelles Suites à Buffon.)

qu'en 1814; il y en avait alors 112, ce qui porte le nombre total des insectes décrits et figurés à 2688. Dans cet ouvrage, aussi curieux que précieux, la synonymie est très-soignée et les gravures sont très-exactes.

Olivier, célèbre par son *Voyage dans l'Empire Ottoman* (de 1795 à 1798), a rédigé pour l'Encyclopédie méthodique la partie des Insectes (4 vol. in-4° avec planches), où il essaya, comme l'avait déjà fait Illiger, de combiner le système de Fabricius avec celui de Linné. Son principal travail a pour objet l'*Histoire naturelle des Coléoptères* (Paris, 1789-1809, 6 vol. gr. in-4°).

Latreille est un des principaux fondateurs de l'entomologie moderne[1]. Son *Genera Crustaceorum et Insectorum* (Paris, 1806, 4 vol. in-8°) restera son plus beau titre de gloire. Les insectes de Linné y sont partagés en deux groupes égaux, les Crustacés et les Insectes. Ces derniers sont ensuite divisés en ordres et en familles, d'après la méthode naturelle, pressentie par Scopoli[2] et appliquée en 1789 par Laurent de Jussieu au règne végétal. Nous en parlerons plus loin à l'occasion de l'analyse du *Règne animal* de Cuvier, pour lequel Latreille rédigea la partie des Insectes.

---

1. Pierre-André *Latreille* naquit à Brives en 1762. Abandonné de ses parents, il dut son éducation à des personnes étrangères. Ordonné prêtre à l'âge de vingt-quatre ans, il consacra à l'étude des insectes tout le temps que lui laissaient les devoirs de sa profession. A la Révolution il fut arrêté, conduit à Bordeaux, et condamné comme prêtre à la déportation. La découverte d'un insecte, qu'il nomma *necrobia ruficollis*, devint la cause de sa délivrance en lui procurant la protection de Bory de Saint-Vincent et de Dargelas, naturalistes de Bordeaux. Arrivé à Paris en 1798, il obtint un emploi au Muséum d'histoire naturelle, et succéda, en 1814, à son ami Olivier, à l'Académie des sciences, et ce ne fut qu'en 1829 qu'il obtint une chaire de zoologie. Il avait alors soixante-sept ans. «On me donne, disait-il, du pain, quand je n'ai plus de dents.» Il mourut en 1833. Ses ouvrages et mémoires, qui sont fort nombreux, ont presque tous pour objet l'entomologie.

2. *Introductio ad historiam naturalem*, 1775, p. 401.

ZOOPHYTES.

L'étude de ces êtres qui, par leur organisation équivoque, viennent se placer entre le règne animal et le règne végétal, et qui pour cette raison ont reçu le nom de *zoophytes*, c'est-à-dire d'*animaux-plantes*, constitue la branche la plus difficile et la plus imparfaite de la zoologie. C'est pourquoi il nous importe de mettre en relief son origine et son développement.

Le premier auteur qui ait décrit des zoophytes, c'est Aristote, bien qu'il ne se soit point servi du nom de ζωόφυτον, *animal-plante*. Au cinquième livre de son *Histoire des animaux*, il a longuement traité de l'éponge, σπόγγος. Mais il flotte dans l'incertitude pour savoir si c'est là un animal ou une plante. Inclinant d'abord à ranger l'éponge parmi les animaux, puisqu'il lui attribuait le sentiment, il revint ensuite sur cette opinion, pour classer l'éponge parmi les végétaux. Il changea encore d'idée, sur le rapport de quelques habitants du littoral, qui affirmaient que les mouvements remarqués dans les éponges au moment où on les arrachait, provenaient de petits animaux qui s'y trouvaient accidentellement logés. Enfin, il n'osa se prononcer catégoriquement ni pour, ni contre l'animalité de l'éponge. Plus hardi en cela qu'Aristote, Pline admettait que les éponges ont du sentiment, qu'elles vivent en mangeant, et que leur vie est longue. Suivant Plutarque et Élien, l'éponge n'est pas inanimée, mais ses facultés sont trop imparfaites pour qu'elle se suffise à elle-même. Les écrivains du moyen âge ne firent que répéter les opinions des anciens. Belon, Gesner, Rondelet, au seizième siècle, laissèrent la question également indécise. C'est ce qui avait déjà fait dire à Érasme qu'il faut « passer l'éponge sur l'histoire des éponges ».

Dans les siècles suivants, les auteurs tels que Ray, Boerhaave, Tournefort, Seba, Marsigli, Linné même, se déclarèrent, en grande partie, pour la nature végétale de l'éponge. Une très-faible minorité, à laquelle appartenait Nieremberg (en 1635), en soutenait la nature animale. Mais les découvertes de Peysonel et de Trembley, dont nous parlerons plus loin, opérèrent chez Linné un changement complet d'opinion. A Linné se joignirent Guettard. Donati, Ellis, et bientôt la presque totalité des zoologistes adopta l'opinion de la minorité, représentée par Nieremberg. Cependant, même après le travail si remarquable d'Olivi sur la zoologie de l'Adriatique, publié en 1792, il y eut encore des hommes qui, comme Targioni Tozetti et Raffinesque, persistaient à regarder les éponges comme appartenant au règne végétal.

Les oursins et les astéries, classés aujourd'hui parmi les zoophytes ou radiaires, furent rangés par les anciens parmi des animaux d'une organisation relativement très-élevée. Aristote appelait les oursins *hérissons de mer*, à cause des pointes dont leur coquille est garnie, et il les mettait au rang des mollusques à têt. Pline les classait parmi les crustacés. Les Grecs les mangent encore aujourd'hui, comme du temps d'Aristote. Quant à la classification des étoiles de mer ou astéries, Aristote présentait, chose curieuse, la même hésitation que pour les éponges. Dans le livre V. ch. III, de son *Histoire des animaux*, il rangeait l'étoile de mer, comme l'oursin, parmi les testacés, tandis que dans le *Traité des Parties* (livre IV. ch. v) il en fait un de ces êtres équivoques, qui tient de la plante parce qu'il s'attache facilement aux rochers, et de l'animal parce qu'il a une bouche et qu'il peut se porter à la recherche de sa nourriture.

De l'antiquité il faut passer immédiatement au dix-huitième siècle pour trouver quelques observations exactes sur les oursins et les étoiles de mer, dans les écrits de Petiver (1702), de Rumphius (1705), de Breynius (1732),

de Linné (1734), de Seba (1734-1765), de Bourguet, de
Gaultieri, de Dargenville (1742). Ces animaux, pour lesquels Klein avait le premier proposé le nom d'échinodermes, *echinodermata*, aujourd'hui adopté, Linné les rangea
parmi les vers testacés, à côté des mollusques à coquilles.
Cependant, grâce aux recherches de Pallas, Forskal,
Pennant, O. F. Müller, Leske, etc., les descriptions se
multiplièrent au point que Gmelin put, dans la treizième
édition du *Systema naturæ* de Linné, distribuer plus de
cent espèces dans les genres *echinus*, *asterias* et *holothuria*.

Les holothuries[1] sont des corps épais, mollasses, arrondis, dont la forme singulière avait de tout temps attiré
l'attention des naturalistes. Les anciens les connaissaient
sous les noms de *purgamenta maris*, de *pudenda marina*,
à cause d'une ressemblance grossière avec les organes
génitaux de l'homme. Linné en fit d'abord le genre *pria-
pus*, qu'il nomma ensuite *holothuria*. Bruguières adopta
cette dénomination. L'un et l'autre classèrent les holothuries parmi leurs vers mollusques. Hill, Brown et Baster les réunirent aux *actinies*. Pallas les divisa en deux
sections : l'une composée des actinies proprement dites,
et l'autre des holothuries. Il paraît avoir le premier indiqué les rapports qui existent entre ces animaux et les
oursins. Sa manière de voir fut suivie par Lamarck et
G. Cuvier.

Le mot *acalèphe*, ἀκαλήφη, synonyme de *knidé*, κνιδή,
servait aux Grecs comme à nous à désigner en même
temps une plante et un animal, l'*ortie*. Et ce qu'il y a de
remarquable, c'est qu'Aristote comprenait, sous ces noms
des zoophytes (actinies et méduses), qui non-seulement
tiennent le milieu entre l'animal et la plante, mais dont
quelques espèces causent à celui qui les touche une sen-
sation de brûlure, analogue à celle de l'ortie commune.
Tout ce qu'Aristote dit (au livre IV, ch. vi, de son *Histoire*

1. Le mot *holothurie*, ὁλοθούριον, a été employé par Aristote.

des animaux) des orties de mer comme s'attachant aux rochers et s'en détachant quelquefois, et plus loin quand il dit (liv. VIII, ch. I et II) : « on trouve dans la mer des corps dont on douterait si ce sont des animaux ou des plantes ; quelques-uns sont charnus, etc., » tout cela s'applique évidemment aux actinies ou anémones de mer. Mais on a lieu de croire qu'il a confondu sous le même nom d'*acalèphe* (ortie de mer) des animaux différents. La propriété urticante, décrite au livre IX, ch. XXXVII, semble appartenir plutôt aux physales et à certaines méduses qu'aux actinies proprement dites. Les orties de mer errantes, dont la chair gélatineuse se dissout, sont certainement des méduses, des *knidés*. Ainsi donc Aristote confond sous le nom d'*acalèphes* ou de *knidés* des êtres marins, d'une organisation obscure, dont les plus caractéristiques sont pour lui les actinies et les méduses.

Pline a fait la même confusion dans ce curieux passage, habilement commenté par Cuvier : « Les orties (*urticæ*), dit le naturaliste romain, se déplacent et errent la nuit ; ce sont des sortes de feuillages carniformes, qui se nourrissent de chair. Comme l'ortie terrestre, l'ortie de mer cause une vive démangeaison (*vis pruritu mordax*) ; quelquefois elle se contracte fortement, et lorsque quelque petit poisson en approche, elle étend tout à coup son feuillage, l'enveloppe et le dévore (*complectensque devorat*). D'autres fois, paraissant flétrie, elle se laisse ballotter par les flots (*jactari se passa fluctu*) comme une algue, et tandis que les poissons qu'elle a touchés se frottent contre une pierre pour calmer leur démangeaison, elle se jette sur eux. Pendant la nuit, elle va à la chasse des peignes et des oursins. Quand elle sent l'approche de la main, elle se contracte et change de couleur. Si on la touche, elle cause une démangeaison brûlante, et se cache pour peu qu'on tarde à la saisir. On dit qu'elle a la bouche dans la racine (*ora ei in radice*), et qu'elle rend ses excréments par un petit canal placé à la partie supérieure du corps[1]. »

Voici comment Cuvier a commenté ce passage : « Les *urticæ*, ou orties de mer errantes, sont les *medusæ* de Linnæus, et les orties fixes ses *actiniæ*. Le *vis pruritu mordax* convient à plusieurs espèces de méduses et d'animaux de la même classe, surtout à la physale, qui fait éprouver une cuisson à la peau qu'elle touche. Le *complectensque devorat* est plus vrai pour les actinies, qui ont la bouche entourée de quantité de tentacules charnus, au moyen desquels elles saisissent les petits animaux qui passent à leur portée et les engloutissent. *Jactari se passa*, etc., se rapporte surtout aux méduses et aux physales. *Ora ei in radice* distingue assez nettement les espèces du genre *rhizostome*, qui paraissent se nourrir exclusivement par le moyen d'un appareil très-rameux, divisé en une multitude de filaments dont l'ensemble représente assez bien la racine d'un végétal[2]. »

Quant aux *tethyes*, τήθυα d'Aristote, ce sont de véritables mollusques (acéphales), connus depuis longtemps des pêcheurs sous le nom d'*outres de mer*, avec lesquelles Baster a créé le genre *ascidium* (du grec ἀσκός, outre), adopté depuis par tous les naturalistes.

Les écrivains postérieurs à Aristote et à Pline ne nous ont appris rien de nouveau touchant les acalèphes. Sextus Empiricus se servit le premier du mot *zoophyte* pour désigner des espèces de nostoc ; puis ce mot, appliqué à de véritables zoophytes par Isidore de Séville et par Albert le Grand, a passé dans la science. Ce que depuis lors Belon, Rondelet, C. Gesner, Jonston, Martens, etc., ont dit, sous des dénominations assez étranges, des acalèphes, n'est guère propre à éclaircir l'histoire de ces animaux. La

1. Pline, *Hist. nat.*, ix, 58 (édit. Lemaire).
2. Cuvier, Notes ajoutées à la traduction de Pline par Ajasson de Grandsagne.

description que Réaumur fit, en 1710, de *l'ortie de mer errante* ou *gelée de mer* (la grande méduse rhizostome de Cuvier), porta plusieurs voyageurs et naturalistes, tels que Hans Sloane, le P. Feuillée, Seba. Hill, Kalm, Borlase, Bianchi (Plancus), Baster, Solander et Forster, compagnons de Cook, La Martinière, l'un des compagnons de Lapérouse, Shaw. etc., à s'occuper de ces zoophytes.

Ce n'est qu'à partir de l'an 1800 que s'ouvrit une nouvelle ère pour l'histoire des acalèphes, par les travaux de Péron et Lesueur dans le *Voyage de découvertes aux Terres australes*. Dans l'Atlas de ce voyage, Lesueur a dessiné et peint avec une pureté de coloris remarquable la méduse *panopyra*, le *beroe macrostomus*, la *caviera carisochroma*, la *vellela scaphidia*, la *porpita gigantea*, etc. A la même époque, Cuvier donna l'anatomie de la méduse, que Réaumur avait si bien décrite et qui fut depuis nommée, pour rappeler ce travail, méduse rhizostome de Cuvier. Bory de Saint-Vincent, dans son *Voyage dans les quatre principales îles des mers d'Afrique* (1804), Tilesius, dans son *Voyage autour du Monde* (1806). Abildgaard, Descourtilz, Savigny, etc., fournirent à Cuvier quelques matériaux pour sa classification des acalèphes dans le *Règne animal* (1817).

Les noms de *corail* (κοράλλιον), de *gorgone* (γοργόνειον), et d'*antipathe* (ἀντιπαθὲς) paraissent avoir été pour la première fois employés par Théophraste et Dioscoride pour désigner ces singuliers produits arborescents, cornés ou pierreux, que les pêcheurs retirent souvent du fond de la mer. Pour le disciple d'Aristote, pour Théophraste, dans son Livre des Pierres, le corail est une pierre comparable à l'hématite, à cause de sa belle couleur rouge, mais qui croît dans la mer à la manière d'une racine, tandis que les gorgones seraient des végétaux, semblables au chêne et au sapin. Dioscoride, qui signale le premier l'existence des antipathes, les compare au corail. « L'antipathe est, dit-il, une espèce de corail de couleur noire, mais plus rameux[1]. » Il ajoute que de son temps on appelait le corail *lithodendron*, arbre de pierre. Ovide représentait le corail comme une plante flexible (*vimen*), tant qu'il reste sous l'eau, et qui se durcit à l'air et devient pierre au-dessus de l'eau[2]. Cette opinion fut, au dix-septième siècle, réfutée par Boccone. Pline connaissait un plus grand nombre de ces corps. Outre les gorgones et les antipathes, il parle d'une pierre de Paros, nommée pore ,*porus*), probablement une espèce de polypier fossile, et de deux autres productions qu'il regarde comme des arbrisseaux de mer et qu'il appelle chevelure d'Isis (*Isis crinis*) et sourcil gracieux (*charitoblepharon*) ; ce sont probablement des antipathes ramifiés.

L'histoire de ces productions, négligée pendant toute une série de siècles, ne fut reprise que par les botanistes du seizième siècle. Lobel donna, dans sa *Plantarum seu stirpium historia*, les figures de six espèces, dont l'une, le corail blanc, est la *madrepora oculata* de Linné ; la seconde, la *dendrophyllia ramea* de la Méditerranée; la troisième, le corail proprement dit ou corail rouge; la quatrième, une antipathe, et les deux dernières des gorgones. Ces figures ont été reproduites par Gaspard et Jean Bauhin. Ferrante Imperato, dans son Histoire naturelle de la mer (Naples, 1559), décrivit et figura un certain nombre de coraux et de pores, qu'il distingua en *millepores* et en *madrépores*.

En 1700, Tournefort publia, dans les mémoires de l'Académie des sciences, un travail *Sur les plantes qui naissent dans le fond de la mer*. Il divisa ces plantes en trois groupes : celles qui sont molles et flexibles, celles qui sont dures comme la pierre ou ligneuses comme du

---

1. Dioscoride, *Mat. Medic.*, v, 140.
2. Ovide, *Métamorph.*, lib. IV :

> Duritiem tacto capiant ut ab aere, quodque
> Vimen in æquore erat, fiat super æquore saxum.

bois, mais revêtues d'une écorce mollasse; enfin, celles qui sont dures en dehors et remplies d'une matière spongieuse. Dans le premier groupe, il range les *fucus* et les éponges; dans le second, le corail, les lithophytes, c'est-à-dire les gorgonides, les madrépores et les corps qu'il nomme *champignons pierreux*, tels que le bonnet de Neptune (*halomitra*); dans le troisième, il place l'*alcyonium durum* d'Imperato, qui est une spongiaire à croûte dure.

Rumphius, dans son grand ouvrage sur les plantes d'Amboine, fit connaître un certain nombre d'espèces nouvelles de zoophytes. Enfin, d'après les idées, qui régnaient encore au commencement du dix-huitième siècle, toutes ces productions marines, désignées aujourd'hui sous le nom de *coralliaires*, étaient des plantes, que les botanistes d'alors plaçaient avec les fucus parmi les *végétaux qui n'ont pas de fleurs*, division qui correspond à celle des cryptogames.

Boccone (*Recherches et observations naturelles*; Amsterdam. 1674) s'éleva le premier contre l'opinion que le corail était une plante; mais il tomba en même temps dans une autre erreur en cherchant à montrer que ce n'était qu'une simple concrétion, une sorte de pierre. Marsigli (né à Bologne en 1658, mort en 1731), dans son bel ouvrage intitulé l'*Histoire physique de la mer* (Amsterd., 1725, in-fol.), reprit, non-seulement l'opinion ancienne, d'après laquelle le corail est une plante, mais il prétendit en avoir découvert les fleurs. Shaw, dans son *Voyage sur les côtes de la Barbarie*, prit pour des racines les appendices filiformes qu'il avait observés à la surface de la *dendrophyllia ramea* et de quelques autres coralliaires.

Tout en adoptant l'opinion régnante sur l'origine végétale de ces productions marines, Réaumur ne put s'empêcher d'appeler l'attention des observateurs sur la différence qui existe entre la partie corticale du corail et son axe pierreux, lithoïde; il essaya de montrer que ce dernier est le résultat d'un simple dépôt de matière inerte, fournie par l'écorce vivante, et il la compara à la coquille des mollusques, dont la croissance se fait aussi par la superposition de couches nouvelles. Pour lui, le corail n'est pas un végétal, mais un minéral ramifié, produit par un végétal. Cette manière de voir serait passée inaperçue, si Réaumur n'avait pas ajouté que, d'après l'opinion d'un observateur habile, qu'il ne nomme pas, les *fleurs du corail*, découvertes par Marsigli, *seraient en réalité des animaux*[1].

Voilà le point lumineux qui devait conduire à la découverte des véritables ouvriers de ces immenses productions pierreuses, sur lesquelles on avait depuis des siècles vainement disputé. L'observateur dont Réaumur crut devoir taire le nom pour ménager sa réputation de naturaliste, c'était *Peyssonel*[2]. Son *Traité sur le corail* n'a jamais paru en entier. La bibliothèque du Muséum de Paris en a conservé le manuscrit complet (rédigé en 1744). En voici l'extrait relatif à la découverte en question. « Je fis, dit l'auteur, fleurir le corail dans des vases pleins d'eau de la mer, et j'observai que ce que nous croyions être la fleur de cette prétendue plante n'était, au vrai, qu'un insecte[3], semblable à une petite ortie ou poulpe[4]. Cet insecte s'épanouit dans l'eau et se ferme à l'air, ou, lorsque je versais des liqueurs acides, ou que je le touchais avec la main, j'avais le plaisir de voir remuer les pieds de cette ortie, et ayant mis le vase

---

1. *Observations sur la formation du corail*, etc., dans les *Mémoires de l'Acad. des scienc.*, 1727, p. 269.

2. J. Antoine de Peyssonel, né à Marseille en 1694, exerça la médecine dans sa ville natale et y fonda une académie des sciences. Ses notions sur l'histoire parurent presque toutes dans les Mémoires (*Philosophical Transactions*) de la Société royale de Londres, dont il était membre. Ses *Observations sur le corail* parurent à Londres, en 1756, in-12. A. de Peyssonel était le frère de l'archéologue, Charles de Peyssonel, mort à Smyrne en 1757.

3. N'oublions pas qu'à cette époque on donnait encore le nom d'insecte à tout petit animal non vertébré.

4. Il est curieux de faire remarquer que les anciens appelaient *polypes* les poulpes, et qu'on nomme aujourd'hui *polypes* les animaux constructeurs dont parle ici pour la première fois Peyssonel.

plein d'eau, où le corail était, à une douce chaleur, auprès du feu, tous ces petits insectes s'épanouirent; je poussais le feu et fis bouillir l'eau, et je les conservai épanouis hors du corail.... Réitérant sur d'autres branches mes observations, je vis clairement que les petits trous qu'on aperçoit sur l'écorce du corail sont les issues par où les orties sortent; ces trous répondent à ces petites cavités ou cellules qui sont partie dans l'écorce, et partie tracées dans la substance propre du corail. Ces cavités sont les niches où séjournent les orties corallines; les tuyaux que j'avais aperçus sont les sacs où sont contenus les organes de l'animal. Lorsque je pressais avec les ongles ces petites élévations, je faisais sortir les intestins et tout le corps de l'ortie, qui, confus et mêlés ensemble, ressemblaient au suc épaissi qui sort des glandes sébacées de la peau. Je vis que l'animal, lorsqu'il veut sortir de sa niche, force le sphincter qu'il trouve à son entrée, rend alors cette entrée rayonnée et semblable à une étoile ayant des raies blanches, jaunes et rouges; lorsque cela arrive, les tubes les enflent, et l'animal sort en dehors avant de se développer. Les pieds et le corps de l'animal forment le corps blanc que M. de Marsigli observa; l'animal sorti étend ses pieds et forme ce que M. de Marsigli et moi avions pris pour les pétales de la fleur du corail; le calice de cette prétendue fleur est le corps même de l'animal avancé et sorti hors de la cellule. Le lait du corail est le sang ou le suc naturel de tous les insectes placés le long du corail; ils n'ont pas le sang rouge, mais blanc.... L'expérience fait voir que l'écorce où est le gîte de ces animaux est absolument nécessaire à la croissance du corail, et que, dès qu'elle manque, le corail cesse de croître et d'augmenter. »

Peyssonel étendit ses recherches à tous les corps soutenus par un axe corné, qu'il appelle *Lythophytons* (gorgones et antipathes), aux alcyons, qu'il appelle *mûres de mer*, enfin à tous les corps pierreux, que l'on désignait déjà sous les noms de *madrépores* et *millepores;* il leur trouva, à tous, des animaux plus ou moins semblables aux orties de mer, et qui variaient, suivant les espèces, de forme et de couleur.

Mais cette manière de voir était trop neuve, trop en opposition avec les idées reçues, pour être immédiatement adoptée par les naturalistes. Sans une coïncidence heureuse, ils auraient persisté dans leurs idées traditionnelles.

Peyssonel osait à peine rendre publiques ses recherches, lorsqu'un naturaliste suisse, Trembley[1], vint publier, sous le titre de *Mémoires pour servir à l'histoire d'un genre de polypes d'eau douce* (Leyde, 1744, in-4°, le résultat d'un travail de trois ans et demi sur un être singulier, *l'hydre d'eau*, que Leuwenhoek avait déjà distingué comme un animal, mais sans avoir remarqué la merveilleuse propriété de cet animal de se reproduire de ses moindres fragments. C'est Trembley qui fit cette découverte, l'une des plus étonnantes de la physiologie. De concert avec Bernard de Jussieu, Réaumur répéta les expériences de Trembley, et c'est lui qui donna à ces animalcules le nom de *polypes*, parce que « leurs cornes, dit-il, sont analogues aux bras de l'animal de mer (poulpe) qui est en possession de ce nom. » Enfin il se rangea complétement de l'opinion de Peyssonel, après que son collègue Bernard de Jussieu, observant sur les côtes de Normandie les alcyons, les eschares et d'autres prétendues plantes marines à l'état vivant, les eut vues couvertes d'animalcules tout à fait semblables à ceux qu'avait étudiés Trembley; et il les nomma de même *polypes*. Quant aux parties dures qui leur servent de supports ou d'enveloppes, il les com-

---

1. Abraham *Trembley* (né à Genève en 1700, mort en 1784), précepteur des enfants de lord Bentinck, consacra ses moments de loisir à l'étude des polypes d'eau douce, jusqu'alors confondus avec les racines des herbes marécageuses. Il passa les dernières années de sa vie dans sa ville natale.

para aux rayons et alvéoles des abeilles, et leur donna le nom de *polypiers*. Depuis cette époque, l'animalité des coralliaires ne fut plus révoquée en doute, et les travaux d'Ellis, de Baster, d'Esper, de Cavollini, de Pallas, de Savigny et de Lamouroux répandirent une grande lumière sur une question jusqu'alors restée si obscure[1].

L'étude des polypes se rattache étroitement à celle des Infusoires ou animalcules microscopiques[2]. Nous passerons rapidement en revue les travaux des micrographes, depuis Leuwenhoeck et Bonanni, dont nous avons déjà parlé plus haut. Trembley fut conduit par ses observations sur l'hydre ou le polype à bras, à décrire certains infusoires parasites de ce polype, ainsi que quelques espèces vorticellaires qui se rencontrent avec les hydres. Baker fit connaître un grand nombre d'Infusoires, observés par lui, soit dans les eaux de marais, soit dans des infusions de foin, de poivre, de blé, d'avoine, etc. Joblot publia, en 1754, des observations microscopiques, qui ne manquent pas d'une certaine valeur; mais la plupart des figures qu'il en a données portent l'empreinte d'une admiration tellement vive, qu'elles n'ont pas peu contribué à discréditer l'usage du microscope. Roesel, dans son bel ouvrage sur les insectes, donna des figures assez exactes du volvox, de plusieurs vorticelliens et surtout de son protée qui est devenu le type du genre amibe. Eichhorn fit connaître, en 1775, un plus grand nombre d'infusoires qu'aucun de ses prédécesseurs; mais ne songeant point à les classer, ses infusoires se trouvent mêlés de beaucoup d'autres animalcules. Spallanzani, en 1776, dans ses *Opuscules physiques*, étudia particulièrement le rotifère et quelques autres infusoires sous le point de vue physiologique. Gleichen

---

1. Voy. M. Milne-Edwards et Haime, *Histoire naturelle des coralliaires*, Introduction, p. xxi et suiv. (Nouvelles Suites à Buffon.)

2. Le nom d'*infusoires* paraît être dû à Wrisberg, qui avait publié, en 1764, des observations sur ces animalcules.

publia un travail étendu sur les spermatozoaires[1]. Gœze et Block observèrent les curieux infusoires qui vivent dans l'intestin de la grenouille. O. F. Müller entreprit le premier de classer ces animalcules méthodiquement[2]; mais son travail ne fut publié qu'après sa mort par son ami O. Fabricius, qui y ajouta des notes souvent contradictoires. Müller avait porté à 379 le nombre des espèces décrites, parmi lesquelles il y en a à peine 150 que l'on puisse aujourd'hui rapporter avec certitude à des infusoires connus. Comme ses prédécesseurs, il avait confondu avec les infusoires des objets bien différents, tels que des bacillaires, des navicules, des anguillules, des distomes, de jeunes alcyonelles, des lambeaux de branchies de mollusques, etc. Bruguières, dans l'*Encyclopédie méthodique*, et Cuvier, dans son *Règne animal*, adoptèrent la classification de Müller[3].

Tel était, pour la zoophytologie, l'état de la science au commencement du dix-neuvième siècle.

1. *Abhandlung über die Saamen und Infusions thierchen*; Nuremberg, 1778, in-4.

2. Müller, *Animalcula infusoria, fluviatilia et marina*, 1786, in-4.

3. Voyez, pour plus de détails, Félix Dujardin, les *Infusoires*, p. 11. (Nouvelles Suites à Buffon.)

CHAPITRE VII.

LES FONDATEURS DE LA ZOOLOGIE MODERNE.

Linné, Buffon et Cuvier ont en quelque sorte identifié leurs noms avec la science, à la fondation de laquelle ils ont le plus puissamment contribué. Autour d'eux viennent se grouper des naturalistes non moins éminents, tels que Lacépède, Geoffroy Saint-Hilaire, Blainville, Oken, Dujardin, etc.; et parmi les vivants, Ehrenberg, Milne-Edwards, Quatrefages, R. Owen, Blanchard, Paul Gervais, Deshayes, Agassiz, Lacaze-Duthiers, etc.

Arrêtons-nous un peu plus longuement sur les trois premiers, qui peuvent être considérés comme les fondateurs de la zoologie moderne.

Linné (Linnæus).

Linné, dont la vie comprend la plus grande partie du dix-huitième siècle (de 1707 à 1778)[1], embrassa les trois règnes de la nature, et en donna le premier cette définition laconique : *mineralia crescunt*, les minéraux croissent,

1. La biographie de Linné a été donnée dans notre *Histoire de la botanique*, pag. 211 et suiv.

c'est-à-dire qu'ils s'augmentent par juxtaposition ou du dehors au dedans ; *vegetalia crescunt et vivunt*, les végétaux croissent et vivent, c'est-à-dire qu'ils se développent par intussusception ou du dedans au dehors ; *animalia crescunt, vivunt et sentiunt*, les animaux croissent, vivent et sentent ; le sentiment implique ici le mouvement. Cette gradation des trois règnes de la nature est surtout remarquable en ce qu'elle suppose un ordre de succession en quelque sorte hiérarchique. Linné aurait pu la continuer en y ajoutant un quatrième règne, celui de notre espèce. Le *règne hominal*, établi de nos jours, a été adopté par tous les naturalistes philosophes.

C'est dans son *Systema naturæ*, dont le plan fut conçu antérieurement à 1735[1], que Linné a exposé ses grandes idées de classification. Nous n'en ferons ici connaître que ce qui est relatif à la classification des animaux.

Le règne animal y est divisé en six classes, comprenant les *quadrupèdes*, les *oiseaux*, les *amphibies*, les *poissons*, les *insectes* et les *vers*. Voici les caractères assignés par Linné à chacune de ces classes.

Ire classe. QUADRUPÈDES. — Les quadrupèdes ont : un cœur à deux ventricules et à deux oreillettes ; leur sang est chaud et rouge ; leur poumon, comme le cœur, se dilate et se resserre alternativement ; les femelles allaitent leurs petits ; ils ont cinq sens : le toucher, le goût, l'odorat, la vue et l'ouïe ; ils ont quatre membres pour la locomotion, excepté les aquatiques, dans lesquels les membres postérieurs, réunis et confondus, forment la queue.

La classe des quadrupèdes, comprenant principale-

---

1. Cet ouvrage, immense synthèse des trois règnes de la nature, distribués par classes, ordres, genres et espèces (*Systema naturæ, sive regna tria naturæ systematice proposita per classes, ordines, genera et species*, Leyde, 1735, 1re édition), ne fut imprimé, dans toute sa perfection, par l'auteur, qu'en 1774. L'édition qui parut, après la mort de l'auteur, par les soins de Fréd. Gmelin (Leipzig, 1788-1798, 10 vol. in-8), a été augmentée de plus de moitié.

ment les mammifères, a été divisée en sept ordres, qui sont : 1° *Primates*. Caractères : deux mains; les deux pieds servant à la préhension comme les mains. Genres : l'homme (*homo sapiens*), le singe (*simia*), la chauve-souris (*vespertilio*), etc. — 2° *Bruta*. Caractères : absence de dents antérieures aux deux mâchoires, pieds armés d'ongles forts, marche lourde, nourriture végétale. Genres : l'éléphant, le paresseux (*bradypus*), le fourmilier (*myrmecophaga*). le morse, etc. — 3° *Feræ*. Caractères : les mâchoires armées antérieurement de six dents coniques; les canines plus longues que les incisives; les molaires garnies de pointes en alène; nourriture de proie animale vivante ou de cadavres. Genres : chien, chat, fouine (*viverra*), belette (*mustela*), sarigue (*didelphis*), ours, taupe, hérisson, etc. — 4° *Glires*. Caractères : incisives. pas de canines. les doigts des pieds armés de petits ongles, membres organisés pour sauter; rongeurs de fruits. Genres : lièvre, castor, souris, écureuil, loir. — 5° *Pecora*. Caractères : la mâchoire inférieure garnie de plusieurs incisives, la supérieure en est dépourvue; les pieds bisulques ou garnis de deux gros ongles; nourriture herbacée, ruminants. Genres : le chameau, le cerf, la chèvre, le mouton, le bœuf, etc. — 6° *Belluæ* : dents antérieures obtuses; pieds ongulés ou garnis d'un gros ongle; nourriture végétale. Genres : cheval, hippopotame, cochon, rhinocéros. — 7° *Ceti*. Caractères : nageoires pectorales remplaçant les pieds antérieurs; queue aplatie horizontalement; ni pieds, ni ongles; dents, les unes cartilagineuses, les autres osseuses; nez remplacé par un tuyau (évent), placé à la partie supérieure de la tête; nourriture de poissons et de coquillages. Genres : baleine, dauphin, etc. — La nécessité de réunir les cétacés aux mammifères avait été déjà signalée par J. Ray et par Brisson. Linné effectua le premier cette réunion. Les caractères de ses ordres sont, comme nous venons de le voir, principalement tirés des ongles.

II° classe. Oiseaux. — Mâchoires horizontales, saillantes, sans dents; ovipares; œufs protégés par une croûte dure, calcaire; oreilles sans conque; absence d'organes du tact; deux pieds; deux ailes; plumes imbriquées comme les tuiles sur un toit.

La classe des oiseaux a été divisée en six ordres, qui sont : 1° *Accipitres* (oiseaux de proie). Caractères : bec un peu recourbé au bas; pieds courts, robustes; doigts verruqueux sous les jointures; ongles arqués, très-pointus. Genres *diurnes* : vautour, faucon. Genres *nocturnes* : chat-huant, chouette. — 2° *Picæ*. Caractères : bec convexe ou arrondi en dessus, aminci en tranchant à sa partie inférieure; pieds courts, robustes, à doigts lisses. Genres : corbeau, pie, corneille, geai, perroquet, coucou, etc. — 3° *Anseres*. Caractères : bec lisse, couvert d'un épiderme épaissi à sa pointe; pieds à doigts palmés ou réunis par une membrane. Genres : oie, canard, pélican, mouette, etc. — 4° *Grallæ* (échassiers). Caractères : bec presque cylindrique; pieds propres à marcher dans l'eau; jambes demi-nues. Genres : flamant, râle, bécasse, foulque, autruche, etc. — 5° *Gallinæ*. Caractères : bec convexe, à mandibule supérieure voûtée sur l'inférieure; pieds propres à la course; doigts rudes en dessous. Genres : dindon, paon, faisan, perdrix, etc. — 6° *Passeres*. Caractères : bec en cône, acuminé; pieds propres à sauter, grêles, à doigts séparés. Genres : pinson, bruant, hirondelle, grive, fauvette, mésange, alouette, etc.

III° classe. Amphibies. — Cœur à un ventricule et à une oreillette; sang rouge et froid; poumons respirant d'une manière différente dans les différents genres; mâchoires horizontales; quelques genres sont privés d'oreilles; peau non couverte d'écailles; les uns ont des pieds, les autres sont apodes ou sans pieds.

La classe des amphibies, ainsi nommés parce que quelques-uns peuvent vivre indifféremment sur terre et dans l'eau, a été divisée en deux ordres, qui sont : 1° *Reptilia*.

Cet ordre comprend : les tortues (corps couvert d'écailles, à une queue et à quatre pattes), les grenouilles et crapauds (corps nu, sans queue, ni écailles), et les lézards (corps à queue, tantôt nu, tantôt écailleux. 2° *Serpentia.* Cet ordre ne renferme que les serpents (pattes nulles, corps rond et couvert d'écailles).

IV° classe. POISSONS. — Cœur à un ventricule et à une oreillette ; sang rouge et froid ; branchies ou poumons couverts par deux opuscules latéraux qui les compriment à volonté ; sens de l'ouïe et de l'odorat douteux ; peau à écailles imbriquées.

Linné a divisé, comme Artedi, les poissons en quatre ordres : 1° les *Malacoptérygiens :* poissons à nageoires molles (rayons des nageoires non piquants). Genres : carpe, barbeau, gardon, tanche, goujon, brème, merlan, plie, hareng, saumon, éperlan, brochet, anguille, etc. ; 2° *Acanthoptérygiens :* poissons à nageoires épineuses. Genres : dorade, scare, mulet, hirondelle de mer, rouget, maquereau, espadon, goujon, vive, perche, etc. ; 3° *Branchiostéges :* poissons dont les branchies (ouïes) sont cachées, membraneuses et osseuses. Ce sont des poissons de mer de forme singulière, ronde, dont quelques-uns ont été décrits par les anciens sous les noms de *grenouille pêcheuse* (βάτραχος ἁλιεὺς d'Athénée), d'*ostracion*, de *lièvre marin*, etc. ; 4° *Chondroptérygiens :* poissons de mer, à nageoires cartilagineuses ; cinq trous de chaque côté des ouïes, et le corps plat. Genres : raie (*rhinobatos* d'Aristote), squale (chien de mer), renard de mer (*alopex* d'Aristote), esturgeon (*accipenser* des anciens). — Dans les premières éditions de son *Systema naturæ,* Linné avait, comme Artedi, établi un cinquième ordre de poissons, sous le nom de *plagiures* ou à queue aplatie. Mais plus tard il a distrait cet ordre de la classe des poissons, pour en faire l'ordre des *cétacés* de la classe des mammifères.

V° classe. INSECTES. — Cœur à un ventricule, sans oreillette, renfermant une sanie froide ; respiration par des pores placés sur les deux côtés du corps ; mâchoires perpendiculaires, s'ouvrant latéralement ; pas d'organe d'odorat, ni d'ouïe ; le tact très-développé dans les antennes ; corps à peau dure, sans os intérieurs. Pieds, au nombre de six, de huit et davantage.

La classe des insectes fut divisée par Linné en sept ordres, dont les noms ont été conservés. Ces ordres sont : 1° les *Coléoptères*, ainsi nommés parce qu'ils ont les ailes (en grec, πτερόν) cachées par des espèces de fourreaux de corne (en grec, κολεός fourreau). Genres : coccinelles, scarabées, pilulaires (géotrupes), capricorne, etc. ; 2° les *Hémiptères* ou *demi-ailés*, étaient ainsi nommés, parce qu'ils ont les ailes croisées, de sorte qu'il n'en paraît que la moitié ; tels sont les punaises, les lygéens ; 3° les *Névroptères*, ainsi nommés, parce qu'ils ont les ailes réticulées, membraneuses ; tels que les éphémères, les libellules, etc. ; 4° les *Lépidoptères*, ainsi nommés parce qu'ils ont les ailes couvertes d'écailles (en grec λεπίς), semblables à une poussière ; tels sont les papillons ; 5° les *Hyménoptères*, ainsi nommés parce qu'ils ont les ailes membraneuses ; tels sont les abeilles, les guêpes, etc. ; 6° les *Diptères* portent ce nom, parce qu'ils n'ont que deux ailes, comme les cousins, les tipules, les mouches proprement dites ; 7° les *Aptères*, parce qu'ils manquent d'ailes, comme les poux.

Si ces noms ont été conservés, il n'en est pas de même des genres distribués par Linné dans chacun de ces ordres. De très-notables changements ont eu lieu à cet égard, et on a été loin de les adopter universellement. Ainsi, Linné avait rangé les perce-oreilles, les courtillières, les blattes et les grillons dans sa classe des coléoptères. Degeer les en détacha pour en faire une classe spéciale sous le nom de *Dermoptères*, ayant voulu désigner par ce nom la consistance de leurs élytres. Olivier en fit l'ordre des *Orthoptères*, à cause de leurs ailes, qui se replient ordinairement en éventail. Ce dernier nom, bien qu'il soit postérieur à celui de dermoptères, a été préféré. Dans cette même classe on a fait entrer les grillons, les criquets, les cigales, les sauterelles, les notonectes, les pucerons, que Linné avait placés dans son ordre des *Hémiptères*.

L'ordre des *Névroptères* a été élargi par Brullé, qui l'a divisé en trois sections, comprenant les *dictyoptères* (famille des *subulicornes* de Latreille), les *isoptères*, les *termides* et les *trichoptères* (famille des *plicipennes* de Latreille).

Les *Lépidoptères* ont été divisés par Linné en papillons *diurnes* et papillons *nocturnes* (phalènes), et cette division a été adoptée depuis par tous les entomologistes. Cet ordre a été de nos jours l'objet d'une étude spéciale de la part de M. Boisduval, de même que l'étude des *Hyménoptères*, caractérisés par quatre ailes membraneuses, a été approfondie, dans ces derniers temps, par Lepelletier de Saint-Fargeau. L'ordre linnéen des *Diptères* a été développé par les travaux de Meigen, de Wiedemann et de Macquart.

Quant aux *Aptères*, leur classement exact a offert les plus grandes difficultés. Linné y a compris non-seulement les poux, les puces, etc., mais les araignées, les millepieds, les écrevisses, etc., qu'on a depuis complétement séparés des insectes. Les araignées forment le type de la classe des *Arachnides*, établie par Latreille, et adoptée par presque tous les naturalistes. Les écrevisses forment le type des *Crustacés*, classe également établie par Latreille, et dont M. Milne-Edwards a fait, de nos jours, une étude approfondie.

Les millepieds, les iules, les scolopendres, etc., composent la classe des *Myriapodes*, sur l'anatomie desquels les travaux de Latreille, de Savigny, de Treviranus, de Marcel de Serres, de L. Dufour, d'Audouin, de P. Gervais, ont répandu beaucoup de lumière. De cette classe ont été détachés les forbicines, les leptures, les podurelles, for-

mant le groupe des *monomorphes* de Laporte (*thysa-
nœures* de Latreille).

VI° classe. VERS. — Cœur sans oreillette, à sanie
froide ; organes de la respiration très-obscurs ; animaux
hermaphrodites ou androgynes : organes des sens obscurs ;
yeux douteux, point d'oreilles ni de narines : l'organe du
tact est une espèce de sonde sans tête. Il y a des vers
munis de pieds et des vers apodes. Les uns sont nidulés
dans une coquille calcaire ; les autres sont nus ; d'autres
ont la peau hérissée d'épines.

La sixième et dernière classe comprend cinq ordres :
1° les Vers intestinaux (*intestina*); 2° les Mollusques (*mol-
lusca*) ; 3° les Testacés (*testacea*); 4° les Madrépores, etc.,
(*lithophyta*) ; 5° les Eponges (*zoophyta*). Nous parlerons
plus loin des modifications nombreuses qui ont été apportées par la suite à la classe linnéenne des *vermes* (vers).

Le système de Linné eut, à son apparition, des partisans enthousiastes et des adversaires décidés. Parmi ces
derniers Buffon occupait le premier rang. Au lieu de
s'entr'aider et de se compléter l'un l'autre, au grand
profit de la science, Linné, et surtout Buffon montrèrent,
par leurs sentiments de rivalité, qu'ils étaient, comme
tant d'autres, hommes avant tout.

Linné eut l'incontestable mérite d'avoir le premier introduit une méthode simple et claire dans une science
qui était jusqu'alors encombrée de détails descriptifs,
distribués sans ordre. La nomenclature des genres et des
espèces, caractérisés par quelques mots brefs, significa-
tifs, restera comme un impérissable titre de gloire. Sans
doute cette *nomenclature binaire*, si importante pour le
progrès de la science, n'est pas une création de Linné :
on en trouve déjà des traces chez les anciens ; Gesner,
Ray et d'autres en avaient fait usage avant lui. Mais l'im-
mortel auteur du *Systema naturæ* l'a étendue, généralisée ;
il l'a revêtue d'un caractère scientifique, ce qui avait été

jusqu'alors tenté sans règle et sans suite ; il a élevé la nomenclature binaire au rang d'une méthode philosophique, qui présente l'immense avantage de diminuer considérablement le nombre des termes nécessaires à la science. Cette méthode, définitivement inaugurée par le grand naturaliste suédois, est, pour le progrès de la botanique et de la zoologie, ce que l'algèbre a été pour le progrès des mathématiques.

Depuis que les voyages d'exploration se sont multipliés sur toute la surface du globe, depuis que l'on compte les êtres vivants par centaines de mille, l'application de la caractéristique binaire a pu seule, en prévenant le désordre dans les mots, prévenir le désordre dans les idées, conformément à cette profonde pensée de Linné, « que si l'on ignore les noms, on perd aussi la connaissance des choses » :

Nomina si nescis, perit et cognitio rerum.

Voici en quels termes, bien sentis, est apprécié ce qu'on pourrait appeler la *réforme linnéenne*, par Isidore Geoffroy Saint-Hilaire. « A une époque où, dit ce savant zoologiste, l'histoire naturelle, n'ayant encore ni les méthodes sûres et faciles qu'elle allait devoir à Linné, ni l'éclat et la grandeur que devait lui donner Buffon, était peu cultivée chez les nations même les plus avancées, à une époque où l'on comptait à peine quelques naturalistes de profession, on reconnut, on pressentit du moins, dans le *Systema naturæ*, dès sa première apparition, une de ces œuvres privilégiées qui honorent leur époque et qui doivent instruire l'avenir. En vain plusieurs voix s'élevèrent contre un livre trop nouveau pour être compris de tous, contre une réforme trop fondamentale pour être acceptée sans résistance ; en vain deux des grandes illustrations du siècle, Haller en Allemagne et Buffon en France, protestèrent contre des vues trop différentes des leurs ; en vain quelques-uns, franchissant les limites de la critique permise, se laissèrent entraîner jusqu'à la censure la plus acerbe : Linné poursuivit ses innovations d'une main ferme et sûre, ne se laissant jamais décourager par la critique, parfois en profitant, cherchant le progrès par toutes les voies, rendant ainsi d'année en année son succès plus assuré et contraignant ses adversaires eux-mêmes à lui reprocher, par conséquent à reconnaître, ce qu'ils appelaient, avec Haller, « l'insupportable domination » du législateur de l'histoire naturelle. En zoologie, l'influence de Linné resta puissante en présence même des travaux de Buffon ; ceux-ci y ajoutèrent même, grâce au grand nombre d'intelligences qui furent tout à coup appelées à la culture de l'histoire naturelle, et dont la plupart, à peine initiés à la science par Buffon, applaudirent et voulurent participer à l'œuvre de Linné. Et la génération qui a suivi a partagé pour Linné les sentiments de ses contemporains [1]. »

Partisans de la méthode linnéenne

Parmi les contemporains de Linné qui essayèrent de perfectionner son système de classification, nous ne mentionnerons que Klein, Edwards et Brisson, les deux premiers plus âgés, le dernier plus jeune que l'illustre naturaliste suédois.

J. Théodore Klein (né à Kœnigsberg en 1685, mort en 1759) représenta, comme consul, les intérêts commerciaux de sa ville natale, et profita de ses moments de loisir pour se livrer à ses études favorites. Ses principaux travaux, tous écrits en latin, ont pour titre : *Quadrupedum dispositio brevisque historia naturalis;* Leipzig, 1751,

---

1. Isidore Geoffroy Saint-Hilaire, *Histoire naturelle générale,* t. I, p. 72 (Paris, 1854).

in-4. Les quadrupèdes sont divisés par l'auteur en deux ordres, comprenant les animaux à pieds ongulés (*pedes ungulati*) et les animaux à pieds onguiculés ou digités (*pedes digitati*). Le premier ordre se compose de cinq familles : les *monochèles* ou *solipèdes* (animaux à un seul sabot) ; exemples : le cheval, l'âne, etc. ; les *dichèles* ou *bisulques* (à deux sabots); exemples : le taureau, le buffle, le mouton, le cerf, etc. ; les *trichèles* (à trois sabots): le rhinocéros ; les *tétrachèles* (à quatre sabots): l'hippopotame ; les *pentachèles* (à cinq sabots) : l'éléphant. Le deuxième ordre comprend également cinq familles, savoir, les *didactyles* (à deux doigts) : le chameau, le paresseux d'Asie ; les *tridactyles* (à trois doigts) : le paresseux d'Amérique, le fourmilier ; les *tétradactyles* (à quatre doigts : le tatou. l'aguti ; les *pentadactyles* (à cinq doigts): le lièvre, l'écureuil. le loir, etc. On voit que Klein n'a été guidé dans ce classement que par la configuration des pieds, et particulièrement des pieds antérieurs. Aussi les animaux les plus dissemblables sous d'autres rapports se trouvent-ils ici réunis dans les mêmes familles. Son Histoire des poissons (*Historia piscium naturalis*, etc., Dantzig. 1740-1749, in-4). devenue très-rare, est accompagnée de figures nombreuses, exécutées avec beaucoup de soin et fort recherchées des ichthyologistes. Mais la classification suivie par Klein est très-imparfaite, puisque les baleines y sont encore rangées au nombre des poissons.

Georges Edwards (né à Westham en 1693, mort en 1773) abandonna la carrière commerciale pour consacrer tout son temps à l'étude des sciences naturelles, et pour développer cette étude par des voyages. La publication de son Histoire des oiseaux (*History of birds*), en quatre volumes in-4. souvent citée par Buffon, fut commencée à Londres en 1743 et terminée en 1751. Le quatrième et dernier volume est dédié à Dieu, « à l'omniprésent, omniscient et tout-puissant Créateur de tout ce qui existe. » L'auteur fit paraître, en 1763, comme supplément à son Histoire des oiseaux, *Gleanings of natural history*. Edwards était, depuis 1757, membre de la Société royale de Londres.

Jacques Brisson (né à Fontenay-le-Comte en 1723, mort en 1806 à Croissy, près de Versailles) fut l'aide de Réaumur et remplaça l'abbé Nollet dans sa chaire de physique au collége de Navarre. Il se livra principalement à l'étude des oiseaux, et publia les résultats de ses recherches sous le titre de *Ornithologie, ou Méthode contenant la division des oiseaux en ordres, sections, genres, espèces et leurs variétés*; Paris. 1760, 6 vol. in-4. Le texte, en français et en latin, sur deux colonnes, donne la description de 1500 espèces, dont 320 établies par l'auteur. Il est accompagné de plus de 200 planches, contenant 500 oiseaux, gravés par Martinet. Cet ouvrage a été largement mis à profit par Buffon. Vers la fin de sa vie, Brisson perdit, à la suite d'une attaque d'apoplexie, toutes ses connaissances, même celle de la langue française ; on ne lui entendait plus prononcer que des mots du patois poitevin, qu'il avait parlé dans son enfance. La traduction française du *Système naturel du règne animal* de Klein (Paris, 1754, 2 vol. in-8, sans le nom du traducteur) est une œuvre de la jeunesse de Brisson.

Buffon.

Georges-Louis Leclerc, comte de Buffon, naquit à Montbard, le 7 septembre 1707, dans la même année que Linné. Il fut destiné par son père, conseiller au parlement de Dijon, à la carrière de la robe; mais les sciences naturelles s'emparèrent de bonne heure de son esprit, et toute son ambition fut depuis de les cultiver exclusivement. Au collége de Dijon, où il commença ses études, il fit connaissance avec un jeune lord anglais, le duc de

Kingston, qui voyageait sous la direction d'un précepteur instruit. Il obtint de son père la permission d'accompagner les deux amis dans leurs voyages. Ils visitèrent ainsi ensemble une partie de la France, la Suisse et l'Italie. « Dans ces dix-huit mois de courses, le jeune Buffon ne vit, dit son biographe (Condorcet), que la nature à la fois riante, majestueuse et terrible; offrant des asiles voluptueux et de paisibles retraites entre les torrents de laves et sur les débris des volcans; prodiguant ses richesses à des campagnes qu'elle menace d'engloutir sous des monceaux de cendres et de fleuves enflammés, et montrant à chaque pas les vestiges et les preuves des antiques révolutions du globe. La perfection des ouvrages des hommes, tout ce que leur faiblesse a pu y imprimer de grandeur, tout ce que le temps a pu y donner d'intérêt ou de majesté, disparaît à ses yeux devant les ombres de cette main créatrice dont la puissance s'étend sur tous les mondes, et pour qui, dans son éternelle activité, les générations humaines sont à peine un instant. Dès lors il apprit à voir la nature avec transport comme avec réflexion; il réunit le goût de l'observation à celui des sciences contemplatives, et, les embrassant toutes dans l'universalité de son savoir, il forma la résolution de leur dévouer exclusivement sa vie. »

Voilà comment Buffon apprit aux jeunes touristes à aimer l'étude de la nature. Il suivit ses deux compagnons à Londres pour se perfectionner dans la langue anglaise. Pendant son séjour en Angleterre, il traduisit Hales, *Statique des végétaux*, et Newton, *Méthode des fluxions*. De retour en France, il soumit à l'approbation de l'Académie des sciences le manuscrit de ces deux traductions, qui parurent in-4°, la première en 1735, et la seconde en 1740. Ce furent là ses premiers essais dans la carrière qu'il devait illustrer.

Nous ne suivrons pas Buffon dans ses expériences physiologiques et physiques sur les qualités et la production du bois, sur les miroirs ardents d'Archimède et de Proclus, expériences qui le firent, en 1739, entrer comme associé à l'Académie ; mais nous nous arrêterons un moment sur les travaux auxquels il attacha plus particulièrement son nom.

Buffon s'était proposé de reprendre le plan d'Aristote et de Pline, de lui donner plus de développement, de profiter des investigations de tant de siècles écoulés, de faire entrer dans ce plan les richesses du second hémisphère, découvert par Christophe Colomb, ainsi que celles que fournissaient journellement les voyages maritimes et la connaissance plus exacte de la surface terrestre. Dans cette œuvre il s'associa un de ses camarades d'enfance, Daubenton[1], le chargeant de la description des formes et de la partie anatomique, tandis qu'il gardait pour lui tout ce qui a rapport aux grands phénomènes naturels, aux mœurs, aux qualités et habitudes des animaux, aux vues générales, aux liens d'ensemble ; il voulait rendre à la science cette vie, cet intérêt, cette poésie que les arides nomenclatures des compilateurs avaient bannis du tableau de la nature. Les deux amis travaillèrent de concert, sans relâche, pendant dix ans.

Ce fut en 1749 que parurent les trois premiers volumes du grand ouvrage qui avait d'abord pour titre : *Histoire naturelle, générale et particulière, avec la description du cabinet du Roi* (Imprimerie royale, 3 vol. in-4°). Cet ouvrage est une magnifique introduction où se trouvent posés les trois problèmes que Buffon s'appliquait à résoudre : la formation de la *terre*, l'origine des *planètes* et celle de la *vie*.

Au moment où parurent ces trois premiers volumes, où

1. Jean-Marie *Daubenton* (né à Montbard en 1716, mort à Paris en 1800) avait été par son père destiné à l'état ecclésiastique. Mais il renonça bientôt à la théologie, pour suivre la carrière médicale. Reçu docteur en 1741, il exerçait la médecine à Montbard, quand Buffon l'associa à ses travaux.

le nom de Buffon se trouve associé à celui de Daubenton,
Réaumur tenait le sceptre de l'histoire naturelle. Pour-
suivant la même carrière, Buffon et Réaumur ne tardèrent
pas à se traiter en rivaux. Les reproches qu'ils s'adres-
saient l'un à l'autre sont curieux à noter. Réaumur reprochait à Buffon de trop *raisonner*, et Buffon reprochait à
Réaumur de trop *observer*. « On admire toujours d'autant
plus, disait Réaumur, qu'on observe davantage et qu'on
raisonne moins. »

L'ouvrage de Buffon et de son collaborateur fut diversement apprécié dès son apparition. Voici l'opinion d'un
de ses contemporains, Montesquieu : « M. de Buffon vient
de publier trois volumes qui seront suivis de onze autres.... L'auteur a parmi les savants de ce pays-ci un très-
grand nombre d'ennemis ; et la voix prépondérante des savants emportera, à ce que je crois, la balance pour bien du
temps. Pour moi, qui y trouve de belles choses, j'attendrai
avec tranquillité et modestie la décision des savants étrangers ; je n'ai pourtant vu personne à qui je n'aie entendu
dire qu'il y avait beaucoup d'utilité à le lire. »

Nommé, en 1739, intendant du Jardin du Roi, sur la désignation de Dufay mourant, Buffon partagea son temps
entre l'administration de ce jardin, qui lui doit tant de
lustre, et sa retraite à Montbard. La passion du travail
et celle de la gloire remplissaient son existence. « Je
passais, a-t-il dit lui-même, douze à quatorze heures à
l'étude : c'était tout un plaisir. En vérité, je m'y livrais
bien plus que je ne m'occupais de gloire ; la gloire vient
après, si elle peut, et elle vient presque toujours. » Buffon
résidait quatre mois à Paris et huit mois à Montbard.
C'est à Montbard qu'il a écrit son *Histoire naturelle*,
comme Montesquieu son *Esprit des lois* à la Brède. Ces
deux grands ouvrages du dix-huitième siècle sont le fruit
du génie se plaisant dans la retraite.

Les trois premiers volumes de l'*Histoire naturelle* furent
suivis, en 1753, d'un quatrième volume, puis d'un cin-

quième en 1655, et d'un sixième en 1756. Ces trois nouveaux volumes comprenaient l'*Histoire naturelle des animaux domestiques*. Les neuf volumes qui se succédèrent, de 1758 à 1767, comprenaient l'*Histoire des animaux carnassiers et autres vivipares*. Ces quinze volumes, dans la publication desquels le nom de Buffon est associé à celui de Daubenton, contiennent l'*Histoire des quadrupèdes*.

Cependant deux collaborateurs, de caractères si opposés, ne pouvaient pas toujours rester unis. Daubenton aimait la modestie et Buffon aimait la gloire. Un esprit aussi engoué de lui-même que Buffon ne devait pas toujours accueillir très-patiemment les critiques de son ami. Daubenton, observateur scrupuleux, reprochait à Buffon ses expressions métaphoriques. « Le lion n'est pas, lui disait-il, le roi des animaux; il n'y a pas de roi dans la nature. » Il lui reprochait aussi de présenter le chat comme infidèle, faux, pervers, voleur, souple et flatteur comme les fripons. « Voilà, ajoutait-il, une grande opposition à la noblesse et à la magnanimité du lion, et aussi de bons moyens pour faire briller les charmes du style. »

On sait avec quel art Buffon soignait son style. Son discours de réception (*Sur le style*) à l'Académie française (le 25 août 1753) en témoigne suffisamment[1].

Daubenton était trop naturaliste et Buffon trop artiste

---

1. C'est dans ce discours que se trouve ce mot devenu célèbre, *le style est de l'homme même*, et non, ce qui est bien différent, *le style c'est l'homme*. Voici ce passage : « Les ouvrages bien écrits seront les seuls qui passeront à la postérité. La quantité des connaissances, la singularité des faits, la nouveauté même des découvertes, ne sont pas de sûrs garants de l'immortalité; si les ouvrages qui les contiennent ne roulent que sur de petits objets, s'ils sont écrits sans goût, sans noblesse et sans génie, ils périront, parce que les connaissances, les faits et les découvertes s'enlèvent aisément, se transportent et gagnent même à être remis en œuvre par des mains plus habiles. Ces choses sont hors de l'homme : *le style est de l'homme même*. Le style ne peut donc ni s'enlever, ni se transporter, ni s'altérer : s'il est élevé, noble, sublime, l'auteur sera également admiré dans tous les temps, etc. »

pour que ces deux hommes eussent pu toujours s'entendre. « Les animaux, dit Mme Necker, semblaient être les plus éloignés de nous, et l'art de Buffon a été de les rapprocher sans cesse. »

Quoi qu'il en soit, le nom de Daubenton va disparaître désormais de l'œuvre de Buffon. Celui-ci avait gravement blessé son collaborateur en publiant une édition de l'*Histoire naturelle*, dont il avait retranché non-seulement la partie anatomique, mais encore les descriptions de l'extérieur des animaux, que Daubenton avait rédigées pour la grande édition. Enfin, pour la rédaction des neuf volumes suivants, publiés de 1778 à 1783, et contenant l'*Histoire naturelle des oiseaux*, Buffon s'adjoignit Gueneau de Montbeillard, l'abbé Bexon et Sonnini de Manoncourt. L'ouvrage a la même magnificence de style, mais la partie anatomique est d'une extrême faiblesse.

De 1783 à 1787 parut l'*Histoire des minéraux*, et de 1777 datent les *Suppléments*, qui contiennent les *Époques de la nature*[1]. Le premier de ces ouvrages est le plus faible de ceux qui sont sortis de la plume de Buffon : il s'y livre aux hypothèses les plus singulières, répudiant les ressources de la chimie, et négligeant les importants travaux de Romé de Lisle, de Bergmann, de Saussure et de Haüy. Quant aux *Époques de la nature*, c'est le chef-d'œuvre de Buffon. Il en avait lui-même la conscience, comme nous le montre Hérault de Séchelles dans son *Voyage à Montbard*, fait en 1785 (trois ans avant la mort de Buffon). Ce rare opuscule, qui parut à Paris, en 1801,

1. Le dernier volume des *Suppléments* fut publié, en 1789 (un an après la mort de Buffon) par Lacépède. Cette belle édition originale de Buffon, commencée en 1749 et terminée en 1789, a été reproduite, avec des additions et des notes dans l'édition de M. Flourens (Paris, 1853-57, 12 vol. gr. in-8). Du vivant de Buffon sortirent de l'Imprimerie royale deux autres éditions : la première en 73 vol. in-12 (année 1752 et suiv.) et une réimpression exacte de l'édition originale in-4 ; la seconde, en 28 vol. in-4 (1774 et suiv.), manque de la partie anatomique de Daubenton, et n'a que de mauvaises gravures.

sept ans après la mort de l'auteur (Hérault de Séchelles
périt sur l'échafaud le 6 avril 1794, à l'âge de 34 ans),
contient les détails les plus curieux sur Buffon.

Hérault de Séchelles commence par nous faire part de
ses émotions quand il fut admis à voir le grand naturaliste.
« Me voici, dit-il, dans la chambre de Buffon. Il sortit d'une
autre pièce; et je ne dois pas omettre une circonstance qui
m'a frappé, parce qu'elle marque son caractère : il ouvrit
la porte, et quoiqu'il sût qu'il y avait un étranger dans
son appartement, il se retourna fort tranquillement et fort
longtemps, pour la fermer; ensuite il vint à moi. Serait-ce
un esprit d'ordre qui met dans tout la même exactitude?
C'est la tournure de M. de Buffon. Serait-ce le peu d'em-
pressement d'un homme qui, rassasié d'hommages, les
attend plutôt qu'il ne les recherche? On peut aussi le
supposer. Serait-ce enfin la petite adresse d'un homme
célèbre qui, flatté de l'avidité qu'on témoigne de le connaître, augmente encore avec art cette avidité en reculant,
ne fût-ce que d'une minute, et se prodigue d'autant moins
que vous le poursuivez davantage? Cet artifice ne serait
pas tout à fait invraisemblable dans M. de Buffon. Il vint
à moi majestueusement en ouvrant ses deux bras. Je lui
balbutiai quelques mots, avec l'attention de dire *Monsieur
le comte;* car c'est à quoi il ne faut pas manquer. On m'a-
vait prévenu qu'il ne haïssait pas cette manière de lui
adresser la parole. Il me répondit en m'embrassant : « Je
dois vous regarder comme une ancienne connaissance
(Hérault de Séchelles avait alors vingt-quatre ans à peine),
car vous avez marqué du désir de me voir et j'en avais
aussi de vous connaître. Il y a déjà du temps que nous
nous cherchons. »

L'auteur du *Voyage à Montbard* nous apprend ensuite
que le buste de Buffon par Houdon rend le mieux cette
belle figure, noble et calme; mais que le sculpteur n'a
pu reproduire sur la pierre ces sourcils noirs qui ombra-

gent des yeux noirs, très-actifs, sous de beaux cheveux
blancs. « Il était, ajoute-t-il, frisé lorsque je le vis, quoiqu'il fût malade[1]; c'est là une de ses manies, et il en
convient. Il se fait mettre tous les jours des papillotes,
qu'on lui passe au fer plutôt deux fois qu'une; du moins
autrefois, après s'être fait friser le matin, il lui arrivait
très-souvent de se faire encore friser pour souper. On le
coiffe à cinq petites boucles flottantes; ses cheveux, attachés par derrière, pendaient au milieu de son dos. Il avait
une robe de chambre jaune, parsemée de raies blanches et
de fleurs bleues. Il me fit asseoir, me parla de son état,
etc. La conversation étant tombée sur le bonheur de
connaître jeune l'état auquel on se destine, il me récita
sur-le-champ deux pages qu'il avait composées sur ce
sujet dans un de ses ouvrages. Sa manière de réciter est
infiniment simple et commune, le ton d'un bonhomme,
nul apprêt, levant tantôt une main, tantôt une autre,
disant comme les choses lui viennent. Sa voix est assez forte
pour son âge (Buffon avait alors 78 ans, mais il n'en
paraissait avoir que 60); elle est d'une extrême familiarité. En général, quand il parle, ses yeux ne fixent
rien; ils errent au hasard, soit parce qu'il a la vue basse,
soit plutôt parce que c'est sa manière. Ses mots favoris
sont *tout ça*, et *pardieu*, qui viennent continuellement;
sa conversation paraît n'avoir rien de saillant, mais quand
on y fait attention, on remarque qu'il parle bien, qu'il
y a même des choses très-bien exprimées, et que, de
temps en temps, il y sème des vues intéressantes. »

Le trait le plus saillant du caractère de Buffon c'était la
vanité. L'auteur du *Voyage à Montbard* nous donne à cet
égard de curieux renseignements. Ainsi, après avoir dit au
célèbre naturaliste qu'il avait beaucoup lu ses ouvrages,

---

1. Buffon souffrait de la pierre. Pendant ses accès de douleur, il
grinçait des dents et frappait du pied, lui qui avait toujours affecté
d'être plus fort que la douleur.

« Que lisiez-vous? » lui demanda Buffon. Le visiteur répondit : *Les Vues de la nature.* « Il y a là, répliqua à l'instant Buffon, des morceaux de la plus haute éloquence. » En même temps il lui montra une lettre de Mme de Necker, où en parlant de Thomas (célèbre panégyriste mort en 1785), elle dit : *l'homme du siècle,* tandis qu'en parlant de Buffon elle disait *l'homme de tous les siècles.* Buffon fils[1] avait fait élever un monument à son père, dans les jardins de Montbard ; c'était une colonne dressée auprès d'une tour et portant cette inscription : *Excelsæ turri, humilis columna; parenti suo, filius Buffon.* 1785 (à la haute tour, l'humble colonne; à son père, Buffon fils, 1785). Le père avait été attendri jusqu'aux larmes de cet hommage. Il disait à son fils : « Mon fils, cela te fera honneur. »

Buffon ne manquait jamais d'aller à l'église les dimanches. « Il faut, répétait-il, une religion au peuple; dans les petites villes on est observé de tout le monde, et il ne faut choquer personne.... J'ai toujours, dans mes livres, nommé le Créateur; mais il n'y a qu'à ôter ce mot et mettre à la place la puissance de la Nature, qui résulte des deux grandes lois, l'attraction et l'impulsion. Quand la Sorbonne m'a fait des chicanes, je n'ai fait aucune difficulté de lui donner toutes les satisfactions qu'elle a pu désirer. Par la même raison, quand je tomberai dangereusement malade et que je sentirai ma fin s'approcher, je ne balancerai point à envoyer chercher les sacrements.... On se doit au culte public. Ceux qui en agissent autrement, sont des fous. Il ne faut jamais heurter de front les croyances populaires, comme faisaient Voltaire, Diderot, Helvetius. Ce dernier était mon ami : il a passé plus de quatre ans à Montbard, en différentes fois ; je lui recommandais

---

1. Il était officier aux gardes, et périt sur l'échafaud quelques jours avant le 9 thermidor, en prononçant avec dignité ces mots : « Citoyens, je me nomme Buffon. »

cette modération, et s'il m'avait cru, il eût été plus heureux. »

En sortant de l'office, Buffon aimait à se promener sur la place de Montbard, escorté de son fils et entouré de ses paysans. Il se plaisait surtout à paraître au milieu d'eux en habit galonné. « Il fait, dit l'auteur du *Voyage à Montbard*, le plus grand cas de la parure, de la frisure, des beaux habits. Lui-même il est toujours mis comme un vieux seigneur, et gronde son fils lorsqu'il ne porte qu'un frac à la mode. Je savais cette manie, et je m'étais muni, pour m'introduire chez lui, d'un habit galonné, avec une veste chargée d'or. J'ai appris que ma précaution avait réussi à merveille : il me cita pour exemple à son fils. « Voilà un homme, » s'écriait-il ; et son fils avait beau dire que la mode en était passée, il n'écoutait rien. En effet, c'est lui qui a imprimé, au commencement de son *Traité sur l'homme*, que nos habits font partie de nous-mêmes. Notre machine est tellement construite, que nous commençons par nous prévenir en faveur de celui qui brille à nos yeux ; on ne le sépare pas d'abord de son habit, l'esprit saisit l'ensemble, le vêtement et la personne, et juge par le premier du mérite de la seconde. Cela est si vrai, que M. de Buffon a fini par s'y prendre lui-même, et j'ai opéré sur lui, avec mon habit, l'illusion qu'il voulait communiquer aux autres.... » Buffon était tellement accoutumé à cette magnificence, qu'il disait un jour qu'il ne pouvait travailler que lorsqu'il se sentait bien propre et bien arrangé.

Mais il est temps de laisser là des détails [1] qui pourraient faire appliquer à Buffon l'*Homo sum* de Térence, pour montrer l'écrivain et surtout le naturaliste.

1. Hérault de Séchelles a donné, dans son *Voyage à Montbard*, un curieux portrait du père Ignace, capucin, que Buffon a cité comme son ami, à l'article *Serin*. Il raconte aussi que Buffon avait épousé, à quarante-cinq ans, une femme charmante, dont il était toujours adoré, malgré les nombreuses infidélités qu'il lui faisait. Il raconte

Les principales idées de Buffon sur le style se trouvent dans son discours à l'Académie. C'est du style qu'il aimait le plus à s'entretenir. « Il y a, disait-il à Hérault de Séchelles, deux choses qui forment le style, l'invention et l'expression. L'invention dépend de la patience ; il faut regarder longtemps son sujet ; alors il se déroule et se développe, vous sentez comme un petit coup d'électricité qui vous frappe la tête et en même temps vous saisit le cœur ; voilà le moment du génie, c'est alors qu'on éprouve le plaisir de travailler.... Quand vous aurez un sujet à traiter, n'ouvrez aucun livre, tirez tout de votre tête, ne consultez les auteurs que lorsque vous sentirez que vous ne pouvez plus rien produire de vousmême : c'est ainsi que j'en ai toujours usé.... Écoutez le premier mouvement, c'est, en général, le meilleur ; puis laissez reposer quelques jours ce que vous avez fait. » — C'est surtout la lecture assidue des plus grands génies qu'il recommandait, et il en trouvait bien peu dans le monde. « Il n'y en a que cinq, disait-il : Bacon, Newton, Leibnitz, Montesquieu et moi. » Puis il montra à son visiteur plusieurs lettres autographes de Catherine II, impératrice de Russie ; elle lui mandait : « Newton avait fait un pas, vous avez fait le second ; Newton a découvert la loi de l'attraction, vous avez démontré celle de l'impulsion, qui, à l'aide de la précédente, semble expliquer toute la nature. »

Buffon, naturaliste, a été apprécié de nos jours par un juge compétent. « Son véritable titre est, dit M. Flourens[1], d'avoir fondé la partie *historique* et *descriptive* de la science. Et ici il a deux mérites pour lesquels il n'a été égalé par personne. Il a eu le mérite de porter le premier

enfin qu'après la mort de sa femme il était dominé par sa gouvernante, qu'il avait connue jeune fille, qu'il avait toujours aimé les jeunes filles, etc.

1. *Buffon, histoire de ses travaux et de ses idées*, Paris, 1844, in-8.

la critique dans l'histoire naturelle, et le talent de transformer les descriptions en peintures. Il ne se borne plus à compiler, comme on faisait avant lui, il juge ; il ne décrit pas, il peint. Il a connu deux cents espèces de quadrupèdes, et sept à huit cents espèces d'oiseaux, et pour chacune de ces espèces, il a donné une histoire complète ; posant ainsi, pour la zoologie, des bases qui seront éternelles, en même temps que, par les descriptions anatomiques de Daubenton, il préparait des matériaux à jamais précieux pour l'anatomie comparée. »

Idées de Buffon sur l'unité de plan de la nature.

Buffon doit aussi être compté au nombre des promoteurs d'une des plus grandes idées de la science : nous voulons parler de l'*unité de plan* de la nature. Il revient plus d'une fois sur « un dessein primitif et général, » qu'on peut suivre dans l'immense variété de tous les êtres vivants. « Prenant, dit-il, son corps pour modèle physique de tous les êtres vivants, et les ayant mesurés, sondés, comparés dans toutes leurs parties, l'homme a vu que la forme de tout ce qui respire est à peu près la même ; qu'en disséquant le singe on pouvait donner l'anatomie de l'homme ; qu'en prenant un animal on trouvait toujours le même fond d'organisation, les mêmes sens, les mêmes viscères, les mêmes os, la même chair, le même mouvement dans les fluides, le même jeu, la même action dans les solides ; il a trouvé dans tous un cœur, des veines et des artères ; dans tous, les mêmes organes de circulation, de respiration, de digestion, de nutrition, d'excrétion ; dans tous, une charpente solide, composée des mêmes pièces à peu près assemblées de la même manière ; et ce plan, toujours le même, toujours suivi de l'homme au singe, du singe aux quadrupèdes, des quadrupèdes aux cétacés, des oiseaux aux poissons, aux reptiles, ce plan, dis-je, bien saisi par l'esprit humain, est un exemplaire fidèle de la nature vivante, et la vue la plus simple et la plus générale sous laquelle on puisse la considérer ; et lorsqu'on veut l'étendre et passer de ce qui vit à ce qui végète, on voit ce plan, qui d'abord n'avait varié que par nuances, se déformer, par degrés, des reptiles aux insectes, des insectes aux vers, des vers aux zoophytes, des zoophytes aux plantes, et quoique altéré dans toutes les parties extérieures, conserver néanmoins le même fond, le même caractère dont les traits principaux sont la nutrition, le développement et la reproduction, traits généraux et communs à toute substance organisée, traits éternels et divins que le temps, loin d'effacer ou de détruire, ne fait que renouveler et rendre de plus en plus évidents. » — Buffon énonce la même idée dans son article *Cheval*, et il la résume en ces termes : « Cette uniformité constante et ce dessein suivi de l'homme aux quadrupèdes, des quadrupèdes aux cétacés, etc., dans lesquels les parties essentielles se retrouvent toujours, semblent indiquer qu'en créant les animaux, l'Être suprême n'a voulu employer qu'une idée et la varier de toutes les manières possibles, afin que l'homme pût admirer également et la magnificence de l'exécution et la simplicité du dessein. »

Avant Buffon, Newton avait déjà signalé l'unité de plan qu'on remarque dans la disposition des organes chez les animaux divisés en deux moitiés par la ligne médiane. Mais Réaumur montra le premier que l'idée d'unité de plan a besoin d'être examinée de plus près, parce qu'il y a des parties qui manquent à beaucoup d'animaux, comme la charpente des os que n'ont pas les mollusques, comme le cœur, qui ne se trouve pas dans certains animaux. Lorsqu'on passe, avec Buffon, de l'homme au cheval, on constate, en effet, un dessein suivi, qui se maintient, avec quelques modifications ; quand on passe des quadrupèdes aux oiseaux, des oiseaux aux reptiles, des reptiles aux poissons, c'est toujours le même dessein, le plan de l'animal *vertébré*. Mais si des animaux vertébrés on passe aux mollusques, le dessein change; il change encore, si l'on passe des mollusques aux insectes; puis encore, si l'on passe des insectes aux zoophytes. « Il n'y a donc pas, ajoute judicieusement M. Flourens, un seul dessein, un seul plan; il y en a quatre : il y a le plan des vertébrés, le plan des mollusques, le plan des insectes, et le plan des zoophytes. »

A l'exception des études de Méry sur la *moule des étangs*, de Malpighi sur le *ver à soie*, de Swammerdam sur un certain nombre d'insectes, l'anatomie de ce qu'on appelait les *animaux à sang blanc*, était inconnue du temps de Buffon. « Buffon a donné, dit M. Flourens, la loi générale des animaux vertébrés, et Cuvier a donné les lois des mollusques, des insectes, des zoophytes, animaux distincts des vertébrés. »

Idées de Buffon sur la classification des animaux.

Buffon emprunta à Aristote l'idée d'une *échelle continue* des êtres. Cette idée fut adoptée par Charles Bonnet et par presque tous les naturalistes de la fin du dix-huitième siècle. Cependant Réaumur l'avait déjà critiquée. « Que veut-on dire, s'écriait-il, lorsqu'on nous annonce que la nature marche par gradations inconnues, qu'elle passe d'une espèce à une autre et souvent d'un genre à un autre par des nuances imperceptibles ? Veut-on dire que, dans le spectacle que la nature nous offre, elle nous présente une suite d'animaux qui diminuent de perfection dans leur organisation, de manière que nous confondons aisément les espèces moins parfaites de ces animaux avec les simples végétaux ?... J'entends cela, mais je n'y vois point d'autre mystère, sinon que nos yeux ne peuvent suivre le travail de la nature dans la dernière perfection. Car de penser que le polype à bras qui a l'air d'une plante, que le polype à bouquets qui ressemble à une fleur, que tous ces polypes, dis-je, aient une construction qui ne diffère que très-peu de celle d'une plante, d'une fleur, c'est assurément ce qu'on ne me fera pas croire. Tant que je verrai à un corps des mouvements spontanés, une sorte d'industrie, une adresse à se dérober à tout ce qui tend à le détruire, un art pour se procurer de la subsistance, la faculté de changer de place, je ne verrai qu'un animal ; et, entre cet animal et une plante, j'apercevrai une ligne très-forte et très-sensible[1]. »

Ces remarques sont justes. Leur auteur cite l'exemple du polype, parce que Buffon l'avait pris pour point d'appui de son échelle continue des êtres. Le polype se reproduit, à la vérité, par bouture comme les plantes. Mais il n'est pas le seul animal qui se reproduise de cette façon. Le ver de terre, le ver d'eau douce, se reproduisent aussi par bouture[2]. Le polype est donc un animal.

D'ailleurs l'idée d'une échelle continue des êtres a dû être abandonnée depuis qu'il a été démontré qu'il y a au moins quatre plans dans le règne animal. L'échelle est donc interrompue dès qu'on passe d'un plan à un autre. Buffon était dans le vrai en ne voyant que des « nuances graduées » dans l'unique plan des vertébrés où il se tenait renfermé. Mais d'un vertébré à un mollusque, d'un mollusque à un insecte, d'un insecte à un zoophyte, ce ne sont plus des nuances graduées, ce sont des changements brusques. « Quoiqu'il y ait des cas, dit Cuvier, où l'on observe une sorte de dégradation et de passage d'une espèce à une autre[2], qui ne peut être niée, il s'en faut de beaucoup que cette disposition soit générale. L'échelle

1. *Lettres à un Américain*, t. I, lettre 9 (ouvrage de l'abbé de Lignac, où se reconnaît aisément la main de Réaumur).

2. Cuvier, *le Règne animal*, t. I, p. 21 (2ᵉ édit.).

prétendue des êtres n'est qu'une application erronée à la totalité de la création de ces observations partielles qui n'ont de justesse qu'autant qu'on les restreint dans les limites où elles ont été faites. »

La *subordination* des organes est un des principes zoologiques les plus féconds. Et c'est Buffon qui a, l'un des premiers, fixé là-dessus l'attention des naturalistes. « En prenant, dit-il, le cœur pour centre de la machine animale, je vois que l'homme ressemble parfaitement aux animaux par l'économie de cette partie et des autres qui en sont voisines ; mais plus on s'éloigne de ce centre, plus les différences deviennent considérables, et c'est aux extrémités qu'elles sont les plus grandes ; et lorsque, dans ce centre même, il se trouve quelque différence, l'animal est alors infiniment plus différent de l'homme : il est, pour ainsi dire, d'une autre nature et n'a rien de commun avec les espèces d'animaux que nous considérons. Une légère différence dans ce centre de l'économie animale est toujours accompagnée d'une différence infiniment plus grande dans les parties extérieures. »

Dans cette subordination des parties externes aux parties centrales, Buffon ne s'arrête pas là. Il remarque que dans l'enveloppe même il y a des parties plus constantes les unes que les autres ; que certains sens ne manquent jamais ; que le cerveau ne manque pas davantage. « Les insectes mêmes, dit-il, qui diffèrent si fort par le centre de l'économie animale, ont une partie, dans la tête, analogue au cerveau, et des sens dont les fonctions sont semblables à celles des autres animaux. » De là il aurait pu conclure que *les parties les plus constantes sont les plus essentielles*, que le cerveau est plus essentiel que le cœur, puisqu'il a plus de constance. Mais cette remarque ne devait être faite que plus tard, par Cuvier.

Buffon insiste beaucoup sur la prééminence des organes sensitifs. « Le sens le plus relatif à la pensée et à la connaissance est, dit-il, le toucher ; l'homme a ce sens plus parfait que les animaux. L'odorat est le sens le plus relatif à l'instinct, à l'appétit; l'animal a ce sens infiniment meilleur que l'homme. Aussi l'homme doit plus connaître qu'appéter, et l'animal doit plus appéter que connaître. »

Il établit aussi la prééminence de la force sur la matière. « Les vrais ressorts de notre organisation, dit-il, ne sont pas ces muscles, ces veines, ces artères, ces nerfs que l'on décrit avec tant de soin; il réside des forces intérieures dans les corps organisés, qui ne suivent point du tout les lois de la mécanique grossière que nous avons imaginée, et à laquelle nous voudrions tout réduire : au lieu de chercher à connaître ces forces par leurs effets, on a tâché d'en écarter jusqu'à l'idée, on a voulu les bannir de la philosophie; elles ont reparu cependant, et avec plus d'éclat que jamais, dans la gravitation, dans les affinités chimiques, dans les phénomènes de l'électricité, etc.; mais, malgré leur évidence et leur universalité, comme elles agissent à l'intérieur, comme nous ne pouvons les atteindre que par le raisonnement, comme, en un mot, elles échappent à nos yeux, nous avons peine à les admettre, nous voulons toujours juger par l'extérieur, nous nous imaginons que cet extérieur est tout : il semble qu'il ne nous soit pas permis de pénétrer au delà, et nous négligeons tout ce qui pourrait nous y conduire. »

Buffon établit, en ce peu de mots, que la force est le principal et la matière l'accessoire : « Ce qu'il y a de plus constant, de plus inaltérable, dit-il ailleurs, c'est l'empreinte ou le moule de chaque espèce; ce qu'il y a de plus variable et de plus corruptible, c'est la substance[1]. » La grande loi de la *mutation continuelle de la matière* sous l'influence de la vie (*force morphoplastique*) a été démontrée depuis par les expériences de M. Flourens sur le développement des os.

_____

1. *Histoire naturelle*, t. VI, p. 86 (de l'édit. in-4 de 1749 et suiv.).

On s'est étonné que Buffon, qui a émis des idées si fécondes, ait si mal jugé les méthodes de classification. Il consent que l'on sépare les animaux des végétaux, les végétaux des minéraux ; il comprend que l'on sépare les quadrupèdes des oiseaux, les oiseaux des poissons ; mais, cela fait, il repousse toutes les autres divisions. Il ne veut plus juger des objets que par les rapports d'utilité ou de familiarité qu'ils ont avec nous ; et sa grande raison pour cela, c'est « qu'il nous est plus facile, plus agréable et plus utile de considérer les choses par rapport à nous que sous un autre point de vue. » Aussi se moque-t-il de Linné d'avoir rangé le cheval à côté de l'âne et du zèbre, d'avoir classé l'homme avec le singe, le lion avec le chat, etc. « Ne vaut-il pas mieux, dit-il, ranger les objets dans l'ordre et dans la position où ils se trouvent ordinairement, que de les forcer à se trouver ensemble en vertu d'une supposition ? Ne vaut-il pas mieux faire suivre le cheval par le chien, qui a coutume de le suivre en effet, que par un zèbre qui nous est peu connu, et qui n'a peut-être d'autre rapport avec le cheval que d'être solipède ?... Ne serait-il pas plus simple, plus naturel et plus vrai de dire qu'un âne est un âne, et un chat un chat, que de vouloir, sans savoir pourquoi, qu'un âne soit un cheval, et un chat un loup-cervier ?... Classer l'homme avec le singe, le lion avec le chat, dire que le lion est un chat à crinière et à queue longue, c'est dégrader, défigurer la nature, au lieu de la décrire ou de la dénommer[1]. »

Cette critique fut relevée par le collaborateur même de Buffon : « Buffon veut, dit Daubenton, jeter du ridicule sur les naturalistes qui ont mis le chat et le lion sous un même genre. Il fait dire à Linné que le lion est un chat à crinière et à queue longue. Certainement le chat n'est pas un lion, et ce n'est pas ce que Linné a voulu dire. L'auteur qui le critique n'a pas bien entendu la méthode de

1. T. I, p. 16 (de l'édit. in-4).

Linné ; s'il avait seulement parcouru les espèces rapportées sous le genre *felis*, chat, il y aurait trouvé l'espèce
du lion et celle du chat.... Cette équivoque est venue de la
manière de dénommer les genres, en leur donnant le nom
de l'une des espèces qu'ils comprennent [1]. »

Buffon s'était placé à un point de vue tout à fait différent
de celui des naturalistes classificateurs ; voilà pourquoi ils
ne se comprenaient pas. Le premier voulait rapprocher
les animaux, non plus par leur structure ou leurs caractères anatomiques, mais par leurs habitudes et leurs
mœurs suivant leur distribution par zones ou climats.
Les naturalistes classificateurs, guidés par l'unité d'un
plan organique, rapprochaient, au contraire, les animaux
appartenant souvent à des zones très-différentes. Ils se
montraient, sous ce rapport, plus théoriciens que Buffon.
La guerre qu'il faisait aux classificateurs, rappelle les
disputes qui se sont renouvelées à toutes les époques entre ceux qui niaient les genres et les espèces et ceux qui
en admettaient la réalité, entre Platon et Aristote dans
l'antiquité, entre les nominalistes et les réalistes au
moyen âge. « Il n'existe, dit Buffon, réellement dans
la nature que des individus, et les genres, les ordres
et les classes n'existent que dans notre imagination. »

Cette remarque de Buffon est parfaitement exacte ; seulement au lieu d'*imagination*, il aurait dû mettre *faculté*,
abstraction ou intelligence. Les genres, les ordres, les
classes, ne sont, en effet, que des abstractions ; mais ces
abstractions sont dans la nature même de l'esprit humain.
elles sont nécessaires à sa marche ; elles tendent à exprimer
les rapports des êtres ainsi groupés ensemble, et sont loin
de réussir toujours. Voilà pourquoi les classifications seront toujours discutables et discutées, tandis qu'on ne se
disputera jamais sur un fait réel, exactement observé et

---

1. Daubenton, *Séances des écoles normales*, t. I, p. 293.

décrit. C'est à ce point de vue qu'il faut se placer pour apprécier sainement ces polémiques séculaires.

Buffon partisan de la génération spontanée.

Ce qui caractérise particulièrement Buffon, c'est l'inégalité de son génie. Ainsi, cet admirable descripteur, qui tout à l'heure ne semblait s'être attaché qu'à calquer exactement la nature, s'abandonne, dans d'autres moments, à des hypothèses absolument imaginaires. C'est ce qui se constate dans ce qu'il a écrit sur l'insondable mystère de la génération. Ainsi, après avoir rejeté les *genres préexistants*, il imagine les *molécules organiques*, qui ne sont que les genres préexistants sous un autre nom ; et il arrive finalement à la théorie des *générations spontanées*.

Examinons de plus près cette théorie, remise de nos jour sur le tapis. Les êtres vivants proviennent-ils chacun d'un genre préexistant, transmissible à perpétuité, ou y en a-t-il qui doivent leur naissance à certaines conditions ambiantes? Voilà en quels termes fut posée la question, si controversée, de l'origine des êtres par les premiers philosophes observateurs. Aristote avait établi en principe « que dans toutes les matières solides qui s'humectent, comme dans toutes les matières liquides qui se dessèchent, il se produit autant d'êtres animés qu'elles en peuvent contenir[1]. » C'était faire la part bien large à la génération spontanée. Aussi les péripatéticiens faisaient-ils provenir la plupart des insectes, beaucoup de poissons et d'autres animaux supérieurs, des conditions environnantes, qui devaient remplir en quelque sorte l'emploi de matrice. Depuis des siècles on croyait que les vers, qui se développent dans certaines substances organiques en pu-

---

1. *Hist. animal.*, v, 32.

tréfaction, sont le résultat d'une génération spontanée, *proles sine matre*, lorsque Redi, au dix-septième siècle, vint, par des observations précises, renverser un système au moins aussi ancien que celui de Ptolémée. Le célèbre naturaliste italien démontra, comme nous l'avons vu, que les vers des viandes putréfiées étaient des larves, des êtres transitoires, procréés par des mouches bien connues. Les observations de Swammerdam, de Vallisnieri, de Réaumur vinrent confirmer les expériences de Redi.

Les partisans de la génération spontanée allaient abandonner leur théorie, lorsque l'autorité de Buffon leur apporta un secours inespéré. Buffon semblait avoir pris à tâche, avec son hypothèse des *molécules organiques*, de reproduire l'erreur des anciens philosophes. Les vers de terre, les champignons, etc., n'existent, selon lui, que par génération spontanée. « Dès que les molécules organiques, dit-il, se trouvent en liberté dans la matière des corps morts et décomposés, dès qu'elles ne sont point absorbées par le *moule intérieur* des êtres organisés qui composent les espèces ordinaires de la nature vivante et végétante, ces molécules, toujours actives, travaillent à remuer la matière putréfiée, elles s'en approprient quelques particules brutes, et forment, par leur réunion, une multitude de corps organisés, dont les uns, comme les vers de terre, les champignons, etc., paraissent être des animaux ou des végétaux assez grands, mais dont les autres, en nombre presque infini, ne se voient qu'au microscope ; tous ces corps n'existent que par une génération spontanée[1]. » Puis, s'animant de plus en plus, il ajoute : « La génération spontanée s'exerce constamment et universellement après la mort, et quelquefois aussi pendant la vie... Les molécules surabondantes qui ne peuvent pénétrer le moule intérieur de l'animal pour sa nutrition cherchent à se réunir avec quelques parties de la

----

1. T. IV, p. 339 *(Supplément)*.

matière brute des aliments, et forment, comme dans la putréfaction, des corps organisés ; c'est là l'origine des ténias, des ascarides, des douves et de tous les autres vers qui naissent dans le foie, dans l'estomac, dans les intestins, etc.... Les anguilles de la colle de farine, celles du vinaigre, tous ces prétendus animaux microscopiques ne sont que des formes différentes que prend d'elle-même et suivant les circonstances cette matière toujours active et qui ne tend qu'à l'organisation. »

C'est ainsi que la théorie de la génération spontanée, un moment menacée de perdre tous ses partisans par l'inauguration définitive de la méthode expérimentale, se releva avec vigueur par l'emploi du microscope. Les innombrables animalcules que ce merveilleux instrument décelait dans la goutte d'un liquide infusé, étaient, aux yeux de l'observateur étonné, le résultat d'un travail de la nature plastique. Leur attribuer une autre origine c'était émettre presque un paradoxe. La cause de la génération spontanée paraissait l'emporter, au moins en ce qui concernait les microzoaires.

Mais le perfectionnement du microscope, joint à une habileté plus grande dans son maniement, détermina bientôt une réaction en sens contraire. On parvint à constater que les infusoires présentent une organisation moins simple qu'on se l'était imaginé, et qu'on y peut suivre le développement de leurs œufs ou germes. A mesure qu'on avançait dans ce genre d'observation, la théorie de la génération spontanée perdait du terrain, et comme, ce qui arrive toujours en pareil cas, personne, de part et d'autre, ne voulait s'avouer vaincu, la guerre des spontéparistes et des oviparistes remplit, dans l'histoire de la zoologie, une partie du dix-huitième siècle, concurremment avec d'autres questions alors à l'ordre du jour.

Cependant la guerre des naturalistes ne tarda pas à se calmer, elle paraissait même finie, faute de combattants, ou du moins elle ne semblait plus devoir passionner personne, lorsqu'elle vint tout récemment éclater de nouveau. Mais les témoins de cette joute entre M. Pasteur et M. Pouchet se sont, pour la plupart, tenus dans une prudente réserve. Pourquoi? Parce que l'intelligence humaine touche ici à un de ces points ardus où il est sage d'avouer son impuissance : il vaut alors mieux *savoir ignorer* que nier ou affirmer. Malheureusement, le dogmatisme, affirmatif ou négatif, a tant d'attraits, que peu d'esprits y résistent pour se résigner à un rôle plus modeste. Il arrive ici pour les corps vivants ce qui est arrivé pour les corps célestes. Ces lueurs phosphorescentes, circonscrites, que l'œil, armé du télescope, aperçoit, dans un incalculable lointain, comme à travers des brèches de la voûte céleste, les nébuleuses, en un mot, ne paraissaient d'abord, pour la plupart, qu'une matière cosmique, qu'une sorte de substance proligère, génératrice de mondes. Mais bientôt, au moyen de grossissements plus forts, cette matière fut résolue en amas stellaires, véritables univers flottants, et aujourd'hui il n'y a plus qu'un très-petit nombre de nébuleuses non réduites. Qui oserait affirmer qu'elles sont absolument irréductibles? La même question se présente pour les infiniment petits. S'il était permis de scruter la nature vivante avec un grossissement de dix mille fois, ce qui est absolument impossible dans l'état actuel de l'optique, combien d'erreurs, affirmations ou négations prématurées, disparaîtraient pour faire place à de nouvelles affirmations ou négations! Si dans l'inépuisable série des effets et des causes il n'y a pas de limites pour l'intelligence, ces limites ne sont que trop réelles pour nos sens et pour les artifices destinés à en augmenter la portée. Que faire alors? Reconnaître franchement que la vérité est une moyenne qui se dégage avec une lenteur séculaire du conflit des assertions individuelles, et se transmet en se perfectionnant de génération en génération.

Mais revenons aux idées de Buffon.

Idées de Buffon sur la mutabilité des espèces.

Les *espèces* sont-elles *mutables*, ou sont-elles *fixes?*
Cette question occupa singulièrement l'esprit du grand
naturaliste. Buffon fait d'abord très-bien ressortir les
changements que peuvent produire dans les animaux le
climat, la *nourriture* et la *domesticité*. Il suit les effets de
ces trois causes de dégénération, particulièrement sur
les espèces domestiques. Ainsi, la brebis comparée au
mouflon dont elle est issue, présente des changements
très-marqués. Le mouflon, grand, léger, armé de cornes
défensives, couvert d'un poil rude, ne craint ni l'inclé-
mence de l'air, ni la voracité du loup; nos brebis, au contraire, ne peuvent se défendre même par le nombre, elles
ne soutiendraient pas sans abri le froid de nos hivers,
toutes périraient, si l'homme cessait de les soigner et de
les protéger. Leur poil rude s'est changé en une laine fine,
leur queue s'est chargée d'une masse de graisse, plusieurs
ont perdu leurs cornes; enfin, dit Buffon, « de toutes les
qualités du mouflon il ne reste rien à nos brebis, rien à
notre bélier qu'un peu de vivacité, mais si douce qu'elle
cède encore à la houlette d'une bergère. » La chèvre,
quoique fort dégénérée, l'est pourtant moins que la brebis. Le sanglier, devenu domestique, a pris des oreilles
demi-pendantes, et sa couleur a passé du noir au blanc;
le bœuf, nourri dans la zone torride, est devenu le
zébu ou bœuf à bosse; le simple changement de saison
fait passer le lièvre du gris, qui est sa couleur d'été, au
blanc qui est sa couleur d'hiver; le chien, nu dans les
pays chauds, couvert d'un poil épais et rude dans les
pays froids, paré d'une belle robe soyeuse en Espagne,
en Syrie, varie encore plus par la forme du crâne, par
l'intelligence et par la voix : le chien sauvage est presque

muet. « La voix de ces animaux, ajoute Buffon, a subi, comme tout le reste, d'étranges mutations ; il semble que le chien soit devenu criard avec l'homme, qui, de tous les êtres qui ont une langue, est celui qui en use et abuse le plus[1]. »

Les altérations ainsi produites ne sont que des races ou des variétés ; et celles-ci, abandonnées à elles-mêmes ou replacées dans leurs anciennes conditions, ont la plus grande tendance à revenir au type primitif, sauvage. Mais allant au delà de ce qu'il venait de dire avec tant de justesse, Buffon se demande si les genres et les espèces ne pourraient pas eux-mêmes subir des transformations, et s'il ne serait pas possible de réduire les espèces connues « à un petit nombre de familles ou de sources principales. » C'était poser nettement une question souvent remise depuis sur le tapis, et dont s'est emparé récemment un naturaliste anglais, M. Darwin, la question de la *mutabilité des espèces*. Après l'avoir défendue un moment, Buffon se ravise et finit par incliner du côté de leur immutabilité. Il cite comme exemple l'âne qui, s'il était venu du cheval, aurait dû laisser un certain nombre de races intermédiaires. Or, ces races n'existent point. « Si l'on admet une fois que l'âne soit de la famille du cheval, et qu'il n'en diffère que parce qu'il a dégénéré, on pourra dire également que le singe est de la famille de l'homme, que c'est un homme dégénéré, que l'homme et le singe ont eu une origine commune, comme le cheval et l'âne, que chaque famille n'a eu qu'une seule souche, et même que tous les animaux sont venus d'un seul animal, qui, par la succession des temps, a produit, en se perfectionnant et en se dégénérant, toutes les races des autres animaux. » Puis, revenant sur la même idée, il ajoute : « S'il était acquis que, dans les animaux, il y eût, je ne dis pas plusieurs espèces, mais une seule qui eût

____

1. Voy. Flourens, *Buffon, Ses travaux*, etc., p. 84.

été produite par la dégénération d'une autre espèce ; s'il était vrai que l'âne ne fût qu'un cheval dégénéré, il n'y aurait plus de bornes à la puissance de la nature et l'on n'aurait pas tort de supposer que d'un seul être elle a su tirer, avec le temps, tous les autres êtres organisés[1]. »

Ce qui fit un moment hésiter Buffon, c'est qu'il n'avait pas vu les limites qui séparent les variétés ou races des espèces. Reprenant l'idée de la transmutation des espèces, Cuvier a nettement établi ces limites. L'étude des nombreux squelettes de chats, d'ibis, de chiens, de singes, de crocodiles, de bœufs, etc., rapportés d'Egypte, lui montra qu'il n'y a pas plus de différence entre ces êtres et ceux que nous voyons, qu'entre les momies humaines d'il y a des milliers d'années et les squelettes des hommes d'aujourd'hui. En comparant des crânes de renards du Nord avec des crânes de renards d'Egypte, il n'y a trouvé que des différences individuelles. Une crinière plus fournie lui a paru constituer la seule différence entre l'hyène de la Perse et celle du Maroc. Le squelette d'un chat d'Angora n'a rien qui puisse le faire distinguer de celui du chat sauvage. Le maximum d'altération, produit par la domestication, se voit dans le chien, dont quelques individus ont un doigt de plus au pied de derrière, et quelques autres une dent molaire de plus[2]. Enfin les altérations qui amènent les variétés ou les races, ne portent que sur les caractères les plus superficiels des animaux. Et ces altérations ne sont pas ineffaçables : supprimez les circonstances qui les ont déterminées, et les caractères primitifs reparaîtront. Nos chevaux, redevenus libres en Amérique, y ont repris leur instinct, qui est de vivre en troupes conduits par un chef;

<hr>

1. Buffon, *Hist. nat.*, t. IV, p. 382 et suiv. (de l'édit. primitive, in-4).
2. Cuvier, *Discours sur les révolutions de la surface du globe*.

leur taille, qui est moyenne ; une couleur uniforme, qui est le bai châtain. Nos chiens y ont perdu leur aboiement ; le cochon y a repris les oreilles droites du sanglier, et ses petits la livrée du marcassin, etc.[1].

Plus tard, Buffon signala le premier la *fécondité continue* comme le caractère distinctif de la *fixité* de l'espèce. « La comparaison du nombre et de la ressemblance des individus n'est, dit-il, qu'une idée accessoire ; car l'âne ressemble au cheval plus que le barbet au lévrier, et cependant le barbet et le lévrier ne font qu'une même espèce, puisqu'ils produisent ensemble des individus, qui peuvent eux-mêmes en produire d'autres : au lieu que le cheval et l'âne sont certainement de différente espèce, puisqu'ils ne produisent ensemble que des individus viciés et inféconds.... L'empreinte de chaque espèce est un type dont les principaux traits sont gravés en caractères ineffaçables et permanents à jamais[2]. »

Mais le caractère de l'espèce impliquait un double fait qui avait besoin d'être élucidé : la *fécondité* est un fait constatable dans l'espèce, tandis que le fait de la *continuité* ne relève que du temps. C'est avec un sens vraiment philosophique que Buffon fait ressortir l'importance de cette distinction. « Un être qui durerait toujours, dit-il, ne ferait pas une espèce, non plus qu'un milliard d'êtres semblables qui dureraient toujours ; l'espèce est donc un mot abstrait et général, dont la chose n'existe qu'en considérant la nature dans la succession des temps, et dans la destruction constante et le renouvellement tout aussi constant des êtres. »

1. Flourens, *Buffon*, p. 97.
2. *Œuvres* de Buffon, t. XIII, p. 1.

Idées de Buffon sur la distribution des animaux sur le globe terrestre.

Au jugement de Cuvier, les idées de Buffon sur les limites que les climats, les montagnes et les mers assignent à la population animale du globe, peuvent être considérées comme de véritables découvertes, qui se confirment chaque jour, et qui ont donné aux recherches des voyageurs une base fixe. C'est l'étude du lion d'Amérique qui fut l'occasion de ces idées, érigées depuis en lois. «L'animal de l'Amérique que les Européens ont appelé *lion*, et que les naturels du Pérou appellent *puma*, n'a point, dit Buffon, de crinière; il est aussi plus petit, plus faible et plus poltron que le vrai lion.... Ce n'est point un lion. C'est un animal particulier à l'Amérique, comme le sont aussi la plupart des animaux du Nouveau-Monde. » — Cette remarque montre dans quel état de confusion se trouvait alors la zoologie.

Lorsque les Européens découvrirent l'Amérique, ils trouvèrent que tout y était nouveau ; les quadrupèdes, les oiseaux, les poissons, les insectes, les plantes, tout parut inconnu, et l'était en effet. Mais, oubliant qu'il faut donner des noms nouveaux aux choses nouvelles, ils donnaient à des objets inconnus des noms de choses connues. Le *puma* fut appelé lion ; le *jaguar*, tigre ; l'*alpaca*, mouton, etc. Les Romains en avaient fait autant pour les animaux inconnus tirés des régions lointaines soumises à leur empire. L'éléphant et le rhinocéros étaient regardés par eux comme des *bœufs*; et, pour distinguer l'un de l'autre, ils appelaient l'éléphant *bœuf de Lucanie*, et le rhinocéros *bœuf d'Egypte*. La girafe était un chameau-léopard, *camelopardalis*, etc. C'était le cas de dire que « les noms avaient confondu les choses ».

Ce qui ajouta encore à la confusion, c'est que les animaux qu'on avait transportés d'Europe se multiplièrent rapidement dans le Nouveau-Monde. Il était temps de mettre un terme à ce désordre, quand vint Buffon. Procédant par une *énumération comparée*, il commença par partager en trois classes tous les quadrupèdes alors connus, à savoir, en ceux qui sont propres à l'Ancien-Monde, en ceux qui sont propres au Nouveau, et en ceux qui sont communs à l'un et à l'autre continent.

Ainsi, l'éléphant, le rhinocéros, l'hippopotame, le chameau, le dromadaire, la girafe, appartiennent exclusivement à l'Ancien-Monde. Leurs genres mêmes ne s'y trouvent pas représentés par des espèces similaires : car l'éléphant, par exemple, s'éloigne du tapir, autant que le chameau s'éloigne du lama ou de la vigogne. Nos animaux domestiques, tels que le cheval, l'âne, le bœuf, la brebis, la chèvre, le cochon, le chien, étaient, avant l'arrivée des Européens, absolument inconnus aux indigènes de l'Amérique. A ces animaux, il faut ajouter les suivants, tous énumérés par Buffon comme caractéristiques de l'Ancien Continent : le zèbre, originaire de l'Afrique australe; le buffle, originaire de l'Inde; l'hyène, répandue depuis l'Inde jusqu'en Abyssinie; le chacal, répandu depuis l'Inde jusqu'au Sénégal; la genette d'Europe, la civette du midi de l'Afrique, la gazelle du nord de l'Afrique et de l'Egypte, le chamois, le bouquetin, le chevrotain, la gerboise d'Afrique et d'Arabie, la mangouste de l'Inde, le lapin, le furet, le rat, la souris, le loir, le lérot, la marmotte, le blaireau, l'hermine, la zibeline, etc.

Parmi les animaux exclusivement propres à l'Amérique, il importe de rappeler : le tapir, le pécari, le tasjou, l'alpaca, le lama, la vigogne, le cabiai, l'agouti, l'acouchi, les mouffettes, le fourmilier à deux doigts, le tamanoir, le tamandua, les tatous, les paresseux et surtout les sarigues. Par leur singulier mode de génération vivipare, inconnu jusqu'alors, les sarigues ont constitué, avec les kangurous de l'Australie, tout un nouvel ordre d'animaux, les animaux à bourse ou *marsupiaux*.

Le genre *felis* (chat) est commun au Nouveau-Monde comme à l'Ancien. Mais les espèces de l'un sont différentes des espèces de l'autre. L'Ancien-Monde a le lion, le tigre, le léopard, la panthère, etc.; le Nouveau-Monde a le puma, le jaguar, le jaguarondi, l'oncelot, etc. La même remarque s'applique au genre *singe*. Les espèces du singe de l'Ancien Continent diffèrent toutes des espèces du Continent Nouveau. Au nombre des premières se trouvent l'orang-outang de Malaca et de Bornéo, le chimpanzé de la Guinée et du Congo, tous les gibbons de l'Inde et de l'archipel Indien, tous les babouins ou cynocéphales, toutes les guenons de l'Afrique, les loris de l'Inde, les makkis de l'île de Madagascar. Les singes caractéristiques du Nouveau-Monde sont : les sajous, les sapajous, les alouattes, les sakis, les sagouins, les ouistitis, etc.

C'était spécialement sur les animaux de la zone torride de l'Ancien et du Nouveau-Monde que Buffon avait porté son attention. Il était ainsi arrivé à énoncer comme une loi qu'*aucun des animaux de la zone torride qui vivent dans l'un des continents ne se trouve dans l'autre.* « Aucun des animaux de l'Amérique méridionale ne ressemble, dit-il, assez aux animaux des terres du midi de notre continent, pour qu'on puisse les regarder comme de la même espèce; ils sont, pour la plupart, d'une forme si différente, que ce n'est qu'après un long examen qu'on peut les soupçonner d'être les représentants de quelques-uns de ceux de notre continent. Quelle différence de l'éléphant au tapir ! cependant, il est, de tous, le seul qu'on puisse lui comparer; mais il s'en éloigne déjà beaucoup par la figure, et prodigieusement par la grandeur; car ce tapir, cet éléphant du Nouveau-Monde, n'a ni trompe, ni défenses, et n'est guère plus grand qu'un âne. Aucun animal de l'Amérique méridionale ne ressemble au rhinocéros, aucun à l'hippolame, aucun à la girafe : et quelle différence encore entre le lama et le chameau, quoiqu'elle soit moins grande qu'entre le tapir et l'éléphant[1]. »

Dans le nord de l'Ancien et du Nouveau Continent, les espèces animales se diffusionnent ; leurs caractères sont beaucoup moins tranchés que dans le midi de l'un et de l'autre continent. Ainsi, le renne, l'élan, le castor sont communs au nord de l'Amérique et de l'Europe. On peut admettre que ces espèces communes aux deux continents ont passé de l'un à l'autre. Cette communication était impossible au midi, où les deux continents sont séparés par de vastes mers.

Mais si le nord du Nouveau-Monde a des animaux qu'il partage avec ceux du nord de l'Ancien-Monde, il y a aussi des espèces qui lui sont exclusivement propres ; tels sont les cerfs du Canada, le bison, le bœuf musqué, l'ondatra ou rat musqué du Canada, le lemming de la baie d'Hudson, plusieurs espèces particulières de martes, de renards, de loups, etc.

Buffon fit l'un des premiers ressortir l'étrangeté de la population animale de la Nouvelle-Hollande ou de l'Australie, comparativement à celle des autres continents. Les kangurous, les phascolomes, les péramèles, les dasyures, les phalangers volants, les échidnés, les ornithorhynques, etc., nous représentent tout un nouveau monde animal. L'étude de quelques-uns de ces animaux fit voir combien les classifications jusqu'alors suivies étaient incomplètes, ou remplies de lacunes.

La loi de Buffon, d'après laquelle aucun des animaux de la zone torride dans l'un des continents ne se trouve dans l'autre, devint, dans ses détails, un objet de vives critiques. Mais, chose digne de remarque, il arriva ici ce qui advint pour la loi de Newton : la loi de Buffon, loin d'être invalidée, ne fut que confirmée par ces critiques.

---

1. Buffon, *Hist. nat.*, t. V, p. 178, *Suppléments* (de l'éd. de 1749).

Ainsi, on ne connut d'abord d'autres marsupiaux (animaux à bourse) que les sarigues, et les sarigues appartiennent à l'Amérique. On en était là quand Buffon reçut, sous le nom de *rat de Surinam*, un animal à bourse, qu'il nomma *phalanger*. Il le crut également d'Amérique. C'était là une erreur. Le phalanger n'est pas d'Amérique ; tous les animaux de ce genre sont de l'Australie. L'erreur fut aussitôt relevée ; mais la loi de Buffon n'en reçut aucune atteinte. Car l'Amérique, qui a les sarigues, n'a pas de phalangers, et l'Australie, qui a les phalangers, n'a point de sarigues.

Buffon avait dit que les fourmiliers proprement dits sont tous d'Amérique. Vosmaer, directeur du cabinet d'histoire naturelle de Leyde, crut lui donner un démenti en lui annonçant que le *cochon de terre* (appelé depuis *oryctérope*), qu'il venait de recevoir du cap de Bonne-Espérance, se nourrit aussi de fourmis, que c'est un fourmilier. « Nous avons dit et répété souvent, répondit Buffon, qu'aucune espèce des animaux de l'Afrique ne s'est trouvée dans l'Amérique méridionale et que, réciproquement, aucun des animaux de cette partie de l'Amérique ne s'est trouvé dans l'Ancien Continent. L'animal en question a pu induire en erreur des observateurs peu attentifs, tels que M. Vosmaer, mais on va voir par sa description et par la comparaison de sa figure avec celle des fourmiliers d'Amérique, qu'il est d'une espèce très-différente. » En effet, les fourmiliers de l'Afrique, dont le *cochon de terre* du Cap est le représentant, ont des dents (mâchelières), leurs ongles sont plats, non tranchants. Ces caractères ont suffi pour faire des fourmiliers de l'Afrique tout un genre nouveau (*orycteropus* de Geoffroy), bien différent du genre *myrmecophaga*, qui ne comprend que les fourmiliers de l'Amérique.

Une remarque plus importante encore de Buffon, c'est que les animaux du Nouveau-Monde, comparés à ceux de l'Ancien, forment comme une nature parallèle, collatérale, comme un second règne animal, correspondant presque partout au premier. Ainsi, dans l'ordre des carnassiers, le cougouar, le jaguar, l'oncelot, correspondent à notre lion, à notre tigre, à notre panthère ; dans l'ordre des quadrumanes, les singes du Nouveau-Monde correspondent à ceux de l'Ancien ; nos ruminants sont représentés en Amérique par le lama, l'alpaca, la vigogne, etc.; nos édentés, tels que le pangolin, le phatagin, et nos fourmiliers, par le tamanoir, le tamandua et des fourmiliers d'un genre particulier, etc. Il y a des ordres entiers d'animaux qui, nuls dans l'Ancien Continent, clairsemés en Amérique, sont très-communs en Australie ; tel est l'ordre des marsupiaux.

La population animale de l'archipel Indien compte aussi des espèces caractéristiques, tels que le rhinocéros de Java, l'orang-outang de Bornéo, les gibbons, plusieurs semnopithèques, l'ours malais. Par ces espèces-là, l'archipel se rapproche de l'Inde, tandis qu'il y en a d'autres qui, tels que les phalangers des Moluques, les kangurous de la Nouvelle-Guinée, le rattachent à la Nouvelle-Hollande.

L'Inde, l'Afrique méridionale, l'Afrique du nord, jointe à l'Arabie, l'Asie centrale, etc., le nord, le midi et le centre des continents, les archipels, certaines îles, forment des centres de populations animales distinctes. Chaque espèce a son pays, sa patrie. « Telles espèces, dit Buffon, ne peuvent se propager que dans les pays chauds, les autres ne peuvent subsister que dans les climats froids ; le lion n'a jamais habité les régions du nord, le renne ne s'est jamais trouvé dans les contrées du midi ; et il n'y a peut-être aucun animal dont l'espèce soit, comme celle de l'homme, répandue sur toute la surface de la terre ; chacun a son pays, sa patrie naturelle, dans laquelle chacun est retenu par nécessité physique ; chacun est fils de la terre qu'il habite, et c'est dans ce sens qu'on doit dire que tel ou tel animal est originaire de tel ou tel climat. »

C'est ainsi que par ses idées concernant la distribution

des animaux sur le globe, Buffon a posé les éléments d'une science nouvelle, la *géographie zoologique*. Ces éléments furent repris et développés par Pallas, par Schreber, par Gmelin, mais surtout par G. Zimmermann, qui fit le premier paraître un traité de géographie zoologique des quadrupèdes (*Specimen zoologiæ geographicæ quadrupedum domicilia et migrationes sistens, tabulamque mundi zoographicam adjunxit;* Leyde, 1777, in-4°).

Malgré cette impulsion féconde, les travaux ayant pour objet la zoologie géographique sont encore peu nombreux, et ne portent, pour la plupart, que sur la distribution des animaux supérieurs, notamment des mammifères. Nous n'avons guère à citer ici que Illiger (*Distribution géographique des mammifères,* dans les Mémoires de l'Acad. de Berlin, 1804-1811); Minding (*Distribution géographique des mammifères,* Berlin, 1829); W. Swainson (*Treatise on the geography of animals,* Lond., 1835); Berghaus (*Distribution géographique des animaux,* et *Atlas zoologique,* 1838-1843, et A. Wagner (*Distribution géographique des mammifères,* avec 9 cartes, dans les Mémoires de l'Académie des sciences de Munich, 1844-1846).

Entre Buffon et Cuvier viennent se placer deux naturalistes éminents, plus remarquables peut-être comme esprits coordonnateurs que comme observateurs proprement dits ; nous avons nommé Charles Bonnet et Lamarck.

Charles Bonnet.

Charles Bonnet naquit à Genève le 13 mars 1720 [1], d'une famille française protestante, qui s'était réfugiée en Suisse pendant les troubles religieux du seizième siècle.

1. La rue où il est né porte aujourd'hui le nom de *Charles-Bonnet.*

Il puisa dans les œuvres de Réaumur et dans le *Spectacle de la Nature* de l'abbé Pluche un goût décidé pour l'étude des merveilles naturelles, et depuis lors il consacra toute sa vie à cette étude. La modestie fut une de ses qualités distinctives. « Ces mots : *j'ai tort*, disait-il, doivent toujours être sur les lèvres de l'homme convaincu d'erreur. » Sa franchise lui attira des ennemis, et il essuya les sarcasmes de Voltaire pour avoir critiqué certaines idées de Buffon. Ami de la retraite, il mourut dans sa ville natale, le 20 juin 1793, à l'âge de soixante-treize ans.

Jaloux de suivre les traces de Redi, de Malpighi, de Swammerdam, de Leuwenhoek, de Vallisnieri, etc., Charles Bonnet voulut, à l'exemple de ces chefs de file, interroger la nature. « C'était moins, dit-il fort judicieusement, par l'expérience qu'on cherchait autrefois à s'assurer des faits que par le témoignage des anciens. Reconnus pour les seuls dépositaires des secrets de la nature, on les consultait comme des oracles, et tout, jusqu'à leurs expressions et leurs erreurs, était respecté. Dans cet état de choses, l'histoire naturelle ne prenait que peu ou point d'accroissement ; les naturalistes, réduits à copier les anciens, et à se copier ensuite les uns les autres, transmettaient dans leurs écrits, pour un petit nombre de vérités, beaucoup de préjugés et d'erreurs. Enfin, la nouvelle philosophie est venue dissiper l'enchantement et apprendre aux physiciens à étudier la nature dans la nature elle-même. »

Pour se conformer à ce programme, Bonnet commença, dès l'âge de vingt ans, sur les insectes, les chenilles, les vers, une série de recherches, dont il publia, en 1745, les résultats dans son *Traité d'insectologie*. Il les a reproduits dans les tomes I-III de ses *Œuvres complètes* (Neuchâtel, 1779-1788, 18 vol. in-8°)[1].

Comme pour faire mieux sentir le dédain déplacé de Buffon pour « les petites choses », Bonnet débute par un

1. L'édition in-4 (Neuchâtel, 1779-1783) se compose de 8 volumes.

travail, devenu classique, *Sur les pucerons*. Comment se propagent ces petits moucherons qui s'attachent en si grand nombre aux jeunes pousses et aux feuilles des plantes, qui les recoquillent et y occasionnent des tumeurs d'une grosseur quelquefois monstrueuse? Cette question avait, de tout temps, vainement occupé l'esprit des naturalistes. Les anciens faisaient naître les pucerons d'une espèce de rosée. Quelques naturalistes ont prétendu que les pucerons peuvent se suffire à eux-mêmes et se propager sans le concours des deux sexes. D'autres ont cru que ces insectes, doués des deux sexes, s'accouplent et font des œufs d'où sortent les petits pucerons. Ceux qui avaient observé que les pucerons sont vivipares, regardaient les ailés comme les auteurs de la fécondation. Enfin Goedart les faisait naître d'une semence humide que les fourmis déposaient sur les plantes. Les opinions étaient ainsi partagées, quand Réaumur proposa de faire l'expérience que voici : prendre un puceron à la sortie du ventre de sa mère, et l'élever de manière qu'il ne puisse avoir de commerce avec aucun insecte de son espèce. « Si un puceron ainsi élevé seul produit, ajoutait Réaumur, des pucerons, ce serait sans accouplement, ou il faudrait qu'il se fût accouplé dans le ventre même de sa mère. »

Pour réaliser ce programme, Bonnet tenta, dès 1740, une série d'expériences, aussi curieuses que difficiles, avec les pucerons du fusain, du sureau et du plantain, qui amenèrent la découverte de ce fait important que ces insectes ont la faculté de se reproduire pendant plusieurs générations de suite, sans le moyen de l'accouplement. Il fit aussi des expériences fort intéressantes sur la reproduction des polypes et des vers par division ou bouture, décrivit, sous le nom de *grande artère*, le vaisseau dorsal des larves d'insectes, et fit les observations les plus instructives sur la respiration des chenilles et sur la structure du ténia. Ses observations sur la respiration des feuilles datent à peu près de la même époque (1754).

Dans les tomes **V** et **VI** de ses *Œuvres* (édit. in-8°), Bonnet fit paraître (1762-1768) des *Considérations sur les corps organisés*. L'auteur y compare entre elles les notions les plus certaines sur l'origine et la reproduction des corps vivants. Il combat la doctrine de *l'épigénèse*, qui se confond avec la théorie de la génération spontanée. D'après l'épigénèse, le produit de la génération est formé d'toutes pièces par la réunion des molécules organiques, subitement rapprochées par l'acte générateur; ce produit est ainsi présenté comme d'une existence postérieure à cet acte. La doctrine des épigénésistes, exposée avec tant de charme par Buffon, avait été déjà battue en brèche par Haller. Bonnet achèva de la renverser, pour y substituer le système des *germes préexistants*. D'après ce système, le germe contient, dès son origine, toutes les parties de l'être qu'il est destiné à reproduire; l'acte générateur ne le fait que sortir de sa torpeur ou de son état latent pour l'appeler à cette vie active qui doit conduire le germe à son entier développement. Si Bonnet s'égara en définissant le germe, « une préformation originelle dont un tout organique pouvait résulter comme de son principe immédiat, » il n'en a pas moins tracé la voie à suivre dans ces difficiles et mystérieuses recherches. Il a montré que la génération des animaux repose sur le même plan que celle des végétaux. « Rien ne prouve mieux, dit-il comme conclusion, l'analogie de ces deux classes d'êtres organisés que la belle découverte du sexe des plantes. Ce que la liqueur séminale est à l'œuf, la poussière des étamines l'est à l'ovule. Je puis donc raisonner sur celle-ci comme j'ai raisonné sur celle-là. Si le poulet existe dans l'œuf avant la fécondation, la plantule préexiste pareillement dans l'ovule, et la poussière des étamines n'est que le principe de son développement[1]. »

Par suite d'un affaiblissement de la vue, Bonnet sus-

---

1. Bonnet, *Œuvres complètes*, t. VI, p. 154.

pendit des travaux qui exigent un constant exercice de l'œil, pour ne se livrer qu'à l'étude de la philosophie en rapport avec les phénomènes de la nature. C'est dans le but de rendre le plus grand nombre d'hommes sensibles aux beautés d'un livre toujours ouvert à tous les passants, qu'il écrivit ses *Contemplations de la nature*, imprimées dans les t. VII-IX de ses *Œuvres complètes*. « J'ai surtout, dit-il, contemplé la nature dans ses rapports si nombreux, si variés, si divers, avec les perfections de son divin auteur. Je l'ai cherché dans ses moindres productions, comme dans celles où il éclate avec le plus de majesté, et partout j'ai entendu cette parole sublime : ME VOICI. »

Les *Contemplations de la nature* sont divisées en douze parties. Les quatre premières Parties sont une sorte de cosmologie, d'abord un peu métaphysique, puis physique et morale. L'auteur y parcourt rapidement les scènes que nous offre le spectacle de l'univers. Partant des éléments de la matière inerte, il passe des plantes aux animaux inférieurs, esquisse les différentes classes zoologiques, crayonne le tableau de l'homme physique et moral, et s'élève des gradations de l'humanité jusqu'aux hiérarchies célestes. Dans la cinquième Partie, il jette un coup d'œil sur les divers rapports qui lient l'homme avec tout ce qui l'entoure. Il parle des sensations, des passions, du tempérament, de la mémoire, de l'imagination, sans oublier les songes et la réflexion. C'est là ce qu'il appelle la *psychologie élémentaire*. Il passe ensuite au mécanisme de la vision, dit un mot de la lumière et des couleurs, des principaux effets du feu et de l'air, et indique les liaisons que les êtres vivants établissent entre eux par leurs services mutuels; ceci le conduira à émettre une grande idée qu'on semblait en quelque sorte respirer avec l'air du dix-huitième siècle, à savoir la *variabilité dans l'immutabilité*[1]. « Tout n'est, dit-il, que métamorphose dans

1. Voy. plus haut, Idées de Buffon, p. 277.

le monde physique. Les formes changent sans cesse ; la quantité de matière est seule invariable. La même substance passe successivement dans les trois règnes ; le même composé devient tour à tour minéral, plante, insecte, reptile, poisson, oiseau, quadrupède, homme. Les machines organisées sont les principaux agents de ces transformations. Elles changent ou décomposent toutes les matières qui entrent dans leur intérieur, et qui sont exposées à l'action de leurs ressorts. Elles les convertissent les unes en leur propre substance ; elles évacuent les autres sous diverses formes, qui rendent ces matières propres à entrer dans la composition de différents corps.... Les végétaux et les animaux sont donc les grands combinateurs des substances élémentaires [1]. »

Après avoir passé en revue (dans les septième, huitième et neuvième Parties) les principes concernant la génération et la préordination des êtres, l'auteur arrive aux analogies qui lient le végétal à l'animal, et il examine s'il existe un caractère qui distingue essentiellement l'un de l'autre. Les onzième et douzième Parties sont des plus intéressantes : elles sont relatives à l'industrie et aux mœurs des animaux. L'observation concernant la manière dont les chenilles qui vivent en société retrouvent le chemin de leur nid est tout à fait originale : elle fut pour la première fois faite par l'auteur en 1738. Ces chenilles s'éloignent souvent beaucoup de leur domicile pour chercher les feuilles qu'elles rongent. Cependant elles savent toujours le retrouver. « Ce n'est pas, dit-il, la vue qui les dirige si sûrement dans leur marche ; cela est très-prouvé. La nature leur a donné un autre moyen de regagner leur gîte, et ce moyen revient précisément à celui qu'employa Ariadne pour retirer du labyrinthe son cher Thésée. Nous pavons nos chemins ; nos chenilles tapissent les leurs. Elles ne marchent jamais que sur des tapis de soie. Tous

____

1. Bonnet, *Œuvres complètes*, t. VII, p. 285.

les chemins qui aboutissent à leur nid sont couverts de
fils de soie. Ces fils forment des traces d'un blanc lustré,
qui ont au moins deux à trois lignes de largeur. C'est en
suivant à la file ces traces, qu'elles ne manquent point leur
gîte, quelque tortueux que soient les détours dans lesquels elles s'engagent. Si l'on passe le doigt sur la trace,
l'on rompra le chemin, et on jettera les chenilles dans le
plus grand embarras. On les verra s'arrêter tout à coup à
cet endroit, et donner toutes les marques de la crainte et
de la défiance. La marche demeurera suspendue jusqu'à
ce qu'une chenille, plus hardie ou plus impatiente que
les autres, ait franchi le mauvais pas. Le fil qu'elle tend
en le franchissant, devient pour une autre un pont sur
lequel elle passe. Celle-ci tend un autre fil; une troisième en tend un autre, etc., et le chemin est bientôt ré-
paré [1]. »

Aux *Contemplations de la nature* se rattachent l'*Essai
de psychologie*, publié en 1754, l'*Essai analytique des facultés de l'âme*, qui parut en 1760, et la *Palingénésie philosophique*, mise au jour en 1770. Dans son *Essai de psychologie* (t. XVIII des *Œuvres complètes* de Bonnet), l'auteur
insiste sur les rapports qui dérivent de la nature des
choses et sur les lois qui sont les effets de ces rapports.
Après avoir traité de l'âme, du langage, des idées, de la
liberté, du bonheur, de la cause première, de l'unité de
l'univers, des lois de l'homme et des animaux, de l'échelle des êtres, de l'harmonie de la nature, il termine par
cette conclusion : « Quelle que soit notre manière de penser sur Dieu et sur l'univers, une chose demeure certaine, c'est que l'homme n'est pas un quadrupède et
qu'un quadrupède n'est pas un champignon. Il s'ensuit
que le moyen d'être heureux c'est de se conformer à l'ordre et aux rapports qui sont entre les choses. » — Quelle
est la nature de nos facultés? Comment l'homme passe-

1. Bonnet, *Œuvres complètes*, t. IX, p. 82.

t-il de l'état d'être capable de sentir, de vouloir, d'agir, à l'état d'être qui sent, pense, veut, agit? En un mot, qu'est-ce que l'homme? Voilà ce que l'auteur cherche à résoudre dans son *Essai analytique des facultés de l'âme* (t. XIII, XIV et XV des *Œuvres complètes*). Parti du principe de relation entre l'âme et le corps, il en conclut la nécessité d'un organe matériel pour l'exercice de l'intelligence ; par l'excitation des molécules de cet organe, il explique l'association des idées dont les sens sont la source. En ce qui concerne le siége de l'âme, il a émis une idée aussi ingénieuse que subtile : ne pouvant concilier l'immatérialité avec l'occupation d'une partie de l'espace, il prétend que l'âme n'est que *présente au cerveau*, et par cet organe, au reste du corps. — Dans sa *Palingénésie* (t. XV et XVI des *Œuvres complètes*), l'auteur laisse entrevoir, pour les animaux, une vie future, impliquant l'accroissement de leur industrie, le changement de leur nature. La sensibilité même des plantes, qu'on ne peut, selon lui, attribuer qu'à un principe immatériel, le détermine à regarder comme probable la survivance de ce principe et le passage à un autre ordre dans l'échelle animale.

Parmi les autres travaux de Ch. Bonnet qui intéressent plus directement la zoologie, nous signalerons *Quatre mémoires sur les abeilles* et *Nouvelles recherches sur le ténia* (t. X de ses *Œuvres*); ainsi que *Expériences sur la régénération de la tête du colimaçon terrestre* et *Sur la reproduction des membres de la salamandre aquatique*, et surtout les *Lettres sur divers sujets d'histoire naturelle* (t. XI, XII et XVIII). Ces lettres sont presque toutes datées de Genthod, résidence favorite de l'illustre naturaliste, située au bord du lac Léman, entre Genève et Coppet.

Lamarck.

Monet, chevalier de Lamarck, issu d'une famille noble originaire du Béarn et établie en Picardie, naquit à Barentin le 1er août 1744. Il choisit, à l'âge de seize ans, après la mort de son père, la carrière militaire, et rejoignit en Hanovre l'armée du maréchal de Broglie, où il servit jusqu'à la fin de la guerre de Sept ans (1763). Dégoûté de la vie de garnison, il quitta le service militaire, et vint à Paris suivre ses goûts pour la météorologie et l'histoire naturelle. Logé dans une petite mansarde, « plus haut qu'il n'aurait voulu, » comme il aimait plus tard à le répéter, il débuta dans la carrière scientifique par un mémoire *Sur les vapeurs de l'atmosphère* et par la *Flore française*, ouvrage qui répondit à un des besoins de l'époque et lui ouvrit, en 1779, les portes de l'Académie. Il rédigea la partie botanique de l'*Encyclopédie méthodique* (1785), et entra, après la mort de Buffon, son protecteur, au Jardin des Plantes, comme adjoint de Daubenton pour la garde du Cabinet du roi. Lamarck avait pris parmi les botanistes un rang distingué, lorsque la Révolution vint changer la direction de ses travaux. Le décret de la Convention (10 juin 1793) qui réorganisa le Jardin des Plantes, créa deux chaires de zoologie ; Geoffroy Saint-Hilaire, qui ne s'était encore occupé que de minéralogie, et Lamarck, furent appelés à les remplir. Pour toute préparation à cet enseignement Lamarck n'avait que quelques notions de conchyliologie ; il se mit néanmoins à l'œuvre, et, après quelques mois d'un travail opiniâtre, il ouvrit son cours, au printemps de 1794 (l'an II de la République). Devenu zoologiste, il accomplit d'importants travaux de classification, sans renoncer à ses premières études, comme l'atteste son

Annuaire météorologique (de 1800 à 1812)[1]. Étranger à toute espèce d'intrigue, il vécut dans la retraite, uniquement absorbé par ses études et par l'éducation d'une nombreuse famille (il avait sept enfants et s'était marié quatre fois). Content d'une très-modeste fortune, il refusa, en 1809, une chaire nouvellement créée à la Sorbonne, parce qu'il ne se sentait plus la force de faire les études nécessaires pour occuper dignement cette chaire. Devenu aveugle à la fin de ses jours, il trouva dans sa fille aînée une aide aussi intelligente que dévouée, et s'éteignit le 18 décembre 1829, à l'âge de quatre-vingt-cinq ans.

En jetant un coup d'œil sur le tableau de la nature animée, Lamarck fut particulièrement frappé de voir qu'il y a des animaux qui ont une colonne vertébrale, tandis que d'autres en manquent. S'il ne fut pas le premier à remarquer ce caractère général, il l'introduisit du moins le premier (en 1792) dans la science, en divisant les animaux en *vertébrés*, ou animaux à vertèbres, et en *invertébrés*, ou animaux sans vertèbres. Cette division, bien

---

1. Arago, dans l'*Histoire de sa jeunesse* (en tête de ses Notices biographiques), raconte un détail qui mérite ici de trouver place. Nommé fort jeune membre de l'Institut (en 1809), il fut présenté à l'empereur au milieu des académiciens qui avaient des publications particulières à offrir au chef de l'État. Après quelques brèves interrogations, auxquelles avaient répondu les voisins de droite et de gauche, l'empereur passa à un autre membre de l'Institut. » Celui-ci n'était pas, dit Arago, un nouveau venu : c'était un naturaliste connu par de belles et importantes découvertes, c'était M. Lamarck. Le vieillard présente un livre à Napoléon. « Qu'est-ce que cela? s'écrie celui-ci. C'est « votre absurde météorologie, c'est cet ouvrage dans lequel vous faites « concurrence à Matthieu Laensberg, cet Annuaire qui déshonore vos « vieux jours ; faites de l'histoire naturelle, et je recevrai vos produc-« tions avec plaisir. Ce volume, je ne le prends que par considération « pour vos cheveux blancs. — Tenez!... » et il passa le livre à un aide de camp Le pauvre Lamarck qui, à chacune des paroles offensantes du brutal despote, essayait inutilement de dire : « C'est un livre d'histoire naturelle que je vous présente, » eut la faiblesse de fondre en larmes.

qu'elle soit loin d'être parfaite, fut universellement
adoptée[1].

Les travaux zoologiques de Lamarck portèrent particulièrement sur les animaux non vertébrés, jusqu'alors
très-insuffisamment étudiés. Partant de l'idée que « *l'organisation va en se dégradant* d'une extrémité à l'autre de
l'échelle des animaux, » Lamarck assignait aux animaux
vertébrés des caractères négatifs comparativement aux
animaux vertébrés. Par *échelle des animaux*, il entendait,
non point une série linéaire, disposée régulièrement suivant les genres et les espèces, mais une série assez régulièrement graduée dans les masses principales, c'est-à-
dire dans les principaux systèmes d'organisation reconnus,
qui donnent lieu aux classes et aux grandes familles ob-
servées. « Une telle série existe, dit-il, très-assurément,
soit dans les animaux, soit dans les végétaux, quoique
dans la considération des genres et surtout dans celle
des espèces elle soit dans le cas d'offrir, en beaucoup
d'endroits, des ramifications latérales dont les extrémités
sont des points véritablement isolés. »

C'est dans ses *Recherches sur l'organisation des corps
vivants*, petit livre devenu fort rare (imprimé à Paris en
1806 et se vendant chez l'auteur, au Muséum d'histoire
naturelle), que Lamarck a donné le Tableau du règne

---

1. Nous avons nous-même, il y a près de quarante ans, montré ce
que cette division a de défectueux. « S'il y a, disions-nous, des animaux dépourvus de vertèbres, quel est le caractère propre à les distinguer des animaux vertébrés? Loin de savoir que telle *chose n'est pas*,
nous voulons connaître ce qu'*elle est* positivement. Car non-seulement
une négation n'ajoute rien à nos connaissances, mais elle ne saurait
servir de caractère distinctif. » Nous proposions alors de prendre pour
base d'une classification nouvelle le squelette tout entier, ou la charpente solide à laquelle s'attachent les parties molles. Comme cette
charpente est, d'une part, interne, et, de l'autre, externe, nous pro-
posâmes de diviser le règne animal en animaux à *squelette ésotérique*
(animaux vertébrés) et animaux à *squelette exotérique* (crustacés, etc.)
(*L'Époque*, Revue mensuelle, année 1835, p. 311.)

ANIMAL, *montrant la dégradation progressive des organes spéciaux jusqu'à leur anéantissement*. Il ajoute en note que la progression de la dégradation n'est nulle part régulière ou proportionnelle, mais qu'elle existe dans l'ensemble d'une manière évidente. Dans ce tableau, les animaux sont divisés en douze classes. Les quatre premières classes comprennent les animaux vertébrés, ou caractérisés par une colonne vertébrale, faisant la base d'un squelette articulé. Les huit dernières classes sont composées des animaux qui n'ont point de colonne vertébrale, point de véritable squelette. Voici les caractères qu'il assigne à ces différentes classes.

I. Les MAMMAUX[1]. — Les animaux de la 1re classe sont les plus riches en détails d'organisation et en facultés ; parmi eux se trouvent ceux qui ont l'intelligence la plus développée. Pourvus de mamelles, ils sont seuls véritablement *vivipares* et allaitent leurs petits. Ils ont une tête mobile, avec des yeux à paupières; ils ont des poils ; quatre membres articulés; un diaphragme entre la poitrine et l'abdomen ; un cœur à deux ventricules et à sang chaud; des poumons libres, circonscrits dans la poitrine. A cette extrémité culminante de l'échelle animale, tous les organes essentiels sont isolés ou ont des foyers isolés. Le contraire a lieu vers l'extrémité opposée.

II. Les OISEAUX. — Ils ont, comme les mammaux, un cœur à deux ventricules et le sang chaud; mais ils manquent de mamelles, organes qui tiennent à un système de génération qu'on ne retrouve plus, ni dans les oiseaux, ni dans aucun des animaux des rangs inférieurs. Le diaphragme qui, dans les mammaux, sépare complétement la poitrine du ventre, cesse ici d'exister et ne se retrouve plus dans aucun des autres animaux. Ils ont les poumons adhérents, des plumes, et sont ovipares.

III. Les REPTILES. Ils ont le cœur uniloculaire (à un

____

[1]. Ce nom fut plus tard changé en celui de *mammifères*.

seul ventricule), et le sang froid. Le poumon est déjà
fort simplifié ; ses cellules sont fort grandes et proportionnellement moins nombreuses que chez les animaux
des 2ᵉ et 1ʳ classes. Dans beaucoup d'espèces, le poumon
est, dans le premier âge, métamorphique, remplacé par
des branchies, organes de respiration transitoires. Le nombre des membres peut descendre de quatre à deux et même
devenir tout à fait nul, comme dans les serpents. Ils sont
ovipares. Leur peau est nue, durcie, souvent écailleuse,
sans plumes ni poils.

IV. Les poissons.—Les poumons sont ici remplacés par
les branchies, devenues permanentes. Le squelette est incomplet et dégradé. Des nageoires. Point de bras dépendant
du squelette. Plus de larynx, plus de voix, plus de paupières.
Comme les reptiles, les poissons ont un cœur uniloculaire,
le sang froid, un cerveau et des nerfs, et sont ovipares. Les
membres ont entièrement disparu ; car, excepté chez un singulier poisson d'Egypte, on ne retrouve, chez les poissons,
rien d'analogue aux quatre membres des quadrupèdes.

V. Les mollusques.— Ces animaux, ovipares, à corps
mollasse, non articulés, ni annelés, commencent la division des invertébrés. La colonne vertébrale ayant été
anéantie, ils n'ont plus de vrai squelette. Leur corps est
muni extérieurement de parties dures ; leurs facultés sont
plus bornées. Comme tous les animaux non vertébrés, ils
ont l'appareil de la vision très-imparfait ; quand ils ont
des yeux, l'iris manque. Ils respirent par des branchies,
comme les poissons, et ont tous un cerveau, des nerfs,
un ou plusieurs cœurs uniloculaires.

VI. Les annélides. — Cette classe, créée par Lamarck
d'après les données anatomiques de Cuvier, était auparavant confondue avec la classe des *vers*. Les animaux qu'elle
renferme ont un corps allongé, mollasse, sans colonne
vertébrale, sans pattes articulées, et formé d'anneaux,
plus ou moins distincts, ce qui leur a valu le nom d'*annélides*. Ils respirent par des branchies externes ou ca-

chées dans les pores de leur peau. Leur cœur est remplacé par deux poches distinctes, situées à la base des deux principaux troncs d'artères, ce qui indique une organisation plus parfaite que celle des vers. Ils sont ovipares et sans métamorphose.

VII. Les CRUSTACÉS. — Ces animaux, qui ont un cœur, des artères et veines, et qui respirent tous par des branchies, avaient été jusqu'alors confondus avec les insectes. Lamarck en fit le premier une classe distincte. Ils ont plus de rapports avec les arachnides qu'avec les insectes, puisque, ainsi que les arachnides, ils ont, dès leur naissance, la forme qu'ils doivent conserver. Ils s'en distinguent en ce qu'ils n'ont jamais de stigmates, ni de trachées aérifères. Leur corps, recouvert d'une peau crustacée et divisé en plusieurs pièces, leur a fait donner le nom qu'ils portent.

VIII. Les ARACHNIDES. — Lamarck les a également séparés des insectes, avec lesquels ils avaient été confondus. « Quoique plus voisins des insectes que des crustacés, les arachnides, dit-il, n'en doivent pas moins être distingués des insectes, et les précéder dans l'ordre du perfectionnement de l'organisation ; car ils ont, comme tous les animaux de tous les rangs antérieurs, la faculté d'engendrer plusieurs fois dans le cours de leur vie, faculté dont presque tous les insectes sont privés. En outre, les arachnides doivent former une classe particulière, car ils ne subissent point de métamorphose, et ils ont, dès les premiers développements de leur corps, des pattes articulées et des yeux à la tête. Leurs rapports avec les crustacés forcent de les placer entre ceux-ci et les insectes. »

IX. Les INSECTES. — Ces animaux ont, à l'état parfait, des yeux et des antennes à la tête, six pattes articulées, des stigmates sur les deux côtés du corps, et des trachées disséminées partout. « Infiniment curieux par les particularités relatives à leur organisation, à leurs métamorphoses et à leurs habitudes, ils ont, dit Lamarck, une organisation moins composée que celle des mollusques, des annélides et des crustacés, puisque le système de circulation, constitué par des artères et des veines, manque entièrement chez eux, selon les observations du citoyen Cuvier. »

Les insectes sont, suivant Lamarck, les derniers animaux qui soient vraiment ovipares. « Ici paraissent, dit-il, s'éteindre totalement toutes les traces de la fécondation sexuelle ; et, en effet, dans les animaux qui vont être cités, il n'est plus possible de découvrir le moindre indice d'une véritable fécondation. Néanmoins nous allons encore retrouver, dans les animaux des deux classes qui suivent (les *vers* et les *radiaires*), des espèces d'ovaires abondants en corpuscules oviformes. Mais je regarde ces espèces d'œufs, qui peuvent produire sans fécondation, comme des *gemmules internes*, en un mot, comme constituant une *génération gemmipare interne*, faisant le passage à la génération sexuelle, dite *ovipare*. Leur mode de génération les constitue pour moi des *gemmovipares*. »

X. Les vers (intestinaux). — Composant la première classe des *gemmovipares*, les vers ont le corps mou, n'ayant jamais d'yeux, jamais de pattes articulées, ne subissant point de métamorphose et ne vivant que dans l'intérieur d'autres animaux. Ils présentent quelques vestiges d'une moelle longitudinale et de nerfs. « Beaucoup de vers paraissent, dit Lamarck, respirer par des *trachées*, dont les ouvertures à l'extérieur sont des stigmates ; mais je soupçonne que ces trachées sont aquifères et non aérifères, comme celles des insectes. »

Comme indice d'une dégradation marquée, Lamarck signale ici l'*anéantissement successif de plusieurs appareils sensitifs*. « Dans une partie des mollusques et des annélides, l'organe de la *vue* a commencé à manquer ; beaucoup d'insectes en sont privés dans le premier âge ; mais c'est dans les animaux de la classe des vers que cet organe, si utile aux animaux les plus parfaits, se trouve pour tou jours totalement anéanti. Il en est de même de l'*ouïe*, sens qui cesse totalement d'exister et qu'on ne retrouvera plus dans les animaux des classes suivantes. Enfin la *langue*, ou ce qui en tenait lieu dans les animaux antérieurs, manque encore tout à fait ici, et ne se retrouve plus dans aucun autre. »

XI. Les RADIAIRES. — L'organisation des radiaires, classe établie par Lamarck (deuxième classe de ses *gemmovipares*), présente « un corps sans colonne vertébrale, régénératif dans toutes ses parties, dépourvu de tête, d'yeux, de pattes articulées, et ayant une disposition générale dans ses parties à la forme rayonnante. » — « Quoique ces animaux, fort singuliers, soient encore peu connus, ce qu'on sait de leur organisation indique, ajoute Lamarck, évidemment la place que je leur assigne. En effet, l'organe spécial du sentiment, dont tous les animaux des classes précédentes sont doués, ne se distingue plus chez les radiaires. Il paraît qu'ils n'ont réellement ni moelle longitudinale, ni nerfs, et qu'ils ne sont plus que simplement irritables. » Il y avait là une lacune qui devait être bientôt comblée.

XII. Les POLYPES. — Formant le dernier échelon du règne animal (la classe des *gemmipares* et *fissipares* de Lam.), les polypes ont l'organisation la plus simple, par conséquent le moins de facultés. « Tous leurs viscères se réduisent, dit Lamarck, à un simple canal alimentaire qui, comme un conduit aveugle ou comme un sac, n'a qu'une seule ouverture, qui est à la fois la bouche et l'anus. Le *toucher* est le seul sens qui reste aux polypes, et, ainsi que dans les radiaires, il ne s'exerce plus par l'influence des nerfs. Tous les points de leur corps paraissent se nourrir par succion et absorption, autour du canal alimentaire. L'animal retourné comme on retourne un gant peut continuer de vivre, sa peau externe étant devenue pour lui membrane intestinale, et tous les points de son corps en étant séparés d'une manière quelconque, sont régénérateurs de l'animal entier. En un mot, on peut dire que tous les points du corps de ces animaux ont en eux-mêmes cette modification de la faculté de sentir qui constitue l'*irritabilité* et la nature animale.... Les polypes ne sont plus que des points animalisés, que des corpuscules gélatineux, transparents et contractiles en tous sens. C'est parmi eux sans doute que se trouvent les premières ébauches de l'animalité opérée directement par la nature, en un mot par les *générations spontanées.* »

C'est donc par l'étude de ces *points animalisés* que Lamarck devint partisan de la doctrine des générations spontanées. Après avoir jeté un coup d'œil sur la dégradation successive des organismes de toutes les classes, que nous venons de parcourir, il se résume en ces termes : « Ce ne sont pas les organes, c'est-à-dire la nature et la forme des parties du corps d'un animal, qui ont donné lieu à ses habitudes et à ses facultés particulières ; mais ce sont, au contraire, ses habitudes, sa manière de vivre, et les circonstances dans lesquelles se sont rencontrés les individus dont il provient, qui ont avec le temps constitué la forme de son corps, le nombre et l'état de ses organes, enfin les facultés dont il jouit. » On voit de quelle importance était pour Lamarck l'action des habitudes et du milieu ambiant.

L'ensemble de ses idées sur la nature vivante, Lamarck l'a exposé dans un livre remarquable, intitulé *Philosophie zoologique*, dont la première édition parut en 1809[1]. Il nous apprend combien de fois il a dû retoucher sa classification des animaux. Ce fut vers le milieu de l'an III (1795) qu'un travail de Cuvier le détermina à établir la classe des *mollusques*. Les radiaires, il les nomma d'abord *échinodermes*, et c'est ce dernier nom qui a prévalu. Dans son cours de l'an VII (1799), il établit la classe des *crustacés*. Il nous apprend à cet égard un curieux détail.

---

1. Une nouvelle édition de ce livre, en 2 vol. in-8, fut publiée en 1830.

« Alors M. Cuvier, dit-il, comprenait encore, dans son *Tableau des animaux*, les crustacés parmi les insectes : et quoique cette classe en soit essentiellement distincte, ce ne fut néanmoins que six ou sept ans après que quelques naturalistes consentirent à l'adopter. »

En l'an VIII (1800), Lamarck présenta les *arachnides* comme une classe particulière, facile et nécessaire à distinguer. Il s'étonna qu'en 1809 cette classe ne fût encore admise dans aucun autre ouvrage que dans les siens. Cuvier ayant découvert l'existence de vaisseaux artériels et de vaisseaux veineux dans différents animaux que l'on confondait, sous le nom de *vers*, avec d'autres animaux très-différemment organisés, Lamarck profita aussitôt de cette découverte pour perfectionner sa classification, et dans son cours de l'an X (1802) il créa la classe des *annélides*. Elle resta plusieurs années sans être admise.

Enfin à la classification que nous venons de faire connaître et qui date de 1806, Lamarck ajouta, en 1807, les *infusoires*, qu'il reconnut avoir rangés à tort parmi les polypes, et il intercala entre les mollusques et les annélides une classe nouvelle, les *cirrhipèdes*, animaux privés d'yeux, respirant par des branchies, munis d'un manteau, et ayant des bras articulés à peau cornée ; fixés sur les corps marins, ils n'ont point de locomotion. Les cirrhipèdes ne comprennent que quatre genres : les anatifes, les balanites, les coronules et les tubicinelles. En tenant compte des faits nouveaux, qui ne tardèrent pas à se produire, Lamarck finit, en 1809, par avoir quatorze classes, au lieu de douze. Dans les années suivantes (1812 et 1813), il modifia encore son tableau du règne animal, en y introduisant un élément métaphysique. Ainsi, il divisa tous les animaux en trois grands embranchements : en *animaux apathiques*, comprenant les infusoires, les polypes, les radiaires, les vers, les épizoaires ; en *animaux sensibles*, comprenant les insectes, les arachnides, les crustacés, les cirrhipèdes et les mollusques ; et en *ani-*

maux intelligents, comprenant les poissons, les reptiles, les oiseaux, les mammifères, et l'homme. L'*Histoire des animaux sans vertèbres*, dont l'étude avait absorbé la plus grande partie de son temps, parut de 1815 à 1822, en 7 vol. in-8°.

La philosophie du dix-huitième siècle avait sensiblement déteint sur l'esprit de Lamarck. Ainsi, dans son *Système des connaissances positives de l'homme* (1820, in-8°), comme dans les articles du *Dictionnaire des sciences naturelles* de Levrault, il s'est proposé de montrer que tout a été produit par la nature avec ordre, et que cet ordre est sériaire. A l'appui de cette thèse, il passe en revue toutes les connaissances humaines.

En chimie générale, il a cherché à prouver que tous les actes chimiques dépendent des atomes qui entrent dans la composition des corps, que ces atomes, par leur nature, leur forme et leur disposition, déterminent la différence des corps composés, et par là il arrivait à la théorie des atomes (théorie de l'*atomicité*) et des proportions définies.

En météorologie, il a essayé de montrer que l'atmosphère est une mer aérienne, susceptible de courants plus ou moins violents, déterminés par l'attraction de la lune à ses différentes phases [1]. Les animalcules microscopiques paraissent, selon lui, devoir être considérés comme les habitants naturels de l'atmosphère.

En géologie, il a fait voir que l'appréciation des phénomènes, agissant en quelque sorte sous ses yeux, peut servir à donner l'étiologie de l'état actuel du globe, dont la surface est dans un état permanent de transformation [2].

En minéralogie, il a fait ressortir que les corps inorga-

---

1. L'existence des marées atmosphériques, longtemps niée, a été démontrée de nos jours.

2. Cette manière de voir fut reprise et développée par Constant Provost. Voy. notre *Histoire de la Géologie*, p. 406.

niques sont séparés des corps vivants par un hiatus immense; qu'on peut les établir en séries, soit d'après l'ancienneté de leur origine, soit d'après l'état de leur structure, de plus en plus éloignée de celle des corps vivants.

En *biologie* (c'est Lamarck qui a créé ce mot), il a établi la distinction des nerfs rentrants, sensoriaux et périphériques, et des nerfs locomoteurs du système central. Par une fausse application de la loi de la continuité, il a admis, que tous les phénomènes biologiques, depuis le plus simple, l'absorption, jusqu'au plus élevé, la pensée, sont le résultat de l'organisation.

En phytologie, il pensait que les végétaux sont des corps vivants, non irritables ; qu'ils peuvent être simples ou composés ; qu'ils ne forment pas, avec l'autre branche des corps vivants, une série simple, mais une branche particulière, partant du même point, d'une masse inorganique, susceptible de s'organiser; qu'ils forment, en un mot, une série entre eux.

En zoologie, il avait le premier émis l'idée, que la distribution méthodique des animaux, distingués des végétaux par leur irritabilité, doit représenter la série croissante de leur organisation.

Avec cet ensemble de données et de conceptions [1], Lamarck ne parvint point, malgré ses tentatives, à s'élever à la connaissance de l'homme dans ses rapports avec lui-même, avec ses semblables et avec l'Être suprême. Pourquoi? Parce qu'il était imbu de la doctrine d'Épicure, développée par le poëte Lucrèce, doctrine d'après laquelle la production de tout corps est due aux seules forces de la nature. Ce n'est que par une voie détournée, contraire à la raison, qu'il essaya de s'élever à une puissance créatrice du monde. Il advint ici à Lamarck ce qui arrive à

---

1. Voy. Blainville, *Histoire des sciences*, cours fait à la Sorbonne, rédigé par l'abbé Maupied, t. III, p. 461 et suiv. (Paris, 1845).

tous les savants qui, dominés par la contemplation des formes de la matière, perdent entièrement de vue le mouvement ou la fonction du plan de l'univers, qui atteste une pensée unique, une volonté suprême. Nous identifier avec cette volonté, qu'on l'appelle Dieu ou loi de la nature, ce devra être le but de tous nos efforts [1].

Georges Cuvier.

G. Cuvier, dont le nom est intimement lié à la constitution de la zoologie au dix-neuvième siècle, naquit à Montbéliard le 23 août 1769. Il descendait d'une famille protestante qui, pour fuir les guerres de religion, était venue s'établir à Montbéliard, petite ville de frontière, appartenant alors au duché de Wurtemberg [2]. Il fit ses premières études au collége de sa ville natale, et la lecture d'un Buffon, qu'il trouva dans la bibliothèque d'un de ses parents, lui donna le goût de l'histoire naturelle. Protégé par la belle-sœur du duc de Wurtemberg, le jeune Cuvier, qui s'était fait remarquer par ses aptitudes, entra, comme élève boursier, à l'académie de Stuttgart, pour y étudier la science administrative (*Cameralwissenschaft* des Allemands), dont une branche a pour objet les applications de l'histoire naturelle. Un de ses professeurs, dont il avait traduit les leçons en français, lui fit présent d'un Linné : c'était la dixième édition du *Système de la nature*. Ce livre fut pendant plus de dix ans toute sa bibliothèque. A dix-huit ans il quitta l'académie de Stutt-

---

1. Cette idée, qui implique peut-être la plus grande révolution du monde de la pensée, a été développée par Jean L'Ermite, dans *l'Homme devant ses œuvres* (Paris, 1872).

2. La petite ville de Montbéliard ou Moempelgarde ne fut incorporée à la France qu'après les premières guerres de la Révolution.

gart ; mais la gêne de ses parents ne lui permettant pas
d'attendre un emploi dans l'administration, il accepta
une place de précepteur des enfants du comte d'Héricy,
famille protestante qui habitait, en Normandie, le château
de Fiquainville, près de Fécamp. Il y passa les années
de 1791 à 1794. Le voisinage de la mer fournit de nombreux aliments à son esprit curieux et observateur. A la
vue de quelques térébratules, déterrées sur le littoral, il
conçut la double idée de comparer les fossiles avec les
espèces vivantes, et de faire servir l'anatomie de celles-ci
à une distribution méthodique des animaux. Sa rencontre
avec l'agronome Tessier qui, réfugié en Normandie, occupait l'emploi de médecin en chef de l'hôpital militaire de Fécamp, contribua à son avancement. Frappé
de l'intelligence du jeune naturaliste, Tessier le recommanda à tous ses amis de Paris. « Vous vous souvenez,
écrivit-il à Laurent de Jussieu, que c'est moi qui ai
donné Delambre à l'Académie ; dans un autre genre, Cuvier sera aussi un Delambre. » Ce fut sous les auspices
de Tessier que s'établit une correspondance active entre
Cuvier et Geoffroy Saint-Hilaire, déjà professeur au Jardin des Plantes ; et lorsque Cuvier vint, en 1795, à Paris, il trouva en Geoffroy un hôte dévoué. Les deux amis
composèrent, en commun, plusieurs mémoires, dont celui qui a pour titre : *Sur la classification des mammifères*,
1795, contient l'idée si féconde de la subordination des
caractères. Mais lorsque, au commencement de 1798, Ber-
thollet vint les trouver pour leur offrir d'accompagner
Bonaparte dans une lointaine expédition, les deux amis
se séparèrent : Cuvier refusa, Geoffroy accepta.

A ce moment Cuvier entrevoyait déjà les importantes
découvertes sur les ossements fossiles, dont nous avons
parlé ailleurs[1]. Dès 1796 il avait commencé ses cours, devenus bientôt célèbres, à l'école centrale du Panthéon,

----

1. Voy. Notre *Histoire de la Géologie*, p. 396.

nouvellement créée. En 1799, la mort de Daubenton lui laissa l'importante chaire d'Histoire naturelle au Collége de France, et en 1802 il devint, au Jardin des Plantes, professeur titulaire de la chaire de Mertrud, dont il était depuis 1795 le suppléant. Après la réorganisation de l'Institut, il fut, en 1803, à la presque unanimité des voix, nommé secrétaire perpétuel pour les sciences naturelles, et il présenta en cette qualité à Napoléon Ier son mémorable *Rapport sur les progrès des sciences naturelles depuis 1789*. Nommé, en 1808, membre du conseil de l'Université, et maître des requêtes en 1813, il devint, sous la Restauration, conseiller d'Etat, président du comité de l'intérieur, chancelier de l'Instruction publique, enfin pair de France, en 1831, sous le règne de Louis-Philippe. Toutes les compagnies savantes s'empressèrent d'inscrire sur la liste de leurs membres le nom de celui qui appartenait à trois académies de l'Institut, l'Académie française, celle des Sciences, et celle des Inscriptions et Belles-lettres.

Comblé de places et d'honneurs, Cuvier fut frappé des plus rudes coups dans ses affections intimes. Ayant épousé, à trente-quatre ans, Mme du Vaucel, veuve d'un fermier-général, mort sur l'échafaud en 1794, il perdit ses deux premiers enfants à la fleur de l'âge ; le troisième, qui était un garçon, mourut à sept ans ; et toutes ses douleurs se renouvelèrent, quelques années plus tard, lorsqu'il perdit, en 1828, sa fille, âgée de vingt-deux ans, jeune personne de l'esprit le plus distingué. Il ne lui resta plus aucun enfant, et il s'éteignit bientôt lui-même, à la suite d'une courte maladie, le 13 mai 1832.

Travaux de G. Cuvier.

Les travaux de Cuvier, dont certains naturalistes, comme de Blainville, ont voulu diminuer l'importance, commencent une ère nouvelle en zoologie. Il convient donc de nous y arrêter.

Voué dès sa première jeunesse à l'étude de l'anatomie comparée, c'est-à-dire des lois de l'organisation des animaux et des modifications que cette organisation éprouve dans les diverses espèces, Cuvier eut, ainsi qu'il le dit lui-même dans la Préface de son *Règne animal*, pour but constant de ses travaux de ramener la science à des règles générales, et à des propositions très-simples. « Mes premiers essais, dit-il, me firent bientôt apercevoir que je n'y parviendrais qu'autant que les animaux dont j'aurais à faire connaître la structure, seraient distribués conformément à cette structure même, en sorte que l'on pût embrasser sous un seul nom de classe, d'ordre, de genre, etc, toutes les espèces qui auraient entre elles, dans leur conformation tant intérieure qu'extérieure, des rapports plus généraux ou plus particuliers. Or, c'est ce que la plupart des naturalistes n'avaient point cherché à faire, et ce que bien peu d'entre eux auraient pu faire quand ils l'eussent voulu, puisqu'une distribution pareille supposait une connaissance assez étendue des structures dont elle devait être en quelque sorte la représentation. »

Swammerdam, Redi, Monro, Pallas, Camper, Daubenton avaient, il est vrai, fourni déjà des faits d'anatomie comparée, et indiqué quelques vues. Mais ces faits et ces vues avaient passé presque inaperçus aux yeux de leurs contemporains. Il existait aussi sur des classes particulières des travaux très-étendus, qui avaient fait connaître un très-grand nombre d'espèces nouvelles ; mais leurs auteurs n'avaient guère envisagé que les rapports extérieurs de ces espèces, et personne ne s'était encore occupé d'établir les classes et les ordres d'après l'ensemble de leur structure intime, anatomique. Par le défaut de cette étude, les caractères de plusieurs classes restaient faux ou incomplets ; plusieurs ordres étaient arbitraires ;

dans presque aucune de ces divisions les genres et les espèces n'étaient rapprochés et rangés conformément à la nature. Ainsi, en plaçant le lamantin dans le genre des morses, la sirène dans celui des anguilles, Gmelin avait rendu impossible toute proposition générale relative à l'organisation de ces genres ; de même qu'en réunissant dans la même classe, dans le même ordre, à côté l'un de l'autre la seiche et le polype à bras, il avait rendu impossible l'établissement de tout caractère général concernant la classe et l'ordre qui embrassaient des êtres si disparates. Ce sont là des exemples frappants ; mais il en existait beaucoup d'autres qui, quoique moins sensibles au premier coup d'œil, n'avaient pas d'inconvénients moins réels. Que dire, par exemple, du *trichecus manatus* de Gmelin, qui, sous un seul nom spécifique, comprend trois espèces et deux genres différents ? Sous quel nom parler de la *vélelle*, qui y figure deux fois parmi les méduses et une fois parmi les holothuries ? Comment y rassembler les biphores, qui sont appelées les unes du nom de *dagysa*, le plus grand nombre de celui de *salpa*, et dont plusieurs sont rangées parmi les *holothuria?* Il importait donc de tout revoir, jusqu'aux synonymes mêmes des espèces.

Tel était l'état de la science, lorsque Cuvier entreprit de faire marcher de front l'anatomie et la zoologie, les dissections et le classement, de faire ressortir de cette fécondation mutuelle des deux sciences l'une par l'autre, un système zoologique propre à servir de guide dans le champ de l'anatomie, et un corps de doctrine anatomique propre à servir de développement et d'explication au système zoologique. Les premiers résultats de ce double travail parurent en 1795, dans le mémoire déjà cité, *Sur une nouvelle division des animaux à sang blanc;* et une ébauche de leur application aux genres et aux sous-genres fit l'objet du *Tableau élémentaire des animaux,* imprimé en 1798, et amélioré dans les tables annexées au premier volume des *Leçons d'anatomie comparée*, en 1800.

La considération de la défectuosité des ouvrages publiés jusqu'à présent sur la science porta peu à peu Cuvier à refaire complétement tout le système des animaux. « Une telle entreprise eût été, dit-il, inexécutable dans son entier pour tout homme isolé, même en lui supposant la plus longue vie et nulle autre occupation ; je n'aurais pas même été en état d'en préparer une simple esquisse, si j'avais été livré à mes seuls moyens. Mais les ressources de ma position me parurent pouvoir suppléer à ce qui me manquait de temps et de talent. Vivant au milieu de tant d'habiles naturalistes, puisant dans leurs ouvrages à mesure qu'ils paraissaient ; usant avec autant de liberté qu'eux des collections rassemblées par leurs soins, en ayant moi-même formé une très-considérable spécialement appropriée à mon objet, une grande partie de mon travail ne devait consister que dans l'emploi de tant de riches matériaux. »

Cuvier se plaît à citer, comme ayant été mis à profit pour son ouvrage, les travaux de Latreille sur les insectes, les travaux de Lamarck sur les coquilles, ceux de Lacépède sur les poissons, la description des quadrupèdes par Geoffroy Saint-Hilaire, celle des oiseaux par Levaillant, les préparations anatomiques de Blainville, d'Oppel, les recherches de Duméril, de Frédéric Cuvier (frère de Georges Cuvier), etc.

D'après les principes posés par lui, Cuvier trouva, pour nous servir de ses expressions, *quatre formes principales*, *quatre plans généraux*, d'après lesquels tous les animaux semblent avoir été modelés. Ces formes ou plans comprennent les quatre divisions ou embranchements connus sous les noms de Vertébrés, de Mollusques, d'Articulés et de Zoophytes. En supprimant la grande division des *Animaux non vertébrés*, il rejeta le système

d'une échelle zoologique, allant par dégradations successives depuis les mammifères jusqu'aux zoophytes.

Les embranchements ainsi établis forment quatre plans
distincts, nettement circonscrits[1]. Les VERTÉBRÉS ont
seuls une moelle épinière, d'où partent de chaque côté
les filets nerveux, et qui s'épaissit à son extrémité antérieure (supérieure chez l'homme), pour former l'encéphale. Seuls ils ont un canal composé de vertèbres osseuses ou cartilagineuses; seuls enfin ils ont un double
système nerveux, celui de la moelle épinière et celui du
grand sympathique (système ganglionnaire). Tous aussi
ont cinq sens, deux mâchoires horizontales, le sang rouge,
un cœur musculaire, un système de vaisseaux chilifères
et absorbants, un foie, une veine-porte, une rate, un pan-
créas, des reins.

Les MOLLUSQUES n'ont plus de moelle épinière, par
conséquent plus de vertèbres; ils ont encore un cerveau,
mais réduit à un petit ganglion; ils n'ont plus de grand
sympathique, et leur unique système nerveux, au lieu
d'être placé, comme dans les vertébrés, au-dessus du canal digestif, est toujours placé, sauf le ganglion qui représente le cerveau, au-dessous de ce canal, et relégué
parmi les viscères. Aucun n'a les sens complets : l'organe
de l'odorat manque à tous; celui de la vue à plusieurs;
une seule famille possède l'organe de l'ouïe. Enfin ils
n'ont ni vrai squelette, ni vaisseaux absorbants, ni pan-
créas, ni veine-porte, ni rate, ni reins. Mais ils ont tous
un foie, les organes de la respiration, un système complet de circulation. Bref, si par l'appauvrissement du sys-

1. On pourrait, selon nous, considérer tous les êtres vivants comme
emboîtés les uns dans les autres, a l'instar des tours d'une spirale, de
manière que le tour le plus externe (le plus grand des cercles con-
centriques) représente le règne végétal, le plus nombreux en espèces,
tandis que le tour ou cercle le plus interne, réduit presque à un point,
représenterait l'unique espèce humaine. C'est une idée que nous
nous proposons de développer ailleurs.

tème nerveux, les mollusques s'éloignent des vertébrés, ils s'en rapprochent par la richesse de leurs organes respiratoires et circulatoires, et semblent ainsi mériter de former la seconde grande division ou le second embranchement du règne animal.

Les ARTICULÉS diffèrent autant des mollusques que ceux-ci diffèrent des vertébrés. Leur squelette n'est pas intérieur, comme celui des vertébrés, mais il n'est pas non plus toujours nul comme dans les mollusques. Les anneaux articulés qui entourent le corps et souvent les membres, en tiennent lieu, et, comme ils sont presque toujours assez durs, ils peuvent prêter au mouvement tous les points d'appui nécessaires, en sorte qu'on retrouve ici, comme parmi les vertébrés, la marche, la course, le saut, la natation et le vol. Il n'y a que les familles dépourvues de pieds, ou dont les pieds n'ont que des articles membraneux et mous, qui soient bornés à la reptation. Cette position extérieure des parties dures, et celle des muscles dans leur intérieur, réduit chaque article à la forme d'un étui, et ne lui permet que deux genres de mouvements. Lorsqu'il tient à l'article voisin par une jointure ferme, comme il arrive dans les membres, il y est fixé par deux points, et ne peut se mouvoir que par ginglyme, c'est-à-dire dans un seul plan, ce qui exige des articulations plus nombreuses pour produire une même variété de mouvements. Il en résulte aussi une plus grande perte de force dans les muscles, et par conséquent plus de faiblesse générale dans chaque animal à proportion de sa grandeur. Mais les articles qui composent le corps n'ont pas toujours ce genre d'articulation ; le plus souvent ils sont unis seulement par des membranes flexibles, ou bien ils s'emboîtent l'un dans l'autre, et alors leurs mouvements sont plus variés, mais destitués de force.

Telles sont les considérations qui ont décidé Cuvier à donner le nom d'*Articulés* aux animaux du troisième embranchement.

Le système par lequel les animaux articulés se ressemblent le plus, c'est celui des nerfs. Leur cerveau est réduit à un ganglion, comme chez les mollusques, et il est placé de même sur l'œsophage. Mais ils ont, ce qui manque aux mollusques, une sorte de moelle épinière, composée de deux cordons, qui règnent le long du ventre et s'y unissent d'espace en espace par des nœuds, d'où partent des nerfs. Notons que cette sorte de moelle épinière, qui les éloigne des mollusques, ne les rapproche pas des vertébrés ; car elle est toujours placée au-dessous du canal digestif, et non pas au-dessus, comme dans ceux-ci ; et par une inversion analogue, le cœur, qui, dans les vertébrés, est placé au-dessous de ce canal, l'est au-dessus dans les articulés. Dans aucun de ces animaux, on n'a découvert d'organe distinct de l'odorat. Quant aux organes de l'ouïe et de la vue, de la respiration, de la circulation, et de la génération, et jusqu'à la couleur du sang, il y a tant de variétés chez les animaux articulés, qu'il faut les étudier dans leurs diverses subdivisions.

Les ANIMAUX RAYONNÉS OU ZOOPHYTES, qui composent le quatrième embranchement, se distinguent des autres par deux caractères bien tranchés. Le premier de ces caractères est que toutes les parties y sont disposées autour d'un centre commun, comme les rayons d'un cercle. Cette disposition se remarque chez les vers intestinaux eux-mêmes : deux lignes tendineuses ou deux filets nerveux partent d'un collier entourant la bouche de ces vers. Plusieurs d'entre eux ont quatre suçoirs autour d'une proéminence en forme de trompe ; en un mot, malgré quelques irrégularités, on retrouve toujours des traces de la *forme rayonnante*, très-marquée dans le plus grand nombre de ces animaux, tels que les étoiles de mer, les oursins, les polypes. Le système nerveux y est fort obscurément dessiné ; et là où l'on croit en voir des traces, il affecte constamment la disposition radiaire. Le second caractère tient à ce que les animaux rayonnés se rapprochent, par la simplicité de leur organisation, le plus des plantes, ce qui justifie le nom de *zoophytes* ou animaux-plantes. Chez beaucoup de ces espèces, la disposition rayonnante de leurs organes rappelle les pétales des fleurs. Mais les zoophytes jouissent de la sensibilité, du mouvement volontaire, ils se nourrissent, pour la plupart, de matières qu'ils avalent ou qu'ils sucent, et qu'ils digèrent dans une cavité intérieure. Ce sont donc, à tous égards, des animaux.

En jetant un coup d'œil sur les caractères des quatre grandes divisions zoologiques, dont chacune représente un type, on remarque que le système dominant, qui détermine la forme de tout animal, c'est le système nerveux, et que les autres systèmes, circulatoire et respiratoire, ne sont destinés qu'à le servir et l'entretenir. De là une *subordination des caractères*, qui est la subordination même des organes.

Si les modifications du système nerveux donnent les premières divisions ou les embranchements du règne animal, les modifications des organes de la circulation et de la respiration, subordonnées au système nerveux, donneront les premières *subdivisions* ou les *classes*. C'est dans l'établissement des subdivisions ou des classes que la méthode de Cuvier, principalement fondée sur la structure interne, anatomique, se montre dans tout son éclat.

Ainsi, chez les vertébrés, la quantité du sang qui subit l'action vivifiante de l'oxygène de l'air, dépend de la disposition des organes de la respiration et de ceux de la circulation, qui peut être simple ou double. Lorsque la circulation est simple, c'est-à-dire lorsqu'une portion seulement du sang, qui reflue des différentes parties du corps vers le centre, est obligée de passer par les organes respiratoires, tandis que le reste continue à circuler sans passer par ces organes, nous aurons le cas des *reptiles*.

Lorsque la circulation est double, mais que les organes respiratoires doivent fonctionner par l'intermédiaire de l'eau, et que le sang n'est révivifié que par la portion d'oxygène dissoute, nous aurons le cas des *poissons*. Ailleurs, la circulation double peut se combiner avec une respiration aérienne simple, c'est-à-dire ne s'opérant que dans les poumons ; c'est ce qui a lieu dans les *mammifères*. Leur quantité de respiration est donc supérieure à celle des reptiles à cause de la forme de leur organe circulatoire, et à celle des poissons, à cause de leur élément ambiant. Mais chez les *oiseaux* la quantité de respiration est encore supérieure à celle des mammifères, parce que non-seulement ils ont une circulation double et une respiration aérienne, mais encore parce qu'ils respirent par beaucoup d'autres cavités que les poumons, l'air pénétrant par tout leur corps, et baignant les rameaux de l'aorte aussi bien que ceux de l'artère pulmonaire.

Les modifications circulatoires et respiratoires citées déterminent le genre ou la forme des mouvements. Les mammifères, où la quantité de respiration est modérée, sont généralement faits pour marcher et courir en développant de la force. Les oiseaux, où cette quantité est plus grande, ont la légèreté et la vigueur nécessaires pour le vol. Les reptiles, où elle est plus faible, sont condamnés à ramper, et beaucoup d'entre eux passent leur vie dans une sorte d'engourdissement. Les poissons enfin ont besoin, pour exécuter leurs mouvements, d'être soutenus dans un liquide spécifiquement presque aussi pesant qu'eux.

Voilà comment a été justifié l'établissement des quatre classes de vertébrés, comprenant les *mammifères*, les *oiseaux*, les *reptiles* et les *poissons*.

Les combinaisons des organes circulatoires avec les organes respiratoires ne sont pas moins variées dans le second embranchement du règne animal. Ainsi, il y a des mollusques qui ont trois cœurs, d'autres en ont deux, d'autres encore n'en ont qu'un. De ces cœurs il y en a qui n'ont qu'un seul ventricule et qu'une seule oreillette; d'autres ont un seul ventricule et deux oreillettes; d'autres, un seul ventricule, sans oreillette, etc. Il y a, de même, des mollusques qui respirent par une cavité pulmonaire ; d'autres, par des branchies comme les poissons, etc.

De cette organisation intérieure dépend la forme générale du corps des mollusques.

Les uns ont le corps ouvert par devant en forme de sac renfermant les branchies, d'où sort une tête bien développée, couronnée par des productions charnues, fortes et allongées, au moyen desquelles ces animaux marchent et saisissent les objets ; c'est ce que Cuvier a nommé les *Céphalopodes*, comme qui dirait des animaux qui ont les *pieds à la tête*.

Les autres ont le corps fermé ; la tête manque d'appendices, ou elle n'en a que de très-petits ; les principaux organes du mouvement sont deux ailes ou nageoires membraneuses, situées aux côtés du col, et sur lesquelles est souvent inséré le tissu branchial ou respiratoire. Ce sont les *Ptéropodes* ou mollusques à *ailes-pieds*.

Il y en a qui rampent sur un disque charnu de leur ventre, rarement comprimé en nageoire, et qui ont presque toujours, en avant, une tête distincte. Ces mollusques ont reçu de Cuvier le nom de *Gastéropodes*, ou animaux à *ventre-pieds*.

Chez d'autres, la bouche reste cachée dans le fond du manteau, qui contient aussi les branchies et les viscères, et s'ouvre sur toute sa longueur, soit à ses deux bouts, soit à une seule extrémité. Ce sont les *Acéphales* (mollusques sans tête) de Cuvier.

D'autres encore, également renfermés dans un manteau, ont la bouche en avant, entourée de deux longs bras charnus et ciliés, qu'ils peuvent faire sortir pour saisir leur proie. Ces mollusques ont été appelés par Cuvier *Brachiododes* ou *bras-pieds*.

Enfin il en est qui, semblables aux autres mollusques par les branchies, le manteau, etc., en diffèrent par des membres nombreux, cornés, articulés, et par un système nerveux plus voisin de celui des animaux articulés. Cuvier en a fait, sous le nom de *Cirrhopodes*, emprunté à Lamarck, la dernière classe des mollusques.

Les six classes de l'embranchement des mollusques, ainsi déterminées et en grande partie dénommées par Cuvier, ont été depuis universellement adoptées.

Le troisième embranchement du règne animal, comprenant les ARTICULÉS, est subdivisé en quatre classes : les *Annélides* (nom donné par Lamarck) ou *Vers à sang rouge* (nom donné par Cuvier), les *Crustacés*, les *Arachnides* et les *Insectes*. Voici comment est justifié l'établissement de ces quatre formes principales des Articulés.

Les *Annélides* respirent par des organes, qui tantôt se développent en dehors, en saillie, tantôt ne s'élèvent pas au-dessus de la surface de la peau. Leur sang, coloré comme celui des animaux vertébrés, circule dans un système double, clos d'artères et de veines, sans cœurs ou ventricules charnus bien marqués. Leur corps, plus ou moins allongé, est toujours divisé en anneaux nombreux, dont le premier, qui se nomme la *tête*, diffère à peine des autres, si ce n'est par la présence de la bouche et des principaux organes des sens. Au lieu de pieds, ils ont, pour la plupart, des soies ou des faisceaux de soies raides et mobiles. Ils sont tous hermaphrodites. Leurs sens extérieurs consistent en tentacules charnus, quelquefois articulés, et en quelques points noirâtres que l'on regarde comme des yeux.

Les *Crustacés* ont des membres articulés, attachés aux côtés du corps. Leur sang est blanc ; il circule par le moyen d'un cœur ou ventricule charnu, placé dans le dos. Ce cœur ou *ventricule dorsal*, qui, dans les dernières espèces, s'allonge en canal, distribue le sang à des branchies situées sur les côtés du corps, ou sous sa partie postérieure, d'où il revient dans le canal ventral. Ils ont tous des antennes ou filaments articulés, attachés au devant de la tête, le plus souvent au nombre de quatre; ils ont plusieurs mâchoires transversales, et deux yeux composés. Dans quelques espèces on trouve un organe auditif distinct.

Les *Arachnides* ressemblent aux autres articulés par la tête et le thorax (poitrine) réunis en une seule pièce et par leurs membres articulés; mais ils en diffèrent par leurs viscères, qui sont contenus dans un abdomen, attaché en arrière du thorax. Leur tête est dépourvue d'antennes et porte des yeux simples, en nombre variable. Leur bouche est garnie de mâchoires. Leur circulation s'effectue par un vaisseau dorsal, qui envoie des branches artérielles, et en reçoit des branches veineuses. Leur respiration varie : elle se fait, chez les uns, par de vrais organes pulmonaires s'ouvrant aux côtés de l'abdomen; chez les autres, par des trachées. Tous ont des ouvertures latérales, de vrais stigmates.

Les *Insectes* forment la classe la plus nombreuse de tout le règne animal. A l'exception de quelques genres (les myriapodes), où le corps se trouve divisé en un assez grand nombre d'articles à peu près égaux, ils ont le corps partagé en trois parties : la tête, garnie des antennes, des yeux et de la bouche ; le thorax ou corselet, auquel s'insèrent, quand il y en a, les ailes et les pieds ; et l'abdomen qui, placé en arrière du thorax, renferme les principaux viscères. Ceux qui ont des ailes passent souvent, après leur naissance, par deux formes différentes, avant d'arriver à l'état ailé parfait (insectes à métamorphoses). Dans tous leurs états, transitoires ou non, ils respirent par des trachées, c'est-à-dire par des vaisseaux élastiques, qui reçoivent l'air par des ouvertures (*stigmates*) percées sur les côtés, et le distribuent, en se ramifiant, dans tous les points du corps. Le cœur est représenté par un vaisseau attaché le long du dos et éprouvant des contractions alternatives. « On n'a pu, dit Cuvier, lui découvrir de branches ; en sorte que l'on doit croire que la nutrition des parties se fait par imbibition. C'est probablement cette sorte de nutrition qui a nécessité l'espèce de respiration propre aux insectes, parce que le fluide nourricier qui n'était point contenu dans des vaisseaux ne pouvant être dirigé vers des organes pulmonaires circonscrits pour y chercher l'air, il a fallu que l'air se répandît par tout le corps pour y atteindre ce fluide. C'est aussi pourquoi les insectes n'ont point de glandes sécrétoires, mais seulement de longs vaisseaux spongieux qui paraissent absorber, par leur grande surface, dans la masse du fluide nourricier, les sucs propres qu'ils doivent produire. »

Les Insectes, qui avant Lamarck et Cuvier, étaient réunis avec les Crustacés et les Arachnides, varient à l'infini par les formes de leurs organes de la bouche et de la digestion, ainsi que par leur industrie et leurs mœurs. Ils ont constamment leurs sexes séparés.

La grande division des Articulés, dont nous venons d'esquisser les classes, représente tout à la fois le passage des animaux qui ont une circulation à ceux qui n'en ont point, et le passage de ceux qui respirent par des branchies circonscrites à ceux où les trachées distribuent l'air à toutes les parties du corps.

La grande division des Zoophytes ou Rayonnés, quatrième et dernier embranchement du règne animal, est caractérisée par la disparition graduelle ou par la fusion successive de tous les organes de la vie dans la masse générale du corps.

Quelques-uns de ces animaux ont encore un intestin distinct, flottant dans une grande cavité, et accompagné de plusieurs autres organes, destinés à la génération, à la respiration et à une circulation partielle. Ils forment la première classe des Zoophytes, comprenant les oursins et les astéries, auxquels les épines qui d'ordinaire les garnissent ont fait donner, par Bruguières, le nom d'*É-chinodermes*[1].

Les *Vers intestinaux*, qui composent la seconde classe des Zoophytes, n'ont ni organes de respiration, ni vaisseaux, pas même pour une circulation partielle. Leur corps est, en général, allongé ou déprimé, et leurs organes disposés longitudinalement. Les uns ont un canal digestif distinct, qui manque dans d'autres.

Les *Acalèphes* ou *Orties de mer*, formant la troisième classe des Zoophytes, n'ont ni vaisseaux vraiment circulatoires, ni organes de la respiration ; leur forme est radiaire, et leur bouche tient lieu d'anus. « *Les acalèphes hydrostatiques*, que nous laissons, dit Cuvier, à la fin de cette classe, en donneront peut-être un jour une séparée, quand elles seront mieux connues ; mais ce n'est encore que par conjecture que l'on juge des fonctions de leurs singuliers organes. » C'était là une invitation à l'adresse des observateurs futurs.

Les *Polypes*, quatrième classe des Zoophytes, ont le tissu de leurs organes encore moins développé que les Acalèphes. Ce sont de tout petits animaux gélatineux, dont la bouche, entourée de tentacules, conduit à un estomac, tantôt simple, tantôt suivi d'intestins en forme de vaisseaux. Ces tiges fixes et solides, que l'on a longtemps regardées comme des plantes marines, sont les habitations et l'œuvre d'innombrables polypes.

Les *Infusoires*, cinquième classe des Zoophytes, sont ces petits êtres qui n'ont commencé à être connus que depuis l'invention du microscope. Ils fourmillent dans les liquides infusés et dans les eaux dormantes. « La plupart

---

1. Jean-Guillaume *Bruguières* (né à Montpellier en 1749, mort à Paris en 1799) fit partie de l'expédition de découvertes, envoyée, en 1773, sous les ordres de Kerguelen, dans les mers du Sud, se livra particulièrement à l'étude des mollusques testacés, accompagna Olivier dans son voyage en Perse, et publia, dans l'Encyclopédie méthodique, l'*Histoire naturelle des vers.*

ne montrent, dit Cuvier, qu'un corps gélatineux sans viscères ; cependant on laisse à leur tête des espèces plus composées, possédant des organes visibles de mouvement et un estomac ; on en fera aussi peut-être quelque jour une classe à part. » Ce cadre a été depuis singulièrement élargi.

Les différentes classes des quatre embranchements du *Règne animal* sont ensuite divisées en *ordres*, et les ordres sont subdivisés en *familles* et les familles en *tribus* ; enfin les dernières de ces subdivisions comprennent les *genres*, et les genres renferment les *espèces*. Mais la caractéristique ne repose plus ici, comme pour l'établissement des embranchements et des classes, sur des modifications primordiales, typiques des systèmes nerveux, respiratoire et circulatoire ; elle porte sur des modifications, de plus en plus subordonnées aux premières, d'organes de la manducation, de la digestion, de la locomotion, du tact, etc. L'incertitude du classificateur même augmente à mesure qu'il avance dans son travail, si bien qu'il hésite souvent s'il faut donner à un groupe de *genres* le nom d'*ordre* ou de *famille*, de *division* ou de *subdivision*, etc. Cuvier s'est souvent trouvé dans cet embarras, et il eut la franchise de le reconnaître, comme le montrera l'analyse que nous allons poursuivre.

L'étude des organes du toucher, d'où dépend plus ou moins d'adresse, et des organes de la manducation, qui déterminent le régime ou le genre d'alimentation, a fait diviser la classe des *Vertébrés* en huit ordres : les *Bimanes*, les *Quadrumanes*, les *Carnassiers*, les *Rongeurs*, les *Édentés*, les *Pachydermes*, les *Ruminants* et les *Cétacés*.

Les *Bimanes* sont principalement caractérisés par la faculté qu'ils ont d'opposer le pouce aux autres doigts pour saisir les plus petits objets, ce qui constitue la *main* proprement dite. Les Bimanes ne forment qu'un seul ordre, qu'une seule famille, qu'une seule tribu, qu'un seul genre, qu'une seule espèce, l'Homme. Il n'y a là que des variétés ou des races, dont trois surtout paraissent éminemment distinctes : la race blanche ou *caucasique* (aryenne), la race jaune ou *mongolique* et la race nègre ou *éthiopique*. Mais cette division est incomplète : elle laisse en dehors les Malais, les Papouas, les Polynésiens, les indigènes de l'Amérique, les Esquimaux, etc.

Les *Quadrumanes*, divisés en singes (de l'Ancien et du Nouveau-Monde) et en makis (propres à l'île de Madagascar), ont aux extrémités de leurs quatre membres le pouce opposable aux autres doigts, ils ont quatre mains. Cette organisation leur donne l'avantage de grimper aux arbres avec facilité ; mais ils ne se tiennent et ne marchent debout qu'avec peine : leur pied ne pose alors que sur le tranchant extérieur, et leur bassin étroit ne favorise point l'équilibre. Le singe (*simia*) proprement dit a à chaque mâchoire quatre dents incisives droites, et des ongles plats à tous les doigts, deux caractères qui le rapprochent particulièrement de l'homme. Les makis (*lemur*, L.) ont six incisives en bas, inclinées en avant, et quatre en haut, droites ; un ongle pointu à l'index des membres postérieurs.

Les *Carnassiers* ont, comme l'Homme et les Quadrumanes, les trois sortes de dents (incisives, canines et molaires), et les doigts mobiles, garnis d'ongles ; ils sont, en un mot, *onguiculés*. Mais ces caractères ont subi des modifications importantes, qui ont fait diviser les Carnassiers en plusieurs familles et tribus. Dans les *Chéiroptères*, première famille des Carnassiers, les quatre pieds et leurs doigts, devenus très-longs, sont réunis par des membranes, de manière à les rendre propres au vol. Tels sont les chauves-souris et les galéopithèques ou chats volants des îles de la Sonde. Les *Insectivores*, deuxième famille des Carnassiers, ont les pieds courts, sans membrane interdigitale ; ils mènent, comme les Chéiroptères, une vie nocturne et se nourrissent principalement d'insectes ; tels sont les hérissons, les musaraignes, les tanrecs, les desmans, les taupes. Ils forment deux petites tribus distinguées par la position et la grandeur relatives de leurs incisives et de leurs canines. Les molaires sont faibles et hérissées de pointes coniques. Ces mêmes dents, devenues plus fortes, et hérissées, au lieu de simples pointes coniques, de parties plus ou moins tranchantes, forment le principal caractère des *Carnivores*, troisième famille des Carnassiers. A ce caractère se joignent quatre grosses et longues canines écartées, entre lesquelles sont six incisives à chaque mâchoire, indice d'appétits sanguinaires. Il y a des Carnivores qui appuient, comme les Chéiroptères et les Insectivores, la plante entière du pied sur la terre ; d'autres, en plus grand nombre, ne marchent que sur le bout des doigts en relevant tout le tarse. De là la division des Carnivores en deux tribus : les *Plantigrades*, tels que les ours, les ratons, les blaireaux, les gloutons ; et les *Digitigrades*, tels que les martes, les chiens, les civettes, les hyènes, les chats, etc. Tous ces animaux manquent de cæcum (appendice du gros intestin), et n'ont pour toute clavicule qu'un rudiment osseux, suspendu dans les chairs. A la fin des Carnivores digitigrades Cuvier a placé, comme troisième et dernière petite tribu, les *Amphibies*. Leurs pieds courts et enveloppés dans la peau ne leur peuvent servir sur terre qu'à ramper ; mais les membranes qui remplissent les intervalles de leurs doigts sont des rames éminemment propres à la natation. Aussi les Amphibies passent-ils la plus grande partie de leur vie dans la mer, et ils ne viennent à terre que pour se reposer au soleil et allaiter leurs petits. Tels sont les phoques et les morses.

Dans la première édition de son *Règne animal* (1817), que nous analysons, Cuvier a rangé les *Marsupiaux* à la fin des Carnassiers, comme une quatrième famille de ce grand ordre. Mais il émettait un doute sur l'exactitude de ce classement, et il se demandait en même temps s'il n'aurait pas mieux valu en faire un ordre à part. Aujourd'hui les zoologistes ne sont plus indécis : ils admettent que les Marsupiaux forment un ordre distinct, au même titre que les Quadrumanes et les Carnassiers.

Les Marsupiaux sont caractérisés par la naissance prématurée de leurs petits, qui se montrent dans un état de développement à peine comparable à celui des fœtus ordinaires quelques jours après la conception. Incapables de mouvement, offrant à peine les germes des membres et d'autres organes extérieurs, ces petits s'attachent aux mamelles de leur mère, et y restent fixés, dans un repli de la peau de l'abdomen disposé en forme de poche, sorte de seconde matrice, jusqu'à ce qu'ils soient assez développés pour pouvoir se détacher de leur mère ; et même, longtemps après qu'ils ont commencé à marcher, ils reviennent souvent s'y abriter, à l'approche d'un danger. Cette poche protectrice, *marsupium*, est attachée au pubis (partie antérieure du bassin) par deux os particuliers, interposés dans les muscles de l'abdomen. Au contraire de tous les autres quadrupèdes, les mâles ont la bourse pendante en avant de la verge. Enfin l'organisation des marsupiaux est si singulière, qu'on dirait une classe distincte, parallèle à celle des mammifères ordinaires, et divisible en ordres semblables. Malgré la ressemblance générale de leurs espèces entre elles, tellement frappante que Linné n'en avait fait qu'un seul genre, son genre *didelphis* (mot qui signifie *double matrice*), elles diffèrent si fort par les dents, par les organes de la digestion et par les pieds que l'on pourrait partir de là pour en faire des ordres particuliers. Aussi Cuvier a-t-il fait des Marsupiaux six subdivisions, dont la première, comprenant les sarigues (*didelphis*, L.), les dasyures, les péramèles, est caractérisée par de longues mains et de petites incisives aux deux mâchoires, par des arrière-molaires hérissées de pointes, rappelant le système dentaire des Carnassiers insectivores. La deuxième subdivision est composée des *phalangers*, ainsi nommés parce que les deux doigts qui suivent le pouce, presque isolé et dirigé en arrière comme chez les oiseaux, sont réunis par la peau jusqu'à la dernière phalange ; leurs canines inférieures sont si petites qu'elles sont souvent cachées par la gencive. La troisième subdivision, formée des kangurous-rats (*hypsiprymnus*, Illiger), diffère de la précédente en ce qu'elle manque de pouces postérieurs et de canines inférieures. La quatrième subdivision comprend les kangurous (*halmaturus*, Illiger), qui diffèrent des kangurous-rats en ce qu'ils n'ont pas de canines du tout. Enfin les koaldas et les phascolômes composent la cinquième et la sixième subdivision ; ces animaux, originaires de l'Australie, étaient encore peu connus à l'époque de Cuvier.

Les *Rongeurs*, quatrième ordre des mammifères, sont caractérisés par deux grandes incisives à chaque mâchoire, séparées des molaires par un intervalle vide, marquant la place des canines qui dans les phascolômes n'existaient déjà plus qu'à l'état rudimentaire. Impropres à saisir une proie vivante ou à déchirer de la chair, leurs incisives, taillées en biseau, ne servent qu'à limer en quelque sorte leurs aliments, plutôt qu'à les *ronger*. Leur train de derrière surpassant celui de devant, les rongeurs sont organisés plutôt pour le saut que pour la marche. Leurs intestins sont fort longs et leur cæcum est souvent très-volumineux. Leur cerveau est presque lisse et sans circonvolutions. Cuvier en a fait deux divisions : la première, caractérisée par de fortes clavicules et par la faculté de se servir de leurs pieds de devant pour porter leurs aliments à leur bouche, comprend les castors, les rats, les rats-taupes, les marmottes, les écureuils ; la seconde division renferme les porcs-épics, les lièvres, les lapins, les cabiais, les agoutis, les pacas, qui tous n'ont que des rudiments de clavicules.

Les *Édentés*, cinquième ordre des mammifères, terminent la série des animaux onguiculés. Par leurs gros ongles, qui embrassent l'extrémité des doigts, ils se rapprochent des animaux à sabot. Les uns, comme les aïs ou paresseux, ont des canines et des molaires, et, par suite d'une structure vraiment hétéroclite de leurs membres, leurs mouvements sont si lents que « la nature, dit Cuvier, semble avoir voulu s'amuser à produire quelque chose d'imparfait et de grotesque. » Ils forment la tribu des *Tardigrades*. Les autres, comme les tatous et les oryctéropes, n'ont plus que des molaires, ou ils n'ont plus, comme les fourmiliers et les pangolins, aucune espèce de dents. Ils composent la tribu des Edentés proprement dits. Une troisième tribu renferme les *Monotrèmes*, ainsi nommés par E. Geoffroy Saint-Hilaire parce qu'ils n'ont qu'une seule ouverture pour l'émission de la matière prolifique, de l'urine et des autres excréments. Cuvier a placé les ornithorhinques, animaux à ongles et à bec de canard, à la fin des Edentés. Ces animaux, ainsi que les Monotrèmes, sont exclusivement propres à la Nouvelle-Hollande.

Les *Pachydermes*, sixième ordre des mammifères, commencent la série des *animaux à sabots*. Se servant de bras uniquement comme de soutiens, ils n'ont jamais de clavicules ; leurs avant-bras restent constamment dans l'état de pronation, et ils sont réduits à paître les végétaux. Leurs formes et leur genre de vie offrent beaucoup moins de variétés que chez les animaux onguiculés. Cuvier a divisé les Pachydermes en trois familles : 1º les Proboscidiens ou Pachydermes à défenses, tels que les éléphants, les mastodontes (espèces éteintes) ; 2º les Pachydermes ordinaires, comprenant les hippopotames, les cochons, les anoplothériums (espèces éteintes), les rhinocéros, les damans, les paléothériums (espèces éteintes) et les tapirs ; 3º les Solipèdes, qui n'ont qu'un doigt apparent et un seul sabot à chaque pied ; tels sont les chevaux, les hémiones, les zèbres.

Les *Ruminants* forment le septième ordre, le plus naturel, des mammifères. A l'exception des chameaux, ils ont tous l'air d'être construits sur le même modèle. Ainsi, ils n'ont d'incisives qu'à la mâchoire inférieure; les molaires, presque toujours au nombre de six, ont leurs couronnes marquées de deux doubles croissants, dont la convexité est tournée en dedans dans les supérieures, et en dehors dans les inférieures. Entre les incisives et les canines est un espace vide, où se trouvent, seulement dans quelques genres, une ou deux canines. Les quatre pieds sont terminés chacun par deux doigts et par deux sabots, qui se regardent par une face aplatie, en sorte qu'ils ont l'air d'un sabot unique, qui aurait été fendu , d'où vient à ces animaux le nom de *bisulques* ou de pieds fourchus. Les deux os du métacarpe et du métatarse sont réunis en un seul. appelé *canon*. Le nom de *ruminants* indique la propriété singulière qu'ont ces animaux de mâcher une seconde fois les aliments, qu'ils ramènent dans la bouche après une première déglutition, propriété qui tient à la structure de leurs estomacs. Ils en ont quatre. Le premier estomac et le plus grand se nomme *panse*; il reçoit les herbes grossièrement divisées par une première mastication ; elles se rendent de là dans le second, appelé *bonnet*, dont les parois sont formées de lames semblables à des rayons d'abeilles. Ce second estomac, petit et globuleux, comprime l'herbe en petites pelotes qui remontent ensuite successivement à la bouche pour y être remâchées. Les aliments, ainsi remâchés, descendent directement dans le troisième estomac, nommé *feuillet*, parce que ses parois sont composées de lames longitudinales, semblables aux feuillets d'un livre; et de là ils passent dans le quatrième estomac, ou *caillette*, dont les parois n'ont que des rides très-marquées, et qui est le véritable organe de la digestion, analogue à l'estomac simple des autres animaux. Pendant la période où les Ruminants tettent et ne vivent que de lait, la caillette est le plus grand de leurs estomacs[1].

1. L'acide contenu dans la caillette, la *présure de veau*, est de temps

Les Ruminants, dont le canal intestinal est très-long comparativement à celui des Carnassiers, sont de tous les animaux les plus utiles à l'homme. A l'exception des chameaux et des chevrotains, ils ont tous, au moins dans le sexe mâle, deux cornes, proéminences plus ou moins longues de l'os frontal. Mais les uns, comme les cerfs, ont les cornes (bois) sujettes à des changements périodiques[1]; les autres, comme les antilopes, les chèvres, les moutons, les bœufs, les ont creuses.

Les *Cétacés*, longtemps confondus avec les poissons, sont des mammifères, (huitième ordre) ,qui manquent de pieds de derrière et dont les pieds de devant sont réduits à de véritables nageoires par la membrane tendineuse qui les enveloppe; leur tronc, semblable à celui d'un poisson, se termine par une nageoire cartilagineuse, horizontale. Ils ont le sang chaud, et les mamelles situées près de l'anus. Les uns, comme les lamantins ou manates, les dugongs et les stellères, sont herbivores; les autres, comme les dauphins, les marsouins, sont carnassiers. A l'exception des herbivores, tous les autres Cétacés sont *souffleurs*, c'est-à-dire qu'à l'aide d'un appareil particulier ils avalent, avec leur proie, de grands volumes d'eau, qu'ils rejettent par les narines au moyen d'une disposition particulière du voile du palais. Tels sont, particulièrement, les narvals, les cachalots, les baleines. Les cavités crâniennes de ces dernières renferment l'huile concrète connue sous le nom de *sperma ceti* ou blanc de baleine.

Comme pour les mammifères, la distribution des *Oiseaux* en classes est fondée sur les organes de la mandu-

---

immémorial employé, dans la confection des fromages, pour faire cailler le lait (séparer le petit lait du caséum); de là sans doute aussi le nom de *caillette*.

1. Chez la girafe, les cornes sont également recouvertes, comme les jeunes pousses du bois des cerfs, d'une peau velue; mais elles ne tombent jamais.

cation, tel que le bec, et sur les organes de la préhension. Ainsi, les *Oiseaux de proie*, premier ordre des Oiseaux, ont le bec crochu, les pieds armés d'ongles vigoureux, et les narines percées dans une membrane, appelée *cire*, qui revêt toute la base du bec. Vivant de chair, ils sont parmi les oiseaux ce que sont les Carnassiers parmi les quadrupèdes. Ils se divisent en deux familles. La première comprend les Oiseaux de proie *diurnes*, caractérisés par des yeux dirigés latéralement et un vol puissant; tels sont les vautours, les faucons[1], etc. La seconde famille se compose des oiseaux de proie *nocturnes*, qui, tels que les hiboux, les chouettes, sont caractérisés par une grosse tête, par de grands yeux dirigés en avant, et par le doigt externe, capable de se diriger, à volonté, en avant ou en arrière. Leur vol est silencieux et relativement faible.

Les *Passereaux*, deuxième ordre des Oiseaux, sont les plus nombreux de toute la classe. Distingués des autres oiseaux par des caractères purement négatifs, ils se divisent (1re division) en ceux dont le doigt externe est réuni à l'interne, seulement par une ou deux phalanges, et en ceux (2e division) où le doigt externe, presque aussi long que celui du milieu, lui est uni jusqu'à l'avant-dernière articulation. La première division comprend quatre familles : 1° les *Dentirostres*, dont le bec est échancré aux côtés de la pointe; tels sont les pies-grièches, les gobemouches, les merles, les chocards, les loriots, les becs-fins, les fauvettes, etc.; 2° les *Fissirostres*, tous insectivores, dont le bec court, aplati, légèrement crochu, sans échancrure, est fendu très-profondément; tels sont les hirondelles, les engoulevents; 3° les *Conirostres*, tous granivores, comprenant les genres d'un bec fort, plus ou moins conique, sans échancrure, tels que les alouettes, les mésanges, les bruants, les moineaux, les gros-becs, les becs-

---

1. La femelle des faucons est, en général, d'un tiers plus grande que le mâle. C'est pourquoi on la désigne sous le nom de *tiercelet*.

croisés, les étourneaux, les corbeaux, etc.; 4° les *Ténui-
rostres*, comprenant les genres d'un bec grêle, allongé, plus
ou moins arqué, sans échancrure, tels que les huppes, les
grimpereaux et les colibris. La deuxième division ne renferme qu'une seule famille, celle des *Syndactyles*, comprenant les guêpiers, les martins-pêcheurs, les calaos.

Les *Grimpeurs*, troisième ordre des Oiseaux, sont bien
caractérisés par la disposition du doigt externe, qui se dirige en arrière vers le pouce, d'où il résulte pour eux un
appui solide, que plusieurs genres mettent à profit pour
se cramponner au tronc des arbres et y grimper ; tels sont
les pics, les torcols, les perroquets. D'autres genres, bien
qu'ils aient la même disposition, n'en profitent pas pour
grimper ; tels sont les coucous, les toucans, les touracos
et les musophages. Ces deux derniers genres, originaires
d'Afrique, se rapprochent, d'après Cuvier, des Gallinacés
plutôt que des Grimpeurs.

Les *Gallinacés*, quatrième ordre des Oiseaux, ressemblent plus ou moins à la poule ou au coq domestique
(*gallus*). Ils ont, comme celui-ci, généralement les doigts
antérieurs réunis à leur base par une courte membrane,
les narines percées dans un large espace membraneux de
la base du bec, recouvertes par une écaille cartilagineuse,
les ailes courtes, le vol lourd, le sternum osseux, dimi-
nué par deux échancrures si profondes et si larges qu'elles
occupent presque tous ses côtés. Chaque mâle a ordinairement plusieurs femelles, et ne se mêle pas du nid, ni
du soin des petits. Les Gallinacés fournissent la plupart de
nos oiseaux de basse-cour et beaucoup d'excellent gibier.
Leur division en genres, tels que les paons, les dindons,
les faisans, les pintades, les tétras, les pigeons, etc., n'a
été fondée que sur des caractères peu importants, tirés
de quelques appendices de la tête.

Les *Échassiers* (*grallæ* de Linné), du cinquième ordre
des Oiseaux, se reconnaissent à la nudité du bas de leurs
ambes et à la hauteur de leur tarse, deux **caractères** qui

leur permettent d'entrer dans l'eau jusqu'à une certaine profondeur sans se mouiller les plumes, d'y marcher à gué et d'y pêcher au moyen de leur cou et de leur bec, dont la longueur est proportionnée à celle des jambes. Leurs ailes et leur bec les ont fait diviser en plusieurs familles et tribus. La famille des *Brévipennes* comprend les autruches et les casoars, tous impropres au vol, à cause de la brièveté de leurs ailes. La famille des *Pressirostres*, composée des outardes, des pluviers, des vanneaux, des huîtriers, a le bec relativement faible, mais assez fort pour percer le sol et y chercher des vers. La famille des *Cultrirostres*, facile à reconnaître à son bec gros, long et fort, souvent tranchant et pointu comme un couteau (*culter*), comprend les grues, les hérons, les cigognes, qui forment autant de tribus particulières. La famille des *Longirostres*, caractérisée par un bec grêle, long et faible, renferme les bécasses, les ibis, les courlis, les chevaliers. La famille des *Macrodactyles*, ainsi nommés à cause des doigts de pieds fort longs et propres à marcher sur les herbes des marais, comprend les jacanas et les râles, qui forment deux tribus distinctes. A la suite des échassiers, Cuvier a placé les perdrix de mer et les flamants, qu'il considère comme formant deux petites familles.

Les *Palmipèdes*, sixième et dernier ordre des Oiseaux, ont les pieds plantés en arrière du corps, portés sur des tarses courts, et palmés entre les doigts, le plumage serré, lustré, imbibé d'un suc huileux; en un mot, ils sont faits pour la natation. Ils se divisent en quatre familles : 1° les *Brachyptères* ou Plongeurs, caractérisés par la brièveté de leurs ailes, impropres au vol, et servant en quelque sorte de nageoires ; tels sont les plongeons, les pingouins, les manchots ; 2° les *Longipennes* ou grands voiliers, oiseaux de haute mer, reconnaissables à leurs longues ailes et à leur bec crochu ou pointu, sans dentelures ; tels sont les pétrels, les albatros, les goëlands, les mouettes, les hirondelles de mer ; 3° les *Totipalmes*, remarquables en ce que leur pouce est réuni aux autres doigts par une seule membrane et en ce que, à peu près seuls parmi les Palmipèdes, ils se perchent sur les arbres ; tels sont les pélicans, les cormorans, les paille-en-queue : 4° les *Lamellirostres*, caractérisés par les bords d'un bec épais, garni de lames ou de petites dents, comprennent les canards, les oies, les macreuses, les millouins, les tadornes, les harles.

Pour la classe des REPTILES, Cuvier a adopté la division d'Alex. Brongniart[1], partageant ces animaux en quatre ordres, à savoir : 1° Les *Chéloniens* (tortues), dont le cœur a deux oreillettes, et dont le corps, muni de quatre pieds, est enveloppé de deux plaques ou boucliers, formés par les côtes et le sternum. Le bouclier supérieur, formé par les côtes, s'appelle *carapace*, et le bouclier inférieur, composé des pièces du sternum, se nomme *plastron*. Les tortues n'ont point de dents ; leurs mâchoires sont, comme celles des oiseaux, revêtues de cornes ou garnies de peau, comme dans les chélydes. Elles ont été divisées en *tortues de terre*, en *tortues à boîtes*, en *tortues de mer*, en *tortues à gueule* ou *chersydes*, et en *tortues molles*. — 2° Les *Sauriens* (lézards) ont le cœur composé de deux oreillettes, comme celui des Chéloniens, les côtes distinctes, la bouche armée de dents, quatre pieds, les doigts souvent munis d'ongles, et la peau revêtue d'écailles. Ils sont représentés par la famille des Crocodiliens, par celle des Lacertiens (monitors, lézards), par celle des Iguaniens (stellions, agames, dragons, iguanes), par la famille des Geckotiens, par celles des Caméléons et des Scincoïdiens. — 3° Les *Ophidiens* (serpents), reptiles sans pieds, ont le cœur à deux oreillettes, comme les Sauriens et les Chéloniens, le corps très-allongé, se mouvant au moyen des

1. Al. Brongniart, *Essai d'une classification naturelle des reptiles*, Paris, 1805.

replis qu'ils font sur le sol. Ils sont divisés en trois familles : les *anguis* (orvets), les **vrais serpents** (amphisbènes, typhlops, boas, couleuvres, les hydres, les vipères, les crotales), et les *serpents nus* (céciles). — 4° Les *Batraciens* ont le cœur composé d'une seule oreillette et d'un seul ventricule, et subissent généralement des métamorphoses ; dans le premier âge, ils respirent, comme les poissons, par des branchies, qu'ils perdent à l'âge parfait, à l'exception des sirènes et des protées, qui les conservent toute leur vie. Ils sont représentés par les grenouilles, les crapauds, les salamandres, etc.

La classe des Poissons est, suivant Cuvier, la plus difficile à diviser en ordres, d'après des caractères bien déterminés. Elle a été partagée en deux séries distinctes, celle des *Chondroptérygiens*, et celle des *Poissons proprement dits*. La série des Chondroptérygiens, caractérisés par un squelette essentiellement cartilagineux, et par l'absence des os intermaxillaires, remplacés par des os analogues aux palatins, est subdivisée en trois ordres : 1° les Cyclostomes (lamproies), dont les mâchoires sont soudées en un anneau immobile et les branchies ouvertes par des trous nombreux ; 2° les Sélaciens, qui ont les branchies des précédents, mais non leurs mâchoires ; tels sont les squales, les raies, les chimères ; 3° les Sturoniens, qui ont les branchies libres, tandis que les Sélaciens et les Cyclostomes les ont fixes.

La seconde série, comprenant les Poissons osseux, offrait d'abord une première division dans ceux où l'os maxillaire et l'arcade palatine sont engrenés au crâne. Cuvier en fit l'ordre des *Pectognathes*, divisé en deux familles : les Gymnodontes (diodons, tétrodons, poissons-lunes), remarquables en ce qu'ils ont les mâchoires garnies d'une sorte d'ivoire, partagées intérieurement en lames, dont l'ensemble figure un bec de perroquet, et en ce qu'ils sont capables de se gonfler comme des ballons en avalant de l'air et en remplissant leur estomac; les Sclérodermes.

(balistes, coffres), faciles à distinguer par leur museau conique, prolongé depuis les yeux et aboutissant à une petite bouche armée de dents distinctes, et par leur peau rude ou revêtue d'écailles dures.

Cuvier a rangé ensuite dans un ordre particulier (le quatrième des Poissons), sous le nom de *Lophobranches*, les poissons remarquables par leurs branchies, qui, au lieu d'avoir la forme de dents de peigne, se divisent en petites houppes rondes, disposées par paires le long des arcs branchiaux, et sont enfermées sous un grand opercule, attaché de toute part par une membrane qui ne laisse qu'un petit orifice pour la sortie de l'eau ; tels sont les anguilles de mer, les hippocampes, les pégases.

Mais cette classification laissait en dehors une quantité innombrable de poissons, auxquels on ne pouvait plus assigner d'autres caractères que ceux des organes extérieurs du mouvement. « Après de longues recherches, dit Cuvier, j'ai trouvé que le moins mauvais de ces caractères est encore celui qu'ont employé Ray et Artedi, tiré de la nature des premiers rayons de la nageoire dorsale et de la nageoire anale. » C'est ainsi que les autres poissons ont été également divisés en deux séries : les *Malacopté-rygiens* (de μαλαχός, mou, et πτέρυξ, aile ou rayon), qui tous, à l'exception de quelques genres, ont les rayons mous; et les *Acanthoptérygiens* (de ἄχανθος, plante-épine), qui ont toujours la première portion de la dorsale, ou la première dorsale, quand il y en a deux, soutenue par des rayons épineux, et où l'anale en a aussi quelques-unes et les ventrales au moins chacune un. Les premiers ont été subdivisés d'après leurs nageoires ventrales, tantôt situées en arrière de l'abdomen, — malacoptérygiens *abdomi-naux*, — tantôt adhérentes à l'appareil de l'épaule, — malacoptérygiens *subbranchiens*, — ou manquant tout à fait, — malacoptérygiens *apodes*. Chacun de ces ordres est partagé en plusieurs familles. Ainsi, les *malacopléry-giens abdominaux* comprennent les saumons, les harengs, les brochets, les carpes, les silures, genres qui sont chacun le type d'une famille. Les *malacoptérygiens subbranchiens*, dont les genres, tels que les morues, les plies, les cycloptères, les échénéis, sont autant de types de familles. Les *malacoptérygiens apodes* forment seuls une famille naturelle, comprenant les anguilles, les murènes, les gymnotes.

Quant à la série des *Acanthoptérygiens*, ils ont entre eux des rapports si multipliés, qu'il a été impossible de les subdiviser en ordres. Il a fallu se contenter de prendre les principaux genres, tels que les régalecs, les gobies, les labres, les perches, les baudroies, les maquereaux, les chœtodons, les fistulaires, pour des types de familles.

Au reste, la classification des poissons exercera toujours l'esprit des naturalistes. « On ne peut, dit Cuvier, assigner aux familles des poissons des rangs aussi marqués qu'à celles des mammifères, par exemple. Ainsi, les Chondroptérygiens tiennent d'une part aux reptiles par les organes des sens et même par ceux de la génération ; ils tiennent aux mollusques par l'imperfection du squelette de quelques-uns. Quant aux poissons ordinaires (osseux), si quelques organes se trouvent plus développés dans les uns que dans les autres, il n'en résulte aucune prééminence assez marquée, ni assez influente sur l'ensemble pour qu'on soit obligé de la consulter dans un arrangement méthodique. »

A mesure qu'on s'éloigne des vertébrés, les difficultés classificatrices augmentent. Dans les MOLLUSQUES, second embranchement du règne animal, où la disposition symétrique commence à disparaître, on avait depuis longtemps admis la division des *Testacés*. Cuvier la supprima, par la raison que la distinction des mollusques *nus* et des mollusques *à coquilles* n'est point fondée sur la nature. « Dans l'épaisseur du manteau charnu ou simplement membraneux des mollusques nus, il se forme le plus souvent, dit-il, une ou plusieurs lames de substance plus ou moins dure, qui s'y déposent par couches, et qui s'accroissent.... Lorsque cette substance reste cachée dans l'épaisseur du manteau, l'usage laisse encore aux animaux qui l'ont, le titre de *mollusques nus*. Mais le plus souvent elle prend une grosseur et un développement tel, que l'animal peut se contracter sous son abri : on lui donne alors le nom de *coquille*, et à l'animal celui de *testacé* ; l'épiderme qui la recouvre est mince et desséchée : il s'appelle communément *drap marin*.... Mais il y a des passages si insensibles des mollusques nus aux testacés, que cette distinction ne peut plus subsister. Il y a d'ailleurs plusieurs testacés qui ne sont pas des mollusques. »

Nous avons montré comment les Mollusques ont été divisés en six classes. Il nous reste à indiquer sommairement leur subdivisions.

Les *Céphalopodes*, première classe des Mollusques, ne forment qu'un ordre, partagé en genres d'après la nature de leur coquille ; tels sont les seiches, les poulpes, les nautiles, les bélemnites (espèces fossiles), les ammonites (espèces fossiles), les argonautes.

Les *Ptéropodes*, deuxième classe des Mollusques, nagent, comme les Céphalopodes, dans les eaux de la mer, mais ne peuvent s'y fixer, ni ramper, faute de pieds : leurs organes de locomotion sont des nageoires, placées, comme des ailes, aux deux côtés de la bouche ; d'où leur nom de Ptéropodes. Ces animaux se rapportent à deux formes principales, représentées l'une par les clios et les pneumodermes, ayant une tête distincte l'autre par les hyales, n'ayant pas de tête distincte.

Les *Gastéropodes*, troisième classe des Mollusques, très-nombreux, rampent, comme la limace et le colimaçon, sur un disque charnu placé sous le ventre (d'où leur nom de ventre-pieds, en grec, *gastéropodes*). La tête, retractile sous le manteau, a des yeux presque imperceptibles, et est généralement garnie, au-dessus de la bouche, de deux à six tentacules. Le dos est recouvert par le manteau, de forme variée, produisant des coquilles, dans le plus grand nombre des genres. Ces coquilles sont, les unes symétriques, composées d'une ou de plusieurs pièces ; les autres, asymétriques, se composent de tours de spire ; lorsque ceux-ci sont enroulés sur le même plan, ils forment les coquilles *discoïdes*, et les coquilles *turbinées* lorsqu'ils se développent en cône depuis le sommet (ombilic) de la columelle (pièce sur laquelle est roulé le cône). La spire, quand elle est saillante, se dirige, dans presque toutes les espèces, obliquement à droite, du côté opposé au cœur. Les organes de la respiration occupent toujours le dernier tour de la coquille, qui se ferme ordinairement par une pièce cornée ou calcaire (opercule), fixée sur la partie postérieure du pied de l'animal.

Les Gastéropodes ont été divisés par Cuvier en sept ordres, à savoir : 1° les *Nudibranches*, tous hermaphrodites et marins, n'ayant ni coquille, ni cavité pulmonaire ; leurs organes respiratoires (branchies) sont à nu sur quelque partie du dos ; tels sont les tritonies, les scyllées, les téthys ; — 2° les *Inférobranches* ont, comme les phyllides, leurs branchies placées des deux côtés du corps sous le rebord avancé du manteau ; — 3° les *Tectibranches*, qui ont leurs branchies, dorsales ou latérales, couvertes par une lame du manteau, contenant presque toujours une petite coquille : tels sont les aplysies, les bulles ; — 4° les *Pulmonés* respirent l'air par une ouverture contractile, située sous le rebord de leur manteau, et produisent, pour la plupart, des coquilles turbinées, sans opercules ; tels sont, parmi les Pulmonés terrestres, les limaces, les escargots, les maillots, les clausilies ; et, parmi les Pulmonés aquatiques, les planorbes, les auricules, les actéons ; — 5° les *Pectinibranches* comprennent presque toutes les coquilles univalves en spirale ; leurs branchies sont composées de nombreux feuillets, rangés comme les dents d'un peigne, sur une, deux ou trois lignes, au fond de la cavité pulmonaire [1]. Leurs sexes sont séparés, et ont les organes de la génération attachés au côté du cou : d'après les formes de leurs coquilles ils ont été divisés en plusieurs familles, comprenant : les Trochoïdes (sabots, cyclostomes, toupies, janthines, nérites); les Buccinoïdes (cornets, porcelaines, volutes, mitres, buccins, murex); les Sigarets; —6° les *Scutibranches* ont les coquilles très-ouvertes, sans opercule, de manière à couvrir ces animaux, et surtout leurs branchies, comme ferait un bouclier : d'où leur nom; leurs sexes sont réunis de façon qu'ils se fécondent eux-mêmes sans accouplement; ils sont représentés par les halyotis, les fissurelles, les carinaires; — 7° les *Cyclobranches*, hermaphrodites comme les précédents, ont leurs branchies attachées autour de leur pied, sous les rebords de leur manteau; tels sont les patelles, les oscabrions.

Les ACÉPHALES, quatrième classe des mollusques, tous aquatiques, se suffisent eux-mêmes pour se féconder; ils ont pour pied une masse charnue qui se meut par des muscles disposés comme ceux de la langue des mammifères, et se subdivisent en deux ordres : 1° les Acéphales *testacés*, ou à coquilles bivalves, tels que les huîtres, les peignes, les marteaux, les pétoncles, les moules, les bénitiers, les bucardes, les vénus, les pholades, etc.; 2° les Acéphales sans coquilles, tels que les ascidies, les polyclinium, etc.

Les BRACHIOPODES et les CIRRHOPODES, formant la cinquième et la sixième classe des mollusques, ne comprennent qu'un petit nombre de genres. Les Brachiopodes, revêtus de coquilles bivalves, dépourvus de locomotion, ne sont représentés que par les lingules, les térébratules

---

1. Le seul genre des cyclostomes a, au lieu de branchies, un réseau vasculaire tapissant le fond de la cavité du dernier tour de la coquille; ils sont les seuls qui respirent l'air gazeux; tous les autres le respirent dissous dans l'eau.

et les orbicules. Les Cirrhopodes, animaux fixés, ayant le ventre garni de filets nombreux (*cirrhi*), disposés par paires, ne renferment que les anatifes et les glands de mer.

Les divisions des quatre classes des ARTICULÉS (troisième embranchement du règne animal) présentent encore plus de difficultés que celles des Mollusques. Les ANNÉLIDES, première classe des Articulés, établie par Cuvier en 1802[1], ont été subdivisés en trois ordres : 1° les *Tubicoles*, dont les uns forment, avec le produit de leur transsudation, un tube calcaire, homogène ; les autres se le construisent en agglutinant des grains de sable, des fragments de coquilles, des parcelles de vase ; d'autres enfin ont le tube entièrement corné ou membraneux ; ils sont représentés par trois genres principaux : les serpules, les térébelles et les amphitrites ; — 2° les *Dorsibranches*, qui ont leurs branchies disposées à peu près également le long de tout leur corps, comprennent les néréides, les aphrodites, les amphinomes, les arénicoles ; — 3° les *Abranches*, qui n'ont aucun organe de respiration apparent et paraissent respirer par toute la surface du corps, renferment les lombrics, les naïdes, les sangsues.

Les trois classes suivantes, comprenant les Crustacés, les Arachnides et les Insectes, animaux que Linné avait confondus sous le nom général d'*Insectes*, remplissent tout le troisième volume du règne animal. Ce volume a été, il est bon de le noter, presque entièrement rédigé par Latreille, en partie d'après ses propres travaux, et en partie avec les données anatomiques fournies par Cuvier.

Les CRUSTACÉS, deuxième classe des Articulés, ont été divisés en cinq ordres : 1° les *Décapodes*, reconnaissables à leurs yeux composés, placés au bout d'un pédicule mobile, à leur tête unie au corselet, dont les bords se re-

---

1. Dans un mémoire lu à l'Institut, et publié dans le *Bulletin des ences*, messidor, an x.

plient pour envelopper les branchies, et dont le dessous (thorax) porte cinq paires de pieds bien développés; le reste du corps, composé de plusieurs articulations, forme une sorte de queue, garnie en dessous d'autres pieds en forme de nageoires; les crabes, les homards, les langoustes, les écrevisses, etc., en représentent les formes principales; ceux qui ont la queue plus courte que le tronc composent la famille des décapodes *brachyures*, et ceux qui l'ont au moins aussi longue que le tronc, forment la famille des décapodes *macroures;* — 2° les *Stomapodes*, tels que les mantes de mer ou squilles, ont la tête distincte du tronc, et les branchies en forme de panaches, suspendues sous la queue; — 3° les *Amphipodes* composent, avec les Décapodes et les Stomapodes, le genre *cancer* de Linné: ils ont les yeux immobiles, et des lames membraneuses, près de la base intérieure des pieds, à l'exception de celle de la paire antérieure; ils ont pour représentants les chevrettes; — 4° les *Isopodes* ont des mandibules sans palpe, et la bouche toujours composée de plusieurs mâchoires, dont les deux inférieures représentent toute une lèvre avec deux palpes; ils comprennent les cloportes, les chevrolles, etc; — 5° les *Branchiopodes* ou *Monocles* de Linné ont le corps le plus souvent recouvert d'un test corné ou membraneux sur lequel les yeux sont implantés et immobiles; ils subissent divers changements de peau, et ce n'est guère qu'à la cinquième ou sixième mue qu'ils deviennent capables de se reproduire; tels sont les monocles, les caliges, les cyclopes, les polyphèmes.

Les ARACHNIDES, troisième classe des Articulés, se partagent naturellement en deux ordres : 1° en ceux qui ont pour organes respiratoires six à huit yeux lisses, des sacs pulmonaires, un cœur bien marqué et des vaisseaux distincts; ce sont les arachnides *pulmonaires*, telles que les araignées proprement dites, les argyronètes, les épéires, les mygales, etc., composant la famille des *Fileu-*

ses; puis les tarentules, les scorpions, formant la famille des *Pédipalpes*, à palpes très-grandes, en forme de bras terminés en pince ou en griffe; 2° en ceux qui respirent par des trachées et n'ont pas d'organes de circulation aussi apparents; ce sont les Arachnides *trachéennes : tels sont les galéodes, les pinces, composant la famille des *Faux scorpions;* les pycnogonons, les phoxichies, les nymphons, formant la famille des *Pycnogonides;* les phalangiens, les faucheurs, les acarides, les ixodes, les leptes, etc., composant la famille des *Holètres.*

Les INSECTES, formant la quatrième classe des animaux articulés, ont été divisés par Latreille en douze ordres, dont les trois premiers conservent toute leur vie la forme qu'ils ont en naissant. Ces trois ordres sont : 1° les *Myriapodes;* ils ont plus de six pattes (24 et au delà) disposées dans toute la longueur du corps, sur une suite d'anneaux qui en portent chacun une ou deux paires et dont la première fait partie de la bouche; tels sont les iules, type de la famille de *Chilognathes* (ainsi nommés à cause de leur bouche composée de deux mandibules et d'une lèvre couronnée par quelques appendices tuberculeux), et les scolopendres, type de la famille des *Chilopodes*, courant beaucoup plus vite que les iules; les Myriapodes montrent une ébauche de métamorphose en ce qu'ils n'ont d'abord que six pieds, les autres se développant avec l'âge; — 2° les *Thysanoures* ont six pieds, et l'abdomen garni latéralement de pièces mobiles, en forme de fausses pattes ou terminées par des appendices (sorte de queue), propres pour le saut; tels sont les lépismes et les podurelles, deux genres dont chacun est le type d'une petite famille; — 3° les *Parasites* ont également six pieds, et leur bouche consiste dans un museau, renfermant un suçoir rétractile, ou dans une fente située entre deux lèvres, avec deux mandibules en crochet; tels sont les poux et les ricins.

Les neuf ordres suivants, savoir les Suceurs, les Coléoptères, les Orthoptères, les Hémiptères, les Névroptères, les Hyménoptères, les Lépidoptères, les Rhipiptères et les Diptères, ont, comme les Thysanoures et les Parasites, six pieds ; tous ont deux ou quatre ailes, et subissent des métamorphoses. — Les *Suceurs*, quatrième ordre des insectes, ayant leur bouche composée d'un suçoir contenu dans une gaîne cylindrique, ne comprennent que le genre puce. Les *Coléoptères*, cinquième ordre des insectes, sont caractérisés par des mandibules et des mâchoires pour la mastication, et par leurs quatre ailes, dont les deux inférieures pliées en travers, protégées par des étuis crustacés. C'est l'ordre le plus nombreux en espèces. Latreille l'a divisé en cinq sections, d'après le nombre de tarses (partie antérieure du pied). La première comprend les *Pentamères*, ou ceux dont les tarses ont cinq articles ; la deuxième, les *Hétéromeres*, ou ceux qui ont cinq articles aux quatre premiers tarses et un de moins aux deux derniers ; la troisième, les *Tétramères* (quatre articles à tous les tarses) ; la quatrième, les *Trimères* (trois articles à tous les tarses) ; la cinquième, les *Dimères*, dont les tarses n'ont que deux articles.

Ces cinq sections, à l'exception de la dernière qui ne comprend que les psélaphes et les clavigères, ont été subdivisées en familles et en tribus nombreuses, dont il serait trop long d'énumérer ici les caractères. Bornons-nous à l'indication de quelques genres, types de quelques familles. Ainsi, dans les coléoptères Pentamères, les cicindèles, les carabes, les dytiques, les gyrins, sont les principaux genres des carnassiers, les deux premiers de la tribu des carnassiers terrestres, les deux derniers des carnassiers aquatiques. Les staphylins sont le type de la famille des *Pentamères-Brachélytres,* ayant les élytres plus courts que le corps. Les buprestes, caractérisés par les antennes filiformes, sont le type de la famille des *Serricornes ;* les escarbots représentent la famille des *Clavicornes;* les hydrophiles, celle des *Palpicornes,* caractérisée par la longueur des palpes maxillaires ; les bousiers et les hannetons, celle des *Lamellicornes*, dont les antennes sont composées de lames s'ouvrant comme les feuillets d'un livre.

Dans la section des Coléoptères hétéromères, les ténébrions représentent la famille des *Mélasomes*, dont le corps est presque toujours noir ; les diapères représentent la famille des *Taxicornes*, dont les antennes vont grossissant vers l'extrémité ; les cistèles, la famille des *Sténélytres* ; les cantharides, la famille des *Trachélides*, dont la tête, triangulaire, est séparée du corselet par un rétrécissement brusque, en forme de cou. — Dans la section des Coléoptères tétramères, les bruches et charançons représentent la famille des *Rhinchophores*, faciles à reconnaître au prolongement antérieur de la tête formant une sorte de museau ; les bostriches et les mycétophages représentent la famille des *Xylophages*, vivant presque tous dans le bois ; les capricornes et les sténocores, la famille des *Longicornes*, remarquables par la longueur de leurs antennes filiformes ; les chrysomèles et les altises, la famille des *Cycliques*, distingués par leur corps arrondi. — Dans la section des Coléoptères trimères, les coccinelles ont servi à former la famille des *Aphidiphages* ou mangeurs de pucerons ; les andomyques, la famille des *Fungicoles* ou habitants de champignons.

Les ORTHOPTÈRES, en partie confondus par Linné avec les *Hémiptères*, réunis par Geoffroy aux Coléoptères, ont servi à Latreille pour établir le sixième ordre des insectes, dont la métamorphose se réduit au développement des élytres et des ailes, marquées dans le même sens par des nervures membraneuses. Ils ont été divisés en deux familles, celle des *Coureurs*, qui ont, comme les perce-oreilles et les blattes, les pieds semblables et uniquement propres à la course, et celle des *Sauteurs*, qui ont, comme les sauterelles et les grillons, les cuisses de la paire postérieure beaucoup plus grandes que celles des autres.

Le septième ordre des insectes, les Hémiptères, qui, au lieu de mandibules et de mâchoires, ont une sorte de suçoir, a été divisé en deux sections, savoir les *Hétéroptères*, ayant le premier segment du tronc beaucoup plus grand que les autres, et les *Homoptères*, dont les femelles sont armées d'une tarière écailleuse. Ils comprennent les cigales, type de la famille des *Cicadaires*; les psylles, type de la famille des *Aphidiens* ou Pucerons; les cochenilles, type de la famille des *Gallinsectes*.

Les Névroptères, huitième ordre des insectes, caractérisés par leurs quatre ailes membraneuses, nues, transparentes, comprennent les éphémères et les demoiselles, type de la famille des *Subulicornes;* les fourmilions, type de la famille des *Planipennes;* les friganes, type de la famille des *Plicipennes*, dont les ailes inférieures, plus larges que les supérieures, sont plissées dans toute leur longueur.

Les Hyménoptères, neuvième ordre des insectes, sont caractérisés par quatre ailes membraneuses et nues, dont les supérieures, toujours plus grandes, ont moins de nervures que celles des Névroptères : elles ne sont que veinées ; les femelles ont l'abdomen terminé par une tarière ou un aiguillon. Les Hyménoptères ont été divisés par Latreille en deux sections : la première est celle des *Ténébrants*, dont les femelles sont munies d'une tarière ; les femelles dont la tarière est en forme de scie, servant à préparer la place qui doit recevoir les œufs, forment le type de la famille des *Porte-scie*, tels que les tenthrèdes (mouches à scie) et les sirex (ichneumons-bourdons); les individus dont l'abdomen est attaché au corselet par un très-petit pédicule, et dont les femelles ont une tarière servant d'oviducte, composent la famille des *Ichneumonides*; tels sont les ichneumons, les cynips, les chrysis. La seconde section comprend les *Porte-Aiguillon*, où la tarière est remplacée par un aiguillon, caché et rétractile, ou par un appareil éjaculatoire d'un acide. Telles sont les fourmis, type de la famille des *Hétérogynes;* les sphex ou guêpes-ichneumons, type de la famille des *Fouisseurs;* les guêpes, type de la famille des *Diploptères*, qui ont les ailes supérieures doublées longitudinalement dans leur repos; les abeilles, type de la famille des *Mellifères* ou Porte-miel.

Les LÉPIDOPTÈRES, dixième ordre des insectes, sont caractérisés par leurs ailes couvertes de petites écailles qui s'enlèvent sous forme de poussière farineuse, et par la forme de leurs nymphes ou chrysalides, emmaillottées comme des momies. Latreille a divisé cet ordre en trois familles, correspondant aux trois genres dont il se compose dans le système de Linné. Ces genres comprennent les papillons *diurnes*, qui ne se montrent que le jour; les papillons *crépusculaires*, qui ne sortent que le soir ou le matin, et les papillons *nocturnes* (phalènes), qui ne se montrent ordinairement que la nuit.

Un zoologiste anglais, Kirby, avait établi, sur des insectes très-singuliers par leurs formes anomales et leurs habitudes, l'ordre des *Strepsitères* (ailes torses). Latreille, trouvant cette dénomination vicieuse, l'a changée en celle de *Rhipiptères* (ailes en éventail). Cet ordre d'insectes peu connus, onzième de la classe, ne comprend que deux genres, celui des *xenos*, établi par Rossi, et celui des *stylops*, créé par Kirby.

Le douzième et dernier ordre des insectes comprend les DIPTÈRES, caractérisés par deux ailes membraneuses, étendues, accompagnées de deux corps mobiles, en forme de balanciers (ailerons), situés en arrière des ailes. Il a été divisé en cinq familles, qui sont : 1° les *Némocères*, antennes composées de plusieurs articles : tels sont les cousins et les tipules; 2° les *Tanystomes*, trompe saillante hors de sa cavité : tels sont les taons et les bibions; 3° les *Notacanthes* ou *Stratiomydes*, dont le suçoir n'est composé que de deux pièces, tandis qu'il se compose de trois pièces dans les Tanystomes : tels sont les stratiomes, les oxycères, etc.; 4° les *Anthéricères* (et non pas *Athéricères*, nom adopté par erreur), antennes à aigrettes, sont représentés par les conops, les volucelles, les syrphes, les mouches proprement dites ; 5° les *Pupipares*, caractérisés par la forme de leur trompe, qui consiste en un suçoir, composé de deux pièces réunies en un filet délié, naissant d'un petit bulbe, situé dans la cavité buccale de la tête. Ils sont représentés par les hippobosques, les mélophages, etc.

Les cinq classes des **Zoophytes** composent la partie qui présente le plus de lacunes dans le *Règne animal* de Cuvier.

Les ÉCHINODERMES, première classe des Zoophytes, ont été divisés en deux ordres : ceux qui ont des pieds ou des organes vésiculaires qui en tiennent lieu, et ceux qui en manquent. Les Echinodermes *pédicellés* avaient été subdivisés en trois genres par Linné : les astéries (*asterias* L.), les oursins (*echinus* L.), et les holothuries (*holothuria* L.). Ces genres renferment des espèces assez variées pour avoir servi à en faire plusieurs familles distinctes. Mais Cuvier se contenta de cette simple indication. Les Echinodermes *sans pieds*, dont l'organisation intérieure n'est pas encore éclaircie sur tous les points, offrent de grands rapports avec les holothuries ; vivant dans la mer, comme les autres, ils ont été subdivisés en *molpadies*, en *miniades*, en *priapules* et *siponcles*, genres établis par Cuvier, Lamarck et Gmelin.

Les INTESTINAUX ou Entozoaires, deuxième classe des Zoophytes, sont caractérisés par leur séjour dans l'intérieur du corps des autres animaux. Considérés anciennement comme des produits de génération spontanée, ils ont été reconnus pour se propager comme les autres animaux par des œufs (germes), ou par des petits vivants. Dépourvus de tout organe de la respiration ainsi que de tout vaisseau circulatoire, ils n'offrent que des vestiges de nerfs, assez obscurs, pour que plusieurs naturalistes en aient mis l'existence en doute. Ils ont été divisés en deux ordres :

les Intestinaux *cavitaires*, qui ont une cavité abdominale distincte, une bouche et un anus ; et les Intestinaux *parenchymateux*, dont le corps renferme, dans son parenchyme, des viscères mal déterminés. Au premier ordre appartiennent les filaires, les trichocéphales, les ascarides, etc. ; au second, les échinorhinques, les douves, les ténias, les ligules, quatre genres dont chacun est le type d'une famille (familles des *Acanthocéphales*, des *Trématoïdes*, des *Ténioïdes* et des *Cestoïdes*).

Les ACALÈPHES, troisième classe des Zoophytes, ont été divisés en deux ordres : 1° les Acalèphes *fixes* ou orties de mer, animaux charnus, qui peuvent se fixer par leur base et s'en détacher, mais dont les mouvements se bornent d'ordinaire à épanouir l'ouverture de leur bouche, entourée de tentacules, bouche qui aboutit à un estomac en cul-de-sac, qui leur sert aussi d'anus ; les actinies en forment le genre type ; 2° les Acalèphes *libres*, masses gélatineuses, avec fibres apparentes, quoique susceptibles de contraction et de dilatation, nageant à leur gré ; les méduses en sont le genre type. Suivant Cuvier, les propites et les vélelles de Lamarck, ainsi que les physalies et les physophores (Acalèphes *hydrostatiques*), pourraient servir à l'établissement de deux familles particulières.

Les POLYPES, quatrième classe des Zoophytes, ainsi nommés parce que les tentacules qui entourent la bouche les font ressembler au poulpe, *polypus* des Anciens, ont été divisés en polypes *nus* et en polypes à *polypiers*. Les polypes *nus*, c'est-à-dire qui ne sont revêtus d'aucune enveloppe dure et qui ne produisent pas non plus, dans l'intérieur de leur réunion, un axe de substance ligneuse, charnue ou cornée, ont pour type les hydres de Linné (polypes à bras). Les polypes à polypiers forment ces nombreuses espèces qu'on a regardées longtemps comme des plantes marines : les individus, réunis en grand nombre, sont tous liés entre eux par un corps commun, en communauté de nutrition, en sorte que ce que l'un mange profite au corps général. Ils sont même en communauté de volonté et de travail; ce sont ces espèces, telles que les pennatules, que l'on voit nager par le mouvement combiné de tous les individus du polypier. Les habitations qui forment le lien commun de ces animaux, ont donné lieu à l'établissement de trois familles : 1° les *Polypes à tuyaux*, dont le corps gélatineux commun forme l'axe des tubes qui sont ouverts au sommet ou latéralement pour laisser passer les polypes : tels sont les tubipores, les tubulaires, les sertulaires; 2° les *Polypes à cellules*, remarquables en ce que chaque polype est fixé dans une cellule cornée ou calcaire à parois minces, et ne communique avec les autres que par une tunique extérieure très-mince : tels sont les cellulaires, les flustres, les cellépores et les tubulipores; 3° les *Polypes corticaux*, qui se tiennent tous par une substance commune, comprennent les antipathes (gorgones), les madrépores (coraux), les pennatules, les alcyons (éponges), genres dont chacun est le type d'une tribu (cératophytes, lithophytes, polypes nageurs, alcyonides). — Il y a dans la mer beaucoup d'autres corps assez semblables aux polypiers, mais d'une nature si douteuse que beaucoup de naturalistes les ont regardés comme des plantes.

Les INFUSOIRES, cinquième et dernière classe des Zoophytes et de tout le règne animal, sont des êtres microscopiques, d'un corps gélatineux, que O. Müller et Lamarck avaient les premiers essayé de classer scientifiquement. Cuvier en a fait deux ordres, dont le premier (*infusoires complexes*) comprend les rotifères, les tubicolaires, les brachions, et le second (*infusoires homogènes ou simples*) les vibrions, les protées, les monades, les volvoces.

En somme, le nombre des animaux, qui ont servi à la caractéristique générale, ci-dessus exposée dans le *Règne animal* de Cuvier, est relativement fort restreint. Il se compose de 5636 espèces, réparties de la manière suivante :

I. VERTÉBRÉS.

Noms des ordres.   Nombre des espèces.

Mammifères..
- Bimanes...............   1 (l'espèce humaine).
- Quadrumanes.........   64,   dont   33 chéiroptères.
- Carnassiers..........   125,   16 insectivores.
-   76 carnivores.
- Marsupiaux...........   28
- Rongeurs.............   65
- Édentés..............   18
- Pachydermes.........   20
- Ruminants..   49
- Cétacés.............   16

Total des mammifères.   386

Oiseaux......
- Oiseaux de proie.......   63, dont 45 diurnes, et 18 nocturnes.
- Passereaux....   301
- Grimpeurs   89
- Gallinacés..   89
- Échassiers   108
- Palmipèdes   115

Total des oiseaux.   765

Reptiles......
- Chéloniens...........   33
- Sauriens.............   106
- Ophidiens....   73
- Batraciens...........   27

Total des reptiles.   239

Poissons.....
- Chondroptérygiens.....   69
- Poissons osseux.   84
- Malacoptérygiens......   317
- Acanthoptérygiens.....   561

Total des poissons.   1031

II. ANIMAUX SANS VERTÈBRES.

Mollusques ...	Céphalopodes................	59
	Ptéropodes.............	7
	Gastéropodes	613
	Acéphales.	272
	Brachiopodes...........	14
	Cirrhopodes............	25
	Total des mollusques.	990

Articulés	Annélides.............	68
	Crustacés.............	335
	Arachnides	168
	Myriapodes...........	24
	Thysanoures	17
	Parasites	14
	Suceurs..............	2
	Coléoptères..........	856
	Orthoptères..........	51
	Hémiptères...........	45
	Névroptères..........	38
	Hyménoptères........	76
	Lépidoptères.........	207
	Rhipiptères..........	2
	Diptères.............	75
	Total des articulés.	1988

Insectes proprement dits.

Zoophytes	Échinodermes.........	143
	Intestinaux...........	33
	Acalèphes	92
	Polypes..............	59
	Infusoires	10
	Total des zoophytes.	237

Ce tableau est certainement très-incomplet. Mais il peut servir en quelque sorte d'étalon pour mesurer l'accroissement proportionnel du nombre des espèces qui ont été découvertes et décrites depuis le commencement de notre siècle. Cet accroissement est surtout très-marqué pour les animaux inférieurs, tandis qu'il est à peu près nul pour les animaux supérieurs. Si nous voulions le représenter figurativement, nous aurions une pyramide qui aurait pour base les zoophytes (augmentés du nombre des espèces actuellement connues) et pour sommet l'espèce humaine.

L'analyse, un peu détaillée, que nous venons de faire de la première édition (Paris, 1817) du *Règne animal* de Cuvier, nous paraît justifiée par l'importance de cet ouvrage fondamental, où les classifications ont pour base l'anatomie comparée, et où l'étude des espèces vivantes se trouve pour la première fois associée à celle des espèces fossiles. Et c'est sur cette double donnée que repose la zoologie du dix-neuvième siècle.

Les collaborateurs de Cuvier.

Georges Cuvier eut des collaborateurs nombreux, parmi lesquels il y a plusieurs catégories à établir. Ainsi, une première catégorie comprend ceux qui, plus âgés que Cuvier, pouvaient passer pour ses maîtres ou ses égaux, tels que Lamarck, Lacépède, Latreille ; d'autres ont été des collaborateurs très-indirects, tels que Levaillant, Rudolphi, etc. Nous avons déjà parlé des trois premiers ; il nous reste un mot à dire des deux derniers.

François *Levaillant* (né en 1753 dans la Guyane Hollandaise, mort près de Paris en 1824) avait, pendant un assez long séjour dans la colonie du Cap, particulièrement étudié les oiseaux de ce pays, ainsi que ceux des régions tropicales. Il publia les résultats de ses travaux dans plusieurs ouvrages, intitulés : *Oiseaux d'Afrique* (Paris, 1796-1812, 6 vol. in-fol. ; *Perroquets*, ibid., 1801-1805, 2 vol.); *Oiseaux de paradis, Rolliers, Promerops, Toucans*, etc. (Ibid., 1801-1806, 2 vol.); *Colingas, Todiers* et *Calaos* (1804). Tous ces ouvrages sont ornés de planches, dues à Barrabaud.

Charles *Rudolphi* (né en 1771 à Stockholm, mort en 1832 à Berlin) visita, en 1802, la France, où il noua des relations avec les naturalistes les plus distingués, et occupa, depuis 1810, la chaire d'anatomie comparée à l'université de Berlin. Les vers intestinaux, dont l'étude avait été jusqu'alors presque complétement négligée, furent le principal objet de ses recherches zoologiques. Son *Entozoorum Synopsis* (Berlin, 1819, in-8, avec 3 planches) est un ouvrage classique.

Bien que Cuvier n'ait pas entretenu des rapports immédiats avec Levaillant, Rudolphi et d'autres, il a néanmoins beaucoup profité de leurs travaux, comme l'attestent les citations qu'il en a faites dans son *Règne animal.*

Dans la seconde catégorie nous placerons les savants qui entretenaient avec Cuvier des relations directes, presque journalières, assez intimes, et qui pouvaient être plus particulièrement considérés comme ses collaborateurs. Tels étaient Frédéric Cuvier, Duvernoy, Duméril, Valenciennes, Flourens, Laurillard, Oppel, Rousseau et beaucoup d'autres.

Frédéric *Cuvier* (né en 1773 à Montbéliard, mort en 1838 à Strasbourg) était le type du savant modeste, consciencieux et honnête. A l'exemple de son frère Georges, de quatre ans plus âgé que lui, il se livra de bonne heure à l'étude de l'histoire naturelle. Il fournit un grand nombre d'articles au *Dictionnaire des sciences naturelles*, publia, en 1822, un travail remarquable *sur les dents*, et commença, en 1824, l'*Histoire naturelle des mammifères*, dont il n'a paru que 50 livraisons. Dans cet ouvrage se trouvent consignées les notices les plus précises, les anecdotes les plus curieuses et quelquefois les plus touchantes, sur les mammifères qui vécurent à la ménagerie du Jardin des Plantes. Deux ans avant sa mort, il fit paraître, dans les *Nouvelles suites à Buffon*, un ouvrage qui manquait encore à la science, l'*Histoire naturelle des*

Cétacés (Paris, 1836, in-8°, accompagné de 42 planches), ouvrage pour lequel son frère lui avait fourni d'importants matériaux. Le *Discours préliminaire* qui se trouve en tête de cet ouvrage renferme des réflexions d'une haute portée philosophique. La partie qui traite des dauphins contient des pages fort remarquables.

Louis *Duvernoy* (né à Montbéliard en 1777, mort à Paris en 1855) commença, comme Cuvier, auquel il était apparenté, ses études à l'Académie de Stuttgart, et les continua à Strasbourg. Reçu, en 1800, docteur en médecine à la Faculté de Paris, il fut, dès 1802, associé, avec Duméril, aux travaux de Cuvier. En moins de trois ans, aidé des conseils, des remarques et des notes du maître, il publia les trois derniers volumes de la première édition des *Leçons d'anatomie comparée* de Cuvier, comprenant les organes de la digestion, de la respiration, de la circulation, de la génération et des sécrétions. Il quitta bientôt Paris pour exercer la médecine dans sa petite ville natale, et fut rappelé dans la capitale en 1809, pour occuper la chaire de professeur-adjoint de zoologie à la Sorbonne. Mais des exigences de famille le contraignirent à retourner à Montbéliard, où il exerça la médecine pendant vingt ans. Dans cet intervalle, il perdit sa femme et ses enfants, ce qui le décida à accepter, en 1827, une chaire d'histoire naturelle à la Faculté de Strasbourg, dont il devint, en 1832, le doyen. Vers la même époque parurent ses travaux *Sur les serpents venimeux;* la *Métamorphose des musaraignes;* ses *Observations physiologiques sur le caméléon;* la *Découverte des cœurs accessoires de la chimère arctique;* une *Note sur l'organisation du cœur des crocodiles;* la *Description d'une espèce de girafe fossile*, etc. En 1837, il fut appelé à la chaire d'histoire naturelle au Collége de France. Dans les dernières années de sa vie, il entreprit une revue complète des classifications zoologiques qui l'avaient déja occupé à Strasbourg, et exposa, dans une série de tableaux synoptiques, une méthode qui, bien qu'ayant des rapports avec celles de Cuvier et de Blainville, comprend quelques aperçus qui lui sont particuliers.

Constant *Duméril* (né à Amiens en 1774, mort en 1860) devint, en 1794, prosecteur à la Faculté de médecine de Paris, et se lia, dès l'année suivante, d'amitié avec G. Cuvier, nouvellement arrivé à Paris et son aîné de cinq ans. Au Muséum d'histoire naturelle, il suppléa pendant vingt-deux ans le comte de Lacépède, auquel il succéda, en 1825, dans la chaire d'erpétologie et d'ichthyologie. Il remplaça de même Cuvier, pendant quatre ans, comme professeur d'histoire naturelle à l'École centrale du Panthéon, et fut élu, en 1814, membre de l'Académie des sciences.

Duméril rédigea, en 1791, les deux premiers volumes des *Leçons d'anatomie comparée* de G. Cuvier qui, ayant concentré ses études sur l'ostéologie et la splanchnologie, ignorait alors la myologie. En 1805, pendant un voyage en Espagne, où il avait été envoyé pour étudier la fièvre jaune, il composa, en partie, sa *Zoologie analytique, ou Méthode naturelle de classification des animaux* (Paris, 1806, in-8°). Cet ouvrage, entièrement composé de tableaux synoptiques, où l'auteur procède par dichotomie, a contribué à améliorer la classification des insectes, auxquels sont consacrés soixante-douze tableaux. Il a également beaucoup fait pour l'arrangement systématique des poissons et des reptiles. C'est à lui qu'on doit l'établissement de la famille des *Cyclostomes* (bouches en cercle) et le nom qui la désigne.

Chargé, pour le grand *Dictionnaire des sciences naturelles*, de la rédaction de toute la partie entomologique, Duméril réunit ses articles, revus et modifiés, en un corps d'ouvrage qu'il fit paraître sous le titre de *Considérations générales sur la classe des insectes* (Paris, 1823, in-8°, volume orné de 60 planches représentant plus de 350 genres).

De 1834 à 1836, il fit, au Muséum d'histoire naturelle, un cours (que nous avons nous-même suivi avec intérêt) sur les reptiles, en même temps qu'il commença, en collaboration avec son aide, M. Bibron, à publier dans les *Nouvelles suites à Buffon* son ouvrage le plus important : *l'Erpétologie générale, ou l'histoire naturelle des reptiles* (Paris, 1834-1854, 9 vol. in-8°, avec un atlas de 120 planches). La moitié du dernier volume, sous le nom de *Répertoire*, contient un résumé systématique de tout l'ouvrage, par ordres, familles, genres et espèces.

Vers la fin de sa vie, Duméril travaillait à la mise au jour d'une *Histoire générale des insectes*. Il avait alors plus de quatre-vingts ans. Notons que soixante ans auparavant il avait débuté comme entomologiste par un mémoire *Sur l'odorat des insectes*.

Achille *Valenciennes* (né à Paris en 1794, mort en 1863) débuta, à l'âge de vingt-cinq ans, par quelques mémoires insérés dans les *Annales du Muséum* et par une traduction des *Observations de zoologie* d'Alex. de Humboldt. Nommé, en 1836, professeur d'ichthyologie au Jardin des plantes, il succéda, en 1844, à Étienne Geoffroy-Saint-Hilaire dans la section de zoologie de l'Institut.

On a de Valenciennes une *Histoire naturelle des mollusques, des annélides et des zoophytes* (Paris, 1833, in-8°), divers mémoires d'histoire naturelle, et de nombreux articles ichthyologiques dans le *Dictionnaire d'histoire naturelle* de Ch. d'Orbigny. Mais son travail principal, c'est sa part de collaboration à l'*Histoire naturelle des poissons*. Dès 1828, il fut associé par Cuvier à la rédaction de cet ouvrage. Après la mort de Cuvier, l'*Histoire naturelle des poissons* fut continuée par Valenciennes. Des circonstances imprévues vinrent l'arrêter en 1849, en sorte que ce grand ouvrage, composé de vingt-deux volumes, est resté inachevé.

Quand on compare l'histoire des poissons de Cuvier et

de Valenciennes avec ce qui avait paru jusqu'alors sur le même sujet, on est étonné de la rapidité avec laquelle le nombre des espèces s'est accru dans une période de temps relativement très-courte.

Aristote avait mentionné cent dix-sept espèces de poissons. Pline n'en connut que quatre-vingt-quinze. Oppien en nomme cent vingt-cinq ; Athénée cent huit ; Élien cent dix. Ausone a le premier parlé de la truite commune, de la truite saumonée, du barbeau et de quelques autres poissons d'eau douce. En somme, les anciens avaient connu environ cent cinquante espèces de poissons. Quant à la structure de ces animaux, on n'ajouta rien, pendant deux mille ans, à ce qu'en avait dit Aristote. Au seizième siècle, Rondelet décrivit jusqu'à deux cent quarante-quatre espèces de poissons, dont cent quatre-vingt-dix-sept de mer et quarante-sept d'eau douce. Au dix-septième siècle, le nombre des poissons connus de Ray et Willugby est déjà de plus de quatre cents ; il est à peu près le même dans Linné et Artedi ; il est d'environ mille quatre cents dans Bloch et Lacépède. Enfin, l'ouvrage de Cuvier et de Valenciennes contient près de cinq mille espèces de poissons.

Pierre *Flourens* (né en 1794 près de Béziers, mort en 1867 à Montgeron) aida Cuvier dans ses travaux anatomiques, et fut, en 1830, chargé par son illustre maître du cours d'anatomie comparée au Muséum d'histoire naturelle, où il devint, en 1822, professeur titulaire. Ses travaux appartiennent moins à l'histoire de la zoologie qu'à celle de la physiologie.

Parmi les collaborateurs de Cuvier, moins connus, nous nous bornerons à mentionner Laurillard, Oppel, Rousseau.

Léopold *Laurillard* (né à Montbéliard en 1783) travaillait comme peintre dans l'atelier de Regnault lorsque Cuvier, son compatriote, lui confia l'exécution de ses dessins anatomiques. Sous la direction de ce maître, il se familiarisa bientôt lui-même avec l'étude de l'histoire naturelle, particulièrement de l'anatomie comparée. Laurillard a donné, pour la dernière édition du *Règne animal* de Cuvier, *les Mammifères et les Races humaines* (Paris, 1849, in-8°, avec 121 planches), ouvrage pour lequel MM. Milne-Edwards et Roulin furent ses collaborateurs. Il a enrichi le Muséum d'histoire naturelle d'un grand nombre de préparations anatomiques et d'ossements fossiles. Il était occupé au classement de ces travaux quand la mort le surprit, le 27 janvier 1853.

Oppel, d'origine allemande, s'était particulièrement livré à l'étude des reptiles et des mollusques. Il eut une certaine part à la collaboration au *Règne animal* de Cuvier. Nous en dirons autant d'E. *Rousseau*, qui avait particulièrement approfondi la structure des dents chez les animaux supérieurs. Ce dernier est mort, comme aide-naturaliste, il y a une douzaine d'années. Quant au premier, il est mort depuis beaucoup plus longtemps.

Dans un sens plus étendu, tous les naturalistes qui fondent l'étude de la Zoologie sur l'anatomie comparée et sur l'association des espèces vivantes aux espèces fossiles, peuvent être, moralement, considérés comme les collaborateurs, ou, plus exactement, comme les continuateurs de Cuvier.

Philosophie zoologique.

Geoffroy-Saint-Hilaire. — Blainville. — Oken.

Deux naturalistes éminents, É. Geoffroy-Saint-Hilaire et Blainville, étaient, pendant leur jeunesse, amis et collaborateurs de Cuvier. Mais, par leurs idées philosophiques, ils s'éloignèrent plus tard complétement de la direction que le maître voulait imprimer à la science.

Étienne *Geoffroy-Saint-Hilaire* (né à Étampes le 15 avril 1772) fut, par un goût irrésistible pour les sciences naturelles, détourné de la carrière ecclésiastique à laquelle ses parents l'avaient destiné. Pensionnaire au collége du Cardinal-Lemoine, il étudia la minéralogie sous Haüy, et fit, en 1792, au péril de sa vie, évader son maître et quelques autres ecclésiastiques de la prison de Saint-Firmin. Lors de la réorganisation du Jardin des plantes, qui prit le nom de Muséum d'histoire naturelle, il fut appelé à l'une des douze chaires nouvellement créées. Il nous a appris lui-même ce qu'il avait fait pour le progrès de cet enseignement, où tout était à créer. « Quand je commençai, dit-il, à diriger mes recherches vers l'histoire naturelle des minéraux, cette science n'était point encouragée à Paris ; on n'en avait jamais fait la matière d'un enseignement, et je ne m'attendais pas à ce que je serais bientôt chargé de la traiter le premier dans un cours public. Établi, en l'an II, professeur de l'histoire naturelle des mammifères et de celle des oiseaux, je devins aussi, dans le Muséum, administrateur des collections de ce genre. On sait qu'alors on comptait à peine quelques quadrupèdes dans la collection nationale. Mon devoir me prescrivait de chercher à en augmenter le nombre. J'entrai dès lors en correspondance avec les principaux naturalistes de l'Europe ; je fus puissamment secondé par leur zèle, et la collection des quadrupèdes vivipares (mammifères) est maintenant le plus riche dépôt de ce qui existe. J'ai également beaucoup enrichi la collection des oiseaux. Enfin, j'ai rendu ces collections utiles aux jeunes naturalistes, en déterminant rigoureusement les animaux confiés à mon administration [1]. »

_____

1. *Vie et travaux* d'Ét. Geoffroy-Saint-Hilaire, par Isidore Geoffroy-Saint-Hilaire.

Dans la même année 1794, où Geoffroy ouvrit son cours, il communiqua à la Société d'histoire naturelle un mémoire *Sur l'aye-aye*. Nous avons dit plus haut comment il fut, vers la même époque, mis en rapport avec Cuvier et quels étaient les travaux qu'ils composèrent en commun.

Mais Geoffroy, d'un esprit plus généralisateur, devait bientôt se séparer de son ami et collaborateur, qui recherchait davantage l'observation exacte des faits. Dans un mémoire publié, en 1796, *Sur les makis* ou singes de Madagascar, il émit pour la première fois l'idée de l'*unité de composition*, sur laquelle nous allons revenir. Attaché, en 1798, à l'expédition d'Égypte, il explora le Delta et prit une part active à l'organisation de l'Institut d'Égypte. Il fit d'intéressantes recherches, depuis souvent citées, sur les poissons électriques du Nil, le malaptérure et la torpille, et rapporta, en 1801, de belles collections zoologiques, qu'il sauva, par son énergie, des mains des Anglais. Après son retour à Paris, il publia une série de mémoires qui lui ouvrirent les portes de l'Académie des sciences, fut chargé, l'année suivante, d'une mission scientifique en Portugal, et devint, en 1809, professeur de zoologie à la Sorbonne. En 1815, il fut envoyé à la chambre des députés par les électeurs d'Étampes; mais il revint bientôt à l'étude de sa science favorite pour lui consacrer tout le reste de ses jours. En 1843, il fut frappé de paralysie, dont il avait déjà reçu quelques atteintes six ou sept ans auparavant, et il s'éteignit le 19 juin 1844. C'était une belle intelligence, entée sur un noble cœur.

La théorie de l'*unité de composition* a été mise en avant par Geoffroy dans un ouvrage intitulé : *Philosophie anatomique*, dont le premier volume, traitant des organes respiratoires des vertébrés, parut en 1818, et le second volume, consacré à des recherches sur des monstruosités humaines, en 1822. Cette théorie n'était pas tout à fait nouvelle dans la science. Sans remonter jusqu'à Aristote qui l'avait entrevue, nous.

nous bornerons à citer Buffon. Dans l'article *Ane*, Buffon avait dit : « Il existe un dessein primitif et général, qu'on pourrait suivre très-longtemps.... En créant les animaux, l'Être suprème n'a voulu employer qu'une idée, et la varier en même temps de toutes les manières.... » Et dans le *Discours sur les singes :* « Ce plan, toujours le même, toujours suivi de l'homme au singe, du singe aux quadrupèdes, des quadrupèdes aux cétacés, aux oiseaux, aux poissons, aux reptiles; ce plan, dis-je, bien suivi par l'esprit humain, est un exemplaire fidèle de la nature vivante, et la vue la plus simple et la plus générale sous laquelle on puisse la considérer. » Vicq-d'Azyr n'avait pas été moins explicite.

Mais des vues, même profondes, ne constituent pas une théorie; il était réservé à Geoffroy-Saint-Hilaire de la créer. Jusqu'à lui les naturalistes, particulièrement versés dans l'anatomie humaine, n'étudiaient que les formes, et dans chaque nouvelle forme croyant voir un nouvel organe, ils avaient multiplié les détails à l'infini, sans arriver à la découverte d'une loi générale. « Le premier pas à faire pour s'élever au type idéal de l'être vertébré, dit M. Flourens, était donc de se dégager de toute idée préconçue en faveur de l'anatomie humaine ; c'était le seul moyen d'envisager les organes dans leurs conditions les plus spéciales, et d'exclure de leur détermination absolue les considérations de forme, de nature et d'usage, toujours relatives et individuelles. Geoffroy se convainquit ainsi que les identités ne pouvaient porter que sur les relations, et détermina enfin en quoi consiste réellement le genre de ressemblance qui lie tous les animaux vertébrés. Il eut alors un guide immuable au milieu de toutes les transformations, et capable de lui démasquer les rapports sous les déguisements les plus bizarres ; il l'appela le *principe des connexions*. La nécessité absolue de ce principe lui en confirma bientôt la vérité. Ainsi, toutes les fois que deux parties se ressemblent par leurs relations et leurs dépendances, elles sont analogues. Grâce à ce principe, Geoffroy a pu s'élever résolûment à cette proposition fondamentale, que les matériaux trouvés dans une famille existent dans toutes les autres, et proclamer comme une loi de la nature l'*unité de composition organique*. Voilà ce qu'il comprenait sous le nom de *théorie des analogues*, théorie susceptible d'une application sévère à la science positive. Dans le second volume de sa *Philosophie anatomique*, Geoffroy étendit l'application de son principe à toute une série d'êtres qui par leur nature semblaient échapper aux lois de la science. Il établit qu'il n'y a pas de véritables *monstres*, c'est-à-dire des anomalies originelles, préexistant aux développements de l'être, qu'il n'y a que des anomalies secondaires, dues à des causes accidentelles. Tout ce qu'on a appelé *monstruosité* n'est, disait-il, qu'un développement anomal ou incomplet, s'expliquant par le principe de *l'arrêt de développement*, et par le principe de *l'attraction similaire*, que l'auteur appela plus tard la *loi de soi pour soi*.

Jusqu'alors Geoffroy-Saint-Hilaire n'avait pas rencontré de contradicteur. L'idée de l'unité de composition, restreinte aux animaux vertébrés, était incontestable. Mais lorsqu'il voulut l'étendre jusqu'aux invertébrés, il trouva dans Cuvier un vigoureux adversaire. Déjà en 1820 celui-ci avait laissé échapper des paroles d'impatience et d'improbation, lorsque Geoffroy voulut faire rentrer dans son type général les animaux articulés. En 1830, il voulut aussi y faire rentrer les mollusques, et la lutte, depuis longtemps latente, éclata au sein de l'Académie des sciences. Jamais controverse plus vive ne divisa deux adversaires plus résolus, plus fermes et mieux préparés. De la France l'émotion se propagea dans tous les pays où l'on s'intéressait à ces sortes de questions. Les témoins de la joûte scientifique se divisèrent. Ceux qui étaient plus avides d'observations que d'abstractions, se rangèrent du côté de Cuvier. Les esprits spéculatifs prirent parti pour Geoffroy. Du fond de l'Allemagne, Gœthe suivait ce spectacle d'un œil attentif[1].

Eckermann raconte[2] qu'il rencontra Gœthe dans les premiers jours d'août 1830, et que le poëte lui dit : « Eh bien! que pensez-vous de ce grand événement? Le volcan a fait éruption; tout est en flamme, et désormais il ne s'agit plus d'un débat à huis clos! — C'est, en effet, répondit Eckermann, une terrible histoire que la révolution qui vient de renverser Charles X; mais dans les circonstances que nous savons et avec un tel ministère, pouvait-on ne pas s'attendre à ce que tout cela finirait par l'expulsion de la famille royale? — Il paraît que nous ne nous entendons pas, mon bon, répliqua Gœthe. Je ne parle pas de ces gens-là, il s'agit pour moi de tout autre chose; je parle du débat entre Cuvier et Geoffroy-Saint-Hilaire, débat si important pour la science, et qui vient d'éclater en pleine Académie. La chose est d'une très-haute importance, et vous ne sauriez vous faire une idée de ce que j'éprouvai à la nouvelle de la séance du 19 juillet. Nous avons pour toujours en Geoffroy-Saint-Hilaire un allié puissant. La manière synthétique d'envisager la nature, introduite en France, ne peut plus rétrograder. » — Encore sous l'émotion de la séance de l'Académie, Gœthe consacra aux *Principes de philosophie zoologique*, que Geoffroy venait de publier, un article très-sympathique. Deux ans plus tard il revint sur le même sujet,

1. Gœthe s'était déjà fait connaître des naturalistes par sa *métamorphose des plantes*, où la feuille et ses transformations jouent le rôle principal. Allant du général au particulier, il partait d'un type idéal, fictif, pour établir que « toutes les parties d'un animal, prises ensemble ou séparément, doivent se retrouver dans tous les animaux. » C'était là, sous une autre forme, la théorie de l'unité de composition. On conçoit donc sans peine l'intérêt que le grand poëte naturaliste devait prendre à la polémique en question.

2. *Conversations avec Gœthe dans les dernières années de sa vie;* Magdeb., 1848.

et les dernières lignes écrites par lui furent consacrées à cette lutte mémorable, qui occupa aussi les dernières années de Cuvier[1].

L'objet qui agitait ces grandes intelligences était bien plus qu'une simple question d'histoire naturelle; il s'agissait de la méthode la plus propre à nous conduire à la connaissance exacte des êtres. Pour Cuvier, la classification des êtres est le but auquel la science doit tendre avant tout. Et comme la classification ne peut reposer que sur des faits fournis par l'observation, c'est à cette observation définitive que Cuvier ramène sans cesse la science. Geoffroy-Saint-Hilaire, au contraire, veut que l'établissement des faits soit suivi de toutes leurs conséquences scientifiques. « Autrement, ajoute-t-il, quel fruit retirer de ces matériaux! Vraie déception, s'ils sont inutiles, si on ne les assemble et ne les utilise dans un édifice. La vie des sciences a des périodes, comme la vie humaine; elles se sont d'abord traînées dans une pénible enfance; elles brillent maintenant des jours de la jeunesse. Qui voudrait leur interdire ceux de la virilité? L'anatomie fut longtemps descriptive et particulière; rien ne l'arrêtera dans sa tendance pour devenir générale et philosophique[2]. »

Cuvier soutenait que « chaque être a été créé en vue des circonstances au milieu desquelles il vit, chaque organe en raison de la fonction qu'il est appelé à remplir. » Suivant Geoffroy-Saint-Hilaire, cette idée intervertit complétement l'ordre des choses, c'est l'effet pris pour la cause. Soutenir que les organes ont été créés pour être adaptés au milieu dans lequel l'animal est destiné à vivre, dire que la disposition et la structure d'un organe sont en raison de la fonction qu'il a à remplir, c'est vouloir faire revivre cette doctrine des causes finales, qui se pose en

1. Les articles de Gœthe sur l'unité de composition organique, ont été recueillis dans les *Œuvres d'histoire naturelle de Gœthe*, traduites par M. Martin; Paris, 1837.

2. *Principes de philosophie zoologique*, p. 188.

confidente de la Providence, et qui énerve la science sans aucun profit pour la philosophie et la religion. La vérité est dans une doctrine toute contraire. Les organes sont tels parce que, à cause des circonstances dans lesquelles l'animal vit, ces organes ne peuvent être autrement. Geoffroy admettait la puissance modificatrice des milieux, et il soutenait la mutabilité des espèces, contre l'opinion de Cuvier, partisan de leur immutabilité.

Dans cette grande controverse, engagée en 1830, reprise l'année suivante, et terminée seulement par la mort de l'un des deux antagonistes, Geoffroy parut plus d'une fois vaincu par le génie vigoureux et l'admirable talent d'exposition de Cuvier ; mais en définitive il ne céda pas, et resta jusqu'à la fin de sa vie fidèle à ses idées[1].

Blainville.

Ducrotay de Blainville (né à Arques, près de Dieppe, en 1777, mort à Paris le 1ᵉʳ mai 1850) fut élevé à l'école militaire de Beaumont en Auge, fondée pour la noblesse de Normandie et de Bretagne, et dirigée par des moines bénédictins. Cet établissement ayant été détruit pendant

1. La fameuse controverse entre Geoffroy-Saint-Hilaire et Cuvier s'est reproduite à toutes les époques, seulement sous d'autres formes ; dans l'antiquité, elle eut lieu entre Platon et Aristote, et au moyen âge, entre les nominalistes et les réalistes. Cela devait être ; car elle tient à la nature même de l'homme, à la fois analytique et synthétique. Les uns s'élèvent lentement des faits aux principes ; les autres, au contraire, descendent des principes qu'ils conçoivent aux faits qu'ils cherchent à faire cadrer avec leurs idées préconçues. Tel est le thème que nous avons nous-même développé, dès 1836, dans l'*Hermès* (journal scientifique fondé et dirigé par Félix Dujardin). Un article intitulé : *Un mot sur les théories scientifiques*, provoqua une réponse de Geoffroy-Saint-Hilaire, à laquelle nous nous empressâmes de répliquer. M. Achille Comte a reproduit ces articles, comme des documents à consulter, dans son *Traité complet d'Histoire naturelle*, t. III, p. 97-113.

la Révolution, il entra à l'école de dessin de Rouen, dirigée par J. B. Descamps; mais il n'y resta pas longtemps, et vint en 1796 à Paris pour se livrer à la peinture dans l'atelier de Vincent. Dans ses moments de loisir il fréquenta des cours de physique et d'histoire naturelle, et devint bientôt un des auditeurs les plus assidus de G. Cuvier, dont l'enseignement avait déjà acquis un grand retentissement. D'après les conseils de Duméril, à cette époque suppléant de Lacépède au Muséum, il prit ses inscriptions à l'école de médecine, se livra particulièrement à l'étude de l'anatomie et fut reçu docteur le 30 août 1808. Les années suivantes, Blainville se mit à étudier les reptiles, de concert avec Oppel. Ce fut à ce moment qu'il attira l'attention de Cuvier. Celui-ci lui offrit de concourir à son *Anatomie comparée*, ouvrage auquel coopérait déjà Duvernoy. Ayant ainsi ses entrées dans le laboratoire de Cuvier, Blainville fut bientôt mis en évidence, et choisi par le maître comme son suppléant au Collége de France. En 1812, il obtint, par voie de concours, la chaire d'anatomie et de zoologie, vacante à la Sorbonne. C'est à cette occasion qu'il composa une dissertation sur l'*ornithorhinque*, l'un des plus singuliers types du règne animal.

« Cependant, raconte ici un juge compétent, diverses causes et certains froissements d'amour-propre amenèrent bientôt une véritable rupture entre le maître et le jeune émule. Nous ne saurions en dire les vrais motifs; mais comme M. de Blainville se montra souvent d'un caractère difficile, on ne fut pas généralement très-étonné de la mésintelligence qui éclata entre lui et l'illustre Cuvier. Il est certain, au reste, que cette inimitié, qui a servi peut-être à stimuler l'ardeur de M. de Blainville pour le travail, fut poussée loin. Cuvier, dans ses Rapports annuels et dans plusieurs de ses ouvrages, où il mentionnait des productions scientifiques souvent insignifiantes, évitait, dans la plupart des cas, de citer les écrits de M. de Blainville ; et plus tard on a pu lire dans l'*Histoire des sciences* de ce dernier, rédigée d'après ses leçons par l'abbé Maupied, que les travaux de Cuvier pouvaient à peu près être comptés pour rien. Tristes représailles, qui n'ont jamais d'autres résultats que de tomber sur leurs auteurs[1]. »

Il est certain que, quels que fussent les torts de Cuvier envers Blainville, rien ne devait autoriser celui-ci à déprécier le maître. Mais il est difficile à l'homme d'imposer silence à sa haine ; malgré les précautions oratoires dont il entourait ses discours, Blainville laissa toujours percer quelques-uns de ces sentiments incorrects qui choquent tout esprit juste. Ces réflexions nous sont venues à la lecture de l'appréciation suivante, où l'auteur fait vainement tous ses efforts pour se donner un vernis d'impartialité. « Cuvier a été, dit Blainville, sans contredit un des hommes les plus remarquables de notre époque; la carrière qu'il a parcourue en est une preuve évidente. Tous ceux qui ont eu l'avantage de le connaître sont unanimes pour lui accorder cette immense facilité d'esprit, cette étonnante activité d'intelligence, qui lui permettaient de saisir sur-le-champ tout ce dont il lui plaisait de s'occuper. Il parlait de toute espèce de sciences, et écrivait avec intérêt sur toutes leurs parties, sans même en avoir fait l'étude ; il lui suffisait pour cela d'une conversation avec les hommes spéciaux, ou de quelques notes rédigées par eux, et il avait l'art de tout lier et de tout enchaîner avec un intérêt si merveilleux, qu'on aurait cru que le fond lui appartenait. Il passait de la politique à l'administration, de l'administration à la science, sans trouble et sans fatigue. Mais cette facilité, qui fait les génies quand elle n'est pas émoussée, devient un écueil inévitable pour la plupart des esprits qui en sont doués : c'est, sans aucun doute, ce qui arriva à Cuvier. Il avait pourtant un grand nombre des qualités nécessaires aux progrès de la science.... Il y

---

1. M. E. Blanchard, article *Blainville*, dans la *Biographie générale*.

joignait, quand le temps ne lui manquait pas, la sagacité d'un observateur ingénieux ; témoin ses recherches anatomiques sur les reptiles regardés comme douteux, ses observations sur le daman, etc. Mais bien des obstacles vinrent enlever à ces heureuses dispositions une partie des résultats qu'on devait en attendre; ils vinrent du dehors et de lui-même.... Il était trop tôt pour généraliser et systématiser, et, quand il voulut le faire, il échoua. Sa méthode et ses théories zoologiques ont nécessairement succombé sous les faits les plus nombreux et les mieux étudiés. Il fallait encore approfondir les faits et essayer de bien asseoir les principes de leur systématisation, avant de systématiser. Ce ne fut pas la position, ni les moyens qui lui manquèrent pour cela : de bonne heure il fut en possession de collections nombreuses, et il eut à sa disposition toutes les facilités que le gouvernement français a toujours accordées à la science. Mais il méconnut une telle position; il lui manqua. Il se méconnut lui-même en sortant de la science pour entrer dans la politique.... Ses ouvrages, bien qu'inutiles pour la philosophie, sont pourtant et demeurent encore des répertoires qu'il faut consulter. Ce sont là des services assez grands pour mériter à Cuvier la reconnaissance de la science; mais ils ne suffisent pas pour lui accorder la gloire d'être son créateur, ni le titre d'Aristote des temps modernes; ils ne suffisent pas pour lui accorder la gloire d'avoir agrandi le cercle des connaissances humaines, en développant les principes de la vraie philosophie[1]. »

Nous verrons plus loin comment Blainville entendait « la vraie philosophie, » qu'il considérait comme le couronnement de l'édifice zoologique. C'est dans cette divergence d'idées qu'il faut, selon nous, en partie, chercher la cause de cette discorde qui rappelle celle qui régnait, dans un autre domaine, entre Leibniz et Newton.

---

1. Blainville, *Leçons sur l'histoire des sciences de l'organisation,* etc., t. III, p. 371 et suiv.

Blainville entra, en 1825, à l'Académie des sciences, et succéda, en 1832, à Cuvier dans la chaire d'anatomie comparée. Dans son *Prodrome d'une nouvelle distribution méthodique sur le règne animal*, imprimé en 1816, il jeta la base d'une classification nouvelle des animaux, qui a été développée et mise au jour par Maurice Laurent, suppléant de Blainville à la Sorbonne.

Suivant cette classification, qui part de l'homme, le règne animal est divisé en trois *sous-règnes*. Le premier sous-règne comprend les *zygozoaires* ou *animaux pairs*, c'est-à-dire chez lesquels les organes de relation sont disposés symétriquement ou par paire.

Le deuxième sous-règne se compose des *actinozoaires* ou *animaux rayonnés*, chez lesquels la disposition symétrique des organes disparaît.

Le troisième sous-règne renferme les *hétérozoaires* ou *animaux irréguliers*, chez lesquels il n'y a ni symétrie, ni disposition radiaire.

Le premier sous-règne, le plus nombreux en espèces connues, est subdivisé en trois *types*, qui sont : 1° le type des *ostéozoaires* ou vertébrés ; 2° le type des *entomozoaires* ou articulés ; 3° le type des *malacozoaires* ou mollusques.

Le type des ostéozoaires est, à son tour, partagé en *sous-types*, comprenant : 1° les *vertébrés vivipares* ou la classe des mammifères ; 2° les *vertébrés ovipares* ou les classes des oiseaux, des *ptérodactyles* (espèces fossiles), des reptiles, des *ichthyosauriens* (espèces fossiles), des amphibies, des poissons, divisés en trois sous-classes : les poissons osseux, les subosseux et les cartilagineux.

Le type des entomozoaires renferme neuf classes : 1° les *hexapodes* ou insectes ; 2° les *octopodes* ou arachnides ; 3° les *décapodes* (homard, langouste, palémon, pagure) ; 4° les *hétéropodes* (squille, trilobite, cyclope, anatife, polyphème, calige) ; 5° les *tétradécapodes* ou animaux à quatorze pieds (crevette, aselle, ligie, cloporte, armadille) ; 6° les *myriapodes* (jule, polydesme, pollyxène, géophile,

scolopendre, scutigère); 7° les *malacopodes* (péripate);
8° les *chétopodes* (serpule, amphitrite, arénicole, amphi-
nome, néréide, lombric); 9° les *apodes* (sangsue, siponcle,
caryophyllée, strongle, hexacotyle).

Le type des malacozoaires comprend trois classes :
1° les *céphaliens*, composés de l'ordre des *cryptodibran-
ches* (poulpe, sépia, onychie, hélédore) et de l'ordre des
polythalamées (balemnite, nautile, ammonite, planospi-
rite) ; 2° les *céphalidiens*, composés de l'ordre des *dioï-
ques* (triton, casque, porcelaine, cadran, paladine, jan-
thine), et de l'ordre des *amphidioïques* (limné, hélice, limace,
aplysie, hyale, clio, thétis, argonaute), et de l'ordre des
monoïques (patelle, fissurelle, haliotide, crépidule); 3° les
acéphaliens, composés de l'ordre des *palliobranches* (ligule,
térébratule, strophonème, orbicule), de l'ordre des *lamel-
librunches* (anomie, avicule, arche, venus chione, buccarde,
phollade) et de l'ordre des *hétérobranches* (ascidie, dis-
tome, botrylle, biphore, pyrosome).

Le second sous-règne, beaucoup moins nombreux en
espèces que le premier, comprend cinq classes, qui sont:
1° les *cirrhodermaires* (holothurie, scutelle, oursin, astérie,
ophiure, comatule, encrine); 2° les *arachnodermaires*
(orythie, rhyzostome, vélelle, porpite); 3° les *zoanthaires*
(actinie, actinocère, actinodendre, zoanthe, astrée, ma-
drépore) ; 4° les *polypiaires* (alvéolite, tubulipore, my-
riapore, flustre, sertullaire, hydre), et les *zoophytaires*
(cuscutaire, tubipore, corail, isis, gorgone, pennatule,
lobulaire).

Le troisième et dernier sous-règne renferme les éponges,
les spongilles, les téthies.

N'oublions pas d'ajouter qu'il y a des animaux qui
échappent à cette classification; tels sont 1° les planaires,
les fascioles, les floriceps, espèces d'articulés rayonnés ;
2° les oscabrions, écailleux et larviformes, espèces de
mollusques articulés; 3° les physales, les béroés, les diph-
lyes, espèces de mollusques rayonnés. Ces animaux, ne

formant ni un ordre, ni une classe, ont été placés, sous le nom d'*animaux intermédiaires* ou *transitionnels*, entre les Mollusques et les Rayonnés.

La classification de Blainville, qui apporte de notables changements à la classification de Cuvier, n'a pas été généralement adoptée.

Parmi les autres travaux de Blainville, nous nous bornerons à mentionner : *Faune française*, Paris, 1821-1830, pour faire suite à la *Flore française* de Lamark ; — *Cours de physiologie générale et comparée*, Paris, 1833 et suiv., 3 vol. in-8° ; — *Manuel de malacologie et de conchyliologie*, Strasbourg, 1825-1827.

A la fin de ses *Leçons sur l'Histoire des Sciences de l'organisation comme base de la philosophie* (rédigées par l'abbé Maupied, 1845, 3 vol. in-8°), Blainville arrive à présenter l'ensemble des connaissances humaines comme constituant un cercle complet, ayant pour terme Dieu ou la puissance intelligente créatrice.

« Cette intelligence souveraine et sa connaissance ne peuvent, dit-il, pas plus être séparées de la philosophie qu'un point de la circonférence ne peut être séparé du cercle, sans l'empêcher d'être terminé. Le moyen, l'instrument à l'aide duquel l'homme peut arriver à ce but est son intelligence, qui lui a été donnée à cet effet. Les matériaux sur lesquels l'homme doit porter son instrument pour en faire sortir la connaissance, le terme, sont les êtres existants ou le monde, qui ont été créés pour lui. Il suit de là que la marche de l'esprit humain a été d'abord de disposer, de préparer et d'aiguiser ses instruments, de les appliquer ensuite à l'étude du monde, et comme terme à l'homme physique et moral, c'est-à-dire social et nécessairement religieux, et par conséquent arriver à Dieu. D'où réponse à ces grandes questions : Que suis-je ? L'œuvre de Dieu, faite à son image. D'où viens-je ? De Dieu. Où vais-je ? A Dieu. Pourquoi m'a-t-il créé ?

Pour être glorifié par la manifestation de sa toute-puissance, de son intelligence et de son amour, ou du triple caractère de son être absolu et parfait, dans la création de l'être de transition entre la matière et l'esprit[1]. »

C'est là ce que Blainville appelle une « grande et magnifique vérité, la seule importante et nécessaire à la vie sociale. » Puis il s'élève avec véhémence contre tous les naturalistes qui s'en sont écartés par leurs travaux. Ceux qui ont été trop loin dans la voie contraire, il leur inflige un dédaigneux silence. « Quant à ces enfants perdus qui, ajoute-t-il, se sont montrés presque à tous les âges de la science, qui ont fait une pointe hardie mal à propos, ou qui ont tiré avant l'ordre, leurs efforts ont été presque toujours sans effet, lorsque même ils n'ont pas nui.... Nous avons donc dû les passer sous silence, aussi bien que ces expérimentateurs, ces créateurs d'espèces, de systèmes, qui ont eu en zoologie la prétention de tout coordonner, et qui quelquefois ont introduit une déviation plus grande encore.... » En un mot, « ces sentinelles perdues qui sont venues avant le temps, leur effort a été nul, il n'a point servi au progrès, et par conséquent ils ne pouvaient figurer dans notre dessein. »

Aussi, d'après cette déclaration de principes, ne faut-il point s'étonner de voir, entre autres, Cuvier exclu de la liste des hommes qui, depuis Aristote jusqu'à nos jours, ont contribué au progrès de la science, liste qui, sous la forme d'un résumé général, termine le dernier ouvrage de Blainville. Cette exclusion montre que le domaine même de la science, où devrait régner la paix éternelle, n'est pas non plus exempt de fanatisme et de passions aveugles.

Blainville n'a point fait école comme Cuvier. Cependant nous ne devons pas passer sous silence Laurent, zélé pro-

____

1. Blainville, *Leçons sur l'Histoire des Sciences*, t. III, p. 516 et suiv.

pagateur de son système de classification, et Straus-
Durkheim, partisan de ses idées zoologico-théologiques.

Maurice *Laurent* (né à Toulon en 1784, mort à Paris
en 1855) voyagea comme chirurgien de la marine, et fut
longtemps professeur à l'école de médecine du port de
Toulon. Après sa mise à la retraite, il vint à Paris et se
livra à d'intéressantes études microscopiques, particulièrement sur l'hydre et le développement des éponges. Il
publia les résultats de ses travaux sous le titre de *Recherches sur l'hydre et l'éponge d'eau douce pour servir à l'histoire naturelle des polypiaires et des spongiaires*, Paris,
1852, gr. in-8°, avec atlas in-fol., dont les figures ont été
très-bien dessinées et en partie coloriées par l'auteur
lui-même. Sa *Zoophytologie* (Paris, 1844, in-8°) fait partie
du *Voyage autour du monde*, exécuté en 1836 et 1837 sur
la corvette *la Bonite*. Laurent fut un des plus fidèles amis
de Blainville.

Straus-Durkheim (né en 1791, près de Bagnères-de-Lu-
chon, mort à Paris en 1862) s'était acquis, par ses remarquables monographies de l'*Anatomie du Hanneton* et de
l'*Anatomie du Chat*, la réputation d'un observateur exact,
lorsqu'il fit paraître, vers la fin de sa vie, la *Théologie de la
nature* (Paris, 1852, 3 vol. in-8°), où il se révéla, à l'exemple
de Blainville, comme un partisan outré des causes finales.
L'ouvrage débute par une dédicace à *Dieu notre Père*. Dans
la préface, l'auteur nous apprend qu'il avait depuis longtemps formé le projet de clore sa carrière scientifique par
la publication des faits d'histoire naturelle les plus propres
à démontrer, que non-seulement les êtres vivants, mais
l'univers entier, ne sont que l'œuvre d'une intelligence
toute-puissante; « intelligence, ajoute-t-il, dont on n'a guère
admis jusqu'à présent l'existence que sur le simple témoignage d'une voix intérieure, instinctive, qui commande
à la plupart des hommes de croire en cet Être suprême. »
Les êtres vivants sont pour lui « de véritables hiérogly-

phes symboliques, dont chacun renferme la doctrine tout entière de la vraie théologie. »

L'auteur reproche aux naturalistes de se borner à recueillir des observations, à décrire et classer les différents animaux, à étudier les organes de leur corps et les fonctions qu'ils remplissent, sans rechercher à pénétrer les causes de ces variétés de formes et de leurs usages. « Or, dit-il, c'est précisément en s'élevant à ces considérations qu'on reconnaît les principes fondamentaux de l'organisme des plantes et des animaux, organismes où se dévoilent les preuves irréfragables de l'existence de Dieu, aussi bien que celles de ses attributs de toute-puissance, de sagesse, de toute-science et de bonté. »

Faire intervenir, dans l'exposition des phènomènes naturels, la sagesse ou la bonté divine, c'est là sans doute un procédé pieux ; mais ce procédé est en même temps trop commode et peu propre à encourager l'esprit de recherche, et à favoriser cette liberté d'investigation qui est le principal levier du progrès.

Oken.

Laurent *Oken* (né à Bohlsbach en Souabe en 1779, mort à Zurich en 1851) fut de 1807 à 1812 professeur de médecine à Iéna, et commença, en 1816, la publication de l'*Isis*, importante Revue des sciences naturelles. Impliqué dans l'affaire de la fête politique de la Wartbourg, il fut accusé de démagogie et perdit sa place. Après avoir quelque temps vécu dans la retraite, il fut appelé, en 1828, à l'université de Munich et accepta, en 1832, une chaire à Zurich, qu'il garda jusqu'à sa mort.

Oken fut un des plus ardents propagateurs de la *philosophie de la nature*, qui a fait beaucoup de bruit, surtout en Allemagne, au commencement de notre siècle. Ce système philosophique avait la prétention de connaître l'origine de la matière et d'exposer les lois qui la régissent. « Le néant étant posé, dit Oken, comme point de départ de tout élément matériel, il s'agit de mettre en lumière la formation des êtres qui occupent l'espace, de montrer comment le rayonnement d'une infinité de formes différentes, dont le cachet s'imprime au règne, tant organique qu'inorganique, arrive dans l'homme à sa plus haute puissance. »

C'était renouveler, sous une autre forme, l'antique question du panthéisme. Quelle était, en effet, la prétention des panthéistes, depuis Démocrite et Épicure jusqu'à Gœthe et Schelling ? D'établir qu'il n'y a dans l'univers qu'un seul être renfermant tout en lui-même, et que les différents êtres, soumis à l'observation humaine, ne sont que le développement des parties de ce grand Tout. C'est ainsi, par exemple, que des naturalistes ont pu se demander si, en prenant pour modèle le premier mammifère ou le corps de l'homme, on y trouve tout ce qu'il y a dans la série des animaux qui lui sont inférieurs, et réciproquement.

Dans ce système, on a substitué à la Divinité créatrice la Nature créatrice, la nature étant supposée produire tous les êtres par ses propres forces. Pour donner à cet échafaudage une apparence de solidité, la science elle-même a été présentée comme un calque ou comme une image de l'univers. C'était là, en dernière analyse, l'*identification de l'homme* ou *du moi* avec *tout ce qui est.* D'après cette thèse, soutenue par Schelling, le savoir humain est partagé en deux branches, en *philosophie de la nature* et en *philosophie transcendante.* La première, partant du moi, devait en déduire l'objectif, le divers, le nécessaire, la Nature : la seconde, partant de la Nature, devait en déduire le subjectif, le moi libre, le simple. Ces deux branches d'un même tronc ont, d'après le même système, un principe commun, à savoir, que les lois de la nature doivent se retrouver immédiatement au dedans de nous, comme lois de la conscience ou de l'entendement, et que, réciproquement, les lois de la conscience ou de l'entendement doivent se retrouver, au dedans de nous, comme lois de la Nature[1].

Dans tout cela que devenait Dieu? — Dieu c'était l'absolu, ou le Tout dans sa forme primitive. La Nature c'était Dieu ou l'absolu, se manifestant dans sa forme secondaire.

Dans son Traité de philosophie naturelle (*Lehrbuch der Naturphilosophie*, 1831, 2e édit.), Oken divise la philosophie naturelle en trois parties principales, dont la première traite de Dieu et de sa puissance (*mathesis*) ; la seconde, des phénomènes individuels existant dans le monde (*ontologie*), et la troisième, de l'action continue de Dieu dans chaque être particulier, ou de la doctrine du Tout, appliquée à la vie (*biologie*). La science par excellence, Oken la trouve dans les mathématiques : « La philosophie de la nature ne peut, dit-il, s'attribuer le nom de science qu'autant que les principes dont elle se compose rentrent dans le domaine de la *mathesis*. La science mathématique est la science des *formes pures, sans contenu;* la philosophie de la nature, au contraire, est la *science des formes avec leur contenu.* La valeur tout entière des mathématiques repose sur ce principe de l'identité : *zéro est égal à zéro.* Le néant peut donc être la source de quelque chose, puisque c'est par rapport à lui que les mathématiques sont réelles et placées au rang qu'elles occupent. Le zéro, considéré en soi ou isolément, n'est rien ; mais il est le principe fondamental de tout ce qui existe, dès qu'il est mis en rapport avec la réalité. Le zéro ne comprend rien en lui-même, ni nombre ni figure; le zéro est l'universel sur lequel

---

1. Le principal fondateur de cette théorie est Kant. Reprise et développée par Fichte, Schelling, Hegel, elle a été appliquée aux sciences d'observation par Oersted, dans son ouvrage, *Der Geist in der Natur* (l'Esprit dans la Nature); Leipzig, 1850, 2e édit.

reposo le particulier. L'universel ne résidant que dans l'esprit de l'homme, est purement idéal, tandis que le particulier est objectivement réel dans le monde sensible qui nous environne ; mais l'un est tout aussi vrai que l'autre ; ils sont même tous deux au fond égaux entre eux, et la différence ne réside que dans la forme. Ainsi, l'idée de triangle, par exemple, renferme à la fois toutes sortes de triangles ; mais à l'instant où cette conception s'extériorise ou se réalise, le triangle que vous tracerez n'est plus un triangle quelconque, mais bien un triangle particulier et parfaitement distinct de tous les autres. L'idée générale, prise dans son abstraction, est $= 0$; mais pour qu'elle prenne corps, il faut qu'elle revête l'une des formes infiniment variables de la réalité. »

Les sens sont les organes qui mettent l'homme en rapport avec l'extérieur réel. Voilà le vrai. Mais Oken va plus loin. Il appelle *sens végétatifs*, le toucher, le goût et l'odorat, parce qu'ils mettent l'homme immédiatement en contact avec les trois éléments de notre planète (*la terre, l'eau, l'air*). « Dans le système vasculaire et nutritif, le sang, dit-il, se consolide et devient chair. C'est pourquoi le *toucher* est le sens du solide ou de la résistance —*sens-terrestre*. Le *goût* est le sens de la digestion, c'est-à-dire de la dissolution des molécules, de la formation des liquides, — *sens aquatique*. La respiration est un phénomène d'oxydation ; l'odorat est le sens qui a pour milieu l'air. L'*odorat* est donc le *sens aérien*. Ces trois sens végétatifs sont les *sens planétaires* proprement dits. Les *sens cosmiques*, sens de l'animalité, attestent un plus haut degré de perfectionnement de la vie, ils s'élèvent au-dessus des éléments de la planète, ils visent le système solaire lui-même. Les os, les muscles et les nerfs, en un mot le système animal, représentent l'éther, la pesanteur, la chaleur et la lumière. L'oreille perçoit le mouvement des atomes agités dans l'éther : l'*ouïe* est donc le *sens éthéré* ; la lumière est le phénomène de la diffusion de l'éther : la *vue* est l'illumination de l'organisme. La vue est donc le *sens de la lumière*..... L'état de vie ou de veille est la communication non interrompue de l'homme avec le monde extérieur. La mort est le moment où cesse le *consensus* végétatif avec les éléments de la planète, comme le sommeil est la cessation de l'animalité. .... De même que la vue nous révèle l'immensité de l'univers ou le macrocosme, l'ouïe nous en fait connaître la miniature, l'homme ou le microcosme. La vue va du dedans au dehors, tandis que l'ouïe procède en sens inverse. La vue est le langage du monde, l'ouïe est le langage de planète. La parole est la pensée engourdie et cristallisée de l'homme; tout corps de la nature est une solidification ou cristallisation de la parole de Dieu. Du sens de l'ouïe naît la conscience de soi-même; le sens de la vue donne la conscience de l'univers. »

Cette citation montre qu'il serait difficile de pousser plus loin l'abus des analogies.

Comment l'homme résume-t-il en lui-même tout le monde organisé? A cette question, le philosophe de la nature n'est pas embarrassé de répondre. « L'homme à l'état de fœtus parcourt, dit Oken, tous les degrés de l'échelle animale. L'embryon n'est d'abord qu'un simple infusoire, une espèce de petite vésicule qui, en grossissant de plus en plus, approche du polype. Avec l'apparition des intestins, des viscères, des membres, des os et des muscles, il passe successivement du genre des lombrics aux classes des mollusques, des poissons et des reptiles. Dès l'instant où la circulation est complète et que tout le sang passe par les poumons, le fœtus entre dans la classe des oiseaux, et sa naissance a lieu aussitôt. Le lait, qui forme la substance alimentaire du nouveau-né, est l'albumine de l'œuf; car les mamelles ne sont autre chose que les réservoirs du blanc d'œuf de l'oiseau; elles ont seulement revêtu une forme particulière qui n'existe pas chez l'oiseau, et ont pris, chez le mammifère, plus d'accroissement au dehors. Pendant la durée de l'allaitement, le nouveau-né se trouve encore à l'état de fœtus, car sa métamorphose ou sa migration à travers le règne animal n'a pas encore touché à son terme; ce n'est qu'après qu'il a été sevré, ou détaché des mamelles de la mère, qu'il entre enfin dans la classe des mammifères. Il suit de là que les différents termes de la série animale ne sont que les différents états du fœtus humain. Les anomalies et les monstruosités ne sont que des arrêts de développement du fœtus. Les êtres vivants ne sont que les branches et les rameaux du corps de l'homme, qui résume en lui tout le règne animal [1]. »

Ce sont là de pures hypothèses, dans lesquelles peuvent se complaire des philosophes spéculatifs, mais qui répugnent au véritable esprit d'observation.

Oken a rendu beaucoup moins de services à la science par son système philosophique que par son Histoire naturelle générale (*Allgemeine Naturgeschichte*, Stuttgart, 1832-1841, 13 volumes in-8°, avec un atlas de planches). Cet ouvrage a beaucoup contribué à populariser l'étude de la zoologie.

Travaux des principaux zoologistes vivants.

Ce qui distingue les travaux modernes des travaux anciens, c'est principalement la tendance, de plus en plus manifeste, à pénétrer les mystères de la vie par l'étude simultanée de la structure intime des tissus (*histologie*) et du mouvement ou fonctionnement naturel des organes (*physiologie*). A ces travaux se lie très-étroitement l'étude zoologique, tant descriptive que classificatrice, des organi-

1. Voy. notre article *Oken ou la philosophie de la nature*, dans la Revue *l'Époque*, année 1835, p. 304-310.

sations ou des animaux inférieurs, dont l'observation paraît avoir pour les naturalistes de nos jours un attrait tout particulier, facile à comprendre.

Ce sont les résultats de leurs recherches que nous allons très-sommairement passer en revue, en nous astreignant, autant que possible, à l'ordre chronologique.

EHRENBERG. — Le doyen des naturalistes, l'un des associés étrangers de l'Institut de France, Godefroy Ehrenberg, naquit le 17 avril 1795 à Delitsch (Saxe prussienne). Destiné par ses parents à la carrière théologique, il lui préféra la médecine, qu'il étudia à Leipzig et à Berlin où il obtint, en 1818, le grade de docteur. Ses premiers travaux d'histoire naturelle, remontant à la même année, avaient pour objet les moisissures (mucédinées) et les syzygites, cryptogames encore très-imparfaitement connus. En avril 1820, l'académie des Sciences de Berlin le chargea, lui et son ami le docteur Hemprich, de faire un voyage scientifique en Égypte, où se rendait alors le général Minutoli, pour en étudier les antiquités. Au comble de leurs vœux, les deux amis s'embarquèrent au mois d'août à Trieste pour Alexandrie. Après avoir exploré la côte de Libye jusqu'à Kasr-Eschdaébie, ils revinrent dans le port d'Alexandrie par l'oasis d'Amoun. Ils employèrent l'année 1821 à visiter l'Égypte moyenne, particulièrement les pyramides autour de Fayoum, et à pénétrer par Thèbes jusqu'à Dongolah, où ils arrivèrent en février 1823. Les troubles politiques de ce pays les engagèrent à se replier vers le Caire, d'où ils allèrent visiter Damiette et poursuivre leur voyage, par l'isthme de Suez, jusqu'au mont Sinaï[1]. Après diverses courses scientifiques en Syrie et en Arabie, M. Ehrenberg eut le malheur de perdre son

---

1. M. Ehrenberg estima les plus hauts sommets de la montagne du Sinaï à environ 7400 pieds au-dessus du niveau de la mer. Le couvent est de 2000 pieds moins élevé.

compagnon. Hemprich fut enlevé par une fièvre pernicieuse à Massaoua, île du golfe Arabique. Il avait envoyé au musée de Berlin un riche butin d'animaux curieux, qu'il avait rapportés d'une excursion dans le désert, vers le Senaar.

M. Ehrenberg était de retour à Berlin en décembre 1826, après une absence de six ans[1]. Plusieurs distinctions honorifiques et une chaire de professeur à l'université le récompensèrent de ses laborieuses explorations d'histoire naturelle. Il en fit paraître les divers résultats sous les titres de : *Symbola physica Mammalium ;* — *Avium ;* — *Insectorum ;* — *Animalium evertebratorum ;* — *Die Korallenthiere des rothen Meeres* (les animaux coralligènes de la mer Rouge); *Les acalèphes de la mer Rouge;* Berlin, 1828-1836. En 1829, il accompagna Alex. de Humboldt dans son voyage en Asie, et il s'établit depuis lors entre les deux illustres savants une amitié qui ne fut rompue que par la mort du dernier.

C'est surtout par ses travaux micrographiques que M. Ehrenberg s'est acquis une gloire impérissable. Son grand ouvrage sur les infusoires *(Die Infusions-Thierchen als vollkomne Organismen,* Leipzig, 1838, in-fol. avec 64 planches sur cuivre, gravées d'après les dessins de l'auteur lui-même) a fait époque. Il importe donc de nous y arrêter un moment.

A l'histoire des infusoires se rattache d'une manière intime le perfectionnement du microstope. Elle peut se diviser en trois périodes. La première commence à Leuwenhoek, dont nous avons parlé : ce père de la micrographie devait ses découvertes au microscope simple. La deuxième période commence à O. F. Müller, qui essaya le premier de classer méthodiquement les infusoires : il

[1] Deux ans après son retour, parut : *Voyage dans l'Afrique septentrionale et l'Asie occidentale, pendant les années 1820-1825,* par G. F. Hemprich et C. G. Ehrenberg ; Berlin, 1828.

se servait du microscope composé, ainsi que les observateurs qui l'ont suivi. La troisième et dernière période
est caractérisée par l'emploi du microscope achromatique et par les découvertes de M. Ehrenberg qui, l'un des
premiers, s'est occupé à la fois de la classification des
infusoires et de l'étude de leurs organes.

Un microscope composé, même très-médiocre et non
achromatique, suffit pour distinguer la plupart des infusoires. Quelques-uns d'entre eux, tels que les tardigrades
et les anguillules, sont très-bien observables à l'aide du
microscope simple ou d'une loupe montée. Enfin il y en a
dont les dimensions atteignent jusqu'à un quart ou à un
tiers de millimètre; ceux-là, tels que les rotifères, les
brachions, les paramécies, etc., s'aperçoivent même à l'œil
nu. On aurait donc grand tort de croire, comme on le fait
généralement, que les infusoires ne peuvent être vus
qu'avec le secours de nos microscopes achromatiques les
plus parfaits. Ce qui manquait et ce qu'on a obtenu à notre
époque, c'est une netteté d'image suffisante pour discerner la forme réelle des différentes parties de l'animalcule, pour constater la présence ou l'absence de tels ou
tels organes.

Une chose digne de remarque, c'est le complet dés-
accord qui régnait dès l'origine parmi les naturalistes sur
l'organisation des infusoires. Les uns, comme Leuwenhoek, y voyaient des animaux d'une organisation très-
compliquée; les autres, comme F. O. Müller, n'y voyaient
qu'une simple substance gélatineuse, homogène. Cette
dernière opinion, adoptée par Cuvier, par Lamarck, par
Treviranus, par Oken, était presque universellement admise, quand M. Ehrenberg vint, en 1830, montrer que
les infusoires sont d'une organisation beaucoup moins
simple qu'on ne se l'était imaginé. Comme Leuwenhoek, il se fondait sur ce principe que « les idées de

grandeur sont relatives et de peu d'importance physiologique. »

Cette manière de voir fut attaquée par plusieurs micrographes, notamment par Félix Dujardin. Cet observateur
habile, qu'une mort prématurée a, en 1860[1], enlevé à
la science, reprochait au principe mis en avant de n'être
que la conséquence d'une idée préconçue sur la divisibilité
indéfinie de la matière. « Non pas, disait-il, que là où le
microscope ne montre rien qu'une substance homogène,
transparente, et cependant douée du mouvement et de
la vie, il faille conclure d'une manière absolue qu'il
n'existe ni fibres, ni organes quelconques. Non, sans
doute; mais seulement on doit reconnaître qu'en y supposant, par analogie, des membranes, des muscles, des
vaisseaux et des nerfs imperceptibles, on ne fait que re-
culer la difficulté au lieu de la résoudre[2]. »

Quoi qu'il en soit, M. Ehrenberg eut le mérite d'avoir
le premier distingué nettement, pour en former deux
classes particulières, les Infusoires qu'il nomme Polygastriques, *Polygastrica*, et les Systolides qu'il nomme Rota-
toires, *Rotatoria*. Les Systolides sont des animaux mi-

1. Félix Dujardin (né à Tours, en 1801), successivement professeur
de zoologie à la faculté de Toulouse et à la faculté de Rennes, fit, dès
1834, connaître le développement des œufs de la comatule à la base
des pinnules de ce zoophyte, et publia, en 1835, de remarquables
Observations sur les rhizopodes, qu'on avait jusqu'alors classés parmi
les mollusques céphalopodes sous le nom de *Foraminifères*; il les rapporta avec raison au type des infusoires les plus simples. Il fut ainsi
conduit à une nouvelle étude des infusoires, et appela l'attention des
naturalistes sur le tissu primordial des animaux, qu'il a nommé *sar-
code*. Outre son *Histoire naturelle des infusoires*, on a de lui une
Histoire naturelle des helminthes (parue en 1844 dans les *Nouvelles
suites à Buffon*), le *Manuel de l'observateur au microscope; — Prome-
nades d'un naturaliste* (notices extraites du *Magasin Pittoresque*);—
Recherches sur le cerveau et l'intelligence des abeilles; — des annotations au 3ᵉ volume de l'*Histoire des vertébrés* de Lamarck.

2. F. Dujardin, *Histoire naturelle des Infusoires* (p. 25, Paris, 1841,
in-8° dans les *Nouvelles suites à Buffon*).

croscopiques dont on aurait à peine, avant les découvertes
de M. Ehrenberg, soupçonné l'organisation complexe. Ils
sont, en effet, symétriques, revêtus d'un tégument résis-
tant, flexible, et ils ont la faculté de se retirer en se con-
tractant sous la partie moyenne de ce tégument, qui offre
quelquefois l'apparence d'une cuirasse solide; c'est de
cette faculté de contraction que leur vient le nom de *Systolides*. Ils ont de plus un canal digestif, avec deux orifices opposés; leur bouche est le plus souvent entourée
d'un appareil charnu, revêtu de cils vibratiles qui, dans
certains cas, par la régularité de leur mouvement, offrent
l'apparence de roues dentées tournant avec rapidité; ils
sont tous hermaphrodites, et se reproduisent par des œufs
relativement très-gros. Les rotifères, les tardigrades, les
brachions, etc., sont des Systolides.

Dans la classification publiée en 1830, M. Ehrenberg
avait divisé les Infusoires en 20 familles et 77 genres; il
y comprenait les Bacillariées et les Clostériées[1]. Depuis
lors, il a, par diverses additions et modifications, porté, en
1833, le nombre des familles à 21, et le nombre des genres
à 106. Enfin, dans son grand ouvrage, publié en 1838,
il a, par de nouvelles additions, porté le nombre des
familles à 22 et celui des genres à 133, renfermant 533
espèces. Si l'on en déduit 206 espèces de Bacillariées et
de Clostériées, le nombre des divers Infusoires se trouvera
réduit à 347 espèces. Les Polygastriques ou Infusoires à
plusieurs estomacs (que F. Dujardin regardait comme de
simples *vacuoles*) ont été divisés en *Anentera* ou sans intestin apparent, et en *Enterodela* ou à intestin visible. Ces
derniers ont été subdivisés en quatre sections : 1° les
Anopisthia, où les deux extrémités de l'intestin viennent
aboutir à un même orifice; 2° les *Enantiotreta*, où les ori-

---

1. Dans les *Infusoires* polygastriques il avait réuni, sous le nom de
Bacillariées et de *Clostériées*, beaucoup d'êtres, vivants ou fossiles,
que la plupart des naturalistes rangent aujourd'hui parmi les végétaux.

fices de l'intestin occupent les deux extrémités; 3° les *Anotreta*, où l'un seulement des orifices de l'intestin occupe l'une des extrémités du corps ; 4° les *Catotreta*, où les deux orifices de l'intestin sont situés à la face ventrale, et non terminaux. Quant aux *Anentera*, ils sont partagés en trois sections : 1° les *Gymnica*, qui sont dépourvus de pieds ou appendices; 2° les *Pseudopoda*, ayant des pieds ou appendices variables ; 3° les *Epitricha*, qui ont des cils. Chacune de ces sept sections se partage ensuite en familles, principalement fondées sur la présence ou l'absence d'un têt ou d'une cuirasse. Ce caractère parut si important à l'auteur, qu'il avait d'abord divisé ses Infusoires en deux séries parallèles, les *nus* et les *cuirassés*. Quant à l'établissement des genres et des espèces, le choix des caractères devint de plus en plus difficile et embarrassant. Aussi est-ce là-dessus particulièrement que portent les critiques que l'on a faites de la classification de l'illustre micrographe.

Quand une fois on se trouve engagé dans la voie des découvertes, on ne s'arrête pas à demi-chemin. C'est ce qui est arrivé à M. Ehrenberg. Dès 1837 il avait montré que la formation de la terre végétale est due aux infusoires, et il avait consigné le résultat de ses recherches dans un ouvrage intitulé : *Die fossilen Infusorien und die lebendige Dammerde* (les infusoires fossiles et la terre végétale vivante); Berlin, 1837, avec planches. Peu de temps après, l'auteur étendit la même remarque aux formations crétacées et argileuses de l'Europe, de la Libye et des monts Ourals, dans l'ouvrage qui a pour titre : *Die Bildung des Europæischen, Libysichen und Uralischen Kreidefelsens und Kreidemergels aus microscopischen Organismen;* Berlin, 1839.

Les dépôts de *tripoli*, de *polirschiefer*, de *bergmehl* (farine de montagne), accumulés dans certaines localités de la surface terrestre pendant les périodes antédiluviennes, sont presque entièrement composés de carapaces de

Diatomées, de la famille des Bacillariées. Ces êtres microscopiques, dont toutes les espèces ne sont pas éteintes, ont le corps revêtu d'un têt siliceux, diaphane, dur et cassant, qui résiste parfaitement à la décomposition. Doués d'un mouvement assez vif de va et vient, ils déposent, dans les eaux qu'ils habitent et qui finissent par s'évaporer, une couche siliceuse, pulvérulente, qui s'épaissit et durcit avec le temps.

M. Ehrenberg fit voir aussi, l'un des premiers, que, dans la plupart des cas, la phosphorescence de la mer est due à des animalcules (*Das Leuchten des Meeres*; Berlin, 1835). Il en signala de même la présence dans les pluies de poussière, diversement colorées; et comme ces pluies sont, en général, accompagnées de tempêtes violentes, les animalcules qui les composent peuvent nous être apportées de régions fort lointaines. Enfin depuis un grand nombre d'années, l'illustre micrographe s'est livré à l'analyse des dépôts de fleuves, de rivières, etc. Il ne cessera, espérons-le, de travailler qu'en cessant de vivre.

MILNE EDWARDS. — Né en 1800, à Bruges, de parents anglais, M. Milne-Edwards commença ses études en Belgique, et les continua à Paris, où il obtint le grade de docteur; mais il abandonna bientôt la pratique de la médecine pour se livrer tout entier aux sciences naturelles. Par son *Cours élémentaire de Zoologie* et ses *Éléments de Zoologie*, il popularisa, dès 1834, la science au progrès de laquelle il devait si puissamment contribuer. Ses travaux le firent, en 1838, entrer à l'Académie des sciences, et lui valurent une chaire à la Sorbonne. Les cours qu'il y a faits ont paru sous le titre de *Leçons sur la physiologie et l'anatomie comparée de l'homme et des animaux*. Commencé en 1857, cet important ouvrage se compose aujourd'hui (1873) de 10 volumes in-8. L'exposition didactique s'y trouve heureusement combinée avec l'histoire de la science. « C'est, à mon avis, dit l'illustre professeur, un spectacle plein d'intérêt et d'enseignements utiles que celui du développement graduel d'une science, des progrès de l'esprit humain dans la recherche du vrai, et des efforts continus sans lesquels aucune conquête importante ne saurait s'effectuer. C'est une erreur de croire qu'une science quelconque ait atteint l'âge viril dès sa naissance, et soit sortie du cerveau de l'inventeur armée de pied en cap, comme la Minerve de la poésie antique. Chaque question s'est mûrie lentement ; et si c'est pour tous une tâche ingrate et fastidieuse que de rappeler la longue série des opinions fausses ou incertaines dont elle a pu être l'objet, c'est au contraire une œuvre utile et pleine de charmes que de montrer comment la lumière s'est faite. En voyant la manière dont la science s'est constituée et a grandi peu à peu, on en saisit mieux l'esprit et les méthodes ; on apprend à connaître les hommes aussi bien que les choses, et l'on s'inspire d'un juste respect pour les travaux des investigateurs de la nature, lors même que les fruits de leur labeur n'auraient pas encore apparu ; car dans cette étude on rencontre maints exemples de faits qui, restés longtemps stériles et négligés, sont devenus tout à coup le germe d'une grande découverte lorsque le moment était arrivé pour en comprendre la portée, et qu'un homme de génie était venu y apposer son cachet[1]. » — Ces paroles sont tout un programme : elles tracent la vraie méthode de l'enseignement scientifique.

Parmi les travaux de M. Milne-Edwards, qui ont particulièrement pour objet la zoologie, nous mentionnerons : *Recherches pour servir à l'histoire naturelle du littoral de la France* (Paris, 1832-1834, 2 vol. grand in-8, avec planches). C'est un recueil de mémoires sur l'anatomie, la

---

1. M. Milne-Edwards, *Leçons sur la physiologie et l'anatomie comparée*, t. I, p. 7-8.

physiologie, la classification et les mœurs des animaux que l'auteur avait observés sur les côtes de la Normandie. Chargé d'étudier la faune marine de la Sicile, il s'y rendit au printemps de 1844, en compagnie de MM. de Quatrefages et Blanchard, et adressa, sur les résultats de sa mission, un *Rapport au ministre de l'instruction publique.*

La publication de l'*Histoire naturelle des crustacés*, dans les *Nouvelles suites à Buffon* (Paris, 1834-1840, 3 vol. in-8), a mis M. Milne-Edwards au premier rang parmi les naturalistes contemporains. Cet important ouvrage est précédé d'une Introduction qui donne un intéressant aperçu historique des observations faites sur cette branche de l'histoire naturelle depuis Aristote jusqu'à nos jours.

M. Milne-Edwards a divisé la classe des crustacés en légions et en ordres, division fondée sur les modifications de leur appareil digestif, de leur appareil respiratoire, de leurs organes locomoteurs, et sur le degré plus ou moins avancé de leur développement au moment de leur naissance. La légion des *Podophthalmiens*, ainsi nommés parce que leurs yeux sont pédonculés, comprend deux ordres : les Décapodes et les Stomapodes; la légion des *Édriophthalmes* (garnis d'yeux sessiles) renferme trois ordres : les Amphipodes, les Isopodes et les Læmipodes; la légion des *Branchiopodes* contient deux ordres : les Ostrapodes et les Phyllopodes ; la légion des *Entomostracés*, deux ordres : les Copépodes et les Cladocères. Puis viennent les Trilobites, d'une classification encore incertaine; la sous-classe des *Crustacés suceurs*, comprenant les légions des parasites marcheurs et des parasites nageurs, enfin la sous-classe des *Crustacés xyphosuriens*, composée de l'ordre des xyphosures, qui semblent former le passage des Crustacés aux Arachnides.

Le nombre des espèces décrites s'élève à plus de quatorze cents (1419), dont une grande partie a été établie par l'auteur. Un chapitre remarquable (le dernier du tome III) a été consacré à leur distribution géographique. Comme les autres êtres vivants, les crustacés n'émanent pas d'un centre de création unique. Chaque espèce est cantonnée dans des limites relativement étroites; de là des régions distinctes, caractérisées par des populations particulières. M. Milne-Edwards admet, pour l'Europe, trois *régions carcinologiques*, dont chacune a ses espèces propres; la *région scandinave*, qui embrasse les côtes de la Norwége et se trouve caractérisée principalement par la lithode arctique, par l'hyas araignée et le néphrops; la *région celtique*, qui s'étend depuis l'Islande, le long des côtes occidentales de l'Angleterre et de la France, jusque vers le détroit de Gibraltar, et que caractérisent, d'une part, la prédominance des oxyrhynques et des portuniens, et, de l'autre, l'absence presque complète des catométopes, des anomoures et des squilliens; la *région méditerranéenne*, que caractérise surtout la présence de plusieurs grands pagures, de la squille mante, la dorippe laineuse, etc. La faune carcinologique de l'Asie, de l'Afrique, de l'Amérique et de l'Australie n'est pas encore assez connue pour qu'on puisse en tracer les limites par des régions ou des centres de création bien déterminés. Cependant l'immense majorité des faits milite en faveur de l'opinion que, « pour les animaux marins comme pour les végétaux terrestres, chaque espèce a dû avoir son origine dans une région déterminée, et que c'est en s'irradiant de ces divers centres de création, qu'ils se sont étendus plus ou moins loin sur la surface du globe, et qu'ils se sont mêlés entre eux dans des localités intermédiaires;.... que la chaleur est une des conditions les plus favorables pour la multiplicité des espèces, ainsi que pour la perfection de leur organisation[1]. »

Pour la même collection des *Nouvelles suites à Buffon*,

1. M. Milne Edwards, *Histoire des Crustacés*, t. III, p. 568-589.

M. Milne-Edwards a fait l'*Histoire naturelle des coralliaires ou polypes proprement dits* (Paris, 1857-1860, 3 vol. in-8). L'introduction historique, pleine de documents instructifs, a été rédigée en collaboration avec Jules Haime, dont la mort prématurée fut une perte pour la science. Les polypes coralliaires ont été compris, avec les Acalèphes et les Polypes hydraires, dans une division particulière de zoophytes radiaires, que MM. Frey et Leuckart ont désignée par le nom de *Coélentérés*. Les Polypes coralliaires, qui en forment une des subdivisions naturelles, sont organisés pour la vie sédentaire; restant presque toujours fixés par leur base à des corps étrangers, ils ont les organes de la génération logés dans l'intérieur du corps à l'entour de la cavité digestive, tandis que chez les Acalèphes ces mêmes organes sont toujours superficiels et indépendants de la cavité digestive.

M. Milne-Edwards a partagé les Coralliaires en deux sous-classes, les *Cnidaires* et les *Podactiniaires*, caractérisés de la manière suivante :

CORALLIAIRES ayant les tentacules	tubulaires, disposés en couronne et communiquant librement avec la chambre viscérale;	*Cnidaires.*
	non tubulaires, disposés par groupes isolés, et ne communiquant pas librement avec la chambre viscérale.	*Podactiniaires*

Le chapitre qui termine l'ouvrage traite de la distribution géographique des Coralliaires. L'auteur remarque d'abord que, contrairement aux autres faunes, un grand nombre de ces zoophytes, tels que les alcyons, les gorgones, les pennatules, etc., sont presque aussi abondants dans les mers de la zone tempérée ou même froide que dans celles de la zone torride. Ce fait, en apparence si singulier, s'explique tout naturellement parce que la température des eaux de la mer, à la profondeur où se tiennent la plupart de ces zoophytes, est à peu près constante (à 4°)

sous les différentes latitudes. De même que pour les autres animaux marins, il y a des zoophytes qui sont propres à certains parages. Ainsi, la Méditerranée est caractérisée par le corail rouge, par l'*astroïdes calicularis*, etc. La mer du Nord possède le *paragorgia arborea*, le *caryophyllia Smithii*; certains madréporaires appartiennent exclusivement, les uns aux mers des Antilles, les autres aux mers de la Chine et du Japon, ou à certaines parties de la Polynésie. Les profondeurs auxquelles on les rencontre peuvent varier de 20 à 150 mètres et plus.

Les récifs, les bancs et les attolls ou îles à lagunes, signalés par les navigateurs, sont principalement l'œuvre des porites, des lithrées, des goniopores, des montipores, des millépores et des astréens massifs. Ces vastes assemblages affectent des dispositions constantes : les uns forment des anneaux dont le centre est occupé par un bassin profond, en communication avec la mer extérieure par une ou plusieurs brèches; les autres entourent, à distance, en forme de cadre, une petite île qui est d'ordinaire un cône volcanique (récifs de ceinture); d'autres enfin garnissent la côte d'une île d'une terre ferme (récifs de bordure). Pour faire leurs constructions pierreuses, les polypes paraissent préférer l'agitation au calme ; car là où les vagues se brisent avec violence la roche madréporique est couverte de polypes vivants, de manière à ressembler à un jardin émaillé de fleurs, tandis qu'en dedans des récifs où la mer est calme, les coralliaires ne se développent qu'en petit nombre. Le grand foyer madréporique est situé dans les régions tropicales de l'océan Pacifique, où il donne naissance, vers le sud-est, à un groupe nombreux d'attolls, appelé l'archipel des Iles-Basses; c'est la région coralligène par excellence, dont la limite extrême au sud-ouest est marquée par l'île Ducie au sud du tropique du Capricorne et vers 127° de longitude occidentale. D'autres îles de même nature, ou des pics volcaniques entourés de barrières madréporiques, parsèment cette mer jusque sur la côte orientale de la Nouvelle-Hollande. Un second groupe de terres madréporiques, situées à environ 10 degrés au nord de l'équateur, vers 150° longitude orientale, constitue l'archipel des îles Carolines ; quelques-unes des îles Sandwich sont également entourées de grands récifs de polypiers. Mais à l'est de ces régions, tout le long de la côte occidentale du continent américain, on n'en rencontre aucune trace. Cette absence de polypiers massifs tient-elle à ce que, dans ces parages, la température de la mer est considérablement abaissée par le grand courant d'eau froide venant des glaces polaires antarctiques? C'est éminemment probable.

Quoi qu'il en soit, la connaissance exacte de la distribution géographique des Coralliaires est encore fort incomplète, malgré les travaux de Forster, de Flinders, de Beechy, d'Ehrenberg, de Quoy et Gaimard, d'Agassiz, de Dana et de Darwin, que l'auteur de l'*Histoire naturelle des Coralliaires* a consultés avec discernement.

Parmi les publications récentes de M. Milne-Edwards nous mentionnerons : *Rapport sur les progrès récents des sciences zoologiques, en France* (1867) ; — *Monographie des polypes fossiles des terrains paléozoïques.* (T. V des *Archives du Muséum.*) [1].

RICHARD OWEN, né à Lancastre en 1804, commença ses études à Édimbourg, et les acheva à Londres, où il succéda, en 1836, à Charles Bell dans la chaire d'anatomie et de physiologie au Collége des chirurgiens. Dès 1826, il avait entrepris de compléter et de cataloguer le célèbre musée de Hunter. Ce travail, qui l'occupa pendant trente ans, lui suggéra, sur la forme et la structure des ani-

---

1. M. Alphonse Milne-Edwards (né à Paris en 1835), fils de l'illustre doyen de la Faculté des sciences, s'est fait connaître par d'importantes recherches anatomiques et paléontologiques sur des espèces vivantes et fossiles de mammifères, d'oiseaux et de crustacés.

maux, des idées neuves, en partie consignées dans les mémoires de la Société zoologique de Londres, et dans beaucoup d'autres recueils, tels que le *Magazine of natural history*, le *Cyclopædia of anatomy and physiology*, les *Reports of the British association*.

Suivant les traces de Cuvier, R. Owen prit l'anatomie comparée pour base de la zoologie, et se mit à étudier les espèces éteintes parallèlement avec les espèces vivantes. C'est ainsi qu'il reconnut, entre autres, dans les empreintes du *cheirotherium*, remarquées sur le vieux grès rouge, un batracien gigantesque. L'anatomie de l'orang-outang, du chimpanzé, des marsupiaux, des édentés, comparés aux espèces antédiluviennes du *gastornis parisiensis*, du *dinornis elephantopus*, des reptiles, des poissons, des mollusques, fixa particulièrement son attention, comme l'attestent les nombreux travaux qu'il a fait paraître depuis quarante ans[1].

Quelques-uns de ses travaux rentrent dans le domaine de la philosophie zoologique ; tels sont : *On parthenogenesis, or the successive production of procreative individuals from a single ovum*, 1849 ; *Instances of the power of God, as manifested in his animal creation*, 1863, ou—

1. En voici les titres : *On the anatomy of the concave Hornbill, Buceros cavatus*; Lond., 1833, in-4°;—*On the structure of the heart in the Perenni-branchiate Batrachia*; ibid., 1835, in-4°; — *On the remains of a Bird, fossil Reptiles*, etc., 1842; — *Description of the skeleton of an gigantic sloth (Mylodon robustus*, etc.), 1842; —*On the skeleton and teeth of Labyrinthodon from the lower Warwick-Sandstone*, 1842; — *History of british fossil mammals and birds*; 1846, in-8°; — *Lectures of the comparative anatomy of the invertebrate animals*, 1843; — Id. *of the vertebrate animals*, 1846; — *Monographia of the fossil Reptilia of Great-Britain*, en 21 parties; 1849-1870, gr. in-4° (avec 220 planches); — *Fossil Reptilia of the cretaceous and Wealden formations*, en 10 parties, 1851-64, gr. in-4° (avec 121 planches); — *Monogr. of the fossil Chelonian Reptiles of the Wealden clays*, etc., 1853, in-4°;—*Descript. of the skull and teeth of the Placodus laticeps*, 1858; — *Descr. of some remains of a gigantic Land-lizard (Megalania prisca) from Australia*, 1858; — *On the vertebr. caracters of the order*

vrage qui rappelle la *Théologie de la nature* de Strauss-Durkheim; *On the archetype and homologies of the vertebrate skeleton*, 1848, où l'auteur se livre à un examen approfondi de l'idée d'Oken sur le développement de la vertèbre comme type des vertébrés. Ses idées sur l'unité de composition organique se rapprochent de celles de Geoffroy Saint-Hilaire.

Fondateur de la Société microscopique, M. Owen a fait l'un des premiers servir le microscope à l'étude des tissus animaux. Associé de l'Institut de France, membre des principales académies ou sociétés savantes, il est depuis longtemps chargé de la direction du département d'histoire naturelle au Musée britannique. On l'a surnommé le *Newton de l'histoire naturelle*.

Louis Agassiz naquit en 1807, à Orbe (canton de Vaud), où son père était pasteur protestant. Après avoir commencé l'étude de la médecine à Zurich et à Heidelberg, il finit par se livrer exclusivement à l'histoire naturelle pendant son séjour à l'université de Munich. C'est là qu'il fit connaissance avec Martius, qui le chargea, en 1826, de la description de cent seize espèces de poissons que Spix avait rapportées du Brésil. Ce travail parut sous le titre : *Pisces... quos collegit et pingendos curavit Spix*, etc., Munich, 1829-1831, in-fol. (avec 91 planches lithographiées). M. Agassiz y a exposé pour la première fois ses idées sur les classifications ichthyologiques. Cet ouvrage, début de l'auteur dans la carrière qu'il devait illustrer, fut suivi de

Ptero-sauria, 1859 ; — *British fossil Reptilia from the Oolitic formation*, en 3 parties, 1861-69, gr. in-4° (avec 23 planches) ; — *On the Dicynodont Reptilia, with description of fossil remains from South-Africa*, 1862 ; — *On the osteology of the Dodo*, 1867 ; — *Monogr. of the fossil Reptilia from the Liassic formations*, en 2 parties; 1865-70, in-4° (avec 20 planches); — *Monogr. of the Aye-Aye (Chiromys Madagascariensis, Cuv.)*, 1863; — *On the classification and geographical distribution of mammalia*, 1859; — *On the anatomy of vertebrates*, 1866.

l'*Histoire naturelle des poissons d'eau douce de l'Europe centrale*, annoncée dès 1831, et publiée en 1839 par livraisons, dont la première comprend les *salmones* (truites); Neufchâtel, 1839, texte français, allemand et anglais, avec 34 planches; la deuxième livraison contient l'*Embryologie des salmones*, par Charles Vogt (1 vol. de texte et 14 planches); et la troisième, l'*Anatomie des salmones*, par Agassiz et Ch. Vogt (1 vol. de texte et 14 planches), publiée dans le tome III des *Mémoires de la Société des sciences naturelles de Neufchâtel*, 1845. Ces études anatomiques, pour lesquelles la truite commune (*salmo fario*) et le *salmo trutta* ont été pris pour type, devaient former le second volume de l'Histoire naturelle des poissons d'eau douce de l'Europe centrale. L'ostéologie et la névrologie sont dues aux recherches de M. Agassiz, tandis que la myologie, la splanchnologie, l'angiologie, les organes des sens et les dessins sont l'œuvre de M. Vogt. La suite de cet ouvrage fut interrompue par les *Recherches sur les poissons fossiles* (14 livraisons, in-fol., Neuchâtel, 1832-1842, avec 311 planches lithographiées), résultat de l'examen de plusieurs collections importantes, particulièrement de celles du Muséum d'histoire naturelle de Paris.

L'ouvrage *Sur les poissons fossiles*, que M. Agassiz avait commencé dès 1833, fut terminé en 1844 (*Tableau général des poissons fossiles rangés par terrains* avec le concours de MM. Ch. Vogt et E. Desor. Vers la même époque, il fit, en compagnie avec ses deux amis, auxquels vint se joindre le célèbre géologue Studer, plusieurs excursions dans les Alpes et en Piémont, dont les résultats furent publiés, en allemand, par Ch. Vogt, sous le titre de *Agassiz und seiner Freunde geologische Alpenreisen* (Francf., 1847, 2ᵉ édit. in-12). Ce livre intéresse autant la zoologie que la géologie. C'est là qu'on trouve la première description et la figure de l'espèce de podurelle (puce des glaciers), qui reçut depuis, du nom d'E. Desor, le nom de *desoria glacialis*.

Professeur de zoologie à Neuchâtel, M. Agassiz se démit de sa chaire, séjourna quelque temps à Paris et à Londres, et partit en 1846 pour les États-Unis, où il continue ses études favorites. C'est à Cambridge près de Boston qu'il a créé un Musée de zoologie comparée (*Museum of comparative zoology at Harvard college*), qui n'a peut-être pas son pareil, à juger par le catalogue et les rapports annuels qu'en a publiés l'auteur. A cette création se rattache une publication fort importante sur l'histoire naturelle des États-Unis (*Contribution to natural history of the United States*; 11 vol. in-4, 1857-62).—M. Agassiz a jusqu'à présent résisté à toutes les offres qu'on lui a faites pour le faire revenir en Europe. Il est au nombre des associés de l'Institut de France.

Un autre naturaliste, également fort distingué et du même âge que M. Agassiz, M. Hermann Burmeister (né à Stralsund en 1807), a cherché une patrie dans le Nouveau-Monde. Reçu, en 1829, docteur en médecine à Berlin, M. Burmeister se livra bientôt exclusivement à ses goûts pour l'histoire naturelle et particulièrement pour l'entomologie. Depuis 1842, professeur de zoologie à Halle, il se rendit bientôt célèbre par son libéralisme, et vint, en 1848, siéger à l'Assemblée nationale de Francfort. Il donna sa démission comme député et se rendit en octobre 1850, d'abord au Brésil, puis dans la République argentine, où il paraît résider encore. Parmi ses nombreux ouvrages, nous citerons : *Lettres zoonomiques* (2 vol. in-8°, 1855); — *Manuel d'Entomologie* (1842); — un travail estimé sur l'*Organisation des trilobites* (Berlin, 1843); — *Histoire de la création* (Leipz., 1843), ouvrage devenu populaire; — *Faune du Brésil* (1856, in-fol.).

Louis-Armand DE QUATREFAGES (né à Berthezenne [Gard] en 1810), à la fois docteur en mathématiques, en médecine et ès sciences naturelles, publia, en 1834, pendant qu'il était professeur de chimie à la Faculté de Toulouse, des *Recherches d'embryogénie sur les Limnées et les Planorbes*, et, l'année suivante, il présenta à l'Académie un mémoire de même nature sur les *Axodontes*. Ce mémoire, sur lequel Geoffroy Saint-Hilaire, Frédéric Cuvier et Blainville firent un rapport très-favorable, décida de l'avenir de M. de Quatrefages. En 1840, il vint se fixer à Paris pour se livrer exclusivement à l'étude de la zoologie. Douze ans plus tard il entra à l'Académie des sciences, et fut, quelque temps après (en 1855), nommé professeur d'histoire naturelle au Muséum.

Les travaux de M. de Quatrefages sont de deux sortes : les uns, publiés en grande partie dans la *Revue des Deux-Mondes*, sont destinés à populariser la science ; les autres, s'adressant aux savants de profession, ont pour but de la faire avancer par des recherches originales. Après avoir visité en 1859 les côtes de Cette à Agde, l'archipel de Chaussey et Saint-Malo (1841), les côtes de Saint-Vaast-la-Hougue (1842), l'archipel de Bréhat (1843), la baie de Biscaye (1847-48), Boulogne (1850), La Rochelle (1852), il rédigea pour les gens du monde ses *Souvenirs d'un naturaliste* (1854, 2 vol. in-12). Tout en s'intéressant au récit du voyageur, on y puise des notions exactes sur le monde marin, et particulièrement sur les animaux inférieurs, qui ont été l'objet de mémoires spéciaux, publiés dans les *Annales des sciences naturelles*, dans le journal l'*Institut*, etc. Ses travaux sur les *mollusques phlébentérés*, faisant connaître les modifications profondes que présentent chez ces animaux l'appareil digestif et la *dégradation* extrême de leur appareil circulatoire, provoquèrent, en 1845, une polémique très-vive, à laquelle prirent une part plus ou moins directe la plupart des naturalistes de l'Europe, et dont le résultat a été la confirmation des faits annoncés par l'auteur. Citons encore de M. de Quatrefages (qui explora aussi en 1854, en compagnie de MM. Milne-Edwards et Blanchard, les côtes de la Sicile depuis Trapani jusqu'à Catane) : l'*Histoire naturelle des Annélides*, 3 vol. in-8 (dans les *Nouvelles suites à Buffon*); — *Métamorphoses de l'homme et des animaux* (1856); — *Sur l'unité de l'espèce humaine* (1861); — *Sur les maladies des vers à soie* (1859-1860)[1]. Les travaux les plus récents de M. de Quatrefages ont pour objet l'anthropologie, comme l'attestent ses recherches sur *les Polynésiens et leurs migrations*.

Paul GERVAIS (né à Paris en 1816), fut, pendant dix ans, aide naturaliste au Muséum, collabora, entre autres, à l'*Ostéographie des animaux vertébrés* de Blainville, et a publié : l'*Histoire naturelle des insectes aptères* (t. III et IV des *Nouvelles suites à Buffon*) ; — *Zoologie et paléontologie française* (1848-53) ; — *Éléments des sciences naturelles* (1866) ;— *Zoologie et paléontologie générale* (1869, liv. I-IV, in-4, avec planches) ; — de nombreux articles d'histoire naturelle, insérés dans différents recueils. Professeur de zoologie et d'anatomie comparée à la Faculté des sciences de Montpellier depuis 1841, M. Gervais occupe aujourd'hui une chaire à Paris au Muséum d'histoire naturelle.

G.-Paul DESHAYES (né à Nancy en 1795) a consacré sa vie entière à l'étude de la conchyliologie et des mollusques, comme l'attestent ses importants travaux, qui ont pour titres : *Description des coquilles fossiles des environs de Paris*, 1824-1837 ; — *Description des animaux sans vertèbres découverts dans le bassin de Paris, comprenant une*

---

1. Parmi les autres naturalistes qui se sont plus spécialement occupés de la sériciculture et des maladies des vers à soie, il convient de mentionner M. *Guérin-Méneville* (né à Toulon, en 1799). Fondateur du *Magasin de zoologie* (1831-1844, 33 vol.), il a, outre ses travaux relatifs à l'étude des vers à soie, publié une série d'*Iconographies* représentant les types des principales espèces d'animaux vertébrés (1828 et 1829), et fourni de nombreux articles aux principaux recueils d'histoire naturelle.

revue générale de toutes les espèces (de coquilles fossiles) *actuellement connues,* T. I-III, in-4, avec 3 vol. de planches (1860-1866), contenant les mollusques acéphalés, les céphalés et les céphalopodes; — *Histoire naturelle, générale et particulière des mollusques, tant des espèces vivantes que des espèces fossiles* (1820-1851), 4 vol. infol., avec 2 vol. de planches, publiés en commun avec M. de Férussac; — *Traité élémentaire de conchyliologie,* 1839-1857, 3 vol. in-8; — *Conchyliologie de l'île de la Réunion* (Bourbon), 1863; — *Histoire naturelle des mollusques,* dans l'Exploration scientifique de l'Algérie. M. Deshayes est professeur au Muséum d'histoire naturelle.

Émile BLANCHARD (né à Paris en 1819) s'est spécialement livré à l'étude des insectes. Comme aide naturaliste, M. Blanchard a classé la plus grande partie de la belle collection entomologique du Muséum, et s'est fait connaître par des travaux remarquables, tels que : *Histoire naturelle des insectes orthoptères, névroptères, hyménoptères, hémiptères, lépidoptères et diptères* (1837-1840, in-8, avec 72 planches); — *Recherches sur l'organisation des vers* (1837, in-4, avec 25 planches); — *Histoire des insectes, traitant de leurs mœurs et de leurs métamorphoses, comprenant une nouvelle classification fondée sur les rapports naturels* (1843-1845, 2 vol. in-12); — *Description des insectes de l'Amérique méridionale, recueillis par M. Alcide d'Orbigny* (1839-1846, in-4, avec 35 planches); — *Du système nerveux chez les invertébrés* (mollusques et annelés) *dans les rapports avec la classification de ces animaux* (1849, in-8). A ces divers ouvrages se joignent de nombreux mémoires ou notices : *Sur le système nerveux des coléoptères, sur la circulation des insectes, sur la distribution géographique des animaux articulés, sur l'organisation des gastéropodes,* etc., insérés dans les *Annales des sciences naturelles* et d'autres recueils.

On doit encore à M. Blanchard deux ouvrages, illustrés par de nombreuses gravures, l'un sur les *Métamorphoses des insectes* (1868), et l'autre sur les *Poissons des eaux douces de la France* (1866), contenant l'anatomie, la physiologie, la description, les mœurs, les instincts, etc., des différentes espèces, et précédés d'un excellent aperçu historique de la science depuis l'antiquité jusqu'à nos jours; — l'*Organisation du règne animal*. Cet important travail paraît, depuis 1851, par livraisons, grand in-4, dont chacune contient deux planches gravées, et une feuille et demie de texte. Les livraisons publiées jusqu'à ce jour comprennent l'anatomie comparée des arachnides, des reptiles, une partie des mollusques, des oiseaux et des mammifères. M. Blanchard est membre de l'Académie des sciences et professeur au Muséum d'histoire naturelle.

Henri DE LACAZE-DUTHIERS (né en 1821, dans le département de Lot-et-Garonne) renonça à la pratique de la médecine pour se livrer exclusivement à l'étude de l'histoire naturelle. Nommé en 1854 professeur de zoologie à Lille, il choisit les mollusques et les zoophytes pour l'objet plus spécial de ses travaux. A cet effet il visita les côtes de La Rochelle, de Marseille, de Calais, de Dunkerque, de l'Algérie, etc. Il débuta, en 1847, par publier diverses notices sur l'anatomie des insectes (hyménoptères) et des helminthes. Depuis lors il a publié sur les mollusques et les coralliaires des mémoires nombreux, résultats de ses explorations des côtes de l'Océan et de la Méditerranée. Il a exposé ses idées sur l'avenir de la science dans une Introduction aux *Archives de la zoologie expérimentale*, qu'il vient de fonder. M. de Lacaze-Duthiers est, depuis 1871, membre de l'Académie des sciences et professeur d'anatomie comparée à la Sorbonne.

Les travaux dont nous venons de donner une liste fort incomplète, montrent que les zoologistes de notre époque, tout en faisant marcher de front l'étude des espèces vivantes et des espèces fossiles, parallèlement avec l'anatomie et la physiologie comparées, se sont surtout attachés à faire connaître les animaux inférieurs (articulés, mollusques, zoophytes, infusoires) et à combler, en partie, les lacunes qui existaient encore dans la science au commencement de notre siècle.

FIN.

TABLE DES MATIÈRES.

LIVRE I.

LIVRE II.

FIN DE LA TABLE DES MATIÈRES.

12925. — Typographie Lahure, rue de Fleurus, 9, à Paris.

PUBLICATIONS RÉCENTES

DICTIONNAIRES ENCYCLOPÉDIQUES

Dictionnaire de la Langue française, par M. E. LITTRÉ, de l'Institut (Académie française et Académie des inscriptions et belles-lettres). Ouvrage complétement terminé. 4 beaux vol. grand in-4, brochés.............. 100 fr.

> La reliure dos en chagrin, plats en toile, tranches jaspées, se paye en sus, pour les quatre volumes, 20 fr.
> Le même ouvrage est publié en 110 livraisons à 1 fr. Il paraît une livraison toutes les semaines, le samedi, depuis le 15 février 1873.

Dictionnaire de Chimie pure et appliquée, par M. Ad. WURTZ, doyen de la Faculté de médecine de Paris, membre de l'Institut (Académie des sciences), avec la collaboration d'une Société de professeurs et de savants. Ouvrage accompagné d'un grand nombre de figures. 2 vol. grand in-8.

> Cet ouvrage formera environ vingt fascicules comprenant 10 feuilles d'impression (160 pages). Prix du fascicule............. 3 fr. 50
> Les quatorze premiers fascicules sont en vente; les fascicules suivants paraîtront à des époques rapprochées.
> Prix du tome Ier, comprenant l'histoire des *Doctrines chimiques* et les lettres A à G du Dictionnaire (dix 1res livraisons), br. 35 fr.
> La demi-reliure en chagrin se paye en sus 4 fr. par volume.

Dictionnaire historique de la France, par M. Ludovic LALANNE. 1 vol. grand in-8, broché.............. 21 fr.

> Le cartonnage en percaline gaufrée se paye en sus 2 fr. 75.
> La demi-reliure en chagrin, tranches jaspées, 4 fr. 50.

Dictionnaire universel des Contemporains, par M. G. VAPEREAU. Quatrième édition, refondue et augmentée d'un *Supplément*. 1 vol. grand in-8, broché...... 27 fr.

> Le cartonnage en percaline gaufrée se paye en sus 2 fr. 75.
> La demi-reliure en chagrin, 4 fr. 50.
> Le **Supplément** de la 4e édition, consacré aux membres de l'Assemblée nationale et aux personnages devenus célèbres depuis le commencement de la guerre franco-allemande, se vend séparément 2 francs.

OUVRAGES LITTÉRAIRES
ET HISTORIQUES

Les Vies de quatre grands Chrétiens français, par M. Guizot. I. *Saint Louis.* — II. *Calvin.* 1 vol. grand in-8, broché... 7 fr. 50

Le tome IIe, comprenant : III. *Saint Vincent de Paul.* — IV. *Duplessis-Mornay*, paraîtra prochainement.

L'Histoire de France racontée à mes petits enfants, par M. Guizot. Ouvrage illustré de nombreuses gravures sur bois, d'après les dessins de M. de Neuville. 4 vol. grand in-8.

Les deux premiers volumes sont en vente. Chaque volume se vend séparément, broché... 15 fr.

La demi-reliure en chagrin, avec fers spéciaux, tranches dorées, se paye en sus par volume, 7 fr.

L'Éloquence politique et judiciaire à Athènes, par M. Georges Perrot. Première partie : *Les Précurseurs de Démosthène*. 1 vol. in-8, broché................. 7 fr. 50

Histoire de la Littérature espagnole, de G. Ticknor, traduction de M. J. G. Magnabal, agrégé de l'Université. 3 vol. in-8, brochés................................ 27 fr.

Recueil de Poésies pour les jeunes filles, par Mme de Witt (née Guizot). 1 vol. in-12, broché.............. 2 fr.

Chronologie universelle; quatrième édition, corrigée et continuée jusqu'à 1872, par M. Dauvès, recteur de l'Académie de Chambéry. 2 vol. in-18 jésus, brochés............ 10 fr.

L'Instruction du Peuple, par M. Emile de Laveleye. 1 vol. in-8, broché.................................... 7 fr. 50

Paris, ses organes, ses fonctions, sa vie, dans la seconde moitié du xixe siècle, par M. Maxime Du Camp.

En vente : Tome I. — La Poste aux lettres. — Les Télégraphes. — Les Voitures publiques. — Les Chemins de fer. — La Seine. Tome II. — L'Alimentation. — Le Pain, la Viande et le Vin. — Les Halles centrales. — Le Tabac. — La Monnaie. — La Banque. Tome III. — Les Malfaiteurs. — La Police. — La Cour d'assises. — Les Prisons. — La Guillotine. — La Prostitution. Tome IV. — La Mendicité. — L'Assistance publique. — Les Hôpitaux. — Les Enfants trouvés. — La Vieillesse (Bicêtre et la Salpêtrière). — Les Aliénés.

Chaque volume se vend séparément............... 7 fr. 50

VOYAGES

Voyage d'exploration en Indo-Chine, effectué par une Commission française, présidée par M. le capitaine de frégate Doudart de Lagrée et publiée par M. Francis Garnier, lieutenant de vaisseau. 2 vol. in-4, brochés, contenant 158 gravures sur bois, d'après les croquis de M. Delaporte, et un atlas in-folio cartonné, contenant 33 planches en lithographie et chromolithographie . . . . 200 fr.

La reliure des deux volumes se paye en sus 20 fr.

La Russie libre, par Hepworth Dixon. Ouvrage traduit de l'anglais par Em. Jonveaux, illustré de 75 gravures par Bayard, de Neuville, Thérond, Hubert Clerget et Moinet, et accompagné d'une carte. 1 vol. in-8, broché. . . . . . . 10 fr.

La reliure se paye en sus 3 fr.

Voyage en Abyssinie, exécuté de 1862 à 1864, par Guillaume Lejean. 1 vol. de texte in-4 et un atlas de 11 cartes grand in-folio, brochés. . . . . 30 fr.

Tour du Monde (le). Nouveau journal de voyages, publié sous la direction de M. Edouard Charton et illustré par nos plus célèbres artistes. Année 1872, brochée en un ou deux volumes in-4. . . . . 25 fr.

Les treize premières années sont en vente (1860-1872).

Les années 1870 1871, ne formant ensemble qu'un seul volume. La collection comprend actuellement douze volumes, qui contiennent près de 7000 gravures. Chaque année se vend séparément, brochée en un ou deux volumes, 25 fr.

La reliure en percaline se paye en sus : en 1 volume, 3 fr.; en 2 volumes, 4 fr. — La demi-reliure chagrin, avec tranches dorées, en un volume, 6 fr.; en 2 volumes, 10 fr.

OUVRAGES SCIENTIFIQUES

Cours de Chimie agricole, professé à l'Ecole d'agriculture de Grignon, par M. P. P. Dehérain, docteur ès sciences, professeur de chimie, aide-naturaliste de culture au Muséum d'histoire naturelle. 1 fort vol. grand in-8, avec figures intercalées dans le texte, broché.......... 10 fr.

Traité de Mécanique, par M. Edouard Collignon, ingénieur, répétiteur à l'Ecole polytechnique, professeur à l'Ecole des ponts et chaussées. Première partie : *Cinématique*. 1 vol. in-8, avec 333 figures intercalées dans le texte, broché..................................... 7 fr. 50

    L'ouvrage comprendra trois parties : *Cinématique, Statique, Dynamique et Mécanique des fluides*. La première partie est en vente, la seconde sous presse et la troisième en préparation.

Traité élémentaire de Cosmographie, par M. J. Pichot, ancien élève de l'Ecole polytechnique, professeur au lycée Louis-le-Grand. Deuxième édition, accompagnée de 207 figures intercalées dans le texte. 1 vol. grand in-8, broché..................................... 6 fr.

Eléments de Géométrie analytique, par MM. Sonnet et Frontera, docteurs ès sciences. Troisième édition, entièrement refondue et considérablement augmentée. 1 fort vol. in-8, broché..................................... 8 fr.

Géométrie analytique à trois dimensions, par M. Bourget, directeur de l'École préparatoire de Sainte-Barbe et M. Housel. 1 vol. in-8, broché............. 6 fr.

Traité élémentaire de Physique, par M. Privat-Deschanel, proviseur du lycée de Vanves. 1 fort vol. grand in-8, avec 719 figures intercalées dans le texte et 3 planches en couleur tirées à part, broché................. 10 fr.

Les Chemins de fer pendant la guerre de 1870-1871. Leçons faites en 1872, à l'Ecole des ponts et chaussées, par M. F. Jacqmin, ingénieur, directeur de l'exploitation du chemin de fer de l'Est, professeur à l'Ecole des ponts et chaussées. 1 vol. grand in-8, broché............. 8 fr.

De la Physiologie générale, par M. Claude BERNARD, membre de l'Institut. 1 vol. in-8, broché........... 6 fr.

Histoire de la Physique et de la Chimie, depuis les temps les plus reculés jusqu'à nos jours, par M. Ferdinand HOEFER. 1 vol. in-18 jésus, broché................. 4 fr.

Histoire de la Botanique, de la Minéralogie et de la Géologie, par LE MÊME AUTEUR. 1 vol. in-18 jésus, broché. Prix... 4 fr.

La France industrielle, par M. Paul POIRÉ. 1 beau vol. grand in-8, avec de nombreuses gravures dans le texte. broché................................. 10 fr.

La reliure se paye en sus 4 fr.

Histoire de la Céramique, depuis l'antiquité jusqu'à nos jours, par M. A. JACQUEMARD. 1 beau volume in-8 jésus, illustré de 200 gravures et de 800 monogrammes insérés dans le texte et accompagnés de 10 eaux-fortes par J. JACQUEMART, broché.. 25 fr.

La reliure se paye en sus 6 fr.

Histoire des Plantes, par M. H. BAILLON, professeur d'histoire naturelle médicale à la Faculté de médecine de Paris. L'ouvrage formera environ 8 vol. gr. in-8, contenant 7,000 figures sur bois intercalées dans les textes.

EN VENTE :

Renonculacées (114 figures)...................... 6 fr.
Dilléniacées (50 figures)........................ 3 fr.
Magnoliacées (55 figures)........................ 3 fr.
Anonacées (86 figures)........................... 6 fr.
Monimiacées (64 figures)..................... 3 fr. 50
Rosacées (153 figures)........................... 6 fr.

Ces six monographies forment le tome 1er de l'ouvrage et se vendent brochées en 1 volume.......................... 25 fr.

Connaracées et légumineuses-mimosées (37 figures)... 4 fr.
Légumineuses césalpinées (100 figures)............. 6 fr.
Légumineuses papilionacées (61 figures)........... 10 fr.
Protéacées (30 figures)...................... 2 fr. 50
Lauréacées, Elæagnacées et Myristicacées (60 figures). 4 fr.

Ces huit monographies forment e tome II de l'ouvrage et se vendent brochées en un volume.......................... 25 fr.

Ménispermacées et Berbéridacées (73 figures)........ 4 fr.

Nymphœacées (34 figures) .... 2 fr.

Papavéracées et Capparidacées (84 figures)......... 4 fr.

Crucifères (120 figures)...................... 8 fr.

Résédacés, Crassulacées et Saxifragacées (144 fig.)... 10 fr.

Pipéracées et Urticacées (55 figures)............... 3 fr.

Ces onze monographies forment le tome III de l'ouvrage et se
vendent brochées en un volume...................... 25 fr.

Nyctaginacées et Phytolaccacées (77 figures)......... 3 fr.

Malvacées (115 figures)...................... 6 fr.

Tiliacées Diptérocarpacées, Chlœnacées et Ternstrœmiacées
(115 figures)...................... 5 fr.

Bixacées, Cistacées et Violacées (90 figures) .... 5 fr.

Ochnacées et Rutacées (90 figures)............... 6 fr.

Ces six monographies forment le tome IV de l'ouvrage et se vendent brochées en un volume...................... 25 fr.

D'autres monographies sont sous presse et paraîtront successivement.

ÉDITIONS SAVANTES

Format grand in-8

AUTEURS LATINS

EN VENTE

Cornelius Nepos, par M. Monginot, professeur au lycée
Condorcet. 1 vol.. 6 fr.

Virgile, par M. Benoist, professeur à la Faculté des lettres
d'Aix :

Bucoliques et Géorgiques. 1 vol..................... 6 fr.
Énéide. 2 vol.............................. .... 12 fr.

AUTEURS GRECS

EN VENTE

Euripide (sept tragédies), par M. H. Weil, professeur à la
Faculté des lettres de Besançon. 1 vol............. 12 fr.

Homère (Iliade), par M. A. Pierron, professeur au lycée
Louis-le-Grand. 2 vol................................ 10 fr.

Sophocle, par M. Tournier, maître de conférences à l'Ecole
normale supérieure. 1 vol....................... 12 fr.

Ces trois ouvrages ont été couronnés par l'Association pour l'encouragement des études grecques.

D'autres auteurs sont sous presse.

NONIUS MARCELLUS. **De compendiosa doctrina.** Edition
préparée avec le secours de cinq manuscrits du ixe et du
xe siècle, inconnus aux précédents éditeurs, par M. Louis
Quicherat, membre de l'Institut. 1 vol. gr. in-8, br. 15 fr.

BOPP (François). **Grammaire comparée des langues
indo-européennes**, comprenant le Sanscrit, le Zend,
l'Arménien, le Grec, le Latin, le Lithuanien, l'ancien Slave,
le Gothique et l'Allemand, traduite sur la 2e édition et précédée d'introductions, par M. Michel Bréal, professeur de
grammaire comparée au Collège de France. 4 vol. gr. in-8,
imprimés à l'Imprimerie nationale, br............. 32 fr.

BIBLIOTHÈQUE
DE L'ARMÉE FRANÇAISE

PUBLIÉE

PAR ORDRE DU PRÉSIDENT DE LA RÉPUBLIQUE

Sous la direction du Ministère de la guerre

PAR LES SOINS DE M. CAMILLE ROUSSET

Historiographe du Ministère.

Format in-18 Jésus à 2 fr. le volume.

BERWICK. **Mémoires. 1 vol.**

CÉSAR. **Commentaires**, suivis des précis des guerres de César par Napoléon. 2 vol.

FLAVIUS JOSÈPHE. **Siége de Jérusalem**, extrait de l'histoire de la guerre des Juifs contre les Romains. 1 vol.

FRÉDÉRIC. **Œuvres historiques** (1740-1763), suivies du précis des guerres de Frédéric, par Napoléon. 3 vol.

LE LOYAL SERVITEUR. **Histoire de Bayard. 1 vol.**

MONTLUC. **Commentaires. 4 vol.**

NAPOLÉON. **Campagnes d'Italie, d'Égypte et de Syrie. 3 vol.**

SALLUSTE. **Guerre de Jugurtha. 1 vol.**

TURENNE, **Mémoires**, suivis du précis des campagnes du maréchal de Turenne, par Napoléon. 1 vol.

XÉNOPHON. **Expédition des dix mille. 1 vol.**

D'autres ouvrages sont en préparation.

BIBLIOTHÈQUE VARIÉE

Format in-18 jésus. — Volumes à 3 fr. 50 c.

ALBERT (Paul), maître de conférences à l'École normale. **La Littérature française au XVIIᵉ siècle.** 1 vol.

> L'auteur a déjà publié dans la même collection : *La Littérature française, des origines à la fin du XVIᵉ siècle.* 1 volume. — *La Poésie*, leçons sur les œuvres des grands poètes de tous les temps et de tous les pays. 1 volume. — *La Prose*, leçons sur les œuvres des grands prosateurs. 1 vol.

BERGER, ancien professeur à la Faculté des lettres de Paris. **Histoire de l'Éloquence latine**, depuis l'origine de Rome jusqu'à Cicéron, publiée par M. V. Cucheval. 2 vol.

BRÉAL (Michel), professeur au Collège de France. **Quelques mots sur l'Instruction publique** en France. 1 vol.

CHERBULIEZ (Victor). **Etudes de Littérature et d'Art.** Etudes sur l'Allemagne ; sur le Salon de 1872. 1 vol.

FIGUIER (Louis). **L'Année scientifique et industrielle**, seizième année (1872). 1 vol.

> Chacune des années précédentes se vend séparément.

JURIEN DE LA GRAVIÈRE (l'amiral E.). **La Marine d'aujourd'hui.** 1 vol.

> L'auteur a déjà publié dans la même collection : *Souvenirs d'un Amiral.* 2 volumes. — *La Marine d'autrefois.* 1 volume.

LAMARTINE (Alph. de). **Souvenirs et Portraits.** 3 vol. qui se vendent séparément.

MARMIER (X.), de l'Académie française. **Robert Bruce**, comment on reconquiert un royaume. 1 vol.

SAINT-SIMON (le duc de). **Mémoires.** Nouvelle édition, publiée par MM. Chéruel et Ad. Regnier fils, et collationnée sur le manuscrit autographe de l'auteur, avec une notice par M. Sainte-Beuve. Environ 20 vol.

> Le premier est en vente ; les suivants paraîtront à des intervalles assez rapprochés.

STRABON. Géographie. Traduction nouvelle par M. Amédée Tardieu, sous-bibliothécaire de l'Institut.

> L'ouvrage formera 3 volumes. Les deux premiers sont en vente ; le troisième en préparation.

BIBLIOTHÈQUE ROSE ILLUSTRÉE

Format in-18 Jésus, à 2 fr. 25 le volume.

La reliure en percaline rouge se paye en sus : tranches jaspées, 1 fr.; tranches dorées, 1 fr. 25 c.

NOUVEAUTÉS

AGASSIZ (M. et Mme). **Voyage au Brésil**, traduit de l'anglais par Vogeli, et abrégé par J. Belin de Launay. 1 vol. contenant 16 gravures et 1 carte.

GOURAUD (Mlle JULIE). **Petite et Grande.** 1 vol. illustré de 51 vignettes.

MAGE. **Voyage dans le Soudan occidental**, abrégé par J. Belin de Launay. 1 vol. contenant 26 vignettes et 1 carte.

MILTON et CHEADLE. **Voyage de l'Atlantique au Pacifique**, traduit et abrégé par J. Belin de Launay. 1 vol. contenant 16 gravures et 2 cartes.

SANNOIS (Mme la comtesse de). **Les Soirées à la maison.** 1 vol. illustré de 42 vignettes.

STOLZ (Mme de). **Blanche et Noire.** 1 vol. illustré de 54 vignettes.

La Bibliothèque rose comprend 140 volumes.

BIBLIOTHÈQUE DES MERVEILLES

PUBLIÉE

SOUS LA DIRECTION DE M. ED. CHARTON

Format in-18 jésus, à 2 fr. 25 c. le volume.

La reliure en percaline bleue, avec tr. rouges, se paye en sus 1 fr. 25 c.

NOUVEAUTÉS

DEHERRYPON. **Les Merveilles de la chimie.** 1 vol. illustré de 51 vignettes.

>Ouvrage couronné par la Société pour l'instruction élémentaire.

GIRARD (M.). **Les Métamorphoses des insectes.** 1 vol. illustré de 308 gravures.

GUILLEMIN (A.). **La Vapeur.** 1 vol. illustré de 95 vignettes.

LANOYE (F. de). **L'Homme sauvage.** 1 volume illustré de 35 vignettes.

LÉVÊQUE. **Les Harmonies providentielles.** 1 volume illustré de 4 eaux-fortes.

RENAUD (A.). **L'Héroïsme.** 1 vol. illustré de 15 vignettes.

ZURCHER et MARGOLLÉ. **Les Naufrages célèbres.** 1 vol. illustré de 30 vignettes.

La Bibliothèque des Merveilles comprend 54 volumes.

OUVRAGES DE M. GOUFFÉ

OFFICIER DE BOUCHE DU JOCKEY-CLUB DE PARIS

Format grand in-8

Le livre de Cuisine, comprenant la cuisine de ménage et la grande cuisine; 2e édition. 1 magnifique volume orné de 25 planches imprimées en chromolithographie et de 161 vignettes sur bois dessinées d'après nature, broché... 25 fr.
    Cartonné en percaline...................... 27 fr. 25
    Relié.. 31 fr.

Le même ouvrage, avec 4 planches imprimées en chromolithographie, 21 en noir et 182 vignettes sur bois, br. 15 fr.
    Cartonné en percaline...................... 17 fr. 25
    Relié.. 21 fr.

Le livre des Conserves. 1 volume illustré de 34 figures intercalées dans le texte, broché................ 10 fr.
    Relié.. 15 fr.

Le livre de Pâtisserie. 1 magnifique volume, illustré de 10 planches en chromolithographie et de 120 vignettes dessinées d'après nature, broché..................... 20 fr.
    Cartonné en percaline...................... 22 fr. 25
    Relié.. 26 fr. »

OUVRAGES DIVERS

Dictionnaire français-arabe, pour la conversation en Algérie, par M. Cherbonneau, ancien directeur du collège arabe-français d'Alger. 1 vol. in-12 de 650 pages, imprimé à l'Imprimerie nationale, cartonné.................. 10 fr.

Conférences de Pédagogie, par M. Marrotti, directeur de l'École normale de Versailles. Deuxième édition, revue et augmentée. 1 vol. in-12, broché.................. 3 fr.

Le Dessin expliqué par la nature, suivi de procédés faciles pour l'exécution des figures, par Mme Pape-Carpantier, inspectrice générale des salles d'asile. Deuxième édition. 1 vol. in-12, broché............................. 2 fr. 50

Paris. — Typ. Pillet fils aîné, 5, rue des Grands-Augustins.

9 782013 565608